ChatGPT的基本原理与核心算法

邓志东 ◎ 编著

清華大學出版社
北 京

内容简介

能够模仿人类语言智能与思维，具有世界一般性知识的ChatGPT，开启了通用人工智能的新时代，正成为引爆第四次工业革命的火种。本书是第一本体系化介绍ChatGPT基本原理与核心算法的教材及专业图书。全书共分5章：第1章为人工神经网络基础；第2章详细剖析了Transformer及其缘起，分析了视觉领域的Transformer算法；第3章综述了各种大型语言模型框架，分享了创建GPT系列模型的思想之旅；第4章重点介绍了ChatGPT的预训练方法与微调算法，系统地阐述了强化学习基础与基于人类反馈的强化学习；第5章为ChatGPT的应用，包括上下文学习提示与思维链提示，并讨论了智能涌现。本书体系严谨、系统性强、逻辑严密、内容丰富，不仅深入浅出、图文并茂、特色鲜明，而且具有引领性、前瞻性和思想启迪性。

本书可作为高等院校人工智能、智能科学与技术、计算机科学与技术、大数据、自动驾驶、新一代机器人及相关专业高年级本科生与研究生教材，也可供上述专业的研究人员、算法工程师及从事AI产品研发、产业发展与决策咨询等的工程技术人员、投资者、战略研究者和广大科技工作者参考。

图书在版编目(CIP)数据

ChatGPT的基本原理与核心算法 / 邓志东编著. -- 北京：清华大学出版社，2025.2.

ISBN 978-7-302-68263-9

Ⅰ. TP18

中国国家版本馆CIP数据核字第2025BX5156号

责任编辑：白立军　杨　帆

封面设计：杨玉兰

责任校对：郝美丽

责任印制：沈　露

出版发行：清华大学出版社

网　　址：https://www.tup.com.cn，https://www.wqxuetang.com

地　　址：北京清华大学学研大厦A座　　**邮　　编**：100084

社 总 机：010-83470000　　**邮　　购**：010-62786544

投稿与读者服务：010-62776969，c-service@tup.tsinghua.edu.cn

质量反馈：010-62772015，zhiliang@tup.tsinghua.edu.cn

课件下载：https://www.tup.com.cn，010-83470236

印 装 者：三河市铭诚印务有限公司

经　　销：全国新华书店

开　　本：185mm×260mm　　**印　　张**：14.5　　**字　　数**：352字

版　　次：2025年3月第1版　　**印　　次**：2025年3月第1次印刷

定　　价：69.00元

产品编号：102237-01

前 言

ChatGPT 作为一个可通过图灵测试且达到某种人类智能水平的聊天智能体，于 2022 年年底率先在自然语言处理(NLP)领域获得突破。以深度学习为代表的弱人工智能在经历十年大发展之后，艰难地实现了自我超越，一个全新的通用人工智能时代清晰可见，正在扑面而来。

在 20 世纪 90 年代初，作者在博士后期间就主要从事人工神经网络与强化学习方法的研究。自 2009 年以来，则主要在面向自动驾驶与移动机器人的计算机视觉(CV)领域深耕。2017 年 6 月，谷歌的 Transformer 模型一经推出，作者就特别留意到这种基于自注意力学习机制的新一代神经网络，并积极开展计算机视觉中 Transformer 方法的研究。但 ChatGPT 之类的大型语言模型解决的大部分任务，毕竟大都发生在 NLP 领域，作者去体系化写作这样一部基础书籍，是否合适？

幸运的是，通过收集并阅读大量的相关文献，发现各种大型语言模型及其相关基础方法、实现工具等，除了其中涉及的 NLP 任务与性能评测外，几乎都可以完全使用神经网络进行系统阐述，这让作者惊讶不已。这其实也表明，自 2012 年 AlexNet 问世及其带来以深度学习为代表的第三次人工智能的蓬勃发展以来，各种基于端到端数据驱动的深度神经网络学习方法已走了很远！不仅将 NLP、CV、语音识别与合成等领域进行了彻底改变，成为各个研究方向的主导方法，而且还正在让这些学科之间的边界逐步消融，并迈向统一。

人工智能通常被定义为研发用于模拟、延伸和扩展人类智能的理论、方法、技术及应用的一门综合性学科。现在看来，针对各种各样需要利用人类智能才能完成的复杂与挑战性任务，若数据智能新物种不但能又好又快地完成，而且还能达到乃至超过人类的总体平均水平，就可将其视为完成了对人类智能的外部功能模拟。换言之，人工智能的核心要义是完成任务的能力与水平，以及任务本身的宽度(范围)、深度(挑战性)和厚度(复杂性)。

ChatGPT 等生成式人工智能模型，至少从文本单模态意义上模仿了人类的语言智能与人类思维，不仅拥有知识范围更加宽广的一般性常识，而且具有自监督的开放域学习能力。同时，机器算力的进化速度又远超生物算力，再加上 ChatGPT 等正逐步具有使用外部工具的能力，以及正不断加速演化的多模态与具身智能能力，相当于以大脑及小脑为中心，又分别装上眼睛、耳朵、嘴巴和手脚等。因此，通用人工智能新物种的发展潜力及对人类文明的改变确实令人期待。但也细思极恐，需要在构建国际共识下进行安全监管，对其不利的一面提前予以警惕及防范。

最早的人工神经元模型出现在 1943 年，由美国心理学家 W. McCulloch 和数理逻辑学家 W. Pitts,在他们合作的论文 *A Logical Calculus of the Ideas Immanent in Nervous Activity* 中提出。以两人名字命名的 MP 模型,开启了人类利用数学模型,通过外部输入输出表达式而非基于内部生物微观运行机理,去模拟人脑部分功能的历史进程。1957 年,美国年轻的心理学家 F. Rosenblatt 等基于上述 MP 神经元模型,提出了一种被称为"感知机"的人工神经网络,并将之视为生物神经系统感知外部刺激的简化模型。1986 年,D. Rumelhart 和 G. Hinton 等提出了多层感知机的误差反向传播算法,突破性地发展了这类前馈神经网络的监督学习算法。2012 年,Hinton 率领他的两位博士生在 ImageNet 分类比赛(ILSVRC-2012)中,提出并实践了 AlexNet。他们将 Y. LeCun 与 Y. Bengio 等于 1995 年提出的卷积神经网络算法,与大数据、GPU 进行了化学反应式的有机结合,实验结果表现出惊人的图像分类能力。2016 年出现的 AlphaGo 及深度强化学习(实现通用人工智能的另一条有效途径)加强了这一趋势。由此开创了以深度学习为代表的第三次人工智能的伟大复兴与产业发展。

另一方面,对任何序列输入,若将传统前馈神经网络前一时间步的隐层状态进行记忆,并连同当前时间步的输入联合作用于当前隐层,就可以将其改进为 Elman 网络(1990)这样的经典递归神经网络,然后再利用门控机制将该网络发展为长短期记忆(LSTM)网络(1997),以缓解误差反向传播时的梯度遽变问题。2017 年,基于 LSTM 注意力与点积相似性的相关研究,谷歌 NLP 组德-英机器翻译团队的 Vaswani 等,摒弃当时主流的递归与卷积操作,通过引入全局注意力机制,创新性地提出了新一代通用型神经网络模型 Transformer,并在 Transformer 框架下,利用编码器块或解码器块分别进行深度堆叠(如 BERT),以此完成序列表达、序列理解与序列生成等语言建模主任务。与此同时,创建于 2015 年 12 月 11 日的 OpenAI,在 Transformer 论文公开之后就迅速改写其语言模型,并持续进行规模化扩展,最终于 2020 年 5 月推出了具有 1750 亿个连接权规模的生成式预训练大型语言模型 GPT-3。以此作为基础模型,先后于 2022 年 11 月 30 日与 2023 年 3 月 14 日,正式发布了 ChatGPT 和 GPT-4。文本单模态的 ChatGPT 和图文多模态的 GPT-4 甚至出现了智能涌现能力,表现出接近于人类水平的通用人工智能的一些特征,不仅在 NLP 领域引起风暴,而且还在不断引入多模态之后,持续向真实物理世界进行延伸与拓展。

人类大脑约有 860 亿个神经元,其中每个神经元有 1000 到 1 万个突触连接,因此整个人类大脑的突触连接规模,最高可达 860 万亿个。目前 GPT-4 已达到 1.8 万亿个连接权参数,在更多更高阶多模态数据的喂养下,在平均每两年增长约 275 倍算力的"超摩尔定律"作用下,最终达到百万亿规模,在数量上抵近人类大脑"天花板"的"巅峰"时刻,相信不会让人类等得太久。如果大于某个量级的大模型,就能获得更强的多任务求解能力,那百万亿规模的巨模型是否会出现从量变到质变?是否会涌现出人类独有的符号水平的语义理解、知识与逻辑推理能力?甚至形成自主意图、自我奖赏与愉悦机制,并获得自主思维与自主意识等各种高级认知功能或人类智慧?

大模型的价值在于应用。只有在多样化的实际应用场景中赋能智能经济与智能社会的发展,才能找到产业价值,同时也才能成就大模型自身。因为具有人类语言智能与思维、懂常识的大模型，其性能迭代需要对下游任务的调优适应及获得涌现能力，需要进行安全与价值对齐，需要真实性(幻觉)矫正，需要混合专家(MoE)模型之类的专业化与模块化设计，而这些都只有在开放域中实际交互使用，才能大量获得来自现实世界与人类用户的真实反馈数据。目前，中国的大模型发展需重点强调行业应用，打造定制化的行业大模型。行业或垂域大模型需要行业丰富的专业数据进行喂养与调优，这可能会构建中国的新优势。除此之外，基础大模型本身的发展更需要强大的算力基础设施，需要智能云这样无所不在的分布式算力集群的强大支撑。算法与模型、数据与知识、芯片与算力、场景与真实的产业应用需求是构建人工智能产业生态的核心力量，是大模型国际竞争决胜的关键因素。

总之，人工智能将给人类带来辉煌的未来，也将带来从就业到认知边界、价值、法律、伦理、道德等在内的很多改变，甚至促使人类对学习与知识传承的方式进行深入思考。无论如何，掌握并有能力利用更多人工智能基础知识的人，必将在这个不断演变与进化的世界中，获得更加强大的竞争力。

在写作本书的过程中，研究团队中富有朝气的博士生与硕士生同学们，不断推进并演绎着他们的研究进展，给作者带来了很多启发与思考。硕士生姚懿格同学协助修改完善了第1章中的图1.2～图1.13和图1.16～图1.21，同时协助提供了第2章中图2.1～图2.10等的初版线框图，帮助录入了第1章与第2章的部分公式。在此郑重致谢！

感谢清华大学出版社对本书编辑、出版和发行等给予的大力支持。特别感谢本书的责任编辑白立军老师，没有他在2023年早春的写作邀约及之后的各种无私支持，本书是不可能完成的。诸事繁杂，要在各种压力纷扰中静下心来，精心构思、快速阅读与梳理写作，固已殊为不易，况ChatGPT惊艳问世仅区区两年多，同时在这个炽热的赛道，全球各种新思想、新进展不断爆款出现，这些就更增添了写作本书的困难。

本书最后列出的参考资料，其中大部分是最近4年发表的各相关方向的前沿论文，作者也阅读并参考了部分最新网络博文与相关网站。在这个日新月异、蓬勃发展的前沿新兴领域，各种新思想、新方法、新路径、新实践不断涌现，令人激动不已。在此特别感谢这些作者的原创贡献。由于作者水平与时间有限，若有任何理解偏差、遗漏或错误，祈望不吝指出，容后在新版中加以修正迭代。

本书获国家自然科学基金项目(批准号：62176134)支持，特此致谢！

邓志东

2024年12月30日于清华园

目 录

第 1 章

人工神经网络基础

本章学习目标与知识点

- 了解 4 种人工神经元模型的异同
- 熟练掌握全连接前馈神经网络及其误差反向传播算法
- 掌握深度卷积神经网络的基本概念与基本原理

本章首先介绍 4 种人工神经元模型与 3 种典型的人工神经网络模型，重点阐述其中涉及的全连接前馈神经网络结构及其误差反向传播算法和深度卷积神经网络，以此作为本书后续章节的重要知识基础。

1.1 引言

1943 年，心理学家 W. McCulloch 和数理逻辑学家 W. Pitts 提出了世界上第一个人工神经元模型，即 MP 模型，开启了人类利用数学模型用外部输入输出表达式模拟人脑部分功能的历史进程。1949 年，D. O. Hebb 研究了突触可塑性的基本原理，提出了一种调整人工神经元连接权的规则，通常称为 Hebb 学习规则。其基本思想是，当两个神经元同时兴奋或同时抑制时，它们之间的连接强度就会增加，反之则会降低。这一规则已成为无监督学习与记忆痕迹构建的重要基础。1957 年，F. Rosenblatt 等提出了一种被称为“感知机”(perceptron)的特殊类型的人工神经网络，并将之视为生物系统感知外部刺激的简化模型。该模型主要用于模式分类，并一度引起人们的广泛兴趣。由于该项工作的开创性，F. Rosenblatt 也被称为“神经网络之父”。但早期的单层与多层感知机均采用二值型的 MP 模型。1962 年，Widrow 提出了自适应线性元件(adaline)，得到了连续取值的线性网络。之后人工神经网络的研究进入第一次热潮。1969 年，M. Minsky 和 S. Papert 发表了名为《感知机》的专著。指出了简单的线性感知机的功能是有限的，即它无法解决线性不可分的二类样本的分类问题。要解决这个问题，必须加入隐层节点。但是对于具有隐层节点的多层网络，如何设计或找到有效的学习算法，在当时是一个难以解决的问题。由于 Minsky 在人工智能领域的权威性，这一结论使得神经网络的研究在整个 20 世纪 70 年代，总体处于低潮。

进入 20 世纪 80 年代后，美国物理学家 J. J. Hopfield 于 1982 年和 1984 年各发表了两篇神经网络论文，引起学界很大的反响。他提出了一种同层全部神经元相互反馈互联的神经网络，并定义了一个能量函数，即表达为神经元状态与连接权的能量函数。利用该网络可以求解相联记忆(associative memory)和优化计算的问题。该网络后来被称为 Hopfield 网络。最典型的范例是应用该网络成功地求解了旅行商问题(TSP)。在此之后,1986 年 D. E. Rumelhart 和 G. E. Hinton 等提出了多层前馈感知机的误差反向传播算法(error back-propagation algorithm),简称 BP 算法。该算法解决了原来不能提供的多层感知机的学习算法问题,至今仍是包括深度卷积神经网络和 Transformer 在内的绝大多数神经网络模型常用的标准学习算法。Hopfield 网络和 BP 算法的提出使人们重新看到了人工神经网络的发展前景。1987 年在美国召开了第一届国际神经网络联合大会(IJCNN),人工神经网络研究进入第二次热潮。J. J. Hopfield 和 G. E. Hinton 也主要因为上述基础性发现与发明等荣获 2024 年诺贝尔物理学奖。

Hopfield 网络与 BP 算法的学术成功,在当时并没有真正解决多少实际问题,也没有带来多大的产业价值,这导致人工神经网络的研究在 2000 年前后再次进入低潮。直到 2006 年,G. Hinton 等率先提出了包括深度置信神经网络在内的深度学习方法。2012 年,Hinton 等提出了一种在神经网络模型中防止过拟合的正则化方法 Dropout。同年,Hinton 与其博士生将 Y. LeCun 等提出的卷积神经网络,与大数据、GPU 进行了有效的结合,提出了 AlexNet 模型(Krizhevsky, Sutskever, Hinton, 2012),面向 ImageNet 数据集表现出惊人的图像分类能力,并由此带来了神经网络的第三次研究热潮,也开创了以深度学习为代表的新一轮人工智能研究与产业发展的新局面。借助于深度卷积神经网络对分层特征的自动提取能力,图像分类或识别方法得到迅猛的发展,先后出现了各种改进型的深度卷积神经网络结构与防止过拟合的正则化策略,例如,NIN 模型(Lin 等,2014),VGG 模型(Simonyan 等,2014),GoogLeNet 模型(Szegedy 等,2014),Inception 模型(Szegedy 等,2015),批次归一化(batch normalization,BN)策略(Ioffe 等,2015),ResNet 模型(He 等,2015),空洞卷积模型(Yu 等,2015),DenseNet 模型(Huang 等,2016),FPN 模型(Lin 等,2017),ResNext 模型(Xie 等,2017)和 ResNeSt 模型(Zhang 等,2020)等。这些模型针对各种公开数据集的分类性能不断提升,甚至达到或超过人类水平。但开放环境下的应用,却落地艰难。这次深度神经网络热潮带来的另一重要进展,主要体现在对图像、视频与三维点云目标检测与分割的研究方面,同样涌现出了许多检测与分割精度不断增强的研究成果,包括 R-CNN(Girshick 等,2014),Fast R-CNN(Girshick,2015),Faster R-CNN(Ren 等,2015),U-Net(Ronneberger 等,2015),YOLO(Redmon 等,2016),SSD(Liu 等,2016),R-FCN(Dai 等,2016),MS-CNN(Cai 等,2016),RetinaNet(Lin 等,2017),YOLOv3(Redmon 等,2017),Mask R-CNN(He 等,2017),PointNet(Qi 等,2017),Complex-YOLO(Simon 等,2018),全景分割(Kirillov 等,2018),YOLOv4(Bochkovskiy 等,2020),EfficientDet(Tan 等,2020)和 YOLOv5(Jocher,2020)等。

在 AlexNet 于 2012 年开始的新一轮人工智能研究中,第一波次的核心突破就是深度卷积神经网络,而第二波次的重大进展则是 2016 年由谷歌 DeepMind 推出的 AlphaGo。超人类水平的 AlphaGo、AlphaGo Zero、AlphaZero 与 MuZero 将强化学习与深度卷积神经网络、蒙特卡洛树搜索算法进行结合,最终获得了从零开始、可完全自主学习且无师自通的棋类与游戏类通用人工智能,引起学界与社会的强烈关注。

从 ChatGPT 的问世与大模型的研究进展来看,2017 年由谷歌提出的新一代神经网络模型 Transformer(Vaswani 等,2017),在许多自然语言处理(NLP)与计算机视觉(CV)任务中都获得了最好的结果。目前,Transformer 模型最主要的突破性成就就是推出了强大的 GPT-3(Brown 等,2020)、ChatGPT(OpenAI,2022)与 GPT-4(OpenAI,2023)。考虑到

Transformer 模型规模与泛化性能之间呈现出的单调递增趋势，特别是其跨模态的通用性，以及结构上通过自注意力学习机制的实现，可表达与生成 token 序列的全局相关性等重要特征，Transformer 模型的出现可视为新一轮人工智能中第三波次的里程碑式突破。

1.2 人工神经元模型

人工神经元模型是利用数学模型模拟和应用生物神经元结构与功能的典范。常见的人工神经元模型包括 MP 模型、加权和非线性(weighted sum and nonlinearity，WSN)模型、径向基函数(radial basis function，RBF)模型和发放(spiking)模型。

表 1.1 给出了以上 4 种人工神经元模型的定义、主要特点与用途。

表 1.1 人工神经元模型

人工神经元模型	名称	定义及主要特点	用 途
基准神经元模型	MP 模型	McCulloch-Pitts(MP)神经元： $\boldsymbol{y}=f(\boldsymbol{w}^{\mathrm{T}}\boldsymbol{x})$， 其中，$\boldsymbol{x}$，$\boldsymbol{y}$ 分别为二值型输入、输出向量，$\boldsymbol{w}$ 为输入连接权向量，$f()$为二值型非线性激活函数(activation function)	应用于早期的单层与多层感知机，可实现简单的逻辑运算，是 WSN 模型的最早雏形
第一代神经元模型	WSN 模型	WSN 神经元： $\boldsymbol{y}=f(\boldsymbol{w}^{\mathrm{T}}\boldsymbol{x})$， 这里的输入 $\boldsymbol{x}$，输出 $\boldsymbol{y}$ 均为连续取值，$f()$为可导激活函数	应用于前馈神经网络、反馈神经网络与递归神经网络等绝大多数人工神经网络模型
第二代神经元模型	RBF 模型	RBF 神经元： $\boldsymbol{y}=f(\\|\boldsymbol{w}-\boldsymbol{x}\\|)$， 其中，$\boldsymbol{x}$，$\boldsymbol{y}$ 分别为输入、输出向量，$\boldsymbol{w}$ 为输入连接权向量，$\\|\ \\|$ 为向量范数，$f()$为连续非线性激活函数(如高斯函数)	配合无监督的竞合学习，一般应用于 SOM 网络与 RBF 网络等
第三代神经元模型	发放模型	发放神经元：利用 Hodgkin-Huxley(H-H)方程和漏整合发放(leaky integrate-and-fire，LIF)方程对人工神经元的内部发放机制进行表达	应用于类脑芯片与类脑神经网络

1.2.1 基准神经元模型：MP 模型

1943 年，心理学家 W. McCulloch 和数理逻辑学家 W. Pitts 首先提出了一个简单的人工神经元模型，一般称为 MP 模型。该神经元模型的输入输出关系为

$$y_k=f\left(\sum_{j=0}^{m}w_{kj}x_j\right)=f\left(\sum_{j=1}^{m}w_{kj}x_j-\theta_k\right) \tag{1.1}$$

其中，x_j 为第 j 个输入，y_k 为第 k 个输出，w_{kj} 为从第 j 个神经元到第 k 个神经元的固定连接权系数(weight coefficient)，$j=1,2,\cdots,m$，且 $f()$ 表示非线性激活函数。在式(1.1)中，$x_0\triangleq-1$，$w_{k0}=\theta_k$ 称为偏置(bias)。对这一早期的 MP 模型，激活函数 $f()$ 通常取为阶跃函数或符号函数等二值型函数，同时连接权 w_{kj} 固定，且是通过设计而非由学习算法得到的。

图 1.1 示意性地给出了 MP 模型对生物神经元外部输入输出功能模拟的数学模型抽

象。在这一最原始的人工神经元模型中，生物神经元的树突被抽象为人工神经元的输入向量，轴突被表达为输出，生物神经元之间的突触连接被描述为连接权系数，细胞体被表达为时空整合器或加法器，生物神经元中发放序列产生所需的阈值与发放频率限制，也被分别表达为人工神经元模型中的偏置与二值型激活函数。历史上，由这个简单数学模型构建的人工神经网络，主要包括单层感知机与二值型多层感知机等早期神经网络，通常仅能完成一些简单的逻辑运算，且无学习能力。

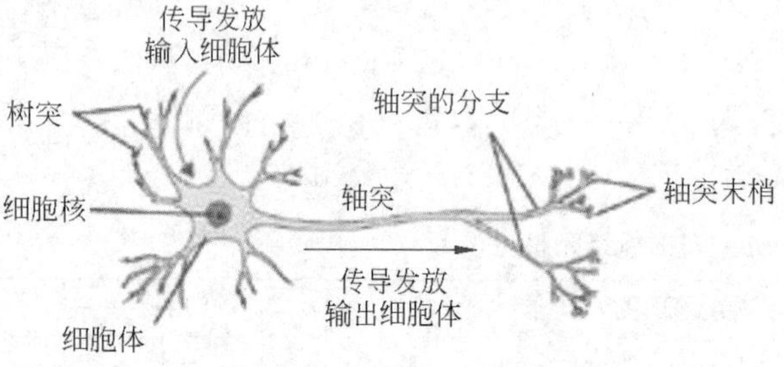

(a) 生物神经元

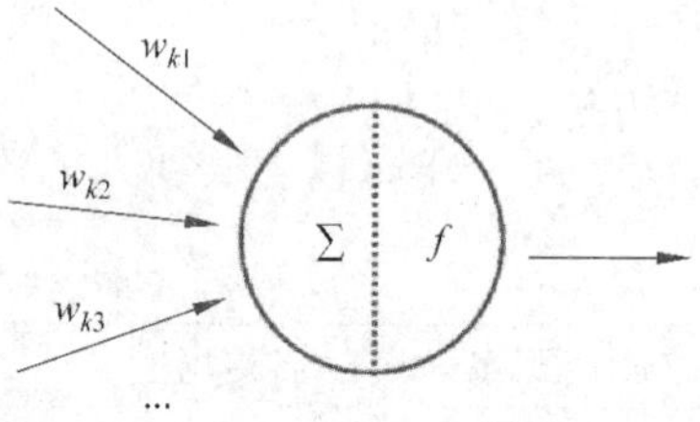

(b) MP模型示意图

图 1.1 生物神经元与 MP 模型示意图

1.2.2 第一代神经元模型：WSN 模型

尽管上述 MP 模型十分简单，但扩展激活函数后得到的 WSN 模型，由于引入了学习能力，至今仍是绝大多数人工神经网络模型中的标准人工神经元模型。换句话说，除了对非线性激活函数的改进，迄今得到最广泛使用的 WSN 模型，与最早期的 MP 模型并无不同，完全继承了 MP 模型的基本结构与基本运算。

形式上，WSN 模型的输入输出关系与式(1.1)完全相同，区别仅在于非线性激活函数 $f()$ 必须选择为可求导的函数，例如，可取为式(1.2e)、(1.2f)的 Sigmoid 函数和双曲正切函数 Tanh，或取为式(1.2g)的 ReLU 函数。相应地，WSN 模型中的输入输出变量也均为连续取值。本质上，人工神经元模型中的激活函数，从二值型函数改进为可导函数这一小小的改变，却带来了极其重要的误差反向传播算法的引入。正是由于 WSN 人工神经元模型及其网络获得的这种学习能力，使其广泛应用于目前的前馈神经网络、反馈神经网络与递归神经网络等绝大多数人工神经网络模型中。

下面对人工神经元模型中涉及的常见激活函数进行简要的介绍。

(1) 比例函数。如图 1.2 所示，相应的激活函数为

$$y = f(s) = s \tag{1.2a}$$

(2) 阶跃函数。如图 1.3 所示，相应的激活函数为

$$y = f(s) = \begin{cases} 1, & s \geqslant 0 \\ 0, & s < 0 \end{cases} \tag{1.2b}$$

(3) 符号函数。如图 1.4 所示，相应的激活函数为

$$y = f(s) = \begin{cases} 1, & s \geqslant 0 \\ -1, & s < 0 \end{cases} \tag{1.2c}$$

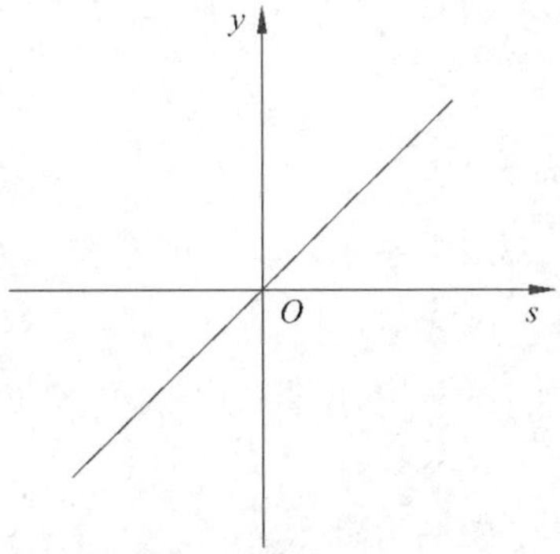

图 1.2　比例激活函数

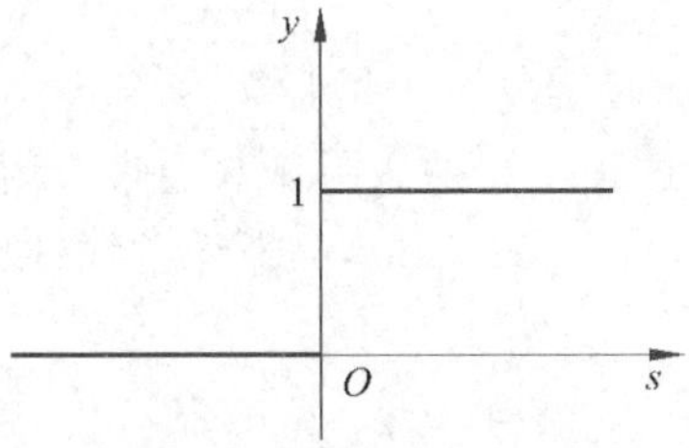

图 1.3　阶跃激活函数

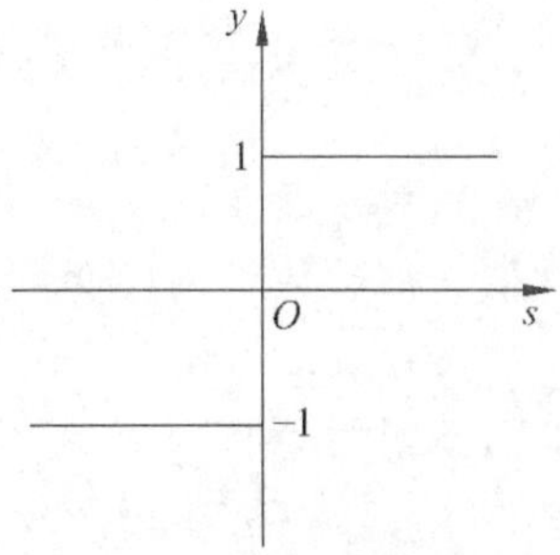

图 1.4　符号激活函数

(4) 饱和函数。如图 1.5 所示,相应的激活函数为

$$y = f(s) = \begin{cases} 1, & s \geqslant \dfrac{1}{k} \\ ks, & -\dfrac{1}{k} \leqslant s < \dfrac{1}{k} \\ -1, & s < -\dfrac{1}{k} \end{cases} \tag{1.2d}$$

(5) Sigmoid 函数。如图 1.6 所示,相应的激活函数为

$$y = f(s) = \frac{1}{1 + e^{-\mu s}} \tag{1.2e}$$

其中,μ 称为形状参数。该函数也被称为 Logistic 函数。一般应用于浅层全连接神经网络,或作为递归神经网络的门控机制,也用于构建二分类任务的输出层。

(6) 双曲正切(Tanh)函数。如图 1.7 所示,相应的激活函数为

$$y = f(s) = \frac{1 - e^{-\mu s}}{1 + e^{-\mu s}} \tag{1.2f}$$

其中,μ 称为形状参数。该激活函数通常应用于递归神经网络。

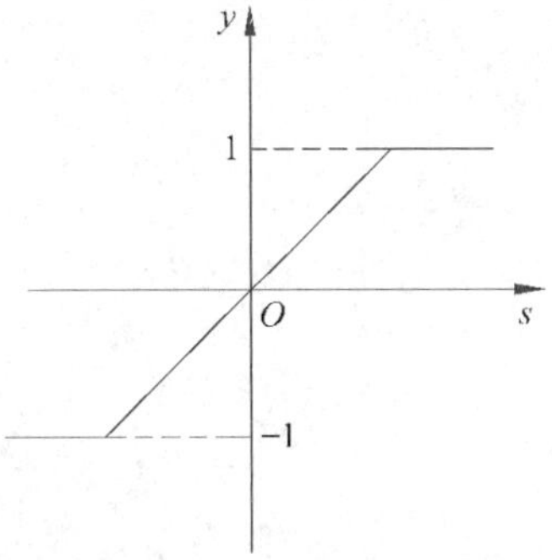

图 1.5　饱和激活函数

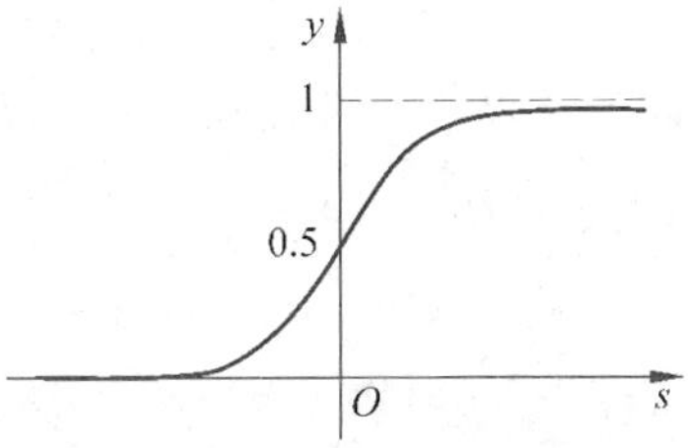

图 1.6　Sigmoid 激活函数

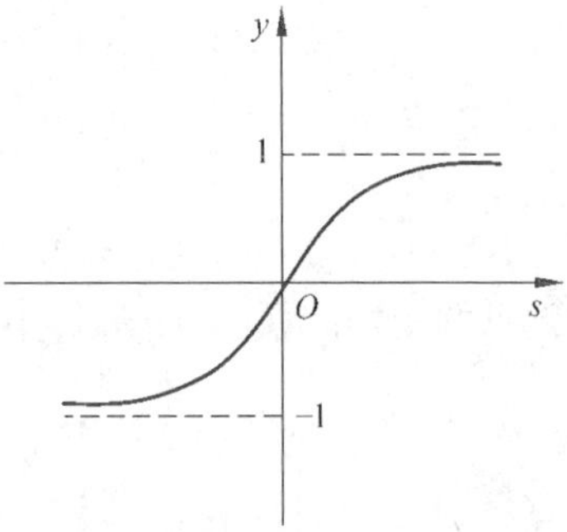

图 1.7　双曲正切激活函数

(7) ReLU(rectified linear unit,修正线性单元)函数。如图 1.8 所示,相应的激活函数为

$$y = f(s) = \max(0, s) = \begin{cases} s, & s \geqslant 0 \\ 0, & s < 0 \end{cases} \tag{1.2g}$$

该激活函数可较为有效地缓解深度神经网络中的梯度遽变问题，应用极其广泛。

(8) 漏(leaky)ReLU 函数。如图 1.9 所示，相应的激活函数为

$$y = f(s) = \begin{cases} s, & s \geqslant 0 \\ \alpha s, & s < 0 \end{cases} \tag{1.2h}$$

相对于 ReLU 激活函数，区别仅在于增加了一个很小的斜率参数 α（通常在 0.1～0.3 取值），该参数不进行学习。这种类型的激活函数通常应用于生成式对抗网络。

(9) GeLU(Gaussian error linear unit，高斯误差线性单元)函数。如图 1.10 所示，相应的激活函数为

$$y = f(s) = 0.5s(1 + \mathrm{Tanh}(\sqrt{2/\pi}(s + 0.044\,715s^3))) \tag{1.2i}$$

上述 GeLU 激活函数在基于 Transformer 的大型语言模型(large language model, LLM)中得到较为广泛的应用，不仅可有效避免梯度消失问题，而且可获得较优的性能。

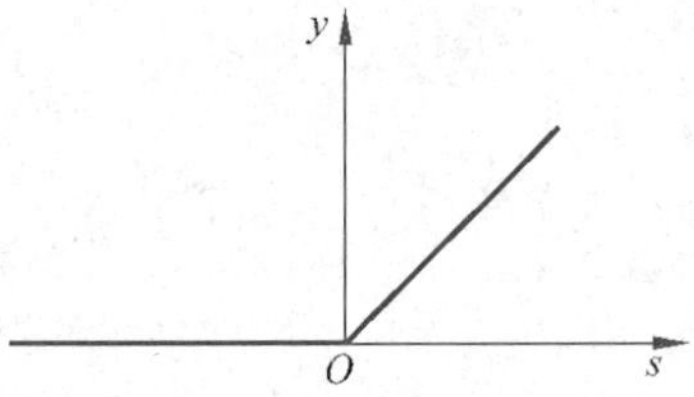

图 1.8 ReLU 激活函数

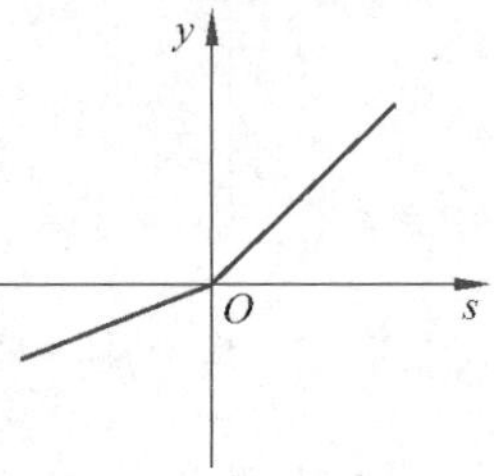

图 1.9 漏 ReLU 激活函数

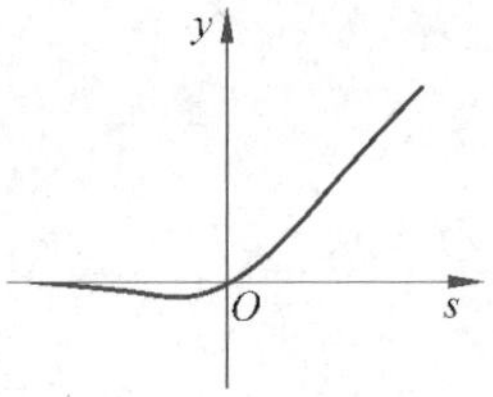

图 1.10 GeLU 激活函数

(10) Softmax 函数。如图 1.11 所示，相应的激活函数为

$$y_i = f(s_i) = \frac{e^{s_i}}{e^{s_1} + e^{s_2} + \cdots + e^{s_C}} \tag{1.2j}$$

该激活函数主要应用于多分类任务的输出层，通常与交叉熵损失函数配合使用，可将其视为 Sigmoid 函数的推广。

(11) Swish 函数。如图 1.12 所示，相应的激活函数为

$$y = f(s) = \frac{s}{1 + e^{-\mu s}} \tag{1.2k}$$

其中，μ 为可学习的形状参数。该激活函数对深度神经网络较为有效。

(12) Mish 函数。如图 1.13 所示，相应的激活函数为

$$y = f(s) = \mathrm{Tanh}(\ln(1 + e^s))s \tag{1.2l}$$

由于该激活函数具有上无界、下有界、非单调的特性，且具有无穷阶连续性与光滑性，通常具有较好的性能，已在 YOLOv4 中使用。

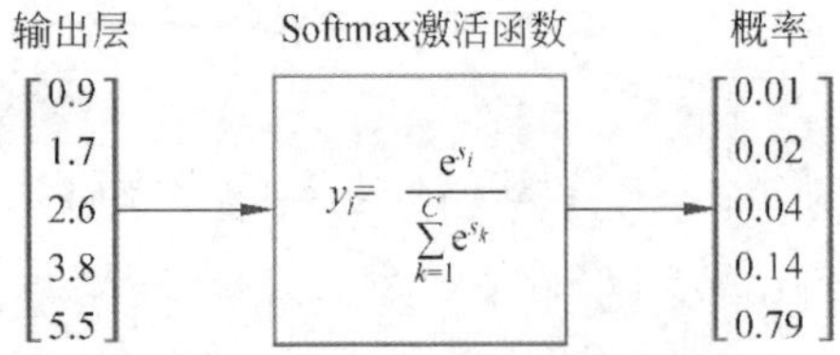

图 1.11 Softmax 激活函数

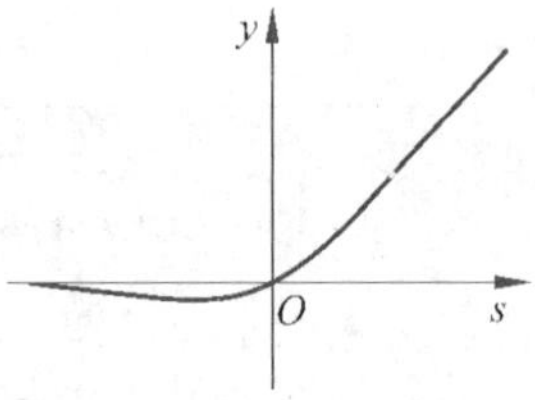

图 1.12 Swish 激活函数

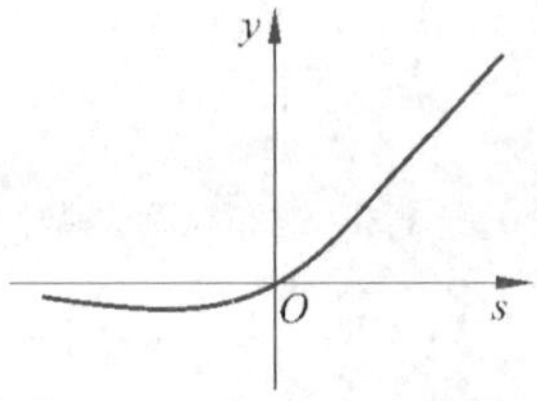

图 1.13 Mish 激活函数

1.2.3　第二代神经元模型：RBF 模型

RBF 模型的输入输出关系可写为

$$y_k = f(\|\boldsymbol{w} - \boldsymbol{x}\|) = f\left(\sum_{j=1}^{n} (w_{kj} - x_j)^2\right) \tag{1.3}$$

其中，$\boldsymbol{x} = [x_1, x_2, \cdots, x_n]^{\mathrm{T}}$ 为 n 维输入样本向量，$\boldsymbol{w} = [w_{k1}, w_{k2}, \cdots, w_{kn}]^{\mathrm{T}}$ 为 n 维输入连接权向量，w_{kj} 为从第 j 个神经元到第 k 个神经元的连接权系数，$\|\cdot\|$ 为向量范数，y_k 为第 k 个输出，$k=1,2,\cdots,m$，且 $f()$ 表示连续对称非线性激活函数(如高斯函数)。在式(1.3)中，对 n 维归一化输入样本向量 $\boldsymbol{x}$，首先随机初始化连接权向量 $\boldsymbol{w}$ 并进行归一化。然后计算两个 n 维向量 $<\boldsymbol{w}, \boldsymbol{x}>$ 之间的范数(如欧氏距离)，并进一步比较 m 个输出神经元对应范数的大小，其中具有最小范数或距离的输出节点获胜被选中，这被称为竞争过程。之后，结合激活函数 $f()$，按照无监督学习算法，自组织地调整获胜节点及其邻域内输出节点的连接权向量，这被称为合作过程。最后对全部输入样本集，重复上述竞合学习过程，直至收敛。

RBF 神经元模型主要配合无监督的竞合学习，一般应用于 SOM 网络与 RBF 网络等，主要应用领域包括数据聚类、数据降维、数据压缩、向量量化与无监督模式分类等。

1.2.4　第三代神经元模型：发放模型

发放模型一般被称为第三代人工神经元模型。该模型利用 Hodgkin-Huxley 方程和 LIF 方程，对人工神经元的内部结构与发放机制进行基于神经元动力学方程的描述。

Hodgkin 与 Huxley 通过实验发现了 3 种不同类型的离子电流，并建立了产生动作电位的数学模型。他们的这一工作获得了 1963 年诺贝尔生理学或医学奖。这是利用数学模型解释神经生理学实验结果的典范之作。

如图 1.14(a)所示，生物神经元的细胞膜将神经元分为胞内和胞外。考虑到一般情况下胞内壁存在许多的负电荷，而胞外壁则存在相应的正电荷，这样可以将细胞膜看作用于存储电荷的电容。类似地，由带电离子在胞内外的浓度差值而形成的电位差可视为电池，而膜对离子的选择性通透则可视为电阻。神经元的这些特性可大致等效为图 1.14(b)所示的电路图。

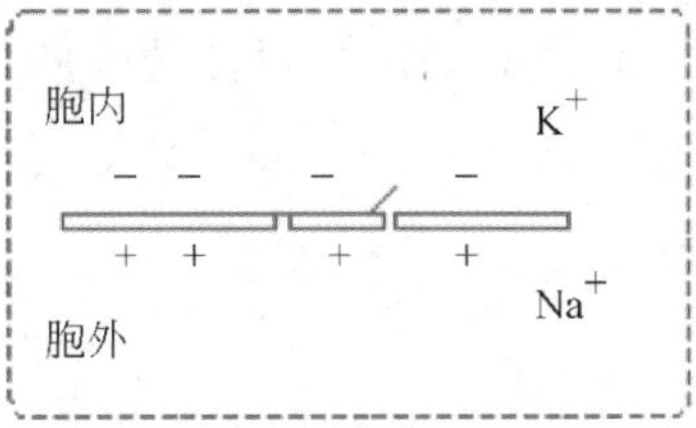

(a) 生物神经元膜内外离子与电荷分布

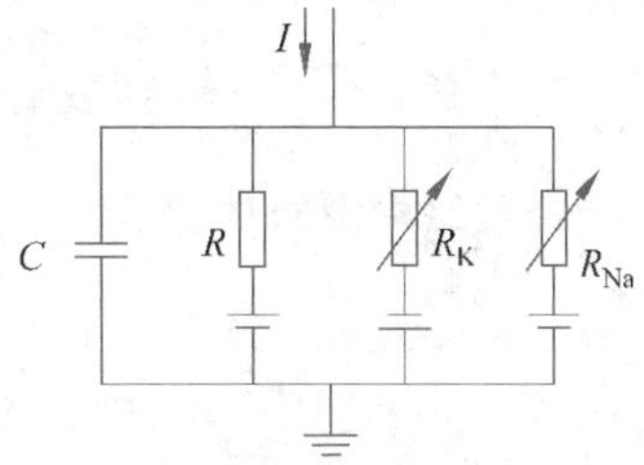

(b) 等效电路图

图 1.14　Hodgkin-Huxley 模型的等效电路图

由 Kirchhoff 定律可知，通过胞膜的总电流 I 等于膜电容产生的电流 I_{cap} 加上所有离子的电流 I_k，这里 k 表示不同离子的索引。因此，有

$$I(t) = I_{\mathrm{cap}}(t) + \sum_k I_k(t) \tag{1.4}$$

式中，对 I_k 求和表示所有带电离子产生的电流(包括漏电流)。

Hodgkin-Huxley 模型仅考虑了钠离子和钾离子的电流，其他离子的电流则合并称为漏电流。将电容中电流和电压之间的关系 $I_{\mathrm{cap}}=C\mathrm{d}u/\mathrm{d}t$ 代入式(1.4)，可得

$$C\frac{\mathrm{d}u}{\mathrm{d}t}=I(t)-\sum_k I_k(t) \tag{1.5}$$

其中，C 为电容常数，u 为电容电压或膜电位。

由于在实际应用中 Hodgkin-Huxley 方程过于复杂，因此通常使用一类产生动作电位的简化数学模型，如利用 LIF 模型。LIF 模型简化了神经元产生动作电位的许多神经生理学细节，而仅仅通过比较膜电位与一个阈值电位之间的关系来决定是否发放动作电位。

作为 Hodgkin-Huxley 方程的简化版本，LIF 方程可写为

$$\tau_{\mathrm{m}}\frac{\mathrm{d}u}{\mathrm{d}t}=E_{\mathrm{r}}-u+R_{\mathrm{m}}I_{\mathrm{e}} \tag{1.6}$$

其中，u 为神经元膜电位，E_{r} 为静息电位，τ_{m} 为膜时间常数，R_{m} 为膜电阻，I_{e} 为输入电流。当 u 的值达到阈值电位 θ 后，神经元将产生一个动作电位，然后将膜电位重置为 u_{reset}。

第三代的发放人工神经元模型主要应用于类脑芯片与类脑神经网络。

1.3 人工神经网络模型

1.3.1 神经网络的基本概念与方法

人工神经网络是利用人工神经元模型，实现对生物神经网络的模拟或近似，目的是能够以生物智能水平为衡量指标，基于单一模型完成单个或多个复杂任务。

实现生物神经网络的模拟，主要有如下两种不同的技术路径：

① 结构主义：从内部生物学结构及其实现机理进行自内到外的模拟；

② 功能主义：从外部输入输出功能实现的角度进行黑箱式的模拟。

原理上，通过将人工神经元连接起来组成一个网络结构，并相应增加学习算法，就组成了一个人工神经网络模型。换句话说，任何一个人工神经网络模型均包括网络结构与学习算法两个方面。神经网络结构一般由大量神经元互连构建，每个神经元均为单一输出，存在可学习的连接权值与阈值，且其输入为其他互连神经元输出值的加权和，这里的加权系数就是对应连接关系的权值。而学习算法则一般包括监督学习、强化学习与无监督学习算法。

1. 人工神经网络模型概述

神经网络被定义为一个具有如下性质的有向图：

① 每个神经元节点具有单一状态或输出；

② 神经元节点 i 到神经元节点 j 之间存在一个连接权(weight)；

③ 每个神经元节点具有一个偏置(bias)或称阈值(threshold)；

④ 每个神经元节点定义一个非线性激活函数。

如图 1.15 所示，最常见的 3 种典型的人工神经网络结构包括前馈神经网络(feedforward neural network)、反馈神经网络(feedback neural network)和递归神经网络(recurrent neural network，RNN)。总体而言，前馈神经网络具有从输入层到隐层、输出层的信息传递

方向性，隐层和输出层的神经元与其前一层的所有神经元均有全连接或卷积共享连接，但同层神经元之间没有任何侧向连接。而反馈神经网络的所有神经元均在同一“层”内相互连接（包括自连接），存在至少一条突触连接循环通路。相比之下，递归神经网络则可视为前述两类网络的整合，整体看具有类同前馈神经网络的方向性，但中间的隐层却是一个反馈神经网络。因此，反馈神经网络可被认为是无显式输入层与输出层的退化的递归神经网络。或者说，递归神经网络是具有显式输入层与输出层的多层反馈神经网络。也可以说，前馈神经网络是隐层无侧向连接的退化的递归神经网络。因此，递归神经网络具有最完整的网络结构与连接关系。在许多中文文献中，递归神经网络也被称为循环神经网络。

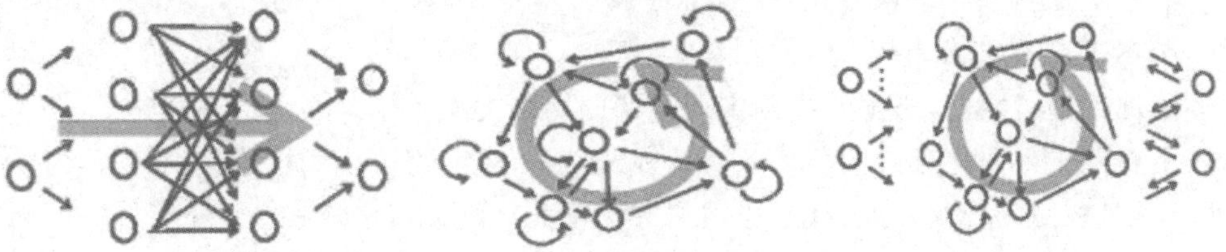

(a) 前馈神经网络　　(b) 反馈神经网络　　(c) 递归神经网络

图1.15　典型的人工神经网络结构示意图

2. 神经网络的训练、验证与测试

下面以前馈神经网络及监督学习算法为例进行介绍。

1）采集与处理数据样本集

神经网络是典型的数据驱动模型。在利用任何神经网络进行训练、验证与测试之前，必须预先准备好与待解决问题相对应的数据集。数据集的构建主要涉及原始数据的收集、数据分析、变量选择与数据的预处理等，这里的预处理包括对数据进行清洗、标注与划分。

对传统神经网络，首先需要在大量的原始感知数据中确定最主要的输入模式。通常可利用多元相关性分析方法，对原始数据进行统计处理，检验它们之间的相关性，并找出其中最主要的模式作为输入。

在确定了若干最重要的输入量后，可进行尺度变换和预处理。尺度变换常常将它们变换到[−1, 1]或[0, 1]的范围。在进行尺度变换前，必须先检查是否存在异常点（或称外点、野值点），这些点必须首先进行剔除。

对于一个复杂问题应该选择多少数据样本，这也是个很关键的问题。待求解问题本身就是由这些数据定义的，其输入端到输出端的关系就包含在这些数据样本中。一般说来，选取的数据样本越多，学习或训练的结果便越能正确反映输入输出之间的关系。对完全监督的深度卷积神经网络，甚至存在“数据暴力”，即训练样本越多，则性能越好。

事实上，数据样本的多少取决于许多因素，如问题本身的输入输出分布、网络的规模，以及相应的算法与测试需要等。这里问题本身的复杂性最为关键。在无此限制下，通常较大规模的网络需要较多的训练数据。一个经验规则是：带标签的训练样本应是连接权总数的5～10倍。

原始数据集还需要进行清洗、标注与划分，以获得真实有效的高质量标签样本数据。

① 清洗：去除与训练目的无关的数据样本。

② 标注：通过人工标注或自动标注完成，之后对标签质量进行审核与增加算法容错。

③ 划分：利用训练样本集，神经网络训练时需要验证样本集确定停止条件，同时在完成训练后，需要有另外的测试样本集来对网络的性能加以评估。测试样本应是独立的数据集。

最简单的方法是将数据集随机地分成3部分，如2/3用于网络训练（其中少量用于验证），其余用于测试。随机选取的目的是尽量减小数据之间的相关性。

影响数据样本大小的另一个因素是输入模式和输出结果的分布，对数据样本预先加以判定可以减少所需的数据量。相反，数据分布密度不均匀、类别样本不均衡，甚至互相覆盖，则势必需要扩增数据样本容量。

2）确定网络的类型和结构

训练神经网络之前，必须首先确定所选用的网络类型。

若主要用于函数逼近或回归任务以及模式分类任务，则可使用全连接前馈神经网络，如BP网络。对检测、分割、分类、补全与预测等大部分问题，若还需要进行分层特征的自动提取，则可选择包含全连接前馈神经网络分类器的深度卷积神经网络，此时各个卷积层及其各种组合可作为自动特征提取器使用。对序列数据或对动力学系统的回归与预测，则广泛使用递归神经网络。

实际上，神经网络模型的细分类型很多，须根据任务的要求和问题的性质合理地选择网络模型的具体类型。

在模型的三大类型确定之后，剩下的问题是选择模型的网络结构和超参数。以浅层全连接前馈神经网络为例，需要确定网络结构的隐层数、每个隐层的神经元节点数、节点的激活函数及其形状参数，学习算法、学习率及动量项因子等超参数。这些结构参数与超参数的选择，需要遵循一些指导原则，但目前更多的是依靠经验和试凑，或利用神经结构搜索（neural architecture search，NAS）算法进行自动机器学习（AutoML），以获得优化的网络结构。但无论如何，网络结构确定的根本原则就是要使模型的验证或测试误差最小。

对于某个具体问题，若确定了输入输出变量，网络输入层和输出层的神经元节点个数也便随之确定。对全连接的BP网络，隐层的层数可首先考虑只选择一层。剩下的问题是如何选择隐层的节点数。其选择原则是：在能正确反映输入输出映射关系的基础上，尽量选取较少的隐层节点数，以使网络结构尽量简单。

具体选择时有两种方法。

① 自小到大：先设置较少的神经元节点，然后对网络进行训练，并测试网络的逼近或回归误差，之后逐渐增加神经元的节点数，直到测试的误差不再有明显减小为止。

② 自大到小：先设置较多的神经元节点，在对网络进行训练时，采用如下的误差代价函数或损失函数：

$$\begin{aligned} E_{\mathrm{f}} &= \frac{1}{2}\sum_{p=1}^{P}\sum_{i=1}^{n_Q}(d_{pi}-x_{pi}^{(Q)})^2+\varepsilon\sum_{q=1}^{Q}\sum_{i=1}^{n_q}\sum_{j=1}^{n_{q-1}}\|w_{ij}^{(q)}\| \\ &= E+\varepsilon\sum_{q,i,j}\|w_{ij}^{(q)}\| \end{aligned} \tag{1.7}$$

其中，$w_{ij}^{(q)}$ 为从第 $q-1$ 层第 j 个神经元到第 q 层第 i 个神经元的连接权系数，$\|\cdot\|$ 为向量范数，$x_{pi}^{(Q)}$ 表示针对第 p 个训练样本的第 Q 层（输出层）第 i 个神经元的输出，d_{pi} 为相应的

期望输出，$p(p=1,2,\cdots,P)$ 为训练样本序号，$q(q=1,2,\cdots,Q)$ 为网络隐层与输出层编号，ε 为拉格朗日乘子。

引入第二项的作用相当于引入一个"遗忘"项，其目的是使训练后的连接权系数尽量小，此时可求得 E_f 对 $w_{ij}^{(q)}$ 的梯度为

$$\frac{\partial E_f}{\partial w_{ij}^{(q)}}=\frac{\partial E}{\partial w_{ij}^{(q)}}+\varepsilon \operatorname{sign}(w_{ij}^{(q)}) \tag{1.8}$$

利用该梯度可以构建相应的学习算法。基于该学习算法，在训练过程中只有那些确实必要的连接权才予以保留，而那些不太必要的连接权将逐渐衰减为零。最后可去掉那些影响不大的连接权和相应的神经元节点，从而剪裁获得一个规模适当的网络结构。

若采用上述任一方法选择的隐层神经元节点数太多，这时可考虑采用多个隐层以增加深度。对相同的输入输出映射关系，采用多个隐层的节点总数，一般要比仅使用单个隐层时少。

3）训练、验证和测试

在模型训练过程中，对带标签的训练样本需要反复地使用。对一个批次大小（batch size）的训练样本或对所有的训练样本正向运行一次并反向传播修改连接权一次，前者称为一次训练迭代（iteration），后者称为完成一个训练轮次（epoch）。这样的训练需要反复进行，直至获得合适的验证与测试性能。

对规模较大的训练样本集，须按照最小批次（mini-batch）进行细分，这里的批次大小是训练过程中的一个重要超参数。为了防止过拟合，通常还需要在网络结构中使用 Dropout 或 BN 等防止过拟合的模块。

一次训练迭代：利用一个批次大小的样本对模型训练一次，也就是该批次训练样本全部馈入模型进行完正向计算之后，才更新一次模型的全部连接权值，这被称为完成了模型的一次迭代。

一个训练轮次：利用训练集中的全部样本对模型训练一次，称为进行了一个轮次的训练。

例如，对训练集中的全部 2000 个训练样本，若取批次大小为 20，则需进行 100 次迭代才等于完成了一个轮次的训练。换句话说，全部训练样本对应于一个轮次，而一个轮次则包含若干次的迭代。在深度神经网络的完全监督学习中，一般采用随机梯度下降（SGD）或 Adam 算法进行训练。

训练网络的目的在于找出蕴含在样本数据中的输入和输出之间的本质关系，从而对未经训练的相似输入也能给出合适的输出，即使其具备泛化能力（generalization capability）。必须着重指出的是，泛化能力是衡量包括神经网络在内的一切机器学习方法性能的主要指标之一。

但对开放式应用场景，由于实际收集的感知数据一般都是包含噪声的，因此随着训练的次数过多，网络有可能同时将具有较大噪声的数据都记忆了下来，因而对新的输入数据，则往往不能给出合适的输出，即并不具备很好的泛化能力。

前文已指出，神经网络或机器学习方法的性能，主要用它的泛化能力来衡量，而非采用对训练数据的拟合程度来体现。泛化能力一般可用一组独立的验证或测试数据进行性能评估。

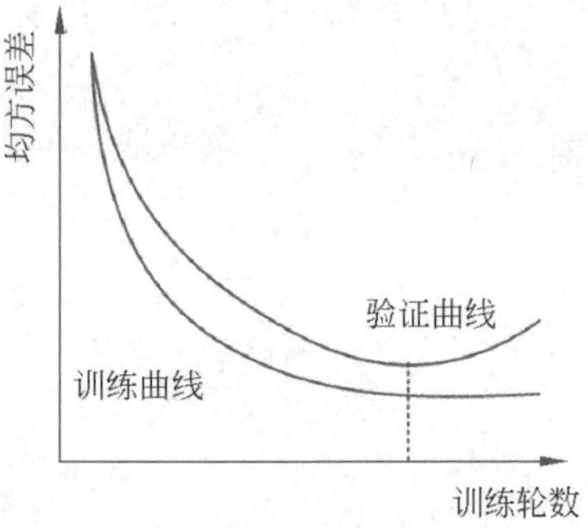

图 1.16 学习曲线示意图

从图 1.16 的学习曲线可以看出,在利用验证集构建并执行训练过程的终止条件时,一开始验证均方误差逐渐减小,但当训练轮数继续增加时,验证均方误差有可能反而增加,即由此出现一个拐点。此时验证曲线上拐点所对应的即为恰当的训练轮数,该训练过程可在此处终止,若再训练则为“过度训练”(over-training)。

针对传统的前馈神经网络,考虑网络隐层神经元节点数的选择时,如果采用试错法,则必须将训练、验证与测试过程结合,最终也必须使用测试误差来衡量网络的泛化性能,此时并不是节点数越多越好。事实上,除了利用学习算法获得连接权参数,在用试错法选择模型的结构参数与超参数时,也同样必须以测试误差为准进行模型的性能评估。

对于初始连接权值,一般使用随机均匀分布产生。为了避免陷入局部极值问题,通常可选取多组初始权值,最后再选用其中最好的一组,这里也是靠评估测试误差来进行比较的。

对全连接前馈神经网络,网络的隐层节点数对泛化能力具有较大的影响。节点数太多,它倾向于记住所有的训练样本数据,包括具有较大噪声的数据,这反而降低了泛化能力;而节点数太少,则不能很好地拟合训练样本数据,因而也谈不上有较好的泛化能力。选择节点数的原则是:选择尽量少的节点数以实现尽量好的泛化性能。

对卷积神经网络,“深度”是一个很好的结构参数,但就其泛化性能而言,这也需要进行折中选择。

3. 常见的损失函数

在神经网络的监督学习算法中都需要最大化或最小化目标函数(objective function)。这里的目标函数泛指任何被优化的函数,不一定就是误差函数类型。显然,目标函数包含了代价函数(cost function),后者特指针对单个训练批次或面向整个训练样本集,模型实际输出与期望输出之间的误差,即代价函数属于误差函数类型的目标函数。而损失函数(loss function)则是代价函数的一部分,特指围绕单个训练样本定义的代价函数,一般将其定义为神经网络的实际输出(或预测结果)与期望输出(也称标签、真值或简称 GT)之间误差的某种度量。后续神经网络的学习算法将根据该损失函数定义,对网络结构中的连接权参数进行修正。

一般将损失函数划分为经验风险损失函数与结构风险损失函数。前者是指实际输出与期望输出之间的差别;而后者则是指基于经验风险损失函数,再加上一个正则项。通常损失函数的选取需要考虑其是否存在异常值,是否具有较高的求导效率以及待处理的任务属于何种类型。

此外,机器学习中的损失函数通常分为针对连续型变量的回归损失和针对离散型变量的分类损失两种,下面结合回归与分类这两大类任务介绍若干常用的损失函数。

1) 回归与时序预测任务的损失函数

这类问题要解决的是对连续期望值的逼近、拟合及预测,因此回归与时序预测任务主要采用均方误差、均方根误差、平均绝对误差、Huber 损失、平均绝对百分比误差和 R^2 损失等作为常用的损失函数。

(1) 均方误差(mean square error,MSE)。

作为该类任务中常用的损失函数之一,均方误差也称 MSE 或 L_2 损失。此时

$$\mathrm{MSE}=\frac{1}{m}\sum_{i=1}^{m}(y_{\mathrm{d},i}-y_i)^2 \tag{1.9a}$$

其中,$y_{\mathrm{d},i}$ 为 m 维期望输出向量中的第 i 个分量,y_i 为模型对应的第 i 个实际输出,$y_{\mathrm{d},i}-y_i$ 称为输出误差或残差,m 为期望或实际输出向量的维度,也就是输出层神经元的个数。相对而言,均方误差损失函数计算简单,训练时收敛性能较好,但却易受异常值的影响。

(2) 均方根误差(root mean square error,RMSE)。

均方根误差实际就是对 MSE 再求一个平方根,以便能从数量级上更直观地理解回归性能,即

$$\mathrm{RMSE}=\sqrt{\frac{1}{m}\sum_{i=1}^{m}(y_{\mathrm{d},i}-y_i)^2} \tag{1.9b}$$

(3) 平均绝对误差(mean absolute error,MAE)。

平均绝对误差即 L_1 损失。若对输出误差的绝对值进行平均,则可得到如下的平均绝对误差损失函数:

$$\mathrm{MAE}=\frac{1}{m}\sum_{i=1}^{m}|y_{\mathrm{d},i}-y_i| \tag{1.9c}$$

平均绝对误差损失函数的优点是对异常值鲁棒性较好;缺点是当损失已经很小时,梯度也很大,因此通常需要配合可变学习率进行训练。

(4) Huber 损失(Huber loss)。

Huber 损失函数也称平滑的平均绝对误差,定义为

$$L_\delta=\begin{cases}\dfrac{1}{2}\sum\limits_{i=1}^{m}(y_{\mathrm{d},i}-y_i)^2, & |y_{\mathrm{d},i}-y_i|\leqslant\delta\\ \delta\sum\limits_{i=1}^{m}|y_{\mathrm{d},i}-y_i|-\dfrac{1}{2}\delta^2, & \text{其他}\end{cases} \tag{1.9d}$$

这实际上就是通过引入超参数 δ,以实现对 MSE 损失(L_2损失)和 MAE 损失(L_1损失)的取长补短。显然,当输出误差位于$[-\delta,\delta]$时,该损失函数等价于 MSE。当输出误差取值在$[-\infty,-\delta)$或$(\delta,\infty]$时,该损失函数等价于 MAE。考虑到 δ 外的大部分取值范围均采用 MAE,因而该损失函数的优点是对异常值更加鲁棒,且由于期望输出附近的损失函数为 MSE,因而训练时的收敛性更好,克服了完全采用 MAE 存在的不足;缺点是需要额外调试新增的超参数 δ,同时也存在因 δ 处不可导而带来的损失函数局部不平滑问题。

(5) 平均绝对百分比误差(mean absolute percentage error,MAPE)。

类似于 MAE,若期望输出 $y_{\mathrm{d},i}\neq 0$,则通过将输出误差除以 $y_{\mathrm{d},i}$,就可得到如下的平均绝对百分比误差损失函数,即

$$\mathrm{MAPE}=\frac{1}{m}\sum_{i=1}^{m}\left|\frac{y_{\mathrm{d},i}-y_i}{y_{\mathrm{d},i}}\right| \tag{1.9e}$$

(6) R^2 损失(R-square loss)。

R^2 损失也称拟合优度,相应的计算公式为

$$R^2 = 1 - \frac{SS_{res}}{SS_{tot}} = 1 - \frac{\sum_{i=1}^{m} (y_{d,i} - y_i)^2}{\sum_{i=1}^{m} (y_{d,i} - \bar{y}_i)^2} \tag{1.9f}$$

其中，$\bar{y}_i$ 表示实际输出值的平均，SS_{res} 称为残差平方和，SS_{tot} 称为总的平均值。R^2 的取值范围为[0，1]，显然 R^2 越接近于 1，表明SS_{res}占比SS_{tot}越小，即实际输出值离各个期望值越接近回归性能越好。

2）分类任务的损失函数

分类任务的损失函数一般采用交叉熵、负对数似然、KL 散度与 JS 散度等。

（1）二分类任务的 Sigmoid 二值交叉熵(binary cross entropy)。

信息论中的交叉熵概念，定量地表达了基于一个概率分布密度函数去近似另一个概率分布密度函数时，其信息丢失的程度。因此它通常被用来度量两个概率分布密度函数之间的差异。在包括神经网络在内的机器学习方法中，模型的期望输出（标签或真值）与预测输出的概率分布密度函数，常用于构建交叉熵损失函数，以衡量二者的匹配程度。

在对两个类别进行识别的二分类任务中，神经网络输出层的激活函数必须取 Sigmoid 函数，相应使用如下 Sigmoid 二值交叉熵作为训练的损失函数，即

$$\text{loss} = -\sum_{p=1}^{B} [y_d^p \log(y^p) + (1 - y_d^p)\log(1 - y^p)] \tag{1.10a}$$

其中，y_d^p 为二值标签（取 1 或 0）；y^p 为模型的预测概率，实际就是单个输出神经元 Sigmoid 函数的输出值；B 为训练样本集中一个批次的大小(batch size)。

（2）多分类任务的 Softmax 交叉熵(cross entropy)。

对多个类别的分类问题，神经网络输出层的激活函数必须选取 Softmax 函数，相应的 Softmax 交叉熵损失函数定义为

$$\text{loss} = -\sum_{p=1}^{B}\sum_{i=1}^{C} [y_{d,i}^p \log(y_i^p) + (1 - y_{d,i}^p)\log(1 - y_i^p)] \tag{1.10b}$$

其中，$y_{d,i}^p$ 表示 C 维独热(one-hot)向量标签（即第 i 维输出标签为 1，其余都为 0）；y_i^p 为模型的预测概率，实际就是输出层 Softmax 函数的 C 个归一化概率输出值；B 的含义同上。这里的独热向量表示有且仅有一个元素为 1，其余元素均为 0 的向量。

（3）负对数似然(negative log-likelihood，NLL)。

与 Softmax 交叉熵损失函数类似，区别仅在于 NLL 必须要自己去完成 Softmax(logits_i)或 logSoftmax(logits_i)的归一化计算，这里的 logits_i 为神经网络结构中 Softmax 层之前一层的第 i 个输出值。换句话说，在计算 NLL 之前，需要自行对一个批次大小的训练样本进行 Softmax 或 logSoftmax（此为 PyTorch 实现所需）的归一化计算。而根据式(1.10b)，Softmax 交叉熵损失已内嵌了此计算过程。

NLL 的计算公式为

$$\text{loss} = -\sum_{i=1}^{C} [y_{d,i} \log(y_i) + (1 - y_{d,i})\log(1 - y_i)] \tag{1.10c}$$

（4）KL 散度(Kullback-Leibler divergence)。

KL 散度同样起源于信息论，也称相对熵。作为聚类与分类任务中的经典损失函数之

一，KL散度经常被用作度量两个概率分布相似度的评测指标。需要指出的是，KL散度并不是一个对称的损失函数，通常较广泛地应用于生成式模型。

KL散度损失函数的计算公式为

$$\text{loss}=\text{KL}(y_{\text{d}},y)=-\sum_{i=1}^{C}[y_{\text{d},i}\log(y_i)-y_{\text{d},i}\log(y_{\text{d},i})]=\sum_{i=1}^{C}y_{\text{d},i}\log\left(\frac{y_{\text{d},i}}{y_i}\right) \tag{1.10d}$$

(5) JS散度(Jensen-Shannon divergence)。

JS散度损失函数实际是KL散度损失函数的一种对称变体，即

$$\text{loss}=\text{JS}(y_{\text{d}},y)=\frac{1}{2}\text{KL}(y_{\text{d}},m)+\frac{1}{2}\text{KL}(y,m) \tag{1.10e}$$

其中，$m=0.5(y_{\text{d}}+y)$。

4. 主要的性能评价指标

面对各种任务或问题，需要根据具体的应用场景、数据集和神经网络模型等，选择不同的性能指标进行评价。下面主要结合目标分类、检测与分割任务，对几种常见的性能指标进行介绍。

1）常见的目标分类性能指标

(1) 准确率(accuracy)。

准确率是分类任务中常见的性能评估指标之一。一般用该指标对分类任务中模型预测是否准确进行整体性的性能评估，也被称为正确率。准确率定义为所有正确分类的样本数(包括正类与负类)占全部样本的比例，即

$$\text{Accuracy}=\frac{\text{TP}+\text{TN}}{\text{TP}+\text{TN}+\text{FN}+\text{FP}} \tag{1.11a}$$

其中，TP(true positive)为真的正类个数，表示正类样本被正确地分类为正类的个数；TN(true negative)为真的负类个数，表示负类样本被正确地分类为负类的个数；FP(false positive)为假的正类个数，表示负类样本被错误地分类为正类的个数；FN(false negative)为假的负类个数，表示正类样本被错误地分类为负类的个数。

(2) 精准率(precision)。

精准率是分别针对某一类来说的，也称查准率，即在预测的全部正类(或负类)样本中，被正确分类的正类(或负类)的占比。此时

$$\text{Precision}=\frac{\text{TP}}{\text{TP}+\text{FP}} \tag{1.11b}$$

或

$$\text{Precision}=\frac{\text{TN}}{\text{TN}+\text{FN}} \tag{1.11c}$$

(3) 召回率(recall)。

同样地，召回率也是分别针对某一类来说的，又称查全率，它描述了正确判定的正类(或负类)对所有正类(或负类)的占比。

$$\text{Recall}=\frac{\text{TP}}{\text{TP}+\text{FN}} \tag{1.11d}$$

或

$$\text{Recall}=\frac{\text{TN}}{\text{TN}+\text{FP}} \tag{1.11e}$$

(4) F1 评分(F1 score)。

精准率与召回率均在[0,1]区间取值,其取值越接近 1,则精准率或召回率就越高。我们总是希望二者都同时越高越好,但事实上二者是有矛盾的,而 F1 评分则是综合反映这二者指标的整体评估指标。例如,若希望得到取值为 1 或 100%的召回率(即漏检为 0),这就需要接受较低的精准率(或误检较大),为此可利用 F1 评分来对精准率和召回率进行调和平均。这里最优的调和平均就是最大化 F1 评分。

$$\text{F1}=\frac{2}{(1/\text{Precision})+(1/\text{Recall})}=\frac{2\times\text{Precision}\times\text{Recall}}{\text{Precision}+\text{Recall}} \tag{1.11f}$$

(5) ROC 曲线(receiver operating characteristic curve)。

如图 1.17(a)所示,对每个类别,以假正率(FP rate)和真正率(TP rate)分别为横轴和纵轴绘制的曲线称为 ROC(接收者操作特性曲线)。ROC 曲线之下的面积则称为 AUC(area under curve)。由于 ROC 曲线兼顾了正类与负类样本,因此可以更加准确地表达该类别分类器的整体性能。当 AUC 等于 1 时,则为完美分类器,但这在实际应用场景中很难真正存在。假正率和真正率的定义如下:

$$\text{FP rate}=\frac{\text{FP}}{\text{FP}+\text{TN}} \tag{1.11g}$$

$$\text{TP rate}=\frac{\text{TP}}{\text{TP}+\text{FN}} \tag{1.11h}$$

(6) PR 曲线(precision-recall curve)。

类似地,如图 1.17(b)所示,对每个类别,PR 曲线中的纵轴代表的是 precision(精准率),横轴代表的是 recall(召回率)。因此 PR 曲线描述了精准率与召回率的关系。此时 PR 曲线之下的面积就称为 AP(平均精准率),同样可对该类别的综合性能进行更好的描述。相对于 ROC 曲线,PR 曲线完全聚焦于正类样本。对于样本极度不均衡的情况,例如正类样本非常少时,PR 曲线的表达效果通常比 ROC 曲线更好。

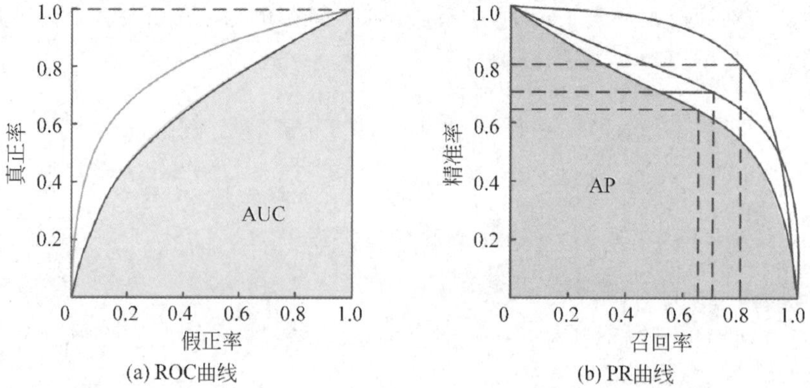

图 1.17　ROC 曲线与 PR 曲线

2）常见的目标检测性能指标

（1）mAP（平均精准率均值）。

目标检测中 AP 是针对某个具体的类别进行计算的，而 mAP 则是对所有类别的 AP 求平均值，且一般须固定一个 IoU（交并比）值进行计算。作为目标检测算法中重要的性能指标之一，mAP 称为平均精准率均值，其大小位于[0，1]区间内。显然，mAP 越大，目标检测的整体性能就越好。

（2）mIoU（交并比均值）。

IoU（intersection-over-union，交并比）也称定位准确率，表示针对某个类型，预测包络框与真值（或标签）包络框之间的交集，除以两者之间的并集所获得的值。IoU 通常可用来判定给定阈值下目标检测结果是否正确。而 mIoU 则是对所有阈值所有类别的 IoU 再求均值，并以此作为目标检测任务中最常见的整体性能评估指标之一。

例如 mAP@0.5 就表示 IoU 阈值为 0.5 时的 mAP。这意味着针对某个类别，首先将 IoU 大于 0.5 的预测包络框判定为 TP，否则就为 FP，并以此计算出相应的 AP。然后对所有类别求平均，就可得到该 IoU 阈值下的 mAP。事实上，当设置一组不同的 IoU 阈值时，将得到不同的 mAP 值，若再将这些 mAP 值进行平均，则会得到所谓的 mmAP。必须指出的是，通常意义下的 mAP 一般就是指 mmAP。

（3）NMS（非极大值抑制）。

非极大值抑制（non-maximum suppression，NMS）就是根据评分矩阵与各个候选包络框的参数，从中找到高置信度的包络框。对于有重叠的预测包络框，则仅保留具有最高评分的包络框。由于 NMS 每次仅处理一个类别，如果有 C 个类别，NMS 则需重复处理 C 次。

算法的主要步骤如下：

① 计算出每个候选包络框的面积，然后根据评分进行排序，将最大评分的包络框作为队列中需要最先比较的对象；

② 求出其余包络框与当前最大评分包络框的 IoU，并剔除 IoU 大于给定阈值的所有包络框，同时保留 IoU 值小的包络框；

③ 重复上述过程，直至候选包络框全部为空。

（4）FPS（每秒帧率）。

每秒帧率（frame per second，FPS），即每秒可以处理的图像帧数量，反映了目标检测算法的速度或实时性，对许多实际应用场景至关重要，因此是目标检测算法中重要的性能指标之一。

（5）FLOPs（浮点运算量）。

浮点运算量 FLOPs（floating point operations），通常用来衡量模型或预训练算法的复杂程度（即乘法与加法），可用作计算量分析。例如，AlexNet 模型需要 727 MFLOPs 的计算量，而 DeepLab-ResNet101-v2 模型则有高达 346 GFLOPs 的计算复杂度。需要特别注意的是，它与 FLOPS（floating point operations per second）不同，后者表示每秒的浮点运算次数。

3）常见的图像分割性能指标

图像分割通常包括语义分割、实例分割与全景分割，其性能评价指标一般使用像素准确率、交并比及其变种。

(1) PA(像素准确率)。

像素准确率(pixel accuracy,PA)定义为正确分类的像素个数与全部像素个数之比值,即

$$PA=\frac{TP+TN}{TP+TN+FN+FP} \tag{1.11i}$$

上述公式与式(1.11a)完全相同,区别仅在于这里面对的目标是像素。

(2) CPA(类别像素准确率)。

顾名思义,类别像素准确率(class pixel accuracy,CPA)是指针对每个类别进行计算的 PA。

(3) MPA(类别像素准确率均值)。

作为图像分割任务中常见的评估指标之一,类别像素准确率均值(mean pixel accuracy,MPA)是指对所有类别的 CPA,再计算其均值所得到的性能度量指标。显然,MPA 体现了图像分割算法的整体性能。

(4) mIoU(交并比均值)。

其定义与目标检测任务中的 mIoU 基本相同。区别仅在于,对目标检测来说,mIoU 考虑的是预测包络框与真值包络框之间的交并比,但图像分割任务中计算的则是预测掩码与真实掩码之间的交并比。类似地,mIoU 也是图像分割任务中重要的整体性能评估指标之一。

(5) SEN(灵敏度)。

灵敏度(sensitivity,SEN)实际就是式(1.11g)定义的真正率(TP rate),相应的计算公式为

$$SEN=\frac{TP}{TP+FN} \tag{1.11j}$$

本节对人工神经网络的基本概念与基本方法进行了介绍与分析讨论。下面将从模型的网络结构与学习算法两方面,对 3 种典型的神经网络模型进行介绍。由于第 2 章将重点阐述递归神经网络模型,因此这里主要对前馈神经网络与反馈神经网络这两种模型的网络结构,以及前馈神经网络(FNN)的误差反向传播算法的基本思想与推导过程,进行详细的介绍。

1.3.2 前馈神经网络模型

如图 1.15(a)所示,前馈神经网络具有分层结构。从输入层、隐层到输出层,各层神经元之间具有单向的全连接或卷积核共享连接,但同层神经元之间却无侧向连接。由于正向计算或推断时激活值或信息从输入层依次通过多个隐层向输出层传递,因此这样的网络结构称为前馈神经网络结构。从数学上来说,前馈神经网络可实现静态的输入输出映射,且具有通用逼近性质,即前馈神经网络能够通过学习以任意精度逼近任意非线性映射。前馈神经网络具有最流行的监督学习算法:反向传播算法。目前大多数神经网络文献都是关于前馈神经网络的,已获得极其广泛的应用。

有关 4 种典型前馈神经网络模型的网络结构特点、学习算法与主要应用领域,如表 1.2 所示。

表 1.2 4 种前馈神经网络模型

模　　型	网络结构特点	学习算法	主要应用领域
单层感知机	无隐层	无	线性可分问题
早期的多层感知机(MLP)	1～2 个隐层	无	简单的线性不可分问题
全连接前馈神经网络(BP 网络)	有浅度隐层	监督学习(如使用 BP 算法)	回归、分类任务
深度卷积神经网络(CNN)	使用卷积核与池化运算，最深达到 1202 层	监督学习、强化学习、无监督学习	回归、分类、检测、分割、跟踪、补全与预测等各类任务

下面首先介绍表 1.2 中的 4 种前馈神经网络模型的网络结构，然后重点针对全连接前馈神经网络与深度卷积神经网络，对迄今广泛流行的误差反向传播算法及其改进型算法，进行详细的分析与讨论。鉴于深度卷积神经网络的重要性，将其单独放在 1.3.3 节进行介绍。

1. 网络结构

感知机(perceptron)是最早出现的全连接前馈神经网络，主要应用于简单的回归、分类等任务。感知机主要包括单层感知机与多层感知机(multiple layer perceptron，MLP)两种类型。由于采用的是 MP 模型，上述两种感知机均无学习能力。相对于单层感知机，MLP 可以解决线性不可分问题。但由于早期的 MLP 无学习能力，因此还只能处理简单的线性不可分问题。进入 20 世纪 80 年代，增加了 BP 算法的多层感知机结构，也称 BP 网络，实际就是全连接前馈神经网络。而深度卷积神经网络，以卷积核与池化运算的方式，丰富了前馈神经网络结构，不仅具有极其重要的分层特征自动提取能力，而且还通过添加全连接前馈神经网络，额外增加分类器等任务头，可解决绝大多数任务。

1）单层感知机

如图 1.18 所示，单层感知机仅有输出层，无隐层，不能处理线性不可分问题。这里的单层实际是指仅由 m 个 MP 人工神经元组成的输出层，既无中间隐层，也不计入输入层。事实上，在早期的神经网络研究中，由于输入层仅起向量传递作用，通常都不将其看作一层。因此单层感知机实际就是指仅有输出层的感知机，也可认为是无隐层的感知机。

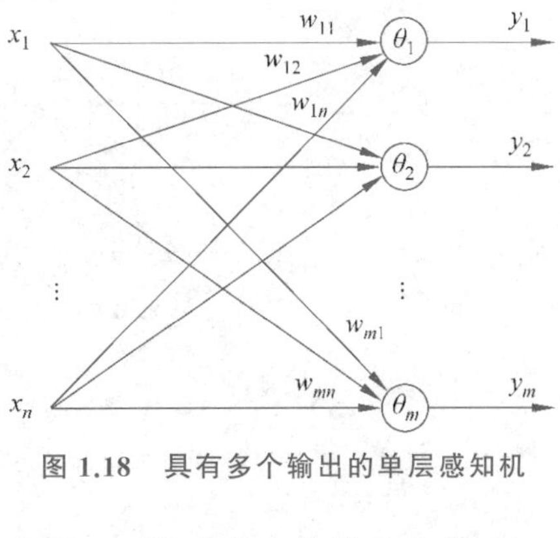

图 1.18 具有多个输出的单层感知机

在图 1.18 中，$\boldsymbol{x}=[x_1,x_2,\cdots,x_n]^{\mathrm{T}}$ 为输入向量，w_{ji} 为从 x_i 到 y_j 的连接权，y_j 为针对不同输入向量的分类结果，且 $i=1,2,\cdots,n$，$j=1,2,\cdots,m$。

考虑到输出神经元之间相互独立，为了简化公式表述，下面仅讨论单输出的情形。此时单层感知机的输入到输出的变换关系为

$$s_j=\sum_{i=1}^{n}w_{ji}x_i-\theta_j \tag{1.12a}$$

$$y_j=f(s_j)=\begin{cases}1, & s_j\geqslant 0\\ -1, & s_j<0\end{cases} \tag{1.12b}$$

若有 P 个输入样本 $\boldsymbol{x}^p(p=1,2,\cdots,P)$，该单层感知机可将输入样本分成两类，即它们分属于 n 维输入空间中的两个不同的类别。

如图 1.19 所示，以 $n=2$ 的二维输入空间为例，对二类线性可分问题，利用单层感知机进行分类，容易得到此时的分界线方程为

$$w_{11}x_1+w_{12}x_2-\theta_1=0 \tag{1.13}$$

这是一条具有 3 个未知参数的直线方程。换句话说，只有类似的线性可分问题才能用单层感知机来加以判决分类。对异或(XOR)这样典型的线性不可分问题，仅利用单层感知机显然是无法求解的。

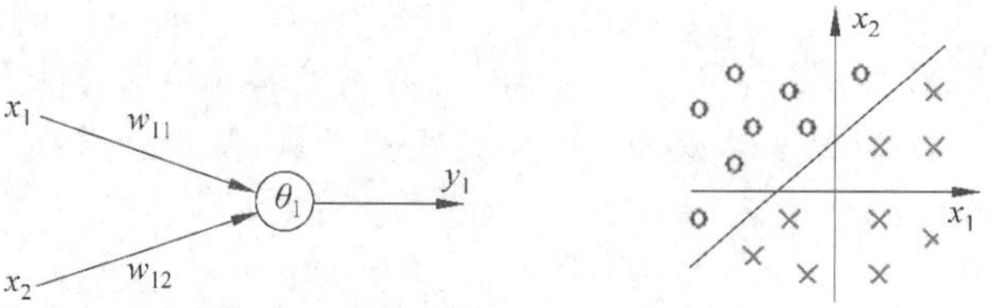

(a) 由单个MP神经元组成的单层感知机 (b) 在输入平面内进行线性二分类

图 1.19 利用单层感知机求解二类线性可分问题

若输入模式是线性可分的，这里的关键问题是如何计算出式(1.13)中单层感知机的连接权系数 w_{11}、w_{12} 与偏置 θ_1，以使其能实现正确的二分类。此时可将 $P\geqslant3$ 个已知的输入样本 $\boldsymbol{x}^p$ 代入，以此获得 P 个线性方程组，然后利用最小二乘法等，就可直接计算出或拟合出上述 3 个未知参数，从而可获得完成此二分类问题的判决分界直线。容易看出，对 $n\geqslant3$ 的高维输入，分界直线将变为分界超平面。

2）早期无学习能力的多层感知机

对于线性不可分的输入模式，仅用单层感知机是不可能对其实现正确分类的，这时通常可采用带隐层的多层感知机，如图 1.20 所示。

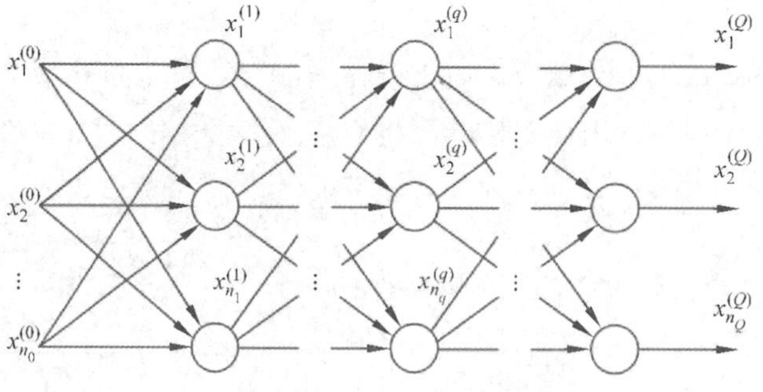

图 1.20 早期多层感知机与全连接前馈神经网络具有相同的网络结构(但选择了不同的神经元模型)

在图 1.20 中，假定第 0 层为输入层，有 n_0 个神经元；第 Q 层为输出层，有 n_Q 个输出神经元；中间为具有 n_q 个神经元($q=1,2,\cdots,Q-1$)的隐层。此时，输入输出变换关系为

$$s_j^{(q)}=\sum_{i=0}^{n_{q-1}}w_{ji}^{(q)}x_i^{(q-1)} \tag{1.14a}$$

$$x_j^{(q)}=f(s_j^{(q)})=\begin{cases}1, & s_j^{(q)}\geqslant0\\-1, & s_j^{(q)}<0\end{cases} \tag{1.14b}$$

式中，$w_{j0}^{(q)}=\theta_j^{(q)}, x_0^{(q-1)}=-1$，且 $i=0,1,\cdots,n_{q-1}, j=1,2,\cdots,n_q, q=1,2,\cdots,Q$。

这时早期多层感知机中隐层和输出层中的每个神经元就相当于一个单层感知机，如对于第 q 层，它构建了 n_q 个超平面组合，可对到达该神经元节点的输入样本进行线性划分。考虑到多层多个神经元超平面的组合，则最终可实现对输入模式的较复杂的分类判决。

理论上，通过增加隐层，早期多层感知机可解决任意的分类问题，但却"缺乏"相应的学习算法。因此如对异或问题，就只能采用公式推导而非学习的方法来实现对它的正确分类。

利用早期多层感知机求解线性不可分的异或问题的示意图如图 1.21 所示。

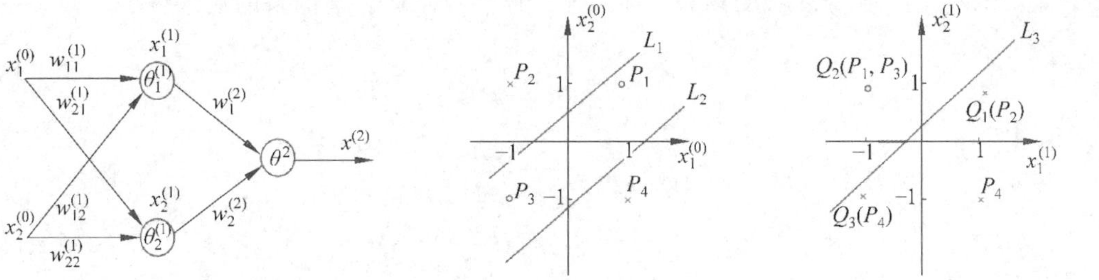

(a) 带隐层的早期多层感知机　(b) 在输入平面内进行线性分类　(c) 在隐层平面内进行线性分类

图 1.21　利用早期多层感知机求解线性不可分的异或问题的示意图

图 1.21(a)中，输入层 $n_0=2$，单隐层 $n_1=2$，输出层 $n_2=1$，该多层感知机共有 3 个 MP 神经元，此时求解 6 个连接权系数与 3 个阈值的具体步骤如下：

① 对单隐层的第 1 个神经元，在输入平面 $<x_1^{(0)}, x_2^{(0)}>$ 内，设计连接权系数 $w_{11}^{(1)}$、$w_{12}^{(1)}$ 和阈值 $\theta_1^{(1)}$，以使其分界线为图 1.21(b)中的 L_1。此时，分界线 L_1 的直线方程为

$$w_{11}^{(1)}x_1^{(0)}+w_{12}^{(1)}x_2^{(0)}-\theta_1^{(1)}=0 \tag{1.15}$$

相应可使输入样本 P_2 的输出为 1，同时使输入样本 P_1、P_3 和 P_4 的输出为 -1。

② 对单隐层的第 2 个神经元，同样在输入平面 $<x_1^{(0)}, x_2^{(0)}>$ 内，设计连接权系数 $w_{21}^{(1)}$、$w_{22}^{(1)}$ 和阈值 $\theta_2^{(1)}$，以使其分界线为图 1.21(b)中的 L_2，且使相应于输入样本 P_1、P_2 和 P_3 的输出为 1，对应输入样本 P_4 的输出为 -1。

③ 对输出层的单个神经元，在图 1.21(c)的隐层平面 $<x_1^{(1)}, x_2^{(1)}>$ 内，只有 3 个来自第 1 层(隐层)的样本数据 Q_1、Q_2 和 Q_3，其中的圆括号给出了相应输入层的样本数据。现在仅需设计连接权系数 $w_{11}^{(2)}$、$w_{12}^{(2)}$ 和阈值 $\theta_1^{(2)}$，以使其分界线为图 1.21(c)中的 L_3，即可将样本数据 Q_2 与 Q_1、Q_3 分隔。这也就意味着已将(P_1, P_3)与(P_2, P_4)进行了划分，最终实现了异或关系的正确分类。

由此可见，通过适当地设计多层感知机，就可以实现对任意输入样本的正确分类。

3）全连接前馈神经网络

单层或早期无学习能力的多层感知机均采用 MP 模型，其激活函数为式(1.2b)的阶跃函数或式(1.2c)的符号函数，因此输出的是二值量(1/0 或 1/-1)。由于缺乏学习能力，具有 MP 神经元的早期感知机仅能处理一些简单的模式分类问题。

相比之下，全连接前馈神经网络采用 WSN 人工神经元模型，其激活函数既可为式(1.2e)的 Sigmoid 函数或式(1.2f)的双曲正切函数，也可为式(1.2g)的 ReLU 函数等。此时，整个网络的输入输出均为可导连续量。事实上，正是这一小小的改变，却带来了极其重要的误差反向传播算法的发明，从而可通过完全监督学习实现从输入到输出的任意非线性

映射的逼近等。

由于连接权的调整采用的是 BP 算法，因此该网络也称 BP 网络。文献中也称其为前馈神经网络、多层前馈神经网络、浅层全连接网络或直接称其为 MLP 网络。但必须指出的是，这里的 MLP 网络与前述早期无学习能力的 MLP 完全不同，其神经元必定是使用 WSN 模型的。

在图 1.20 所示的全连接前馈神经网络中：第 0 层为输入层，具有 n_0 个神经元；中间第 q 层为隐层，具有 n_q 个神经元（$q=1,2,\cdots,Q-1$）；第 Q 层为输出层，具有 n_Q 个输出神经元。同时记 $w_{ji}^{(q)}$ 为输入到第 q 层的第 j 个神经元的连接权系数。该网络的输入输出变换关系为

$$s_j^{(q)}=\sum_{i=0}^{n_{q-1}} w_{ji}^{(q)} x_i^{(q-1)} \tag{1.16a}$$

式中，$w_{j0}^{(q)}=\theta_j^{(q)}$，$x_0^{(q-1)}=-1$。

假定其 WSN 神经元的激活函数选定为

$$x_j^{(q)}=f(s_j^{(q)})=\frac{1}{1+\mathrm{e}^{-\mu s_j^{(q)}}} \tag{1.16b}$$

式中，$j=1,2,\cdots,n_q$，$q=1,2,\cdots,Q$。

2. 学习算法

前文已指出，单层感知机与早期的多层感知机均无学习能力。下面针对全连接前馈神经网络与 1.3.3 节中将要介绍的深度卷积神经网络，对监督学习中的误差反向传播算法的基本思想、公式推导及其算法改进，进行较为详细的介绍。

1）监督学习：基本的误差反向传播算法

设给定 P 组输入输出样本

$$s_i^{(q)}=\sum_{j=0}^{n_{q-1}} w_{ij}^{(q)} x_j^{(q-1)} \quad (x_0^{(q-1)}=-1, w_{i0}^{(q)}=\theta_i^{(q)}) \tag{1.17a}$$

$$x_i^{(q)}=f(s_i^{(q)})=\frac{1}{1+\mathrm{e}^{-\mu s_i^{(q)}}} \tag{1.17b}$$

式中，$i=1,2,\cdots,n_q$，$j=1,2,\cdots,n_{q-1}$，$q=1,2,\cdots,Q$。

设误差的代价函数为

$$E=\frac{1}{2}\sum_{p=1}^{P}\sum_{i=1}^{n_Q}(d_{pi}-x_{pi}^{(Q)})^2=\sum_{p=1}^{P}E_p \tag{1.18a}$$

$$E_p=\frac{1}{2}\sum_{i=1}^{n_Q}(d_{pi}-x_{pi}^{(Q)})^2 \tag{1.18b}$$

问题是：如何调整连接权，以使代价函数 E 最小？

这里的优化计算采用一阶梯度法，即最速下降法。

一阶梯度法寻优的关键是计算代价函数 E 相对于连接权参数的一阶导数。

首先从输出层开始依次计算 $\partial E/\partial w_{ij}^{(q)}$（$q=Q,Q-1,\cdots,1$）。

由于

$$\frac{\partial E}{\partial w_{ij}^{(q)}}=\sum_{p=1}^{P}\frac{\partial E_p}{\partial w_{ij}^{(q)}}$$

因此计算 E 相对于连接权参数的一阶导数,关键是要计算出偏导数 $\partial E/\partial w_{ij}^{(q)}$。

对于第 Q 层,有

$$\frac{\partial E_p}{\partial w_{ij}^{(Q)}}=\frac{\partial E_p}{\partial x_{pi}^{(Q)}}\frac{\partial x_{pi}^{(Q)}}{\partial s_{pi}^{(Q)}}\frac{\partial s_{pi}^{(Q)}}{\partial w_{ij}^{(Q)}}=-(d_{pi}-x_{pi}^{(Q)})f'(s_{pi}^{(Q)})x_{pi}^{(Q-1)}=-\delta_{pi}^{(Q)}x_{pi}^{(Q-1)}$$

其中

$$\delta_{pi}^{(Q)}=-\frac{\partial E_p}{\partial s_{pi}^{(Q)}}=(d_{pi}-x_{pi}^{(Q)})f'(s_{pi}^{(Q)}) \tag{1.19a}$$

这里,$x_{pi}^{(Q)}$,$s_{pi}^{(Q)}$ 及 $x_{pi}^{(Q-1)}$ 表示利用第 p 组输入样本进行计算得到的结果。

对于第 $Q-1$ 层,有

$$\begin{aligned}\frac{\partial E_p}{\partial w_{ij}^{(Q-1)}}&=\frac{\partial E_p}{\partial x_{pi}^{(Q-1)}}\frac{\partial x_{pi}^{(Q-1)}}{\partial w_{ij}^{(Q-1)}}=\left(\sum_{k=1}^{n_Q}\frac{\partial E_p}{\partial s_{pk}^{(Q)}}\frac{\partial s_{pk}^{(Q)}}{\partial x_{pi}^{(Q-1)}}\right)\frac{\partial x_{pi}^{(Q-1)}}{\partial s_{pi}^{(Q-1)}}\frac{\partial s_{pi}^{(Q-1)}}{\partial w_{ij}^{(Q-1)}}\\&=\left(\sum_{k=1}^{n_Q}-\delta_{pk}^{(Q)}w_{ki}^{(Q)}\right)f'(s_{pi}^{(Q-1)})x_{pj}^{(Q-2)}=-\delta_{pi}^{(Q-1)}x_{pj}^{(Q-2)}\end{aligned}$$

式中

$$\delta_{pi}^{(Q-1)}=-\frac{\partial E_p}{\partial s_{pi}^{(Q-1)}}=\left(\sum_{k=1}^{n_Q}-\delta_{pk}^{(Q)}w_{ki}^{(Q)}\right)f'(s_{pi}^{(Q-1)}) \tag{1.19b}$$

显然,它是反向递推计算的公式,即首先计算出 $\delta_{pk}^{(Q)}$,然后再由式(1.19b)递推计算出 $\delta_{pi}^{(Q-1)}$。

以此类推,可继续反向递推计算出 $\delta_{pk}^{(q)}$ 和 $\partial E_p/\partial w_{ij}^{(q)}$。

从式(1.19b)可以看出,在 $\delta_{pk}^{(q)}$ 的表达式中包含了导数项 $f'(s_{pi}^{(q)})$。

由于假定 $f()$ 为 Sigmoid 函数,因此其导数为

$$x_{pi}^{(q)}=f(s_{pi}^{(q)})=\frac{1}{1+\mathrm{e}^{-\mu s_{pi}^{(q)}}} \tag{1.20}$$

$$f'(s_{pi}^{(q)})=\frac{\mu\,\mathrm{e}^{-\mu s_{pi}^{(q)}}}{(1+\mathrm{e}^{-\mu s_{pi}^{(q)}})^2}=\mu f(s_{pi}^{(q)})[1-f(s_{pi}^{(q)})]=\mu x_{pi}^{(q)}(1-x_{pi}^{(q)}) \tag{1.21}$$

最后可归纳出 BP 算法如下:

$$w_{ij}^{(q)}(k+1)=w_{ij}^{(q)}(k)+\alpha D_{ij}^{(q)}(k),\alpha>0 \tag{1.22a}$$

且

$$D_{ij}^{(q)}(k)=\sum_{p=1}^{P}\delta_{pi}^{(q)}x_{pj}^{(q-1)} \tag{1.22b}$$

$$\delta_{pi}^{(q)}=\left(\sum_{k=1}^{n_{q+1}}\delta_{pk}^{(q+1)}w_{ki}^{(q+1)}\right)\mu x_{pi}^{(q)}(1-x_{pi}^{(q)}) \tag{1.22c}$$

$$\delta_{pi}^{(Q)}=(d_{pi}-x_{pi}^{(Q)})\mu x_{pi}^{(Q)}(1-x_{pi}^{(Q)}) \tag{1.22d}$$

式中,$q=Q,Q-1,\cdots,1,i=1,2,\cdots,n_q,j=1,2,\cdots,n_{q-1}$。

BP 网络及其学习算法的主要优点如下:

① 只要有足够多的隐层和隐节点,BP 网络可以通过学习逼近任意的非线性映射关系;

② BP 网络的学习算法属于全局逼近方法,因而具有较好的泛化能力。

它的主要缺点如下:

① 收敛速度慢;

② 有可能产生局部极值；

③ 难以确定隐层和隐层神经元的个数。

2）误差反向传播算法的改进

(1) 引入动量项。

标准 BP 算法是一种简单的最速下降静态寻优算法，因为在修正 $w_{ij}^{(q)}(k)$ 时，只考虑了 k 时刻负梯度方向，没有利用之前累积的经验，也即以前时刻的梯度方向。

引入动量项是针对该问题的一种改进，此时

$$w_{ij}^{(q)}(k+1)=w_{ij}^{(q)}(k)+\alpha[(1-\eta)D_{ij}^{(q)}(k)+\eta D_{ij}^{(q)}(k-1)] \tag{1.23}$$

其中，$D_{ij}^{(q)}(k)=-\partial E/\partial w_{ij}^{(q)}(k)$ 为 k 时刻的负梯度，且 α 为学习率($\alpha>0$)，η 为动量项因子($0\leqslant\eta<1$)。

该方法所加入的动量项实质上相当于阻尼项，它减小了学习过程的振荡趋势，改善了收敛性，这是应用比较广泛的一种改进算法。

(2) 变尺度法。

标准的 BP 算法所采用的是一阶梯度法，因而收敛较慢。若采用二阶梯度法，则可以大幅改善收敛性。二阶梯度法的迭代公式如下：

$$w(k+1)=w(k)-\alpha\,[\nabla^2E(k)]^{-1}\,\nabla E(k),0<\alpha\leqslant 1 \tag{1.24}$$

其中 $w(k)$ 既可以表示连接权系数，也可以表示连接权向量，且

$$\nabla E(k)=\frac{\partial E}{\partial w(k)},\quad \nabla^2E(k)=\frac{\partial^2 E}{\partial w^2(k)}$$

虽然二阶梯度法具有较好的收敛性，但是它需要计算 E 对 $w(k)$ 的二阶导数，这个计算量是很大的。因此一般不直接采用二阶梯度法，而是采用变尺度法或共轭梯度法，它们具有如二阶梯度法收敛较快的优点，却又无须直接计算二阶梯度。

下面具体给出变尺度法的算法。

$$w(k+1)=w(k)+\alpha H(k)D(k) \tag{1.25}$$

且

$$H(k)=H(k-1)-\frac{\Delta w(k)\Delta w^{\mathrm{T}}(k)}{\Delta w^{\mathrm{T}}(k)\Delta D(k)}-\frac{H(k-1)\Delta D(k)\Delta D^{\mathrm{T}}(k)H(k-1)}{\Delta D^{\mathrm{T}}(k)H(k-1)\Delta D(k)}$$

$$\Delta w(k)=w(k)-w(k-1)$$

$$\Delta D(k)=D(k)-D(k-1)$$

(3) 变步长法。

$$w(k+1)=w(k)+\alpha(k)D(k) \tag{1.26a}$$

其中

$$\alpha(k)=2^l\alpha(k-1) \tag{1.26b}$$

$$l=\mathrm{sign}[D(k)D(k-1)] \tag{1.26c}$$

这里 sign 为符号函数。显然，当连续两次迭代过程中其梯度方向都相同时，表明下降太慢，这时可使步长加倍。当连续两次迭代其梯度方向出现相反情况时，表明下降过头，这时可使步长减半。当需要引入动量项时，式(1.26a)的第二项可修改为

$$w(k+1)=w(k)+\alpha(k)[(1-\eta)D(k)+\eta D(k-1)] \tag{1.27}$$

1.3.3　深度卷积神经网络模型

深度卷积神经网络从网络结构上来看，也属于前馈神经网络类型。但由于它比较重要，这里单列一节对其进行较为详细的介绍。

受描述猫视觉通路简单细胞、复杂细胞的 Hubel-Wiesel 计算神经科学模型（Hubel & Wiesel，1959；1962）启发（两人因该成果荣获 1981 年诺贝尔生理学或医学奖），日本的福岛邦彦（Fukushima）于 1975 年、1980 年分别提出了认知机（Cognitron）和神经认知机（Neocognitron）。诸如卷积、局部感受野、池化和 ReLU 等基本概念与基本思想，在这些模型中被首次提出或运用，成为卷积神经网络的雏形。1989 年，Y. LeCun 等将误差反向传播算法引入神经认知机。1995 年，Y. LeCun 与 Y. Bengio 提出了卷积神经网络的概念。1998 年，Y. LeCun 等提出了 LeNet-5 模型，同时以 0.39%错误率，刷新了 MNIST 数据集的历史纪录。MNIST 数据集本身也是 Y. LeCun 等构建的，目前的分类世界纪录为 0.21%（Wan 等，2013）。2012 年，Krizhevsky 等系统地提出了一种基于 GPU 训练的深度卷积神经网络 AlexNet，在具有 1000 种物体类别的 ImageNet-1K 分类比赛（ILSVRC-2012）中取得了当时最好的成绩，即 15.3%的 Top-5 错误率，比传统方法的最高性能提高了 10.9%。AlexNet 的问世，揭开了卷积神经网络在自然语言处理、计算机视觉与语音处理等领域中大规模研究与应用的序幕。

下面首先介绍深度卷积神经网络的基本原理，然后针对图像分类任务，分析说明其中最具代表性的 4 种典型网络结构，最后进行讨论。

1. 深度卷积神经网络的基本原理

如图 1.22 所示，一个典型的深度卷积神经网络结构通常包括卷积核运算、卷积层（带非线性激活函数，如 ReLU）、池化运算、池化层、归一化层、全连接层（同样具有 ReLU 等非线性激活函数）以及 Softmax 层（对分类任务）。其中若干卷积层和一个池化层共同组成一个结构模块或称阶段（stage），一个或多个全连接层与 Softmax 层组成一个全连接（FC）网络，共同构建成一个分类器或分类任务头。因此，实际上可将任何一个深度卷积神经网络视为由若干结构模块加一个或多个任务头组成（如检测头、回归头）的。为了防止网络的过拟合，一般需要配合使用 Dropout、BN 等归一化层。

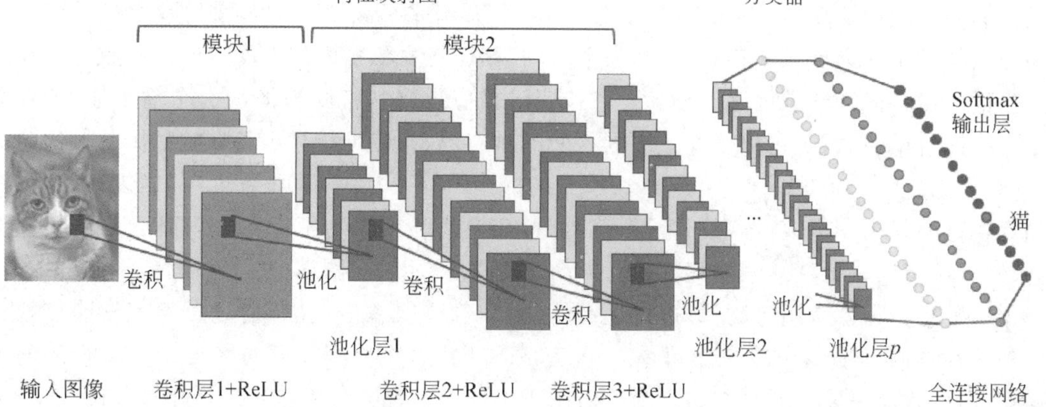

图 1.22　深度卷积神经网络结构

本质上，在深度卷积神经网络结构中，结构模块的作用就是进行特征提取，通过逐模块不断扩大的感受野，利用监督学习提取训练样本集中不同粒度的分层特征(包括底层、中层和高层特征，也包括局部特征与全局特征)。而带 Softmax 的全连接网络，则是一个标准的可训练分类任务头。

1) 卷积核与卷积层

卷积核也称卷积滤波。对于原始图像输入，考虑到相同物体通常具有相似的表观结构，故可以通过某种方式获取其内部关系，以求取局部特征。这里局部特征的计算可通过卷积的方式进行。对于连续函数，卷积的基本公式可以表述为

$$c(x,y)=\int_{-\infty}^{\infty}\int_{-\infty}^{\infty}f(s,t)*g(x-s,y-t)\mathrm{d}s\mathrm{d}t \tag{1.28a}$$

而数字图像或数字语音，其数值通常为离散的，相应的卷积计算公式为

$$C(x,y)=\sum_{t=-\infty}^{\infty}\sum_{s=-\infty}^{\infty}F(s,t)*G(x-s,y-t) \tag{1.28b}$$

下面举例讨论卷积滤波或卷积核的运算。图 1.23 给出了一维卷积运算的例子。从图中可以看出，对一维输入(如信号、文本嵌入序列)，1×3 的卷积核沿着一维输入序列按给定步幅进行从左到右滑动，相应将卷积核中的 1×3=3 个权重与一维输入中滑动覆盖的 3 个元素的值首先相乘，然后相加，从而给出一个输出值，如图中左侧的第一个一维输出值为 1×1+0×3+ (−1)×0 = 1。注意这里要将卷积运算与滤波后得到的卷积层进行有效区分。此外，滑动窗口的使用意味着任何卷积核方法都自然地具有平移不变性。

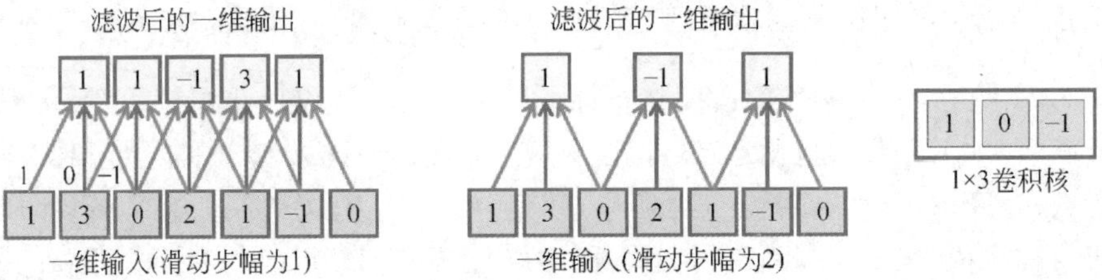

图 1.23 一维卷积运算举例

图 1.24 进一步给出了二维卷积运算举例。容易看出，若要保持进行二维卷积运算后得到的特征映射图面积，必须首先在二维输入周围进行填充。对 3×3 的卷积核，图中对二维输入周围一圈都填充上 0。然后与上述一维卷积运算的情况相同，3×3 的卷积核沿着二维输入按给定步幅进行从左到右、自上而下滑动，相应将卷积核中的 3×3=9 个权重与二维输入中滑动覆盖的区域进行逐点相乘，然后求和，相应得到特征映射图的一个输出值，如对图中粗线框所示的 3×3 卷积核及二维输入中的对应域，相应可计算出特征映射图的输出值为 0×0+0×1+ 0×(−1) +1×1+0×1+0×1+0×0+2×1+1×1= 4。换言之，利用一个给定权重的二维卷积核，可将一个特征图加权变换为另一个特征图。C 个具有不同权重的卷积核，可将同一个特征图加权变换为 C 个通道的特征映射图。

二维卷积运算应用广泛，可进行边缘检测、图像降噪等。例如，通过对卷积核连接权设定不同的方向，就可基于二维卷积核等价完成 Sobel 边缘检测算子对灰度图像进行的滤波操作，即可相应获取图像对应的边缘。对图 1.25(a)所示的[0, 255]的灰度图，假设 3×3 的卷积核分别给定为

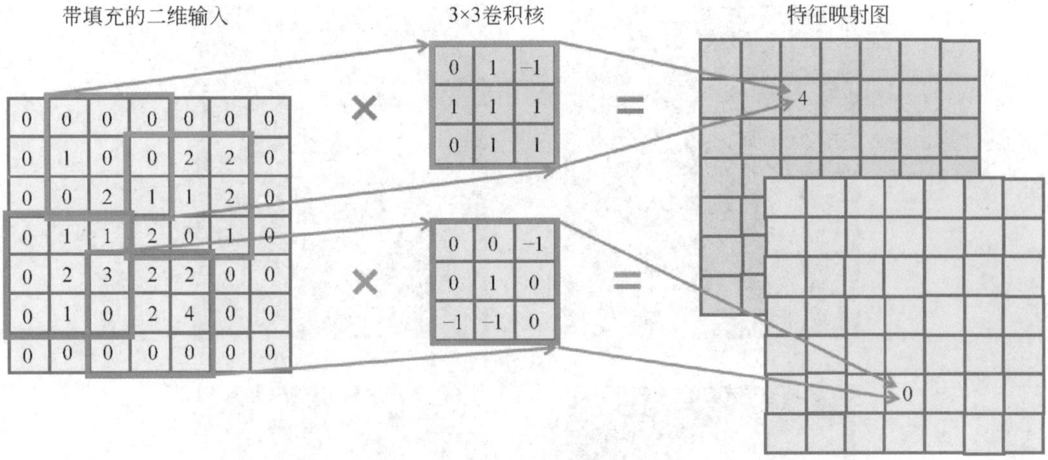

图 1.24　二维卷积运算举例

$$C_{\mathrm{h}}=\begin{bmatrix}-1 & -2 & -1\\ 0 & 0 & 0\\ 1 & 2 & 1\end{bmatrix},\quad C_{\mathrm{v}}=\begin{bmatrix}-1 & 0 & 1\\ -2 & 0 & 2\\ -1 & 0 & 1\end{bmatrix}$$

图 1.25(b)、图 1.25(c)分别给出了利用这两个二维卷积核进行滤波运算后，得到的相应特征映射图。显然，这也可等价视为由 3×3 的水平、垂直 Sobel 边缘检测算子获得的边缘提取效果，且边缘特征图的方向由二维卷积核的结构所确定。

(a) 原图　(b) 水平边缘检测　(c) 垂直边缘检测

图 1.25　卷积滤波与 Sobel 边缘检测算子

图 1.26 进一步给出了通过随机设定二维卷积核连接权获得的特征映射图，其中分别利用了 3×3、5×5 与 7×7 等不同大小的二维卷积核。容易看出，随着卷积核尺寸的不断增加，滤波后的图像质量变差，信息丢失严重。

卷积核可以有效地获取图像不同方向与细节的特征。因此将卷积核运算作为分层特征器的核心思想是：具有不同连接权的卷积核，可对同一层同一个图像不同方向与细节的特征进行多样化提取，且整个过程可由给定任务利用误差反向传播等完全监督学习算法自动适配完成。进一步地，对大多数任务，只使用一个感受野下的单层卷积核特征提取，可能并不能有效地提取出图像中最为独特与显著的特征。因此，深度卷积神经网络通常由多个结

(a) 原图

(b) 利用 3×3 卷积核进行滤波

(c) 利用 5×5 卷积核进行滤波

(d) 利用 7×7 卷积核进行滤波

图 1.26　利用带随机连接权的卷积滤波获得的特征映射图

构模块或阶段组成，它们分别具有不断扩大的感受野，可以通过监督学习获得更为有效的分层特征，进而基于后续串联的任务头，提升整个网络的分类性能。

2) 感受野与池化层

池化运算也称下采样，主要包括最大池化、最小池化、平均池化、中位数池化与随机池化等，用以对特征映射图进行降维或降分辨率处理，以扩大神经网络的感受野，完成不同粒度的特征提取。图 1.27 为对特征图进行最大池化与平均池化的示意图，其中池化窗口为 2×2，滑动步幅为 2。与卷积操作类似，池化运算以滑动窗口的方式，从左到右且自上而下地进行相应滑动窗口区域的最大值或平均值计算，相应获得池化后的特征映射图，从而构建池化层。同样要注意，这里应将池化运算与池化层进行有效区分。

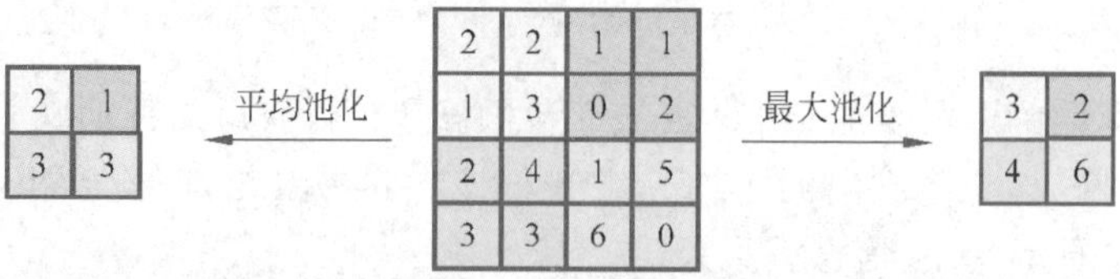

图 1.27　最大池化与平均池化的示意图

3) 基本结构模块与共享连接权

图 1.28 给出了深度神经网络的基本结构模块与卷积核共享连接权的示意图。图 1.28(a) 以 VGG 11、VGG 13 和 VGG 16 为例，给出了这 3 种典型深度神经网络的结构配置，其中 VGG 后的序号表示具有可训练连接权的层数。例如，VGG 16 就包括了 13 个卷积层和

3 个全连接层，共 16 个可训练层，其他如池化层、Softmax 层并无可学习的连接权参数。从图中可以看出，一个或多个卷积层，连同最大池化层，共同组成一个结构模块或称阶段，整个网络的分层特征提取器由一系列结构模块组成，以获取不同感受野或粒度的多样化分层特征。必须指出的是，在同一个结构模块中，通过纵向的逐深度卷积层堆叠，可以基于相对较少的卷积核连接权参数，获得更好的结构支撑，有利于克服过拟合，还可避免出现因使用大卷积核所带来的特征细节丢失或信息扭曲。大量实践表明，一个 5×5 的卷积核（连接权参数的个数为 25），通常可以替换为两个 3×3 卷积核的逐深度堆叠（连接权参数的个数仅为 18），这就是卷积神经网络一般要特别强调“深度”的本质含义。

图 1.28(b)进一步指出了深度卷积神经网络中的卷积核具有共享连接权的特点，即利用滑动窗口技术，一个卷积核就可以将一个原始图像或特征图加权变换为另一个特征图，且具有平移不变性。此时，对输入输出两个特征图而言，就实现了卷积核运算中相应连接权的“共享”。

VGG 11	VGG 13	VGG 16	
输入(224×224 RGB图像)			
卷积层conv3-64	卷积层conv3-64 卷积层conv3-64	卷积层conv3-64 卷积层conv3-64	结构模块1
最大池化层			
卷积层conv3-128	卷积层conv3-128 卷积层conv3-128	卷积层conv3-128 卷积层conv3-128	结构模块2
最大池化层			
卷积层conv3-256 卷积层conv3-256	卷积层conv3-256 卷积层conv3-256	卷积层conv3-256 卷积层conv3-256 卷积层conv3-256	结构模块3
最大池化层			
卷积层conv3-512 卷积层conv3-512	卷积层conv3-512 卷积层conv3-512	卷积层conv3-512 卷积层conv3-512 卷积层conv3-512	结构模块4
最大池化层			
卷积层conv3-512 卷积层conv3-512	卷积层conv3-512 卷积层conv3-512	卷积层conv3-512 卷积层conv3-512 卷积层conv3-512	结构模块5
最大池化层			
全连接层 FC-4096			全连接网络
全连接层 FC-4096			
全连接层 FC-1000			
输出类别概率： Softmax层			Softmax输出

(a) 基本结构模块示意图

图 1.28　基本结构模块与卷积核共享连接权的示意图

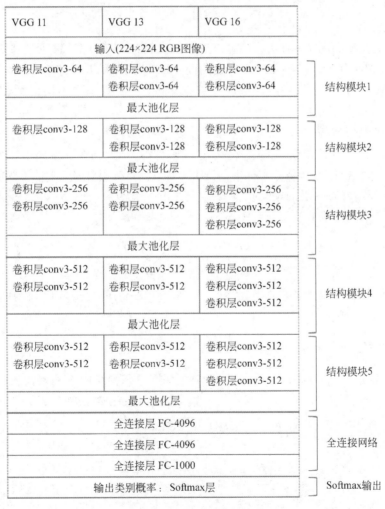

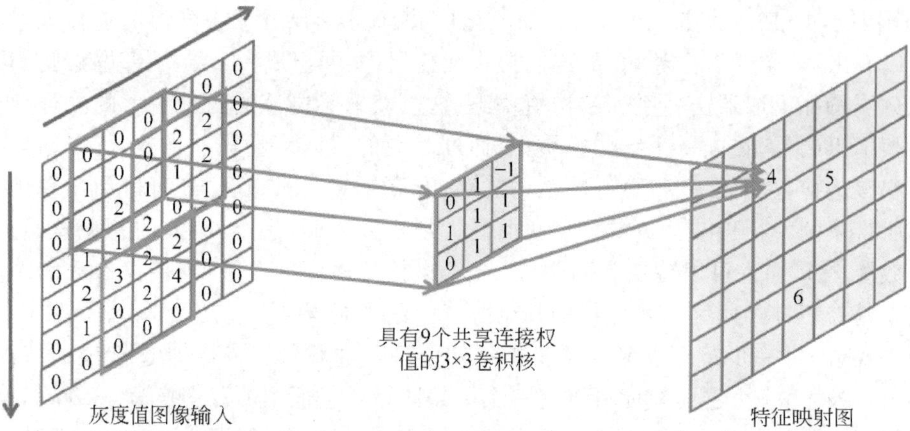

(b) 共享连接权示意图

图 1.28 （续）

4）非线性激活函数与归一化层

卷积层与全连接层的激活函数都可以选用 ReLU 或漏 ReLU 等，便于缓解网络输出误差在反向传播时可能出现的梯度遽变问题，有利于加快网络的收敛速度。此外，为了防止网络的过拟合，根据不同的任务要求与训练数据集大小，需要采取不同的数据增强策略与 Dropout 或 BN 等归一化措施。

5）全连接网络与 Softmax 层

最后，作为一个分类器或分类任务头，若干全连接层需要前馈连接成带一个或多个隐层的全连接(FC)网络，这实际是一个标准的 MLP 模型。对分类任务，通常需要配合交叉熵损失函数的使用，在最后一层的输出层连接一个 Softmax 函数层，以获得高质量的可训练分类器。此时，Softmax 函数计算过程如下：

$$\hat{\boldsymbol{y}}_k(\boldsymbol{x}) = P(t_k = 1 \mid \boldsymbol{x}) = \frac{\exp(\boldsymbol{\theta}^{(k)\mathrm{T}}\boldsymbol{x})}{\sum_{j=1}^{K}\exp(\boldsymbol{\theta}^{(j)\mathrm{T}}\boldsymbol{x})} \tag{1.29}$$

其中，K 为输出维数或真值的类别个数。显然，Softmax 可直接输出预测的概率值或置信度。

2. 典型的深度卷积神经网络模型

表 1.3 比较了面向图像分类任务的 4 种典型深度卷积神经网络模型。表中分别列出网络模型、主要特点、针对著名 ImageNet-1K 数据集的 Top-5 错误率以及模型的发布时间。容易看出，在短短三年内，ImageNet-1K 的 Top-5 错误率从 AlexNet 的 15.3%下降到 3.57%，降低幅度达到 76.7%。

表 1.3 面向图像分类任务的 4 种典型深度卷积神经网络模型

网络模型	主要特点	ImageNet-1K 数据集的 Top-5 错误率/%	发布时间
AlexNet（8 层）	开创了卷积神经网络与大数据、GPU 有机结合的局面，但模型本身的网络结构设计较初级	15.3	2012

续表

网络模型	主要特点	ImageNet-1K 数据集的 Top-5 错误率/%	发布时间
VGG 网络（19 层）	全部采用 3×3 的卷积核（个别使用 1×1 的卷积核），通道数逐模块按倍数增加或不增加，一律基于最大池化，这些都大幅减少了网络的试错成本	7.3	2014
GoogLeNet（22 层）	采用模块化基本结构单元，通过小卷积核的逐深度堆叠，提高了网络的结构支撑能力，同时减少了使用大卷积核带来的信息丢失	6.67	2014
ResNet（152 层）	采用残差跳跃式结构，克服了退化问题，较大幅度地增强了网络结构的深度与分层特征的提取能力	3.57	2015

下面对 AlexNet、VGG、GoogLeNet 和 ResNet 这 4 种典型深度卷积神经网络模型，分别进行介绍。

1）AlexNet

AlexNet 结构如图 1.29 所示。前文已指出，由于每个结构模块仅有唯一一个池化层，因此应按池化层对卷积神经网络结构进行划分。从图中容易看出，整个 AlexNet 含上、下两个完全相同的子网络，每个子网络有 3 个最大池化运算，相应有 3 个最大池化层，因此每个子网络分别由 3 个结构模块组成。以下面的子网络为例，在第一个模块中，首先对 224×224 的原始 RGB 图像采用了 11×11 的大卷积核（步幅为 4），得到一个 55×55×48 的特征映射图。然后利用 5×5 的卷积核进行特征提取，得到 27×27×128 的特征映射图。第二个模块中仅使用了一个 3×3 的小卷积核，之后的最大池化运算实现了上、下两个子网络之间的特征交叉使用。第三个模块具有两个卷积层，全部使用了 3×3 的小卷积核，分别得到了 13×13×192 的两个特征映射图。经最大池化后，最终得到 13×13×128 的最大池化层，构成整个子网络的全局特征。将上、下两个子网络的全局特征各自及交叉送入后续的任务分类器后，就可完成类别学习与判决。

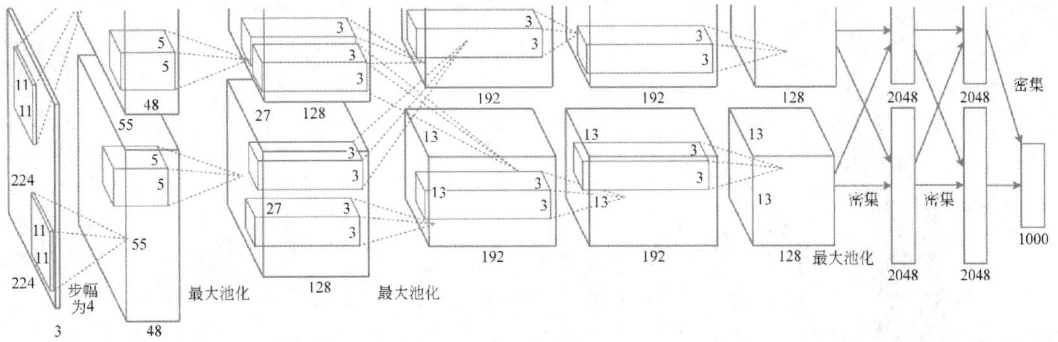

图 1.29　AlexNet 结构示意图（Krizhevsky 等，2012）

为了加速算法的监督训练与推断过程，模型中同时使用了两个 GPU，并提供了两者的分工，其中一个 GPU 运行图中顶部的各个层，而另一个 GPU 则运行图中底部的各个层。两个 GPU 仅在特定层进行信息通信。网络的输入是 150 528（224×224×3）维的，网络中其他层的神经元数量为 290 400—186 624—64 896—64 896—43 264—4096—4096—1000。

AlexNet 结构的主要特点如下：

① ImageNet-1K 数据集含 1000 个种类，由 128 万张训练集图像、5 万张验证集图像和 10 万张测试集图像组成，相比之前的数据集及神经网络而言，是真正的大数据，再加之在模型实现中使用了两个 GPU 进行算法加速，因而开创了卷积神经网络与大数据、GPU 有机结合的局面；

② 模型本身的网络结构设计较初级，如上、下两个子网络的结构，后面大多被弃用，在第一个模块中使用 11×11 的大卷积核对原始输入图像进行滤波，无疑会丢失图像中原始像素信息。

对 ILSVRC-2010 ImageNet-1K 数据集，AlexNet 分别获得了 37.5%与 17.0%的 Top-1、Top-5 的测试集错误率。对 ILSVRC-2012，AlexNet 的 Top-1 验证集错误率为 36.0%，Top-5 测试集错误率低至 15.3%，这比在该比赛中的第二名（使用了 SIFT+FVs 的传统方法），足足高出了 10.9%。AlexNet 的问世，揭开了卷积神经网络在自然语言处理、计算机视觉与语音处理等领域中大规模研究与应用的序幕，是神经网络与人工智能发展历程中的里程碑事件。

2）VGG 网络

由牛津大学视觉几何组（Visual Geometry Group，VGG）于 2014 年提出的 VGG 网络结构如图 1.30 所示，详细的网络结构配置可参见图 1.28(a)。Simonyan 和 Zisserman (2014)在论文中实际列出了 6 种结构配置方案，除了 VGG 11、VGG 13 和 VGG 16 外（参数规模分别为 1.33 亿个、1.33 亿个、1.38 亿个），还包括了 VGG 11 和 VGG 16 的一些小变种，以及具有 19 个连接权层深度的 VGG 19。但所有 VGG 模型均具有完全相同的结构设计，在相当程度上避免了过多的结构参数试错。如绝大部分卷积核均使用 3×3 的大小；又如各个卷积层的通道数根据模块的变化按倍数增加（靠近输出层的结构模块，可以根据深度设计需求保持通道数不变），池化运算全部使用最大池化等。此外，在每个模块中，还使用多个相同形状的卷积层来堆叠增加深度。由于使用了相对更少的共享连接权，因此不仅可获得更好的结构支撑，防止过拟合，而且还可得到因使用小卷积核所带来的特征细节或原始信息保留。

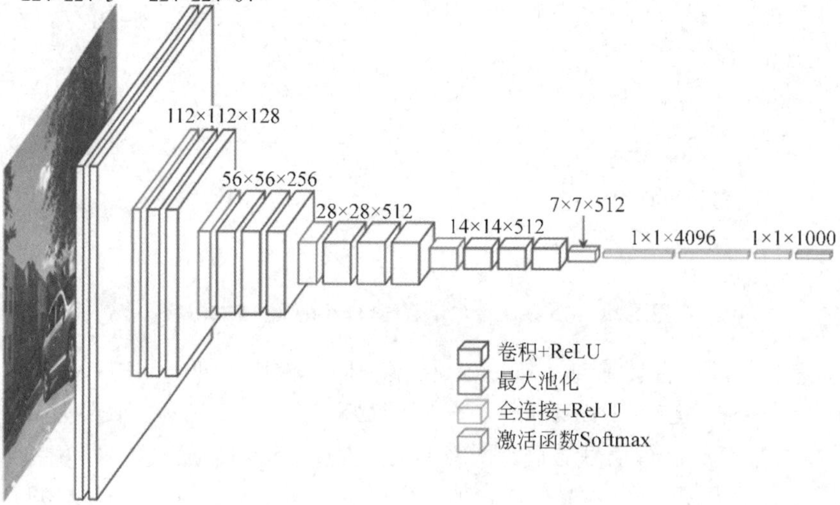

图 1.30　VGG 网络结构示意图

VGG 网络结构的主要特点如下：

① 全部 VGG 及其变种都具有完全相同的结构设计，需试错的结构参数较少；

② 学习表达的深度对分类精度非常重要；

③ 网络结构都采用 3×3 的卷积核（个别使用 1×1 的卷积核）；

④ 通道数逐模块按倍数增加或不增加，如从 64 增加到 128，再增加到 256、512 等，每个结构模块中的多个卷积层均具有相同的通道数；

⑤ 全部采用最大池化，若特征图的大小减半，则卷积核的数量加倍。

针对 ImageNet-1K 数据集，Simonyan 等（2014）相应完成了单尺度、多尺度、随机剪裁和基于多个网络融合或集成的全面性能评估。VGG 模型在 ILSVRC-2012 和 ILSVRC-2013 的比赛中获得了最好的成绩。在 2014 年 ILSVRC 比赛中，VGG 分获分类任务第二名和定位任务第一名。在该比赛中，通过使用 7 个不同网络的集成，获得了 7.3%的 Top-5 测试集错误率。在 ILSVRC 正式提交之后，他们又通过两个模型的集成，将 Top-5 测试集错误率降低到 6.8%。VGG 的成功，有力地表明使用 3×3 的小卷积核，通过增加特征学习表达的深度，不仅可以有效地提升模型的性能，而且还可以很好地泛化到其他数据集。

3）GoogLeNet/Inception

如图 1.31 与图 1.32 所示，谷歌的 Szegedy 等于 2014 年提出了一种称为 Inception 的深度卷积神经网络结构。该网络在参加 ILSVRC-2014 比赛中以 GoogLeNet 作为队名，因此二者实际是指同一个模型，但使用 Inception 模型的说法更为准确。在 Inception 网络结构

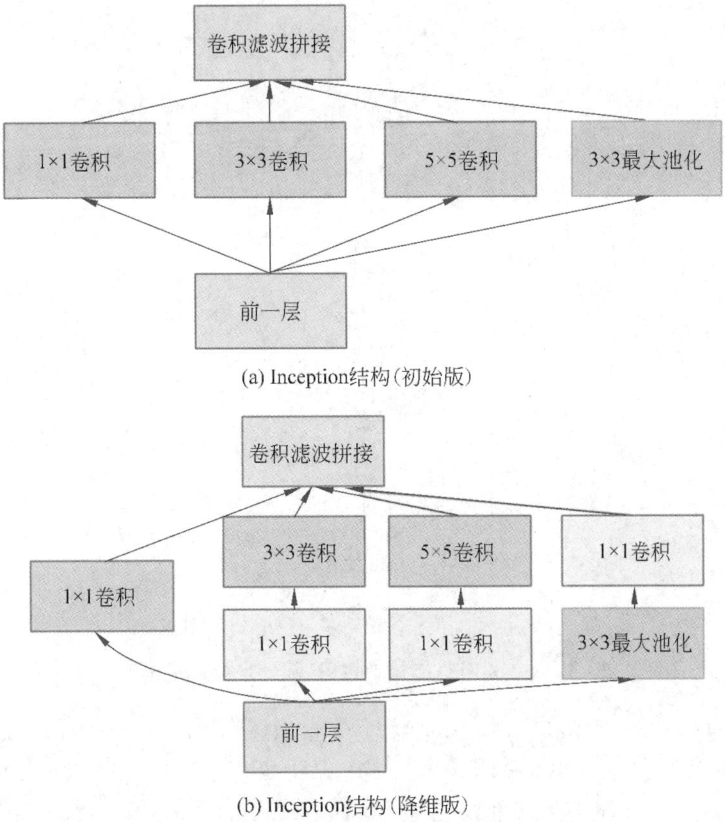

图 1.31　Inception 结构示意图（Szegedy 等，2014）

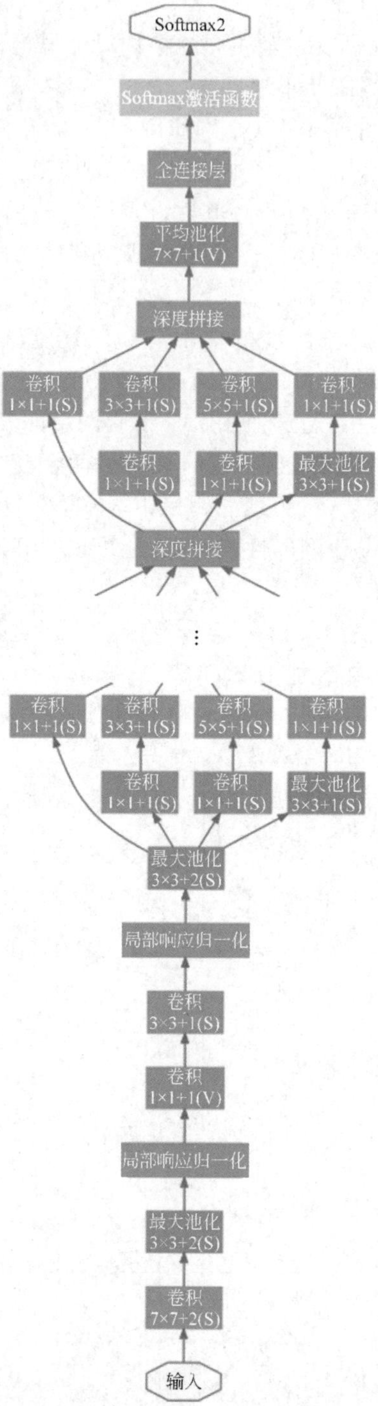

图 1.32 Inception 网络结构示意图（部分）（Szegedy 等，2014）

中，通常只使用 1×1、3×3 和 5×5 这 3 种大小的卷积核，其中 1×1 的卷积核主要用于降维与引入 ReLU 非线性激活函数（输出非负）。图 1.31 给出了 Inception 结构的示意图，其中的降维版就结合了 1×1 的卷积滤波。显然，可将每个 Inception 结构视为由多个不同大小卷积核滤波与一个池化算子组成的复合算子,这里的卷积核大小包括了 1×1、3×3 和 5×5,池化算子采用了 3×3 的最大池化运算。这符合视觉信息应该在多尺度上进行处理,然后进行聚合以便在下一阶段可以同时从不同尺度上继续进行特征提取的直觉。

如图 1.32 所示,Inception 网络结构也是由若干阶段与任务头组成的。在具有 22 层的 Inception 中,除了最后一个池化层使用了平均池化,其他 4 个阶段都采用了步幅为 2 的最大池化,以将特征图的分辨率减半。主要区别在于,除了在靠近输入的第一阶段仍然使用标准的卷积层之外,其他 4 个阶段都利用了 Inception 算子层来代替原来的卷积层,也同样采用 Inception 算子层的堆叠,以便获得更大的深度。通过结构设计与计算效率的改进,允许在计算量增加不大的前提下,扩大每个阶段的宽度,并加大总的阶段数量。此外,网络结构中的所有卷积,包括 Inception 算子内的卷积,都后接 ReLU 激活函数。

Inception 网络结构的主要特点如下:

① 设计 Inception 结构来代替原来的标准卷积,通过复合算子层的使用实现了多尺度的视觉特征提取,提高了网络的计算效率;

② 通过宽度与整体深度的增加,在计算量适度加大的情况下获得了显著的性能改善;

③ 增加两个辅助分类器来帮助训练,使用平均池化层代替全连接层,以减少模型参数。

Szegedy 等在 2014 年 ILSVRC 比赛中,对相同的 GoogLeNet 结构,完成了 7 个不同版本的训练,最终利用这些变体的集成预测,获得了该比赛分类任务与检测任务的两个第一名。在分类任务的比赛中,通过使用 7 个不同变体的集成,获得了 6.67%的 Top-5 测试集错误率。在检测任务的比赛中,则通过集成使用 6 个不同变体获得了 43.9%的 mAP。

4) ResNet

迄今的网络结构分析均表明,卷积神经网络特征表达的深度对模型性能的提升具有重要作用。但上述的 3 种网络结构,通常仅有几十层。这一方面是因为受限于算力资源的制约,另一方面则是因为过深的网络结构不但难于训练,而且通常会导致越发严重的退化现象,即训练与测试时的准确率都会随着深度的增加先上升达到饱和,然后继续增加深度时则会出现准确率下降,从而影响模型的泛化能力。在 ResNet 中,通过引入深度残差学习框架,较好地克服了这些困难,网络的层数甚至可以达到 1202 层。

残差块的设计如图 1.33 所示。假定在整个网络结构的某一段(一般为 2 个或 3 个堆叠的卷积层),相应的输入为 $\boldsymbol{x}$,期望的输出或期望的映射为 $\boldsymbol{H}(\boldsymbol{x})$。从图中可以看出,通过捷径或跳跃连接的方式,可将输入 $\boldsymbol{x}$ 直接传送给输出,然后与残差分支的输出 $\boldsymbol{F}(\boldsymbol{x})$相加,即 $\boldsymbol{H}(\boldsymbol{x})=\boldsymbol{F}(\boldsymbol{x})+\boldsymbol{x}$。显然,当 $\boldsymbol{F}(\boldsymbol{x})=\boldsymbol{0}$ 时,就是 $\boldsymbol{H}(\boldsymbol{x})=\boldsymbol{x}$ 恒等映射了。考虑到只有残差分支 $\boldsymbol{F}(\boldsymbol{x})$才具有可学习的连接权,因此 ResNet 将学习目标调整为仅对残差函数进行学习,

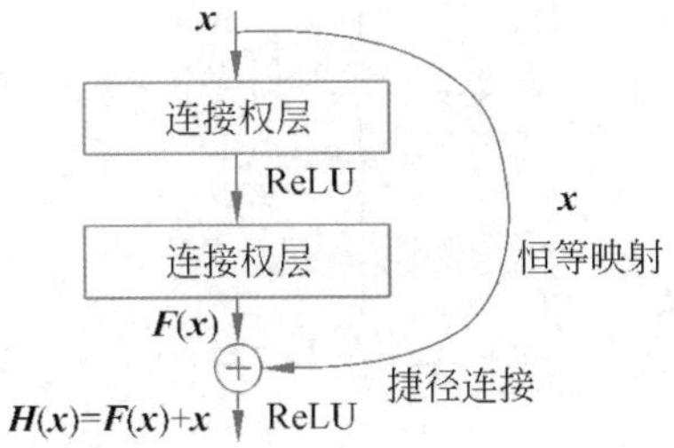

图 1.33 残差块的设计(He 等,2015)

使残差 $\boldsymbol{F}(\boldsymbol{x})=\boldsymbol{H}(\boldsymbol{x})-\boldsymbol{x}$ 逼近于 $\mathbf{0}$,从而使该段的恒等映射接近成立。这不仅使学习更加容易,而且还可通过增加深度获得更好的准确率,而不至于产生前述的退化现象。这种残差跳跃式结构,打破了传统的层间顺序串接,增加了网络结构的丰富性,为大幅增加卷积神经网络的深度,获得高层语义特征,提供了重要创新,已成为深度卷积神经网络代表性的模型之一。

作为参照模型,图 1.34(a)和图 1.34(b)分别给出了 VGG 19 网络与具有 34 层无残差块网络,虽然这两个网络在结构上均无任何跳跃连接。图 1.34(c)给出了 ResNet 34 的网络结构,其中每隔两个卷积层就使用了上述的残差跳跃式结构。注意这里的跳跃连接既有实线也有虚线。二者的区别在于,实线的跳跃连接表示前后(即 $\boldsymbol{x}$ 与 $\boldsymbol{F}(\boldsymbol{x})$)的维数相等,因此可直接相加得到期望映射 $\boldsymbol{H}(\boldsymbol{x})=\boldsymbol{F}(\boldsymbol{x})+\boldsymbol{x}$。而虚线的跳跃连接则表示前后的维数不等,此时或者使用额外的 0 填充(不增加任何参数),或者引入线性投影或利用 1×1 的卷积运算 $\boldsymbol{W}$ 来调整 $\boldsymbol{x}$ 的维数,即 $\boldsymbol{H}(\boldsymbol{x})=\boldsymbol{F}(\boldsymbol{x})+\boldsymbol{W}\boldsymbol{x}$。此外,对 34 层(含)以下的 ResNet,通常在残差分支只考虑两个卷积层。对超过 34 层的极深网络,如 ResNet 50、ResNet 101、ResNet 152,甚至是 ResNet 1202,为了较大幅度地降低参数量,需要在残差分支使用 3 个卷积层,包括前后两个 1×1 的卷积核,分别用于通道数的降维和升维,中间使用低通道数的 3×3 卷积核,可大幅减少相应的共享连接权参数个数。最后要注意的是,在 ResNet 结构设计中,除了升降维之外,对跳跃分支要尽量不做任何改变,即尽可能保持恒等映射。在残差分支,第一个卷积层之后按序接入 BN 层和 ReLU,第二个卷积层之后则仅接入 BN 层,但不能使用 ReLU,

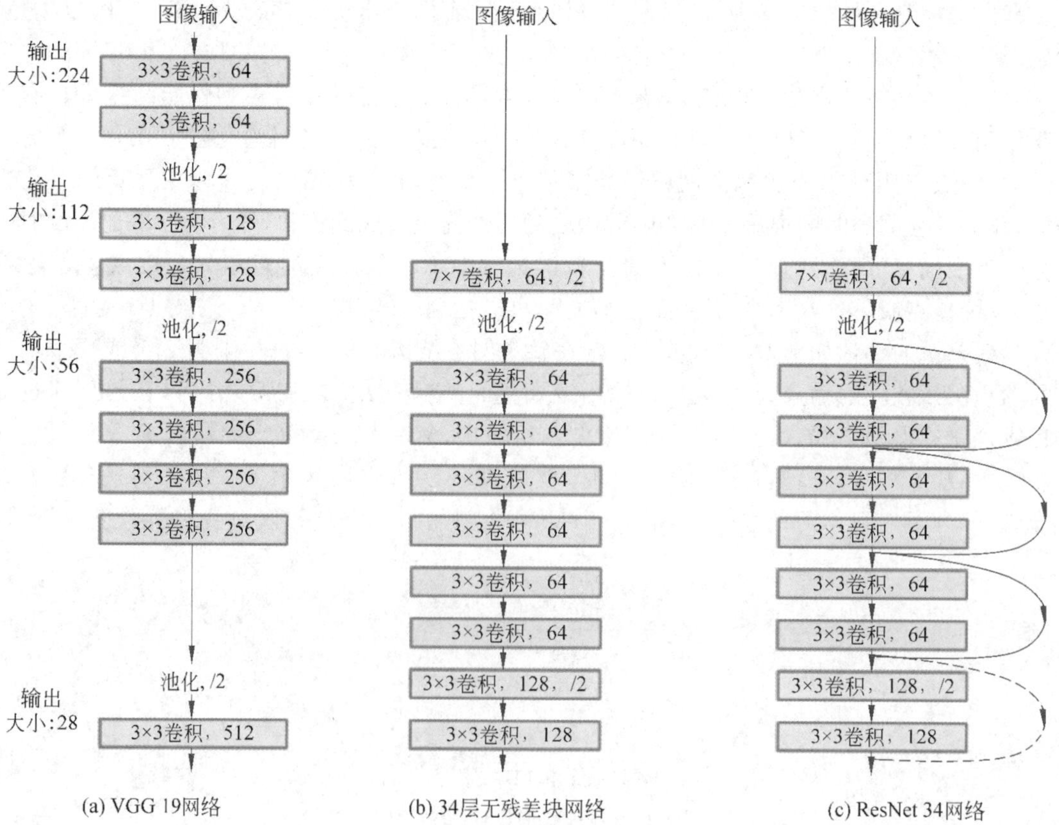

图 1.34 ResNet 结构示意图(部分)(He 等,2015)

原因是它会使残差分支的输出总为正数，从而降低了表达能力，这被称为后激活或 ResNet V1 结构。另一种性能更加优秀的残差块结构设计被称为前激活或 ResNet V2 结构。此时在残差分支的两个卷积层之前分别按序接入 BN 层和 ReLU，同时在第二个卷积层之后不做任何操作。

ResNet 结构的主要特点如下：

① 残差跳跃式学习结构有效克服了深度卷积神经网络随深度增加出现的退化问题；

② 通过使用 1×1 卷积核来进行通道数或特征维数的调整，不仅可实现通道数不等时的残差跳跃连接，而且还可实现残差分支中 3×3 卷积核的降维使用，从而大幅降低整个极深网络的参数规模。

在 ILSVRC-2015 比赛中，ResNet 使用了 152 层的深度残差网络，这是 VGG 19 的 8 倍，但却具有更少的卷积核与更低的参数规模。例如，ResNet 34 基线模型具有 36 亿次 FLOPs（乘法加法），仅为 VGG 19（196 亿次 FLOPs）的 18%。通过 ResNet 的集成预测，He 等（2015）在 ImageNet 测试集上实现了 3.57% 的错误率，获得了 ImageNet 分类任务的冠军。同时还获得了 ImageNet 检测、ImageNet 定位、COCO 2015 检测与 COCO 2015 分割任务的冠军。大量实验与应用实践表明，ResNet 利用残差跳跃式学习结构，巧妙地解决了深度卷积神经网络的退化问题，大幅加深了网络结构的深度，可进一步增强其分层特征的提取能力，成为深度神经网络领域中优秀的网络结构之一，已成功吸收在 Transformer 的网络结构设计之中。

3. 讨论

自 2012 年 AlexNet 问世以来，深度神经网络方法得到迅猛的发展，在大数据、大算力与应用场景的支撑下，成为推动新一轮人工智能的核心力量。作为弱人工智能时代的基础模型，深度卷积神经网络在计算机视觉与语音处理中得到了广泛的应用，通过与强化学习的结合产生了催生 AlphaGo 与 MuZero 等的深度强化学习方法，也必将在多模态大型语言模型的研究中，继续发挥关键作用。

在完全监督范式下，深度卷积神经网络的核心价值在于对标签数据进行分层特征提取与表达学习。一般来说，深度卷积神经网络由特征提取与任务头两部分组成，两者均可通过学习自动地进行。在特征提取部分，通常必须同时具有卷积核运算与池化操作。代替传统的全连接网络结构，卷积核利用可学习的共享连接权，能够实现类似哺乳动物视觉皮层中的多粒度、多方向、多阶段的分层特征提取。这些分层特征既包括了底层特征、中层特征和高层特征，也包括了局部特征与全局语义特征。池化操作可有效扩大感受野，定义了网络结构设计中一系列阶段或模块的边界，因此卷积核所完成的任何分层特征的自主学习表达，都必须与相应的池化层进行配合。总之，从结构设计到超参数优化，从 AlexNet 到 VGG、ResNet，从监督学习到强化学习，从分类到检测、分割、定位与跟踪任务，不同的深度卷积神经网络模型具有不同的泛化性能。未来通过将深度卷积神经网络的分层特征提取能力，与诸如注意力这样的全局关系特征进行结合，必将继续推动通用人工智能的快速发展。

1.3.4　反馈神经网络模型

反馈神经网络是一种动态神经网络，主要应用于相联记忆和优化计算。由于该网络首先由 Hopfield 提出，因此通常将其称为 Hopfield 网络。

根据网络的动态特性是离散时间系统还是连续时间系统，Hopfield 网络可分为离散与连续两种。与前馈神经网络及递归神经网络不同的是，Hopfield 网络的连接权是通过设计而非学习获得的，因此一般不考虑其学习算法。需要指出的是，离散 Hopfield 网络的输入输出取值通常为二值函数，若取值为连续值，则将其称为现代 Hopfield 网络。它们与 Transformer 模型存在某种联系（Ramsauer 等，2020），值得重新认识与思考。

1. 离散 Hopfield 网络

1）网络结构与工作方式

离散 Hopfield 网络结构如图 1.35 所示。

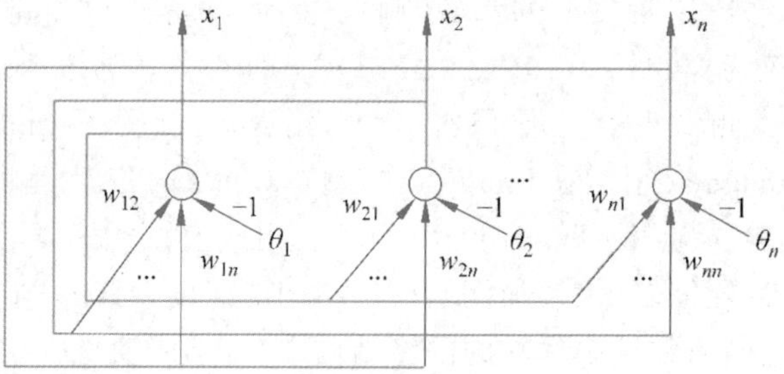

图 1.35 离散 Hopfield 网络结构

对于每个 MP 神经元节点，有

$$\begin{cases} s_j = \sum_{i=1}^{n} w_{ji} x_j - \theta_j \\ x_j = f(s_j) \end{cases} \tag{1.30}$$

其中，w_{ji} 为连接权（令 $w_{jj}=0$），θ_j 为偏置，$f(s_j)$ 为激活函数。对于离散 Hopfield 网络，$f(s_j)$ 通常取为二值函数，也就是取式(1.2b)的阶跃函数或取式(1.2c)的符号函数。

离散 Hopfield 网络通常有两种工作方式：

(1) 异步方式。

每次只有一个神经元节点进行状态的调整计算，其他节点的状态均保持不变，即

$$\begin{cases} x_i(k+1) = f\left(\sum_{j=1}^{n} w_{ij} x_j(k) - \theta_i\right) & (1.31a) \\ x_j(k+1) = x_j(k), \quad j \neq i & (1.31b) \end{cases}$$

状态调整次序可以随机选定，也可按规定的次序进行。

(2) 同步方式。

所有的神经元节点同时调整状态，即

$$x_i(k+1) = f\left(\sum_{j=1}^{n} w_{ij} x_j(k) - \theta_i\right), \quad \forall i \tag{1.32}$$

上述同步计算方式也可以写成如下矩阵形式，即

$$\boldsymbol{x}(k+1) = \boldsymbol{f}(\boldsymbol{W}\boldsymbol{x}(k) - \boldsymbol{\theta}) \tag{1.33}$$

式中，$\boldsymbol{x} = [x_1, x_2, \cdots, x_n]^{\mathrm{T}}$ 和 $\boldsymbol{\theta} = [\theta_1, \theta_2, \cdots, \theta_n]^{\mathrm{T}}$ 是 n 维向量，$\boldsymbol{W}$ 是由 $\{w_{ij}\}$ 组成的 $n \times n$ 矩阵，且 $\boldsymbol{f}(\boldsymbol{s})$ 为向量函数，即 $\boldsymbol{f}(\boldsymbol{s}) = [f(s_1), f(s_2), \cdots, f(s_n)]^{\mathrm{T}}$。

上述网络为动态反馈网络，其输入是网络的状态初值，即

$$\boldsymbol{x}(0)=[x_1(0),x_2(0),\cdots,x_n(0)]^{\mathrm{T}} \tag{1.34}$$

相应的输出则是网络的稳定状态 $\lim\limits_{k\to\infty}\boldsymbol{x}(k)$。

2) 稳定性与吸引子

从上述工作过程可以看出，离散 Hopfield 网络实质上是一个离散的非线性动力学系统。因此如果系统是稳定的，则它可以从任意初态收敛到一个稳定状态。若系统是不稳定的，则由于网络节点输出值只有 1 和 −1(或 1 和 0)两种状态，因而系统不可能出现无限发散，只可能出现限幅的自持振荡或极限环。

若将稳态视为一个记忆样本，那么初态朝稳态的收敛过程便是寻找记忆样本的过程。初态可认为是给定样本的部分信息，网络动态演化的过程可认为是从部分信息找到全部信息，从而实现了相联记忆的功能。

若将稳态与某种优化计算的目标函数相对应，并作为目标函数的极值点。那么初态朝稳态的收敛过程便是优化计算过程，且优化计算是在网络动态演化中自动完成的。

(1) 稳定性。

定义 1.1：若网络的状态 $\boldsymbol{x}$ 满足 $\boldsymbol{x}=\boldsymbol{f}(\boldsymbol{W}\boldsymbol{x}-\boldsymbol{\theta})$，则称 $\boldsymbol{x}$ 为网络的不动点或吸引子。

定理 1.1：对于离散 Hopfield 网络，若按异步方式调整状态，且连接矩阵 $\boldsymbol{W}$ 为对称矩阵，则对于任意初始状态，网络都最终收敛到一个吸引子。

证明：定义网络的能量函数为

$$E(k)=-\frac{1}{2}\sum_{i=1}^{n}\sum_{j=1}^{n}w_{ij}x_ix_j+\sum_{i=1}^{n}x_i\theta_i=-\frac{1}{2}\boldsymbol{x}^{\mathrm{T}}(k)\boldsymbol{W}\boldsymbol{x}(k)+\boldsymbol{x}^{\mathrm{T}}(k)\boldsymbol{\theta}$$

由于神经元节点的状态只能取 1 和 −1(或 1 和 0)两种状态，因此上述定义的能量函数 $E(k)$ 是有界的。令 $\Delta E(k)=E(k+1)-E(k)$，$\Delta x(k)=x(k+1)-x(k)$，则

$$\begin{aligned}\Delta E(k)&=E(k+1)-E(k)\\&=-\frac{1}{2}[\boldsymbol{x}(k)+\Delta\boldsymbol{x}(k)]^{\mathrm{T}}\boldsymbol{W}[\boldsymbol{x}(k)+\Delta\boldsymbol{x}(k)]+[\boldsymbol{x}(k)+\Delta\boldsymbol{x}(k)]^{\mathrm{T}}\boldsymbol{\theta}-\\&\quad\left[-\frac{1}{2}\boldsymbol{x}^{\mathrm{T}}(k)\boldsymbol{W}\boldsymbol{x}(k)+\boldsymbol{x}^{\mathrm{T}}(k)\boldsymbol{\theta}\right]\\&=-\Delta\boldsymbol{x}^{\mathrm{T}}(k)\boldsymbol{W}\boldsymbol{x}(k)-\frac{1}{2}\boldsymbol{x}^{\mathrm{T}}(k)\boldsymbol{W}\boldsymbol{x}(k)+\Delta\boldsymbol{x}^{\mathrm{T}}(k)\boldsymbol{\theta}\\&=-\Delta\boldsymbol{x}^{\mathrm{T}}(k)[\boldsymbol{W}\boldsymbol{x}(k)-\boldsymbol{\theta}]-\frac{1}{2}\boldsymbol{x}^{\mathrm{T}}(k)\boldsymbol{W}\boldsymbol{x}(k)\end{aligned}$$

由于假定为异步方式，因此可设第 k 时刻只有第 i 个神经元调整状态，即 $\Delta\boldsymbol{x}(k)=[0,\cdots,0,\Delta x_i(k),0,\cdots,0]^{\mathrm{T}}$，代入上式则有

$$\Delta E(k)=-\Delta x_i(k)\left[\sum_{j=1}^{n}w_{ij}x_j(k)-\theta_i\right]-\frac{1}{2}\Delta x_i^2w_{ii}$$

令 $s_i(k)=\sum\limits_{j=1}^{n}w_{ij}x_j(k)-\theta_i$，则有

$$\begin{aligned}\Delta E(k)&=-\Delta x_i(k)\left[s_i(k)+\frac{1}{2}\Delta x_i(k)w_{ii}\right]\\&=-\Delta x_i(k)s_i(k),\quad w_{ii}=0\end{aligned}$$

假定神经元节点取 1 和 −1 两种状态，则

$$x_i(k+1)=f\,[s_i(k)]=\begin{cases}1, & s_i(k)\geqslant 0\\ -1, & s_i(k)<0\end{cases}$$

下面考虑 $\Delta x_i(k)$ 可能出现的各种情况：

① 若 $x_i(k)=-1, x_i(k+1)=f[s_i(k)]=1$，此时有 $\Delta x_i(k)=2, s_i(k)\geqslant 0$，从而可得 $\Delta E(k)\leqslant 0$；

② 若 $x_i(k)=1, x_i(k+1)=f\,[s_i(k)]=-1$，此时有 $\Delta x_i(k)=-2, s_i(k)<0$，从而可得 $\Delta E(k)<0$；

③ 若 $x_i(k)=x_i(k+1)=1$ 或 $x_i(k)=x_i(k+1)=-1$，此时有 $\Delta x_i(k)=0$，从而可得 $\Delta E(k)=0$。

可见，在任何情况下均有 $\Delta E(k)\leqslant 0$。由于 $E(k)$ 有下界，所以 $E(k)$ 将收敛到一个常数。

下面须考察 $E(k)$ 收敛到常数时是否对应于网络的吸引子。根据上述分析，当 $\Delta E(k)=0$ 时，对应于如下两种情况之一：

① $x_i(k)=x_i(k+1)=1$ 或 $x_i(k)=x_i(k+1)=-1$；

② $x_i(k)=-1, x_i(k+1)=1, s_i(k)=0$。

对于情况①，表明 x_i 已进入稳态。对于情况②，由于网络继续演化时，$x_i=1$ 也不会再发生变化，因为若 x_i 由 1 变为 −1，则有 $\Delta E<0$，这与 $E(k)$ 已收敛到常数矛盾。所以网络最终将收敛到吸引子。

上述分析时假设 $w_{ii}=0$，实际上不难看出，当 $w_{ii}>0$ 时上述结论仍成立，而且收敛过程将更快。

上面证明时假设神经元节点取 1 和 −1 两种状态，不难验证当 x 取 1 和 0 两种状态时，上述结论也是成立的。

定理 1.2：对于离散的 Hopfield 网络，若按同步方式调整状态，且连接权矩阵 $\boldsymbol{W}$ 为非负定对称矩阵，则对于任意初态，网络都最终收敛到一个吸引子。

证明：前文已求得

$$\begin{aligned}\Delta E(k)&=E(k+1)-E(k)\\&=-\frac{1}{2}[\boldsymbol{x}(k)+\Delta\boldsymbol{x}(k)]^{\mathrm{T}}\boldsymbol{W}[\boldsymbol{x}(k)+\Delta\boldsymbol{x}(k)]+[\boldsymbol{x}(k)+\Delta\boldsymbol{x}(k)]^{\mathrm{T}}\boldsymbol{\theta}-\\&\quad\left[-\frac{1}{2}\boldsymbol{x}^{\mathrm{T}}(k)\boldsymbol{W}\boldsymbol{x}(k)+\boldsymbol{x}^{\mathrm{T}}(k)\boldsymbol{\theta}\right]\\&=-\Delta\boldsymbol{x}^{\mathrm{T}}(k)\boldsymbol{W}\boldsymbol{x}(k)-\frac{1}{2}\boldsymbol{x}^{\mathrm{T}}(k)\boldsymbol{W}\boldsymbol{x}(k)+\Delta\boldsymbol{x}^{\mathrm{T}}(k)\boldsymbol{\theta}\\&=-\Delta\boldsymbol{x}^{\mathrm{T}}(k)[\boldsymbol{W}\boldsymbol{x}(k)-\boldsymbol{\theta}]-\frac{1}{2}\boldsymbol{x}^{\mathrm{T}}(k)\boldsymbol{W}\boldsymbol{x}(k)\end{aligned}$$

前文已证得，对 $\forall i$，必有 $-\Delta x_i(k)s_i(k)\leqslant 0$，因此只要 $\boldsymbol{W}$ 为非负定矩阵就有 $\Delta E(k)\leqslant 0$，即 $E(k)$ 最终将收敛到一个常数值，并根据与上面相同的分析方式，可说明该网络将最终收敛到一个吸引子。

容易看出，对于同步方式，它对连接权矩阵 $\boldsymbol{W}$ 的要求更高了。若不满足 $\boldsymbol{W}$ 为非负定对

称矩阵的要求，则网络可能出现自持振荡或极限环。

由于异步方式比同步方式具有更好的稳定性，实际使用时较多采用异步方式。异步方式的主要缺点是失去了神经网络并行处理的优点。

(2) 吸引子的性质。

① 若 $\boldsymbol{x}$ 是网络的一个吸引子，且对 $\forall i, \theta_i = 0, \sum_{j=1}^{n} w_{ij} x_j \neq 0$，则 $-\boldsymbol{x}$ 也一定是该网络的吸引子。

证明：由于 $\boldsymbol{x}$ 是吸引子，即 $\boldsymbol{x} = \boldsymbol{f}(\boldsymbol{W}\boldsymbol{x})$，从而有 $\boldsymbol{f}(\boldsymbol{W}(-\boldsymbol{x})) = \boldsymbol{f}(-\boldsymbol{W}\boldsymbol{x}) = -\boldsymbol{f}(\boldsymbol{W}\boldsymbol{x}) = -\boldsymbol{x}$，即 $-\boldsymbol{x}$ 也是该网络的吸引子。

② $\boldsymbol{x}^{(a)}$ 是网络的吸引子，则与 $\boldsymbol{x}^{(a)}$ 的海明距离为 $d_{\mathrm{H}}(\boldsymbol{x}^{(a)}, \boldsymbol{x}^{(b)}) = 1$ 的 $\boldsymbol{x}^{(b)}$ 一定不是吸引子，这里海明距离定义为两个向量中不相同元素的个数。

证明：不失一般性，设 $\boldsymbol{x}_1^{(a)} \neq \boldsymbol{x}_1^{(b)}, \boldsymbol{x}_i^{(a)} = \boldsymbol{x}_i^{(b)} (i = 2, 3, \cdots, n)$。由于 $w_{ii} = 0$，因此有

$$\boldsymbol{x}_1^{(a)} = \boldsymbol{f}\left(\sum_{j=2}^{n}(w_{1j} x_j^{(a)} - \theta_1)\right) = \boldsymbol{f}\left(\sum_{j=2}^{n}(w_{1j} x_j^{(b)} - \theta_1)\right) \neq \boldsymbol{x}_1^{(b)}$$

从而 $\boldsymbol{x}^{(b)}$ 一定不是网络的吸引子。

推论：若 $\boldsymbol{x}^{(a)}$ 是网络的吸引子，且 $\forall i, \theta_i = 0, \sum_{j=1}^{n} w_{ij} x_j^{(a)} \neq 0$，则与 $\boldsymbol{x}^{(a)}$ 的海明距离为 $d_{\mathrm{H}}(\boldsymbol{x}^{(a)}, \boldsymbol{x}^{(b)}) = n-1$ 的 $\boldsymbol{x}^{(b)}$ 一定不是吸引子。

证明：若 $d_{\mathrm{H}}(\boldsymbol{x}^{(a)}, \boldsymbol{x}^{(b)}) = n-1$，则 $d_{\mathrm{H}}(-\boldsymbol{x}^{(a)}, \boldsymbol{x}^{(b)}) = 1$。根据前述性质①，若 $\boldsymbol{x}^{(a)}$ 是网络的吸引子，则 $-\boldsymbol{x}^{(a)}$ 也是网络的吸引子。再根据性质②，$\boldsymbol{x}^{(b)}$ 则一定不是吸引子。

(3) 吸引域。

为了能实现正确的相联记忆，对于每个吸引子应该有一定的吸引范围，这个吸引范围便称为吸引域。下面给出严格的定义。

定义 1.2：若 $\boldsymbol{x}^{(a)}$ 是吸引子，对于异步方式，若存在一个调整次序可以从 $\boldsymbol{x}$ 演变为 $\boldsymbol{x}^{(a)}$，则称 $\boldsymbol{x}$ 弱吸引到 $\boldsymbol{x}^{(a)}$。若对于任意调整次序都可以从 $\boldsymbol{x}$ 演变为 $\boldsymbol{x}^{(a)}$，则称 $\boldsymbol{x}$ 强吸引到 $\boldsymbol{x}^{(a)}$。

定义 1.3：对所有 $\boldsymbol{x} \in \mathbf{R}(\boldsymbol{x}^{(a)})$ 均有 $\boldsymbol{x}$ 由弱(强)吸引到 $\boldsymbol{x}^{(a)}$，则称 $\boldsymbol{x} \in \mathbf{R}(\boldsymbol{x}^{(a)})$ 为 $\boldsymbol{x}^{(a)}$ 的弱(强)吸引域。

对于同步方式，由于无调整次序问题，所以相应的吸引域也无强弱之分。

对于异步方式，对同一个状态，若采用不同的调整次序，有可能弱吸引到不同的吸引子。

3) 连接权设计

为了保证 Hopfield 网络在异步方式工作时能稳定收敛，连接权矩阵 $\boldsymbol{W}$ 应是对称的。若要保证同步方式收敛，则要求 $\boldsymbol{W}$ 为非负定矩阵，这个要求比较高。因而设计 $\boldsymbol{W}$ 一般只保证异步方式收敛。另一个要求是对于给定的样本必须是网络的吸引子，而且要有一定的吸引域，这样才能正确实现相联记忆功能。为了实现上述功能，通常采用 Hebb 规则来设计连接权。

设给定 m 个样本 $\boldsymbol{x}^{(k)} (k = 1, 2, \cdots, m)$，并设 $\boldsymbol{x} \in \{-1, 1\}^n$，则按 Hebb 规则设计的连接权为

$$w_{ij} = \begin{cases} \sum_{k=1}^{m} x_i^{(k)} x_j^{(k)}, & i \neq j \\ 0, & i = j \end{cases} \tag{1.35a}$$

或

$$\begin{cases} w_{ij}(k)=w_{ij}(k-1)+x_i^{(k)}x_j^{(k)}, & k=1,2,\cdots,m \\ w_{ij}(0)=0, & w_{ii}=0 \end{cases} \tag{1.35b}$$

写成矩阵形式,则为

$$\begin{aligned} \boldsymbol{W} &= [\boldsymbol{x}^{(1)} \quad \boldsymbol{x}^{(2)} \quad \cdots \quad \boldsymbol{x}^{(m)}] \begin{bmatrix} \boldsymbol{x}^{(1)\mathrm{T}} \\ \boldsymbol{x}^{(2)\mathrm{T}} \\ \vdots \\ \boldsymbol{x}^{(m)\mathrm{T}} \end{bmatrix} - m\boldsymbol{I} \\ &= \sum_{k=1}^{m} \boldsymbol{x}^{(k)}\boldsymbol{x}^{(k)\mathrm{T}} - m\boldsymbol{I} = \sum_{k=1}^{m}(\boldsymbol{x}^{(k)}\boldsymbol{x}^{(k)\mathrm{T}} - \boldsymbol{I}) \end{aligned} \tag{1.35c}$$

其中 $\boldsymbol{I}$ 为单位矩阵。

当网络节点状态为 1 和 0 两种状态,即 $x \in \{0,1\}^n$ 时,相应的连接权为

$$w_{ij} = \begin{cases} \sum_{k=1}^{m} (2x_i^{(k)}-1)(2x_j^{(k)}-1), & i \neq j \\ 0, & i=j \end{cases} \tag{1.36a}$$

或

$$\begin{cases} w_{ij}(k)=w_{ij}(k-1)+(2x_i^{(k)}-1)(2x_j^{(k)}-1), & k=1,2,\cdots,m \\ w_{ij}(0)=0, \\ w_{ii}=0 \end{cases} \tag{1.36b}$$

写成矩阵形式,则为

$$\boldsymbol{W} = \sum_{k=1}^{m} (2\boldsymbol{x}^{(k)}-\boldsymbol{b})(2\boldsymbol{x}^{(k)}-\boldsymbol{b})^{\mathrm{T}} - m\boldsymbol{I} \tag{1.36c}$$

其中,$\boldsymbol{b}=[1 \quad 1 \quad \cdots \quad 1]^{\mathrm{T}}$。

显然,上面所涉及的连接权矩阵满足对称性的要求。下面进一步分析所给样本是否为网络的吸引子,这一点十分重要。下面以 $\boldsymbol{x} \in \{-1,1\}^n$ 的情况为例进行分析。

若 m 个样本 $\boldsymbol{x}^{(k)}(k=1,2\cdots,m)$ 是两两正交的,即

$$\begin{cases} \boldsymbol{x}^{(i)\mathrm{T}}\boldsymbol{x}^{(j)}=0, & i \neq j \\ \boldsymbol{x}^{(i)\mathrm{T}}\boldsymbol{x}^{(i)}=n \end{cases}$$

则有

$$\begin{aligned} \boldsymbol{W}\boldsymbol{x}^{(k)} &= \left(\sum_{i=1}^{m}(\boldsymbol{x}^{(i)}\boldsymbol{x}^{(i)\mathrm{T}} - m\boldsymbol{I})\right)\boldsymbol{x}^{(k)} = \sum_{i=1}^{m}(\boldsymbol{x}^{(i)}\boldsymbol{x}^{(i)\mathrm{T}}\boldsymbol{x}^{(k)} - m\boldsymbol{x}^{(k)}) = n\boldsymbol{x}^{(k)} - m\boldsymbol{x}^{(k)} \\ &= (n-m)\boldsymbol{x}^{(k)} \end{aligned}$$

可见,只要满足 $n-m>0$,则可得

$$\boldsymbol{f}[\boldsymbol{W}\boldsymbol{x}^{(k)}] = \boldsymbol{f}[(n-m)\boldsymbol{x}^{(k)}] = \boldsymbol{x}^{(k)}$$

即 $\boldsymbol{x}^{(k)}$ 是网络的吸引子。

若 m 个样本 $\boldsymbol{x}^{(k)}(k=1,2\cdots,m)$ 不是两两正交的,且设向量之间的内积为 $\boldsymbol{x}^{(i)\mathrm{T}}\boldsymbol{x}^{(j)}=\beta_{ij}$,显然,$\beta_{ij}=n, i=1,2\cdots,m$,则有

$$\boldsymbol{W}\boldsymbol{x}^{(k)} = \sum_{i=1}^{m}\boldsymbol{x}^{(i)}\boldsymbol{x}^{(i)\mathrm{T}}\boldsymbol{x}^{(k)} - m\boldsymbol{x}^{(k)} = (n-m)\boldsymbol{x}^{(k)} + \sum_{\substack{i=1 \\ i\neq k}}^{m} x_j^{(i)}\beta_{ij}$$

取其中第 j 个元素，即

$$[\boldsymbol{W}\boldsymbol{x}^{(k)}]_j=(n-m)x_j^{(k)}+\sum_{\substack{i=1\\i\neq k}}^{m}x_j^{(i)}\beta_{ij}$$

若能对 $\forall j$ 有

$$(n-m)>\left|\sum_{\substack{i=1\\i\neq k}}^{m}x_j^{(i)}\beta_{ij}\right|$$

则 $\boldsymbol{x}^{(k)}$ 是网络的吸引子。上式右端可进一步变化为

$$\left|\sum_{\substack{i=1\\i\neq k}}^{m}x_j^{(i)}\beta_{ij}\right|\leqslant\sum_{\substack{i=1\\i\neq k}}^{m}|\beta_{ij}|\leqslant(m-1)\beta_{\mathrm{m}}$$

其中，$\beta_{\mathrm{m}}\triangleq|\beta_{ik}|_{\max}$。

进而若能使得 $n-m>(m-1)\beta_{\mathrm{m}}$，即

$$m<\frac{n+\beta_{\mathrm{m}}}{1+\beta_{\mathrm{m}}}\tag{1.37}$$

则可以保证所有的样本均为网络的吸引子。

若 m 个样本满足

$$\alpha n\leqslant d_{\mathrm{H}}(\boldsymbol{x}^{(i)},\boldsymbol{x}^{(j)})\leqslant(1-\alpha)n\tag{1.38a}$$

其中，$i,j=1,2,\cdots,m,i\neq j,0<\alpha<0.5$，则有

$$|\beta_{ij}|\leqslant n-2\alpha n=\beta_{\mathrm{m}}\tag{1.38b}$$

从而得出 m 个样本均为网络吸引子的条件为

$$m<\frac{2n(1-\alpha)}{1+n(1-2\alpha)}\tag{1.38c}$$

注意式(1.38c)仅为充分条件。当不满足上述条件时，要进行具体验证才能确定。

4）记忆容量

记忆容量是指在网络结构参数一定的条件下，要保证相联记忆功能的正确实现，网络所能存储的最大样本数。也就是说，给定网络节点数 n，样本数 m 最大可为多少？这些样本向量不仅应为网络的吸引子，而且应有一定的吸引域，这样才能实现相联记忆的功能。

记忆容量不仅与节点数 n 有关，它还与连接权的设计有关，适当地设计连接权可以提高网络的记忆容量。记忆容量还与样本本身的性质有关，对于用 Hebb 规则设计连接权的网络，如果输入样本是正交的，则可以获得最大的记忆容量。实际问题的样本不可能都是正交的，所以在研究记忆容量时通常都假设样本向量是随机的。

记忆容量还与要求的吸引域大小有关，要求的吸引域越大，则记忆容量就越小。一个样本向量 $\boldsymbol{x}^{(k)}$ 的吸引域可以视为以该向量为中心的超球体。若在该超球体中的向量 $\boldsymbol{x}^{(s)}$ 满足 $d_{\mathrm{H}}(\boldsymbol{x}^{(k)},\boldsymbol{x}^{(s)})=\alpha n$，其中 $0\leqslant\alpha<0.5$，则称 α 为吸引半径。

对于给定的网络，严格地分析并确定其记忆容量不是一件很容易的事情。Hopfield 曾提出一个数量范围，即

$$m\leqslant 0.15n\tag{1.39a}$$

按照样本为随机分布的假设所做的理论分析表明，当 $n\to\infty$ 时，其记忆容量为

$$m \leqslant \frac{(1-2\alpha)^2 n}{2\ln n} \tag{1.39b}$$

式中，α 为要求的吸引半径。

上面提到，当样本为两两正交时可以有最大的记忆容量。对于一般的记忆样本，可以通过改进连接权的设计来提高记忆容量。下面介绍其中的一种方法。

设给定 m 个样本向量 $\boldsymbol{x}^{(k)}(k=1,2,\cdots,m)$，首先组成如下的 $n\times(m-1)$ 矩阵：

$$\boldsymbol{A}=[\boldsymbol{x}^{(1)}-\boldsymbol{x}^{(m)},\boldsymbol{x}^{(2)}-\boldsymbol{x}^{(m)},\cdots,\boldsymbol{x}^{(m-1)}-\boldsymbol{x}^{(m)}]$$

对 $\boldsymbol{A}$ 进行奇异值分解，即

$$\boldsymbol{A}=\boldsymbol{U\Sigma V}^{\mathrm{T}}$$

且

$$\boldsymbol{\Sigma}=\begin{bmatrix}\boldsymbol{S} & 0\\ 0 & 0\end{bmatrix},\qquad \boldsymbol{S}=\operatorname{diag}(\sigma_1\quad \sigma_2\quad \cdots\quad \sigma_r)$$

式中，$\boldsymbol{U}$ 是 $n\times n$ 的正交矩阵；$\boldsymbol{V}$ 是 $(m-1)\times(m-1)$ 的正交矩阵。$\boldsymbol{U}$ 可以表示为

$$\boldsymbol{U}=[\boldsymbol{u}_1\ \boldsymbol{u}_2\ \cdots\ \boldsymbol{u}_r\quad \boldsymbol{u}_{r+1}\ \cdots\ \boldsymbol{u}_n]$$

这里 $\boldsymbol{u}_1,\boldsymbol{u}_2,\cdots,\boldsymbol{u}_r$ 是对应于非零奇异值 $\sigma_1,\sigma_2,\cdots,\sigma_r$ 的左奇异向量，且组成了 $\boldsymbol{A}$ 的值域空间的正交基，而 $\boldsymbol{u}_{r+1},\cdots,\boldsymbol{u}_n$ 则是 $\boldsymbol{A}$ 的值域正交补空间的正交基。

按以下方法构建连接权矩阵 $\boldsymbol{W}$ 和阈值向量 $\boldsymbol{\theta}$，即

$$\boldsymbol{W}=\sum_{k=1}^{r}\boldsymbol{u}_i\boldsymbol{u}_k^{\mathrm{T}}$$

$$\boldsymbol{\theta}=\boldsymbol{W}\boldsymbol{x}^{(m)}-\boldsymbol{x}^{(m)}$$

显然，按上述方法求得的连接权矩阵是对称的，因而可保证异步工作方式的稳定性。下面进一步证明给定的样本向量 $\boldsymbol{x}^{(k)}(k=1,2,\cdots,m)$ 都是吸引子。

由于 $\boldsymbol{u}_1,\boldsymbol{u}_2,\cdots,\boldsymbol{u}_r$ 是 $\boldsymbol{A}$ 的值域空间的正交基，所以 $\boldsymbol{A}$ 中的任一向量 $\boldsymbol{x}^{(k)}-\boldsymbol{x}^{(m)}(k=1,2,\cdots,m-1)$ 均可表示为 $\boldsymbol{u}_1,\boldsymbol{u}_2,\cdots,\boldsymbol{u}_r$ 的线性组合，即

$$\boldsymbol{x}^{(k)}-\boldsymbol{x}^{(m)}=\sum_{i=1}^{r}a_i\boldsymbol{u}_i$$

由于 $\boldsymbol{U}$ 为正交矩阵，所以 $\boldsymbol{u}_1,\boldsymbol{u}_2,\cdots,\boldsymbol{u}_r$ 为相互正交的单位向量，从而对任一向量 $\boldsymbol{u}_i(i=1,2,\cdots,r)$，有

$$\boldsymbol{W}\boldsymbol{u}_i=\sum_{k=1}^{r}\boldsymbol{u}_k\boldsymbol{u}_k^{\mathrm{T}}\boldsymbol{u}_i=\boldsymbol{u}_i$$

进而有

$$\boldsymbol{W}(\boldsymbol{x}^{(k)}-\boldsymbol{x}^{(m)})=\boldsymbol{W}\sum_{i=1}^{r}a_i\boldsymbol{u}_i=\sum_{i=1}^{r}a_i\boldsymbol{W}\boldsymbol{u}_i=\sum_{i=1}^{r}a_i\boldsymbol{u}_i=\boldsymbol{x}^{(k)}-\boldsymbol{x}^{(m)}$$

对于任一样本向量 $\boldsymbol{x}^{(k)}(k=1,2,\cdots,m-1)$，有

$$\boldsymbol{W}\boldsymbol{x}^{(k)}-\boldsymbol{\theta}=\boldsymbol{W}\boldsymbol{x}^{(k)}-\boldsymbol{W}\boldsymbol{x}^{(m)}+\boldsymbol{x}^{(m)}=\boldsymbol{W}(\boldsymbol{x}^{(k)}-\boldsymbol{x}^{(m)})+\boldsymbol{x}^{(m)}=\boldsymbol{x}^{(k)}$$

从而有

$$\boldsymbol{f}(\boldsymbol{W}\boldsymbol{x}^{(k)}-\boldsymbol{\theta})=\boldsymbol{f}(\boldsymbol{x}^{(k)})=\boldsymbol{x}^{(k)}$$

对于第 m 个样本 $\boldsymbol{x}^{(m)}$，有

$$\boldsymbol{W}\boldsymbol{x}^{(m)}-\boldsymbol{\theta}=\boldsymbol{x}^{(m)}-\boldsymbol{x}^{(m)}+\boldsymbol{x}^{(m)}=\boldsymbol{x}^{(m)}$$

从而有

$$\boldsymbol{f}(\boldsymbol{W}\boldsymbol{x}^{(m)}-\boldsymbol{\theta})=\boldsymbol{f}(\boldsymbol{x}^{(m)})=\boldsymbol{x}^{(m)}$$

以上推导过程说明，按照这种方法设计的连接权矩阵，可以使得所有的样本 $\boldsymbol{x}^{(k)}(k=1,2,\cdots,m)$ 均为网络的吸引子。而并不是要求它们两两正交，也就是说，按此设计提高了网络的记忆容量。

5）举例

对如图 1.35 所示的离散 Hopfield 网络，给定两个样本分别为

$$\boldsymbol{x}^{(1)}=\begin{bmatrix}1\\1\\1\\1\end{bmatrix},\qquad \boldsymbol{x}^{(2)}=\begin{bmatrix}-1\\-1\\-1\\-1\end{bmatrix}$$

这里，$m=2,n=4$，且 $\theta_i=0(i=1,2,3,4)$。

首先根据 Hebb 规则，可得连接权矩阵为

$$\boldsymbol{W}=\boldsymbol{x}^{(1)}\boldsymbol{x}^{(1)\mathrm{T}}+\boldsymbol{x}^{(2)}\boldsymbol{x}^{(2)\mathrm{T}}-2\boldsymbol{I}=\begin{bmatrix}0&2&2&2\\2&0&2&2\\2&2&0&2\\2&2&2&0\end{bmatrix}$$

由于 $d_{\mathrm{H}}(\boldsymbol{x}^{(1)},\boldsymbol{x}^{(2)})=4$，这相当于 $\alpha=0$，显然并不满足上面给出的充分条件，因此对 $\boldsymbol{x}^{(1)}$ 和 $\boldsymbol{x}^{(2)}$ 是否为 Hopfield 网络的吸引子，需要进行具体的检验。

容易验证：

$$\boldsymbol{f}(\boldsymbol{W}\boldsymbol{x}^{(1)})=\boldsymbol{f}\begin{bmatrix}6\\6\\6\\6\end{bmatrix}=\begin{bmatrix}1\\1\\1\\1\end{bmatrix}=\boldsymbol{x}^{(1)},\quad \boldsymbol{f}(\boldsymbol{W}\boldsymbol{x}^{(2)})=\boldsymbol{f}\begin{bmatrix}-6\\-6\\-6\\-6\end{bmatrix}=\begin{bmatrix}-1\\-1\\-1\\-1\end{bmatrix}=\boldsymbol{x}^{(2)}$$

因此，两个样本 $\boldsymbol{x}^{(1)}$ 和 $\boldsymbol{x}^{(2)}$ 均为 Hopfield 网络的吸引子。事实上，考虑到 $\boldsymbol{x}^{(2)}=-\boldsymbol{x}^{(1)}$，因此只要其中一个为吸引子，那么另一个样本就必定也是吸引子。

下面再考察这两个吸引子是否具有吸引能力，及是否具备相联记忆功能。

① 设初始状态 $\boldsymbol{x}(0)=\boldsymbol{x}^{(3)}=[-1\quad 1\quad 1\quad 1]^{\mathrm{T}}$，此时它比较接近 $\boldsymbol{x}^{(1)}$（与其海明距离为 1）。下面以异步方式按 1,2,3,4 的迭代次序来演变网络：

$$x_1(1)=f\left(\sum_{j=1}^{4}w_{1j}x_j(0)\right)=f(6)=1$$

$$x_2(1)=x_2(0)=1,\qquad x_3(1)=x_3(0)=1,\qquad x_4(1)=x_4(0)=1$$

即 $\boldsymbol{x}(1)=[1\quad 1\quad 1\quad 1]^{\mathrm{T}}=\boldsymbol{x}^{(1)}$。可见，按异步方式 $\boldsymbol{x}^{(3)}$ 只需迭代一步就可以收敛到 $\boldsymbol{x}^{(1)}$。

② 设初始状态 $\boldsymbol{x}(0)=\boldsymbol{x}^{(4)}=[1\quad -1\quad -1\quad -1]^{\mathrm{T}}$，此时它比较接近 $\boldsymbol{x}^{(2)}$（与其海明距离为 1）。下面仍以异步方式按 1,2,3,4 的迭代次序来演变网络：

$$x_1(1)=f\left(\sum_{j=1}^{4}w_{1j}x_j(0)\right)=f(-6)=-1$$

$$x_2(1)=x_2(0)=-1,\qquad x_3(1)=x_3(0)=-1,\qquad x_4(1)=x_4(0)=-1$$

即 $\boldsymbol{x}(1)=[-1\quad -1\quad -1\quad -1]^{\mathrm{T}}=\boldsymbol{x}^{(2)}$。可见，此时 $\boldsymbol{x}^{(4)}$ 也只需迭代一步就可以收敛到

$\boldsymbol{x}^{(2)}$。

③ 设初始状态 $\boldsymbol{x}(0)=\boldsymbol{x}^{(5)}=[1\quad 1\quad -1\quad -1]^{\mathrm{T}}$，此时它与 $\boldsymbol{x}^{(1)}$ 和 $\boldsymbol{x}^{(2)}$ 的海明距离都为 2。若以异步方式按 1,2,3,4 的迭代次序来演变网络，则有

$$x_1(1)=f\left(\sum_{j=1}^{4}w_{1j}x_j(0)\right)=f(-2)=-1$$

$$x_i(1)=x_i(0),\qquad i=2,3,4$$

即 $\boldsymbol{x}(1)=[-1\quad 1\quad -1\quad -1]^{\mathrm{T}}$。继续迭代一步，可以得到

$$\boldsymbol{x}_2(2)=f\left(\sum_{j=1}^{4}w_{2j}x_j(1)\right)=f(-6)=-1$$

$$x_i(2)=x_i(1),\qquad i=1,3,4$$

即 $\boldsymbol{x}(2)=[-1\quad -1\quad -1\quad -1]^{\mathrm{T}}=\boldsymbol{x}^{(2)}$。可见，此时 $\boldsymbol{x}^{(5)}$ 收敛到了 $\boldsymbol{x}^{(2)}$。

若以异步方式按 3,4,1,2 的迭代次序来调整网络，则有

$$x_3(1)=f\left(\sum_{j=1}^{4}w_{3j}x_j(0)\right)=f(2)=1$$

$$x_i(1)=x_i(0),\qquad i=1,2,4$$

即 $\boldsymbol{x}(1)=[1\quad 1\quad 1\quad -1]^{\mathrm{T}}$。继续迭代一步，可以得到

$$x_4(2)=f\left(\sum_{j=1}^{4}w_{4j}x_j(1)\right)=f(6)=1$$

$$x_i(2)=x_i(1),\qquad i=1,2,3$$

即 $\boldsymbol{x}(1)=[1\quad 1\quad 1\quad 1]^{\mathrm{T}}=\boldsymbol{x}^{(1)}$。可见，此时 $\boldsymbol{x}^{(5)}$ 收敛到了 $\boldsymbol{x}^{(1)}$。

从上面的具体计算过程可以看出，对于不同的迭代次序，$\boldsymbol{x}^{(5)}$ 既可弱收敛到 $\boldsymbol{x}^{(1)}$，也可弱收敛到 $\boldsymbol{x}^{(2)}$，这是初始状态刚好在两个吸引子中间的情况。

下面再对该例子利用同步方式进行计算。此时仍考察初始状态 $\boldsymbol{x}(0)$ 分别取 $\boldsymbol{x}^{(3)}$、$\boldsymbol{x}^{(4)}$ 和 $\boldsymbol{x}^{(5)}$ 时的 Hopfield 网络的收敛情况。

① 设初始状态 $\boldsymbol{x}(0)=\boldsymbol{x}^{(3)}=[-1\quad 1\quad 1\quad 1]^{\mathrm{T}}$，此时有

$$\boldsymbol{x}(1)=\boldsymbol{f}(\boldsymbol{W}\boldsymbol{x}(0))=\boldsymbol{f}(\boldsymbol{W}\boldsymbol{x}^{(3)})=\boldsymbol{f}\begin{bmatrix}6\\2\\2\\2\end{bmatrix}=\begin{bmatrix}1\\1\\1\\1\end{bmatrix}$$

$$\boldsymbol{x}(2)=\boldsymbol{f}(\boldsymbol{W}\boldsymbol{x}(1))=\boldsymbol{f}\begin{bmatrix}6\\6\\6\\6\end{bmatrix}=\begin{bmatrix}1\\1\\1\\1\end{bmatrix}$$

可见，此时 $\boldsymbol{x}^{(3)}$ 收敛到了 $\boldsymbol{x}^{(1)}$。

② 设初始状态 $\boldsymbol{x}(0)=\boldsymbol{x}^{(4)}=[1\quad -1\quad -1\quad -1]^{\mathrm{T}}$，此时有

$$\boldsymbol{x}(1)=\boldsymbol{f}(\boldsymbol{W}\boldsymbol{x}(0))=\boldsymbol{f}(\boldsymbol{W}\boldsymbol{x}^{(4)})=\boldsymbol{f}\begin{bmatrix}-6\\-2\\-2\\-2\end{bmatrix}=\begin{bmatrix}-1\\-1\\-1\\-1\end{bmatrix}$$

$$\boldsymbol{x}(2)=\boldsymbol{f}(\boldsymbol{W}\boldsymbol{x}(1))=\boldsymbol{f}\begin{bmatrix}-6\\-6\\-6\\-6\end{bmatrix}=\begin{bmatrix}-1\\-1\\-1\\-1\end{bmatrix}$$

可见，此时 $\boldsymbol{x}^{(4)}$ 收敛到了 $\boldsymbol{x}^{(2)}$。

③ 设初始状态 $\boldsymbol{x}(0)=\boldsymbol{x}^{(5)}=[1\quad 1\quad -1\quad -1]^{\mathrm{T}}$，此时有

$$\boldsymbol{x}(1)=\boldsymbol{f}(\boldsymbol{W}\boldsymbol{x}(0))=\boldsymbol{f}(\boldsymbol{W}\boldsymbol{x}^{(5)})=\boldsymbol{f}\begin{bmatrix}-2\\-2\\2\\2\end{bmatrix}=\begin{bmatrix}-1\\-1\\1\\1\end{bmatrix}$$

$$\boldsymbol{x}(2)=\boldsymbol{f}(\boldsymbol{W}\boldsymbol{x}(1))=\boldsymbol{f}\begin{bmatrix}2\\2\\-2\\-2\end{bmatrix}=\begin{bmatrix}1\\1\\-1\\-1\end{bmatrix}$$

由此可见，$\boldsymbol{x}^{(5)}$ 实际是在两个不同的状态之间进行跳跃，产生了极限环为 2 的自持振荡。事实上，鉴于本例的连接权矩阵 $\boldsymbol{W}$ 不是非负定矩阵，由前面介绍的稳定性判据可知，此时必然会出现上述振荡。

2. 连续 Hopfield 网络

1）网络结构与工作方式

连续 Hopfield 网络也是单层的反馈网络，其网络结构参照图 1.35 所示，对于第 i 个神经元节点，其工作方式为

$$\begin{cases}s_i=\sum_{j=1}^{n}w_{ij}x_j-\theta_i\\ \dfrac{\mathrm{d}y_i}{\mathrm{d}t}=-\dfrac{1}{\tau}y_i+s_i\\ x_i=f(y_i)\end{cases}\tag{1.40a}$$

或

$$\begin{cases}\dfrac{\mathrm{d}y_i}{\mathrm{d}t}=-\dfrac{1}{\tau}y_i+\sum_{j=1}^{n}w_{ij}x_j-\theta_i\\ x_i=f(y_i)\end{cases}\tag{1.40b}$$

这里，同样假定 $w_{ij}=w_{ji}$，它与离散 Hopfield 网络相比，多了式(1.40a)中间的一个一阶微分方程，相当于一阶惯性环节。s_i 是该环节的输入，y_i 是该环节的输出，对于离散 Hopfield 网络，式(1.40a)中间的式子也可看成 $y_i=s_i$。它们之间的另一个区别是第三个式子 $x_i=f(y_i)$ 一般不再是二值函数，而是 S 型函数，即当 $x_i\in(-1,1)$ 时取为双曲正切函数 Tanh()，当 $x_i\in(0,1)$ 时，则取为 Sigmoid 函数。

Hopfield 利用模拟电路设计了一个连续 Hopfield 网络的电路模型。图 1.36 给出了由运算放大器与电阻、电容硬件实现的一个神经元节点的电路模型。

根据图 1.36 可以给出如下电路方程，即

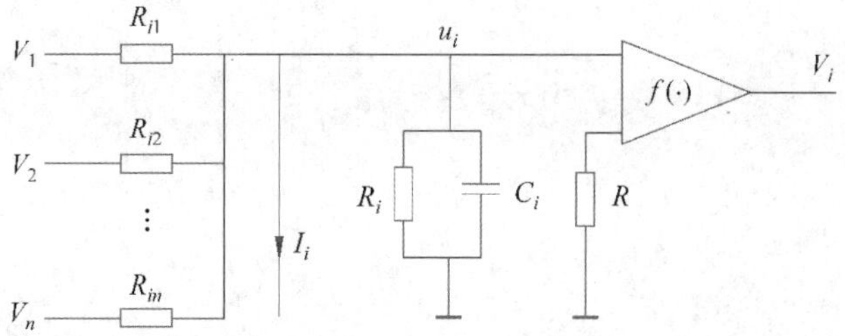

图 1.36　连续 Hopfield 网络中一个神经元节点的电路模型

$$\begin{cases} C_i \dfrac{\mathrm{d}u_i}{\mathrm{d}t} + \dfrac{u_i}{R} + I_i = \sum\limits_{j=1}^{n} \dfrac{V_j - u_i}{R_{ij}} \\ V_j = f(u_i) \end{cases}$$

其中

$$\frac{1}{R'_i} = \frac{1}{R_i} + \sum_{j=1}^{n} \frac{1}{R_{ij}}$$

令 $x_i = V_i$，$y_i = u_i$，$\tau = R'_i C$，$w_{ij} = 1/R_{ij} C_i$，$\theta_i = I_i / C_i$，则上式可化为

$$\begin{cases} \dfrac{\mathrm{d}y_i}{\mathrm{d}t} = -\dfrac{1}{\tau} y_i + \sum\limits_{j=1}^{n} w_{ij} x_j - \theta_i \\ x_i = f(y_i) \end{cases} \tag{1.41}$$

可以看出，连续 Hopfield 网络实质上是一个连续的非线性动力学系统，可用一组非线性微分方程来描述。当给定初始状态，通过求解非线性微分方程组就可求得网络状态的运动轨迹。若系统是稳定的，则它最终可收敛到一个稳定状态。若用图 1.36 所示的硬件来实现，则这个求解非线性微分方程的过程将由该电路自动完成，其求解速度十分快速。

2）稳定性

定义连续 Hopfield 网络的能量函数为

$$\begin{aligned} E &= -\frac{1}{2} \sum_{i=1}^{n} \sum_{j=1}^{n} w_{ij} x_i x_j + \sum_{i=1}^{n} x_i \theta_i + \sum_{i=1}^{n} \frac{1}{\tau_i} \int_0^{x_i} f^{-1}(\eta) \mathrm{d}\eta \\ &= -\frac{1}{2} \boldsymbol{x}^{\mathrm{T}} \boldsymbol{W} \boldsymbol{x} + \boldsymbol{x}^{\mathrm{T}} \boldsymbol{\theta} + \sum_{i=1}^{n} \frac{1}{\tau_i} \int_0^{x_i} f^{-1}(\eta) \mathrm{d}\eta \end{aligned} \tag{1.42}$$

该能量函数的表达式与离散 Hopfield 网络的定义是完全相同的。对于离散 Hopfield 网络，由于 $f()$ 是二值函数，所以第三项的积分项为零。由于 $x_i \in (-1,1)$ 或 $x_i \in (0,1)$，因此上述定义的能量函数 E 是有界的。因此，只需证明 $\mathrm{d}E/\mathrm{d}t \leqslant 0$，即可说明系统是稳定的。

$$\frac{\mathrm{d}E}{\mathrm{d}t} = \sum_{i=1}^{n} \frac{\mathrm{d}E}{\mathrm{d}x_i} \frac{\mathrm{d}x_i}{\mathrm{d}t}$$

根据式(1.42)中 E 的表达式可以求得

$$\frac{\mathrm{d}E}{\mathrm{d}x_i} = -\sum_{i=1}^{n} w_{ij} x_j + \theta_i + \frac{1}{\tau_i} f^{-1}(x_i) = -\sum_{i=1}^{n} w_{ij} x_j + \theta_i + \frac{1}{\tau_i} y_i = -\frac{\mathrm{d}y_i}{\mathrm{d}t}$$

代入上式，得

$$\frac{\mathrm{d}E}{\mathrm{d}t} = \sum_{i=1}^{n} \left(-\frac{\mathrm{d}y_i}{\mathrm{d}t} \frac{\mathrm{d}x_i}{\mathrm{d}t} \right) = -\sum_{i=1}^{n} \left(\frac{\mathrm{d}y_i}{\mathrm{d}x_i} \frac{\mathrm{d}x_i}{\mathrm{d}t} \frac{\mathrm{d}x_i}{\mathrm{d}t} \right) = -\sum_{i=1}^{n} \frac{\mathrm{d}y_i}{\mathrm{d}x_i} \left(\frac{\mathrm{d}x_i}{\mathrm{d}t} \right)^2$$

前面已假设 $x_i = f(y_i)$ 是单调上升函数。显然它的逆函数 $y_i = f^{-1}(x_i)$ 也为单调上升函数，即有 $\mathrm{d}y_i/\mathrm{d}x_i > 0$。同时考虑到 $(\mathrm{d}x_i/\mathrm{d}t)^2 \geqslant 0$，因而有

$$\frac{\mathrm{d}E}{\mathrm{d}t} \leqslant 0$$

且当且仅当所有 x_i 均为常数时才取等号。

根据李雅普诺夫稳定性理论，该网络或系统一定是渐近稳定的，即随着时间的演化，网络状态总是朝 E 减小的方向运动，直到 E 取得最小值，这时所有的 x_i 均变为常数，也就是说，网络收敛到稳定状态。

1.3.5 递归神经网络模型

事实上，生物神经网络规模十分庞大。例如，人类大脑由大约860亿个神经元组成，而每个神经元具有 $10^3 \sim 10^4$ 个突触连接，因此人类大脑总的突触连接数高达860万亿个。与此同时，生物神经系统还具有递归通路结构、稀疏随机连接和突触连接权的局部修正等特性。正是由于其存在的递归性，递归神经网络模型大量出现在生物或生物模拟文献中，包括自下而上的神经微观模拟，即单系统（甚至是单体）的分室模型和复杂生物网络模型（如Freeman的嗅球模型），以及自上而下的原理性研究，如利用动态系统的通用性质解释认知神经动力学中的对应关系（如"概念与吸引子状态""学习与参数改变""学习和发育过程中的跳变与分岔"等），又如突触的学习动力学与训练、同步发放链等。

1. 网络结构

前文已指出，递归神经网络可视为前馈神经网络与反馈神经网络的整合，具有最完整的网络结构与连接关系。在某种意义上，前馈神经网络与反馈神经网络均可视为其特例。它不仅具有类同前馈神经网络从输入层到输出层的信息传递方向性，而且中间的各个隐层均是具有侧向连接的反馈神经网络，可称为反馈隐层或递归隐层。需要特别指出的是，递归隐层及其与输入层、输出层之间的连接，既可以是全连接，也可以是卷积共享连接，还可以设定特殊的门控机制和自注意力学习机制。因此，从网络结构来说，递归神经网络既有最早期单隐层、全连接的Elman网络，也包括具有门控机制的长短期记忆（LSTM）网络和具有自注意力学习机制的Transformer网络。这些均将在第2章进行详细的介绍。此外，当递归隐层中内部神经元之间的连接选择为完全随机连接或复杂网络连接时，相应构建的递归神经网络被称为状态池计算（reservoir computing），如ESN和SHESN。

递归神经网络（RNN）的输入输出均为token（语义符）序列，这里的token可以是信号、文本、代码、图像、视频、三维图形或点集等多模态原始数据向量或其特征嵌入向量。

与前馈神经网络相比，递归神经网络具有至少一条突触连接循环通路。从数学上来说，递归神经网络可实现动态的输入输出映射，相应的通用逼近性质为：递归神经网络能够通过学习以任意精度逼近任意非线性动态系统。但理论与实践中存在的诸多困难，总体上制约了递归神经网络的实际应用。

2. 学习算法

与前馈神经网络不同，递归神经网络不存在误差反向传播这样的主流监督学习算法，但

利用目标函数关于连接权的梯度与链式法则，通过梯度的反向传播进行逐层连接权的修正，仍是最基本的操作。在这一过程中，对每一类别仅有部分标签或期望输出，也可能仅有几个标签，甚至仅有零标签样本或伪标签，这些分别称为半监督学习（或弱半监督学习）、少样本学习、零样本学习和自监督学习。

对比式自监督学习本质上是一种无监督学习方法，也是一种度量学习。它通过学习相同类别实例之间的共同或一致特征，同时对不同类别实例特征进行有效区分，来获得标签数据的自我扩增。这类似于人类的一种自我想象力或“举一反三”，非常适合于小样本条件下的识别研究。在该方法中，对同一训练样本或目标进行不同的随机剪裁（例如，水平翻转、平移、缩放、旋转、高斯模糊、明暗变化）等数据增强操作，通过主干网络（backbone）得到的潜空间特征，是具有相似性的，这就是相同实例的共同特征学习。进一步地，潜空间中由同一目标经过随机变换得到的样本为正样本，而其他目标则是负样本。对比式自监督学习通过对目标函数的设计，会自动学习拉近正样本特征向量之间的距离，同时也会推远负样本特征向量之间的距离。对比式自监督学习的典型方法如 MoCo、SimCLR、DeepCluster 与 SwAV 等。

总之，由于增加了时间或序列方向的学习，因此针对不同的网络结构，递归神经网络已发展出各种多样化的训练算法，如 BPTT（沿时间的反向传播）、RTRL（实时递归学习）和 EKF（扩展的 Kalman 滤波）等完全监督的学习算法，也包括上述的半监督学习、少样本学习、零样本学习和自监督学习，但目前并未出现一个占据主导地位的代表性学习算法。

1.4 本章小结

生物神经网络是人工神经网络乃至人工智能研究与发展的标杆及典范，总体来看生物神经网络与人工神经网络各有优势与不足。首先，与人类大脑皮层所表现出来的高度智慧相比，目前的计算机、人工神经网络与人工智能仍存在着相当大的差距，特别是在对人类语义抽象、知识学习、思维与自主意识等认知功能的模拟上面，这种差距尤为明显。其次，在神经元数目及复杂程度方面，人类大脑的神经元数量大约为 860 亿个，考虑到每个神经元与其他神经元之间有 1000～10 000 个突触连接，因此人脑神经元的全部突触连接数可高达 860 万亿个。目前 GPT-3 连接权参数的个数仅有 1750 亿，二者仍有近 5000 倍的差距。因此目前的人工神经网络无论是连接权数量还是复杂程度，仍无法与生物神经网络相比拟。再次，在体系结构方面，人脑是分布式的，属于存算一体，具有较强的并行处理与容错能力，个别神经元的损坏并不影响整体的性能。而典型的冯·诺依曼计算机则是集中式的，对信息的处理顺序也是串行的，CPU 或内存的损坏都将导致系统的实质性破坏。最后，在信息存储方面，计算机中的数据与知识存储是静态的，新的信息将冲刷或替换老的信息。但人脑中的数据与知识，则存储在神经元之间的突触连接中，由于学习是增量适应式的，新的信息将用来调整而非破坏突触连接关系。因此人脑具有持续学习能力，而目前的学习算法则大多需要从头开始，仍未找到可与人类相媲美的学习方法。然而，计算机的快速计算与海量存储能力，则是人类所不能比拟的。事实上，目前计算机 CPU 的主频最高已达 4.7GHz，相应的单位信息处理时间已低于纳秒级别，而人脑神经元对外部刺激的响应时间却在毫秒级别，二者相差已超过百万倍。特别地，计算机算力的进化速度，远高于人类的生物进化速度，这是最令人担忧的。

第 2 章

从 LSTM 到 Transformer

本章学习目标与知识点

- 了解经典递归神经网络与长短期记忆网络
- 熟练掌握 Transformer 模型的基本概念与基本原理
- 了解输入序列上下文关联关系的隐状态特征表达与输出序列的自回归生成
- 重点了解计算机视觉领域的 Transformer 任务模型

本章分别从对输入 token(文本语义符)或 voken(视觉语义符)序列上下文关联关系的隐状态特征表达及对输出 token 序列自回归生成这两个角度,深入分析如何从传统的前馈神经网络结构改进出 Elman 递归神经网络(Elman,1990);然后再利用门控机制将 Elman 网络演化为长短期记忆(LSTM)网络(Hochreiter 和 Schmidhuber, 1997);之后再通过全局注意力机制的引入,发展出新一代通用型神经网络模型 Transformer(Vaswani 等,2017);最后在传统编码器-解码器 Transformer 框架下,利用 Transformer 基本结构单元作为编码器层与解码器层,分别进行深度堆叠,并以此完成序列表达、序列理解与序列生成。本章将重点介绍传统编码器-解码器 Transformer 模型,包括其网络结构与学习算法,并深入讨论其关键特征及其在自然语言处理与计算机视觉领域中的广泛应用。

2.1 引言

构建人类语言与知识模型,实现语言智能的应用是人工智能领域的基础问题之一。本质上,n-gram 语言模型就是对人类自然语言表达、理解与生成的数学建模或端到端的数据驱动建模,相应可将其划分为统计学语言模型、基于传统机器学习的语言模型,以及利用递归神经网络、Transformer 等的神经语言模型。对输入 token 序列,需要分析如何构建其上下文关联关系的隐状态特征表达,这实际描述了利用训练样本集进行语言建模、获得特征知识表达与理解的过程。对训练样本集中的期望输出 token 序列,则需要首先进行由当前位置嵌入输入与特征知识表达联合驱动的自回归学习,然后再对测试样本集进行推断或预测输出,也就是自回归泛化生成。这里的 token 是指承载语义信息的基本单位,既可以是文本中的单词、短语、句子或段落等文本语义实体,也可以是计算机视觉中的关键点、图像块(patch)、单帧图像、区域、目标和实例等高阶多模态语义实体。它们在语义上与文本语义实体是完全对齐或一致的,都是人类语言模型的重要模态。

随着深度卷积神经网络的发展,多模态原始 token 输入通常需要利用已预训练的深度卷积神经网络主干网络(如 ResNet101),将其转换为相应的输入嵌入向量,以便获得统一的多模态特征向量表达。本章将从序列表达与序列生成这两个角度出发,分别对 Elman、LSTM 等传统的递归神经网络,以及新一代通用型神经网络 Transformer 在编码器-解码器框架下的演化路径,进行穿透分析,并重点说明不同网络模型的特点与演化递进关系。

首先,针对前馈神经网络的隐层,通过额外增加一层具有一阶记忆功能的上下文结构单元层,就可将其演化为能够对输入 token 序列进行任意精度动态逼近的 Elman 经典递归神经网络。但 Elman 网络在将损失函数沿时间轴反向传播进行监督训练时,通常存在梯度消失或梯度爆炸这样的梯度遽变问题。换句话说,经典的 Elman 递归神经网络实际上无法利用监督学习来构建输入序列上下文长程依赖性,即 n-gram 中的 n 不会太大。为此,具有输入门、遗忘门和输出门的 LSTM,通过巧妙地引入门控机制,有效地克服了梯度遽变,较好地解决了输入序列中上下文长程依赖性的监督学习与预测问题。

但 LSTM 对上下文长程依赖性的建模,其序列长度仍受到一定的限制。特别地,由于考虑了序列中 token 的顺序性,LSTM 模型不能并行化,因此很难将其规模化为大型语言模型(LLM)。新一代神经网络模型 Transformer,摒弃了递归和卷积,通过引入全局注意力学习机制和位置编码的网络结构设计,被证明具有更为强大的序列上下文特征表达与自回归生成能力,已成为大型语言模型的不二选择,是推动 ChatGPT 发展的核心架构。最后,在编码器-解码器、仅含编码器或只使用解码器 Transformer 三种框架下,该模型不仅可以扩展为百万亿参数级别的巨型语言模型,而且还可以适用于多种模态的输入输出与基于高维隐空间的多模态转换、融合与泛化增强等,无疑已成为生成式人工智能的基础框架与底层逻辑。

本章包括 6 节。第 2.1 节为引言,主要讲述本章中前馈神经网络、递归神经网络和 Transformer 模型之间的贯穿关系与演化路径,特别强调了输入 token 序列的隐状态特征表达及输出 token 序列的自回归生成。第 2.2 节着重介绍递归神经网络的编码器-解码器框架,首先分析从前馈神经网络演化为 Elman 经典递归神经网络,然后由 Elman 网络演化为 LSTM 网络,最后再进一步发展为编码器-解码器框架,以此分别完成序列表达与序列生成等多样化任务。第 2.3 节对 LSTM 网络的注意力及其点积相似性计算的介绍,为本章重点内容。第 2.4 节详细介绍了 Transformer 模型,包括其传统编码器-解码器框架,嵌入向量与位置编码,作为 Transformer 核心结构单元的多头注意力机制与逐位置前馈神经网络,以及相应的学习机制,即基于误差反向传播的层堆叠的自监督学习与参数微调算法。第 2.5 节简要介绍了 Transformer 模型在计算机视觉领域中的应用,特别强调了几乎可不对该模型进行修改,就可从自然语言处理领域扩展到计算机视觉领域的跨模态通用能力。最后第 2.6 节为本章小结。

2.2 递归神经网络:编码器-解码器框架

下面主要介绍作为深度生成式人工智能基础的编码器-解码器框架。首先,为了使前馈神经网络能够处理序列输入,需要将该网络的隐层状态额外增加沿时间步的记忆功能,也就是需要对应增加可进行一阶记忆的上下文结构单元层,并以此构建具有动态逼近功能的 Elman 递归神经网络。由于增加了时间步,传统的 Elman 网络在损失函数沿时间轴进行误差反向传播时，较易出现梯度遽变问题。这将导致 Elman 网络无法学习表达序列上下文长程依赖性。为了解决这一问题，LSTM 通过巧妙地引入输入门、遗忘门和输出门，较好地克服了梯度遽变挑战，有效地实现了序列上下文长程依赖性的监督学习与预测。

2.2.1 从前馈神经网络到递归神经网络

经典的递归神经网络可视为一种带记忆的前馈神经网络，如图 2.1 所示，其与典型的前馈神经网络相比，最大的区别就是增加了一个上下文结构单元层 $\boldsymbol{x}_{k-1}$ 及该层相对于隐层 $\boldsymbol{x}_k$ 的连接权矩阵 $\boldsymbol{W}$。如图 2.2 和图 2.3 所示，经过如此改进后提出的递归神经网络(RNN)，可直接接收序列输入，并可通过学习，将其以一对一的方式映射为序列输出，所产生的输出序列不仅具有合理的上下文关联，而且还可具有任意的长度。自 1990 年以来，递归神经网络已广泛应用于自然语言处理、语音识别与合成、轨迹补全、时序建模预测及计算机视觉等众多领域中。

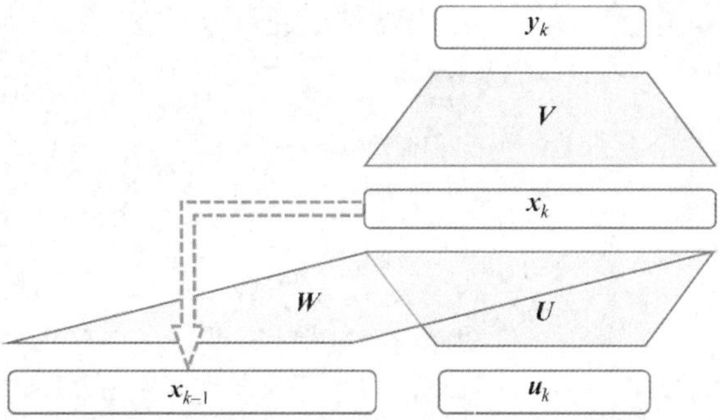

图 2.1　经典递归神经网络可视为一种带记忆的前馈神经网络

图 2.1 中，首先将来自前一时间步的隐层状态 $\boldsymbol{x}_{k-1}$，通过与连接权矩阵 $\boldsymbol{W}$ 相乘之后作为当前时间步的隐层 $\boldsymbol{x}_k$ 的输入，容易写出该递归神经网络的非线性输入输出差分方程为

$$\boldsymbol{x}_k = f(\boldsymbol{W}\boldsymbol{x}_{k-1} + \boldsymbol{U}\boldsymbol{u}_k) \tag{2.1a}$$

$$\boldsymbol{y}_k = g(\boldsymbol{V}\boldsymbol{x}_k) \tag{2.1b}$$

其中，$\boldsymbol{u}_k \in \mathbf{R}^r$，$\boldsymbol{x}_k \in \mathbf{R}^n$，$\boldsymbol{y}_k \in \mathbf{R}^m$ 分别为 r 维输入向量、n 维隐层向量和 m 维输出向量，$\boldsymbol{U}$、$\boldsymbol{V}$ 分别代表了从网络输入层到隐层、从隐层到输出层的连接权矩阵，且 $f()$ 和 $g()$ 分别表示隐层与输出层的激活函数。

对多分类问题，通常可取 $g() = \text{Softmax}()$，则式(2.1b)可写为

$$\boldsymbol{y}_k = \text{Softmax}(\boldsymbol{V}\boldsymbol{x}_k) \tag{2.1c}$$

进而可确定该网络生成的输出序列 $\boldsymbol{y}_k$ 是如何与自身的 $\boldsymbol{y}_{k-1}$ 等上下文进行自回归依赖的。

进一步地，可对图 2.1 的经典递归神经网络沿时间轴进行展开，相应的可视化结果如图 2.2(a)所示。此时递归神经网络在各时间步实际共享了相同的连接权矩阵 $\boldsymbol{W}$，$\boldsymbol{U}$，$\boldsymbol{V}$。图 2.2(b)给出了将隐层 $\boldsymbol{x}_k(k=0,1,2,3)$与 $\boldsymbol{W}$，$\boldsymbol{U}$，$\boldsymbol{V}$ 进行融合表达后的递归神经网络简化示意图，位居中间的递归神经网络隐状态方框按时间轴实现了隐状态的“流水线”式贯通。

图 2.3 给出了经典递归神经网络示意图。显然，该网络可接收序列数据作为输入输出。在面向训练样本集完成网络 3 个连接权矩阵 $\boldsymbol{W}$，$\boldsymbol{U}$，$\boldsymbol{V}$ 的监督学习之后，就可根据给定的输

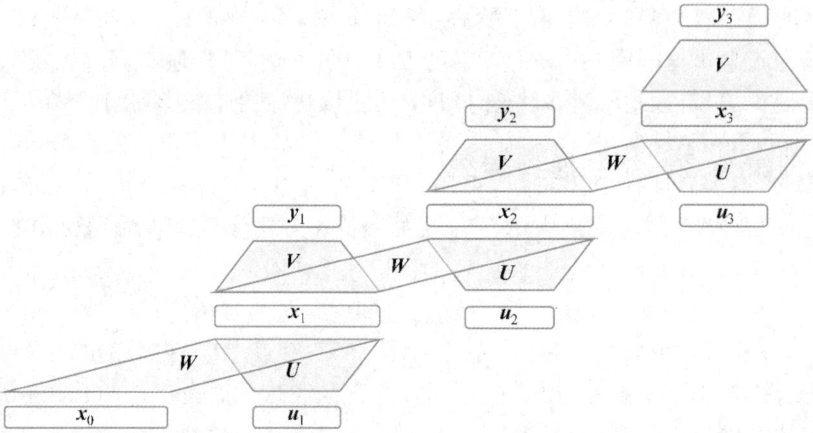

(a) 沿不同时间步共享相同的连接权矩阵$\boldsymbol{W}$, $\boldsymbol{U}$, $\boldsymbol{V}$

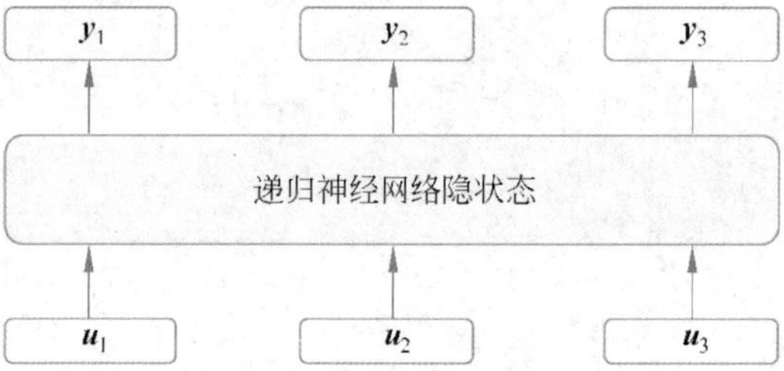

(b) 对(a)的简化表达

图 2.2 经典递归神经网络沿时间轴共享连接权矩阵

入序列,推断或预测相应的输出序列。

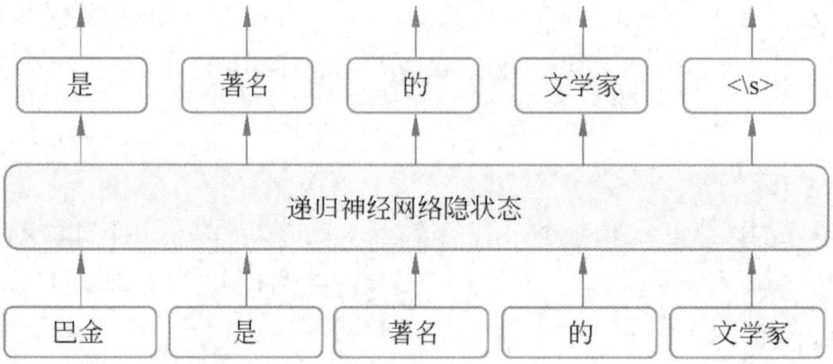

图 2.3 经典递归神经网络接收序列输入并产生序列输出

事实上,递归神经网络可以完成各种多样化的序列表达学习与推断任务。以 NLP 为例,如图 2.4～图 2.7(Jurafsky 和 Martin,2023)所示,经典的递归神经网络可适配多个不同的任务,包括自回归神经语言建模(见图 2.4)、序列分类与预测(见图 2.5)、序列到序列的神经机器翻译(见图 2.6),以及新序列的生成、对给定的输入序列进行句子补全等。

图 2.4 利用递归神经网络同时也实现了句子补全,即对已训练好的神经语言模型,可用来生成一个新的输出序列或补全一个给定的输入序列。

在图 2.4 中,可将这种基于自回归的目标序列生成,扩展为完成神经机器翻译任务。这里自回归的含义是:将第 $k-1$ 时间步生成的单词作为第 k 时间步的网络输入,即图 2.4 中的虚线所示,再由第 k 时间步的网络输出相应的单词,继续作为下一时间步的输入。

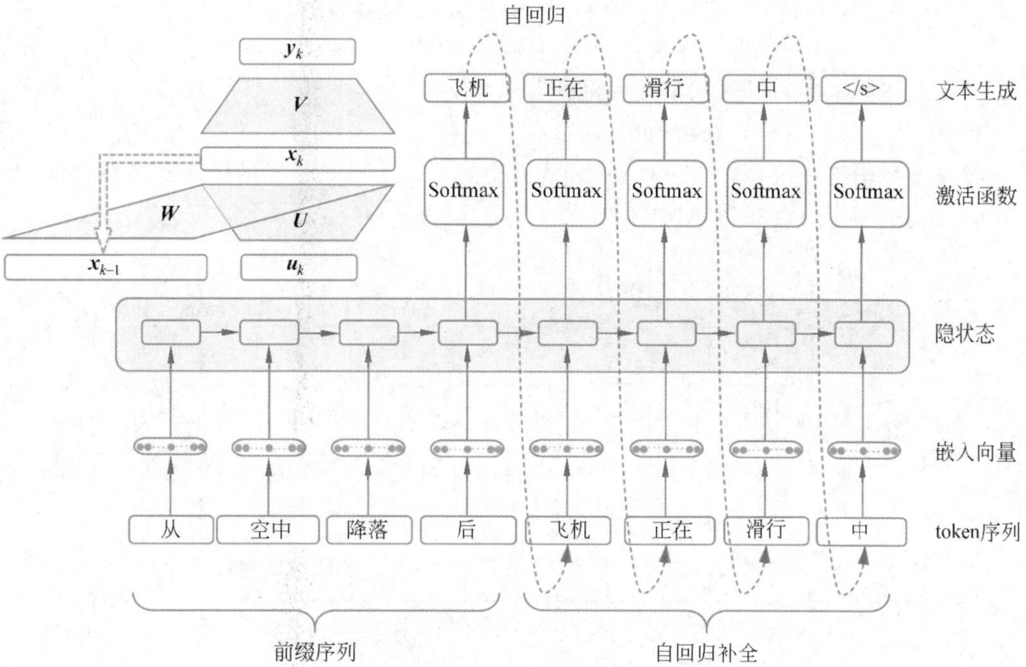

图 2.4　任务之一：自回归神经语言建模

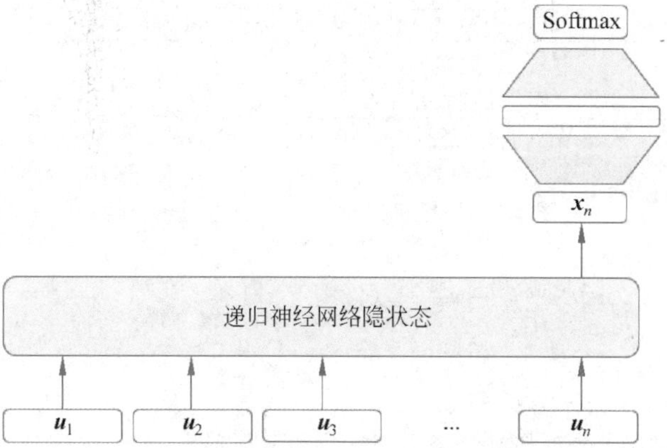

图 2.5　任务之二：序列分类与预测

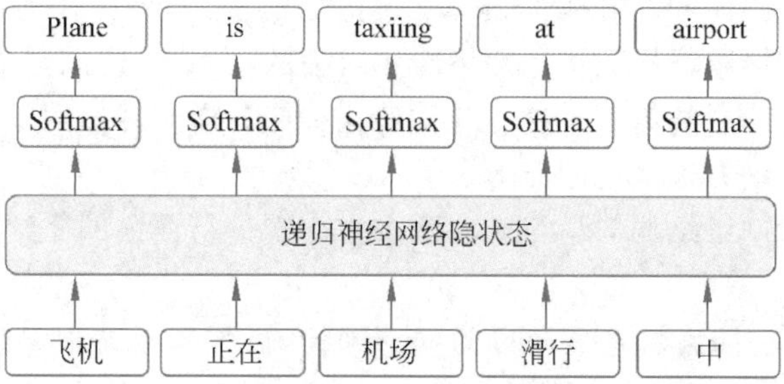

图 2.6　任务之三：序列到序列的神经机器翻译

如图 2.7 所示,若训练样本为文本对,例如为中文-英语文本对,有

飞机正在滑行中　　　　The plane is taxiing

可将上述源文本与目标文本进行聚合,即

飞机正在滑行中<\s> The plane is taxiing<\s>

然后再利用这些聚合样本进行训练,就可得到相应的递归神经网络语言模型,实际上它也同时完成了相应的机器翻译任务。

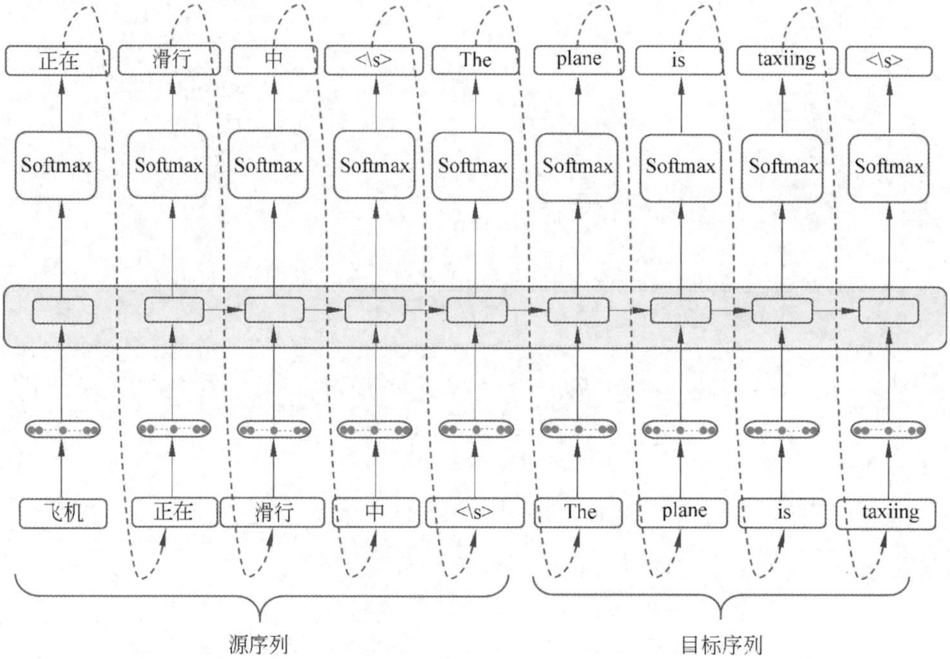

图 2.7　神经机器翻译也可视为句子补全

2.2.2　Elman 网络:经典递归神经网络

1. Elman 网络

类似于反馈神经网络,递归神经网络也可划分为完全递归与部分递归神经网络。在完全递归神经网络中,全部的前馈与反馈连接权矩阵都可以进行学习修正。而在部分递归神经网络中,从隐层到上下文结构单元层的反馈记忆连接,不存在任何可供学习修正的连接权。这里的上下文结构单元层记忆了网络隐层过去的状态,将连同网络的当前输入,乘以相应的连接权共同作为隐层的输入。这一性质使这种部分递归神经网络具有通过学习以任意精度逼近任意非线性动力学系统的能力。

下面将从模型的网络结构与学习算法两个方面来进行详细的介绍。

1) 网络结构

图 2.1 的递归神经网络具有最简单的网络结构,可采用动态误差反向传播算法进行完全监督学习,这实际就是 Elman 网络(Elman, 1990)。图 2.8 给出了 Elman 网络的结构示意图。从图中可以看出,Elman 网络具有与前馈神经网络完全相同的输入层、隐层及输出层,区别仅在于它还具有一个独特的上下文结构单元层,且该层记忆了上一时间步的隐层状

态，可看成一个一步时延算子。此时，该网络在第 k 时间步的输入不仅包括了目前的输入值 $\boldsymbol{u}_k$，同时还包括了前一时间步的隐层状态 $\boldsymbol{x}_{k-1}$。两者各自通过递归神经网络的共享连接权矩阵 $\boldsymbol{U}$、$\boldsymbol{W}$ 共同作用于隐层输入，然后再通过共享连接权矩阵 $\mathbf{V}$，继续作用于整个网络的输出层。显然，这里的 3 个前馈连接权矩阵 $\boldsymbol{W}$、$\boldsymbol{U}$、$\boldsymbol{V}$ 均可进行监督修正，但隐层到上下文结构单元层的反馈记忆部分则不能进行学习修正，因此 Elman 网络仅属于部分递归神经网络。

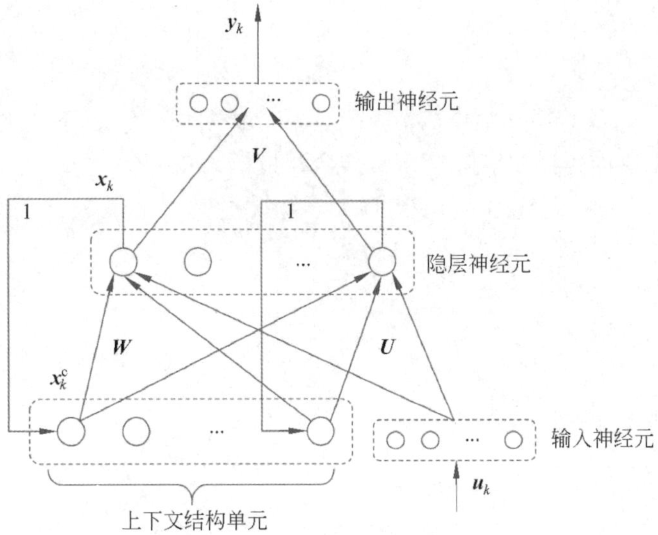

图 2.8　Elman 网络的结构示意图

具体而言，Elman 网络在第 k 时间步的输入向量不仅包括目前的输入向量 $\boldsymbol{u}_k$，而且还包括隐层在前一时间步的状态向量 $\boldsymbol{x}_{k-1}$。此时，该网络仅是一个前馈神经网络，可由上述双输入向量通过 3 个连接权矩阵 $\boldsymbol{W}$、$\boldsymbol{U}$、$\boldsymbol{V}$ 的前向计算产生网络输出。类似地，可利用沿时间轴的动态误差反向传播算法来进行 $\boldsymbol{W}$、$\boldsymbol{U}$、$\boldsymbol{V}$ 的学习修正。显然，在一次训练迭代过程中，第 k 时间步隐层的广义误差也将通过反馈记忆连接部分递归到上下文结构单元层，并保留到下一时间步 $k+1$ 且作为该层的输入。注意初始训练时，隐层的状态值可取为其最大范围的一半。例如，当隐层神经元的激活函数取为 Sigmoid 函数时，此初始值可取为 0.5。若隐层神经元取为双曲正切函数时，初始值可取为 0。

下面对上述 Elman 网络的数学模型进行分析。

如图 2.8 所示，设网络的外部输入为 $\boldsymbol{u}_k \in \mathbf{R}^r$，输出为 $\boldsymbol{y}_k \in \mathbf{R}^m$，若记隐层的输出为 $\boldsymbol{x}_k \in \mathbf{R}^n$，上下文结构单元层的输出为 $\boldsymbol{x}_k^c \in \mathbf{R}^n$，则有如下的非线性状态空间表达式：

$$\boldsymbol{x}_k = \boldsymbol{f}(\boldsymbol{W}\boldsymbol{x}_k^c + \boldsymbol{U}\boldsymbol{u}_k) \tag{2.2a}$$

$$\boldsymbol{x}_k^c = \boldsymbol{x}_{k-1} \tag{2.2b}$$

$$\boldsymbol{y}_k = \boldsymbol{g}(\mathbf{V}\boldsymbol{x}_k) \tag{2.2c}$$

其中，$\boldsymbol{W}$、$\boldsymbol{U}$、$\boldsymbol{V}$ 分别表示从上下文结构单元层到隐层、从输入层到隐层及从隐层到输出层的连接权矩阵，且 $\boldsymbol{f}()$ 和 $\boldsymbol{g}()$ 分别表示隐层与输出层的激活函数所组成的非线性向量函数。容易看出，$\boldsymbol{U}$、$\boldsymbol{V}$ 分别代表了输入矩阵与输出矩阵，而 $\boldsymbol{W}$ 则代表了系统矩阵。这说明隐层状态的反馈记忆及相应递归通路的建立，确实可带来网络对动力学特性的学习表达与推断。

特别地，当隐层神经元与输出神经元的激活函数都采用式(1.2a)的比例函数且假定相应的阈值均取为0时，则可得到如下线性状态空间表达式：

$$\boldsymbol{x}_k = \boldsymbol{W}\boldsymbol{x}_{k-1} + \boldsymbol{U}\boldsymbol{u}_k \tag{2.3a}$$

$$\boldsymbol{y}_k = \boldsymbol{V}\boldsymbol{x}_k \tag{2.3b}$$

这里隐层神经元的个数就是状态变量的维数，即系统的阶次。

2）学习算法

考虑如下误差代价函数：

$$E = \sum_{p=1}^{N} E_p \tag{2.4}$$

其中，$E_p = (1/2)(\boldsymbol{y}_d(k) - \boldsymbol{y}(k))^{\mathrm{T}}(\boldsymbol{y}_d(k) - \boldsymbol{y}(k))$为对应于第$p$个训练样本的损失函数。

对隐层到输出层的连接权矩阵$\boldsymbol{V}$求偏导数，可得

$$\frac{\partial E_p}{\partial v_{ij}} = -(y_{di}(k) - y_i(k))\frac{\partial y_i(k)}{\partial v_{ij}} = -(y_{di}(k) - y_i(k))\, g_i{}'(\cdot)\, x_j(k)$$

令$\delta_i^0 = (y_{di}(k) - y_i(k))\, g_i{}'(\cdot)$，则

$$\frac{\partial E_p}{\partial v_{ij}} = -\delta_i^0 x_j(k), \qquad i = 1,2,\cdots,m \quad j = 1,2,\cdots,n$$

对输入层到隐层的连接权矩阵$\boldsymbol{U}$求偏导数，即

$$\frac{\partial E_p}{\partial u_{jq}} = \frac{\partial E_p}{\partial x_j(k)} \frac{\partial x_j(k)}{\partial u_{jq}} = \sum_{i=1}^{m}(-\delta_i^0 v_{ij})\, f_j'(\cdot) u_q(k-1)$$

令

$$\delta_j^{\mathrm{h}} = \sum_{i=1}^{m}(\delta_i^0 v_{ij})\, f_j'(\cdot)$$

则有

$$\frac{\partial E_p}{\partial u_{jq}} = -\delta_j^{\mathrm{h}} u_q(k-1), \qquad j = 1,2,\cdots,n \quad q = 1,2,\cdots,r$$

对上下文结构单元层到隐层的连接权矩阵$\boldsymbol{W}$求偏导数，有

$$\frac{\partial E_p}{\partial w_{jl}} = -\sum_{i=1}^{m}(\delta_i^0 v_{ij})\frac{\partial x_j(k)}{\partial w_{jl}}, \qquad j = 1,2,\cdots,n \quad l = 1,2,\cdots,n$$

注意上式，$x_j(k)$依赖于连接权w_{jl}，故

$$\begin{aligned}
\frac{\partial x_j(k)}{\partial w_{jl}} &= \frac{\partial}{\partial w_{jl}}\left(f_j\left(\sum_{i=1}^{n} w_{ji} x_{ci}(k) + \sum_{i=1}^{r} u_{ji} u_i(k-1)\right)\right) \\
&= f_j'(\cdot)\left[x_{cl}(k) + \sum_{i=1}^{n} w_{ji}\frac{\partial x_{ci}(k)}{\partial w_{jl}}\right] \\
&= f_j'(\cdot)\left[x_l(k-1) + \sum_{i=1}^{n} w_{ji}\frac{\partial x_i(k-1)}{\partial w_{jl}}\right]
\end{aligned} \tag{2.5}$$

上式实际构成了关于梯度$\partial x_j(k)/\partial w_{jl}$的动态递推关系，这与沿时间反向传播的学习算法类似(Werbos,1988)。由于

$$\Delta w_{ij} = -\eta \frac{\partial E_p}{\partial w_{ij}}$$

最后可归纳出Elman网络的学习算法如下：

$$\Delta v_{ij}=\eta\delta_i^0 x_j(k),\quad i=1,2,\cdots,m\quad j=1,2,\cdots,n \tag{2.6a}$$

$$\Delta u_{jq}=\eta\delta_j^{\mathrm{h}} x_q(k-1),\quad j=1,2,\cdots,n\quad q=1,2,\cdots,r \tag{2.6b}$$

$$\Delta w_{jl}=\eta\sum_{i=1}^{m}(\delta_i^0 v_{ij})\frac{\partial x_j(k)}{\partial w_{jl}},\quad j=1,2,\cdots,n\quad l=1,2,\cdots,n \tag{2.6c}$$

$$\frac{\partial x_j(k)}{\partial w_{jl}}=f'_j(\cdot)\left[x_l(k-1)+\sum_{i=1}^{n}w_{ji}\frac{\partial x_i(k-1)}{\partial w_{jl}}\right] \tag{2.6d}$$

这里

$$\delta_i^0=(y_{di}(k)-y_i(k))\,g'_i(\cdot)$$

$$\delta_j^{\mathrm{h}}=\sum_{i=1}^{m}(\delta_i^0 v_{ij})\,f'_j(\cdot)$$

当 $x_l(k-1)$ 与连接权 w_{jl} 间的依赖关系可忽略时，由于

$$\frac{\partial x_j(k)}{\partial w_{jl}}=f'_j(\cdot)\,x_{cl}(k)=f'_j(\cdot)\,x_l(k-1)$$

则上述算法就可退化为如下标准的 BP 算法，即

$$\Delta v_{ij}=\eta_1\delta_i^0 x_j(k),\quad i=1,2,\cdots,m\quad j=1,2,\cdots,n \tag{2.7a}$$

$$\Delta u_{jq}=\eta_2\delta_j^{\mathrm{h}} x_q(k-1),\quad j=1,2,\cdots,n\quad q=1,2,\cdots,r \tag{2.7b}$$

$$\Delta w_{jl}=\eta_3\delta_j^{\mathrm{h}} x_{cl}(k),\quad j=1,2,\cdots,n\quad l=1,2,\cdots,n \tag{2.7c}$$

Pham 等(1990)发现，上述网络在采用标准 BP 算法时，仅能辨识一阶线性动态系统。原因是标准 BP 算法只有一阶梯度，致使基本 Elman 网络对结构单元连接权的学习稳定性较差，从而当系统阶次增加或隐层单元增加时，将直接导致相应的学习率极小(为保证学习收敛)，以致不能提供可接受的逼近精度。

为了解决这一问题，一方面可以改用前述的动态 BP 算法进行建模；另一方面也可对基本 Elman 网络的结构进行改进，即直接利用如下改进型 Elman 网络及其标准 BP 算法来完成建模。

2. 改进型 Elman 网络

1) 网络结构

一种改进型 Elman 网络的结构示意图如图 2.9 所示。

容易看出，通过在上下文结构单元中增加具有固定增益 α 的自反馈连接，就可改善该网络对较长程或高阶上下文依赖性的学习表达与预测能力。此时，有

$$\boldsymbol{x}_k^{\mathrm{c}}=\alpha\,\boldsymbol{x}_{k-1}^{\mathrm{c}}+\boldsymbol{x}_{k-1} \tag{2.8}$$

式中，$\boldsymbol{x}_k^{\mathrm{c}}$ 为第 k 时间步上下文结构单元层的 n 维状态向量。

当固定增益 $\alpha=0$ 时，改进型 Elman 网络就退化为前述的基本 Elman 网络。

改进型 Elman 网络的非线性状态空间表达式为

$$\boldsymbol{x}_k=\boldsymbol{f}(\boldsymbol{W}\boldsymbol{x}_k^{\mathrm{c}}+\boldsymbol{U}\boldsymbol{u}_k) \tag{2.9a}$$

$$\boldsymbol{x}_k^{\mathrm{c}}=\alpha\boldsymbol{x}_{k-1}^{\mathrm{c}}+\boldsymbol{x}_{k-1} \tag{2.9b}$$

$$\boldsymbol{y}_k=\boldsymbol{g}(\boldsymbol{V}\boldsymbol{x}_k) \tag{2.9c}$$

因此，改进型 Elman 网络更适合于上下文的较长程依赖性的学习表达与推断。

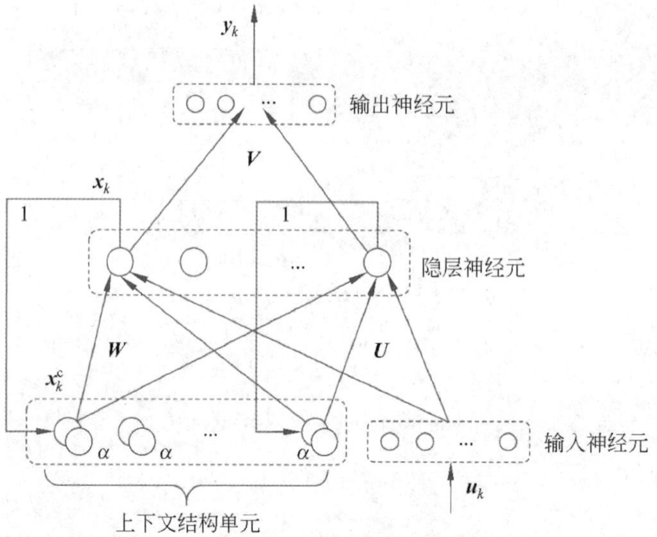

图 2.9　一种改进型 Elman 网络的结构示意图

2）学习算法

由于对上下文单元增加了自反馈连接，改进型 Elman 网络可利用标准 BP 算法来建模高阶动态系统。与基本 Elman 网络的相关推导完全相同，容易得到改进型 Elman 网络的标准 BP 算法为

$$\Delta v_{ij}=\eta\delta_i^0 x_j(k),\quad i=1,2,\cdots,m\quad j=1,2,\cdots,n \tag{2.10a}$$

$$\Delta u_{jq}=\eta\delta_j^{\mathrm{h}} x_q(k-1),\quad j=1,2,\cdots,n\quad q=1,2,\cdots,r \tag{2.10b}$$

$$\Delta w_{jl}=\eta\sum_{i=1}^{m}(\delta_i^0 v_{ij})\frac{\partial x_j(k)}{\partial w_{jl}},\quad j=1,2,\cdots,n\quad l=1,2,\cdots,n \tag{2.10c}$$

如前所述，由于在推导改进型 Elman 网络的标准 BP 算法时，不考虑 $x_{cl}(k)$ 与 w_{jl} 之间的依赖关系，故

$$\frac{\partial x_j(k)}{\partial w_{jl}}=f'_j(\cdot)\,x_{cl}(k)$$

代入式(2.8)，得

$$f'_j(\cdot)\,x_{cl}(k)=f'_j(\cdot)\,x_l(k-1)+\alpha f'_j(\cdot)\,x_{cl}(k-1)$$

因而有

$$\frac{\partial x_j(k)}{\partial w_{jl}}=f'_j(\cdot)\,x_l(k-1)+\alpha\frac{\partial x_j(k-1)}{\partial w_{jl}} \tag{2.11}$$

将式(2.11)与式(2.6d)比较，二者非常相近。

这就回答了为什么改进型 Elman 网络只利用标准 BP 算法，就能达到基本 Elman 网络利用动态反向传播算法所能达到的性能，即能有效地建模上下文的较长程依赖性。

2.2.3　长短期记忆网络

对递归神经网络的隐层而言，上述改进型 Elman 网络仍然不能建立上下文更长程的依赖性，关键的原因就是误差沿时间轴的动态反向传播过程，仍会出现梯度消失或梯度爆炸这样的梯度遽变问题。此时，这些早期的简单递归神经网络很难通过监督学习来构建序列上下文的长程依赖性。1997 年，Schmidhuber 等提出了一种长短期（程）记忆（long short-term memory，LSTM）网络，通过巧妙地设定门控机制，即利用输入门、遗忘门和输出门，较好地克服了梯度遽变，有效地解决了序列上下文中长程依赖性的监督学习与预测问题。

1. 具有门控机制的 LSTM

如图 2.10 所示，为了加深对递归神经网络的理解，通常将左图的递归连接方式沿时间轴进行展开，表示成右图的依据序列时间步或顺序位置进行"横向"连接的直观形式。考虑到此时各"纵向"重复模块的连接关系，其图示仍较复杂，为了便于理解并突出新的不同，通常可将其简洁表示，如图 2.11 所示。这里需要着重指出的是，图 2.11 中的每个重复模块 $\boldsymbol{H}$ 实际已包含了隐层状态 $\boldsymbol{x}_k$ 及其 3 个共享连接权矩阵 $\boldsymbol{W}$、$\boldsymbol{U}$、$\boldsymbol{V}$，这里 $\boldsymbol{W}$、$\boldsymbol{U}$、$\boldsymbol{V}$ 可视为已蕴含表示在 3 个相关的"箭头"中。

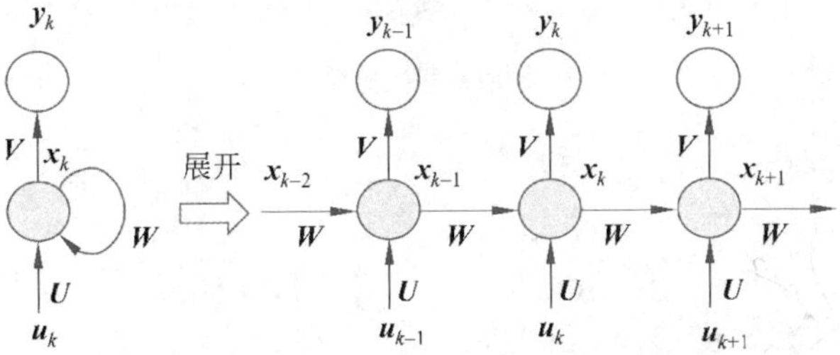

图 2.10　将递归神经网络沿时间轴进行展开

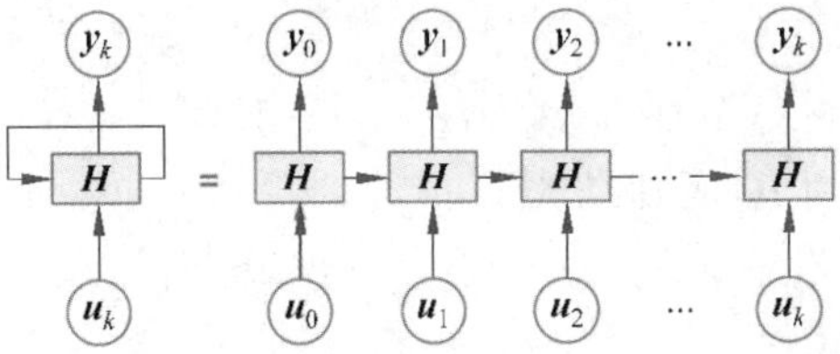

图 2.11　将递归神经网络沿时间轴进行展开的简洁表示

在说明 LSTM 的门控机制之前，先回顾一下 NLP 中对 n-gram 语言模型的定义。本质上，语言模型就是对语言理解与生成的数学建模或端到端的数据驱动建模，分别对应于传统的统计学语言模型和神经语言模型。如图 2.12 所示，语言模型就是已知由 n 个 token（单词、短语等）构成的上下文，估计该上下文的联合概率。这里的 token 是承载语义信息的基本单位，例如在 NLP 中可以是单词、短语、句子和段落等实体，在 CV 中则可以是视觉或点云目标、实例、图像块（patch）、单帧图像等。

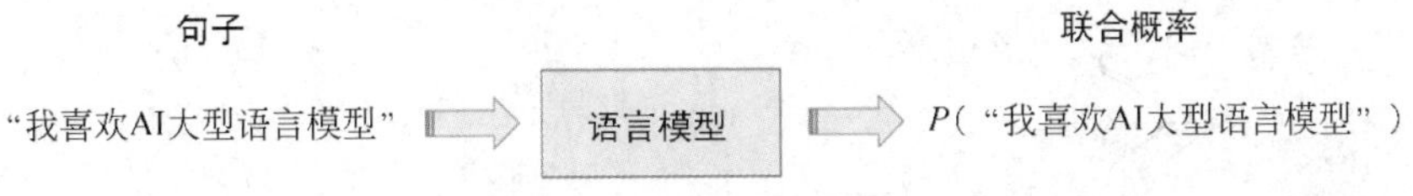

图 2.12　语言模型的定义

n-gram 语言模型被定义为：给定 $n-1$ 阶（元）上文 $\{\boldsymbol{w}_1, \boldsymbol{w}_2, \cdots, \boldsymbol{w}_{n-1}\}$，利用统计学、传统机器学习方法或深度神经网络预测第 n 个 token 的下文出现的条件概率 $p(\boldsymbol{w}_i \mid \boldsymbol{w}_{i-n-1}, \cdots,$

w_{i-1}），进而计算相应的联合概率或语言模型，即

$$p(w_1, w_2, \cdots, w_n) = \prod_{i=1}^{n} p(w_i \mid w_{i-n-1}, \cdots, w_{i-1}) \tag{2.12}$$

这意味着第 n 个 token 的出现只与前面 $n-1$ 个 token 相关，而与其他 token 都不相关，也就是由 n 个 token 组成的上下文的联合概率等于各个 token 出现的条件概率的乘积。图 2.13 给出了上下文序列的短程与长程依赖性示意图。例如，在图 2.13(a)中，输出序列中的 y_3 与输入序列中的 u_0、u_1 存在短程依赖性，而在图 2.13(b)中，输出序列中的 y_{k+1} 则与输入序列中的 u_0、u_1 存在长程依赖性。

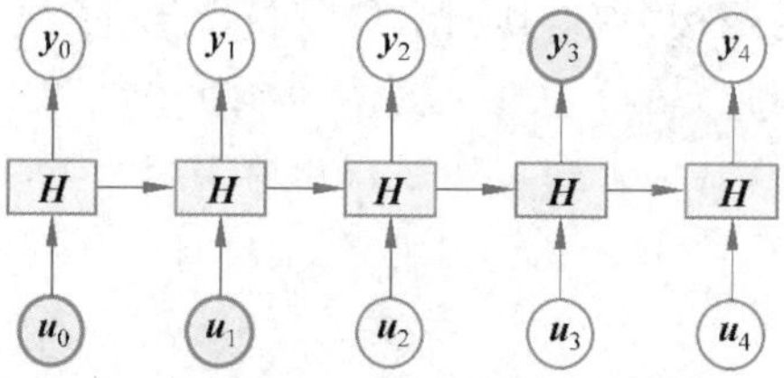

(a) 短程依赖性

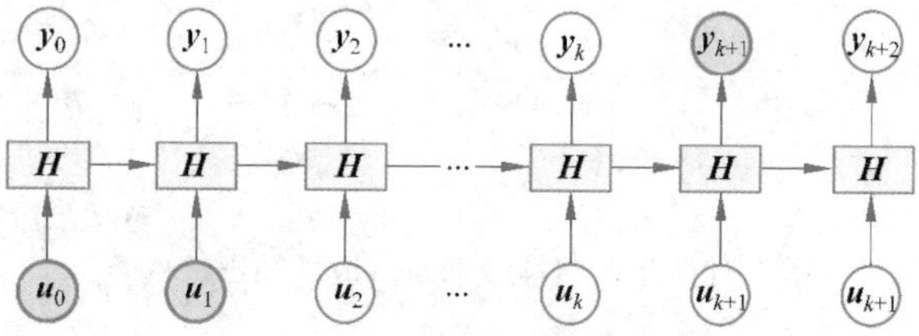

(b) 长程依赖性

图 2.13　上下文序列的短程与长程依赖性

例如，“我昨天上学迟到了，老师批评了____？（我？书包？上课？）”，这显然体现了上下文短程依赖性。而“小明出生在北京 …… 小明讲得最流利的语言是____？”，正确的回答则需要利用上下文的长程依赖性。

1）网络结构

为了构建序列上下文长程依赖性，需要在沿时间轴的监督学习算法中有效地克服梯度消失或梯度爆炸等梯度遽变问题。为此，Schmidhuber 等通过巧妙地设计遗忘门、输入门和输出门等门控机制，提出了 LSTM 网络，如图 2.14 所示。

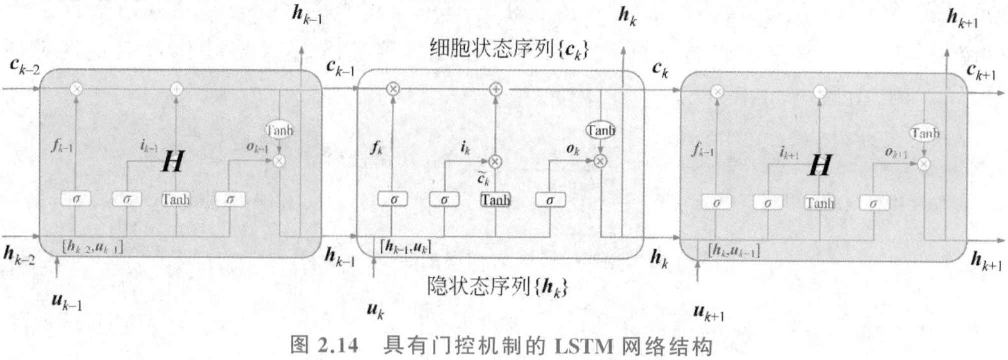

图 2.14　具有门控机制的 LSTM 网络结构

在图 2.14 中,为了增加门控机制,Elman 网络的单个隐层状态 $\boldsymbol{x}_k$ 被裂变为 LSTM 的两个隐层状态 $\boldsymbol{h}_k$ 和 $\boldsymbol{c}_k$,形成两个隐层状态序列,即细胞状态流 $\{\boldsymbol{c}_k\}$ 和隐状态流 $\{\boldsymbol{h}_k\}$,如图 2.15 所示。这里的细胞状态 $\boldsymbol{c}_{k-1}$ 实际表达了 LSTM 的长期记忆,其流动由当前时间步的遗忘门、输入门和输出门进行控制或选择,也就是相应进行直接遗忘,补充当前的新输入,或控制当前的输出。而隐状态 $\boldsymbol{h}_k$ 同时也是 LSTM 的输出 $\boldsymbol{y}_k$,是依据当前输入 $\boldsymbol{u}_k$、前一时间步的隐状态 $\boldsymbol{h}_{k-1}$ 及当前细胞状态 $\boldsymbol{c}_k$ 计算得到的,可认为是对当前时间步的一种信息编码、特征表达或预测输出。

在图 2.14 和图 2.15 给出的 LSTM 网络中,值域为[0, 1]的 Sigmoid 函数(即图中的 σ,其曲线形状可参见图 1.6)配合乘法器,被用来分别作为上述 3 个门的控制开关,其中 σ 取 1 时表示全开,取 0 时表示全关。而图中的双曲正切激活函数 Tanh(见图 1.7),则被用来作为输入、输出变换模块的 [−1, 1] 钳制值域输出。

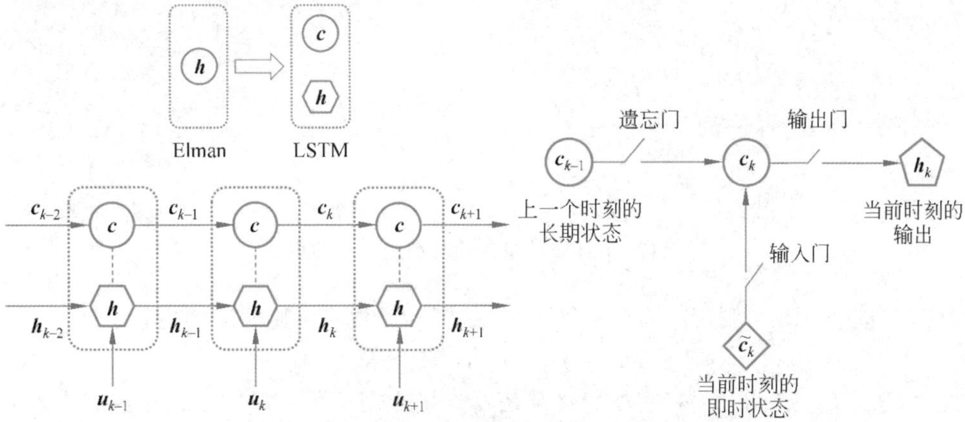

图 2.15　LSTM 具有两个隐层状态序列 $\{c_k\}$ 和 $\{\boldsymbol{h}_k\}$

下面对 LSTM 中的 3 个门分别进行详细的说明。

(1) 遗忘门。

如图 2.16 所示,遗忘门的公式为

$$\boldsymbol{f}_k = \sigma(\boldsymbol{W}_f \cdot [\boldsymbol{h}_{k-1}, \boldsymbol{u}_k] + \boldsymbol{b}_f) \tag{2.13}$$

其中,$\boldsymbol{W}_f$ 和 $\boldsymbol{b}_f$ 分别为遗忘门的输入连接权矩阵和偏置向量,$\boldsymbol{f}_k$ 为遗忘门的门控输出。

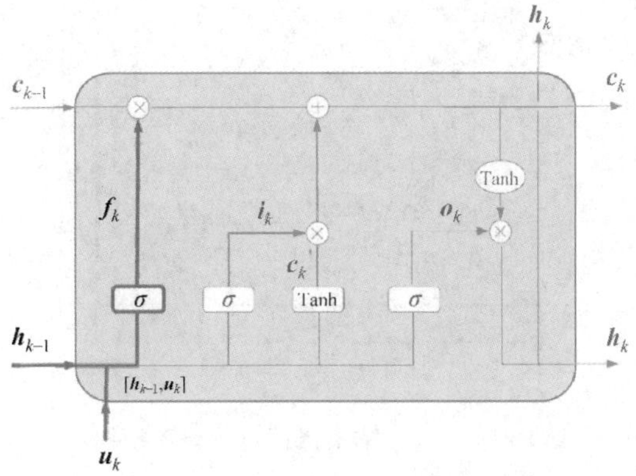

图 2.16　LSTM 的遗忘门

（2）输入门与输入变换模块。

如图 2.17 所示，输入门与输入变换模块的公式为

$$i_k=\sigma(\boldsymbol{W}_{\mathrm{i}}\cdot[\boldsymbol{h}_{k-1},\boldsymbol{u}_k]+\boldsymbol{b}_{\mathrm{i}}) \tag{2.14a}$$

$$\tilde{\boldsymbol{c}}_k=\mathrm{Tanh}(\boldsymbol{W}_{\mathrm{c}}\cdot[\boldsymbol{h}_{k-1},\boldsymbol{u}_k]+\boldsymbol{b}_{\mathrm{c}}) \tag{2.14b}$$

式中，$\boldsymbol{W}_{\mathrm{i}}$ 和 $\boldsymbol{b}_{\mathrm{i}}$ 分别为输入门的输入连接权矩阵和偏置向量，$\boldsymbol{i}_k$ 为输入门的门控输出，$\boldsymbol{W}_{\mathrm{c}}$ 和 $\boldsymbol{b}_{\mathrm{c}}$ 分别为输入变换模块的输入连接权矩阵和偏置向量，且 $\tilde{\boldsymbol{c}}_k$ 为输入变换模块的输出。

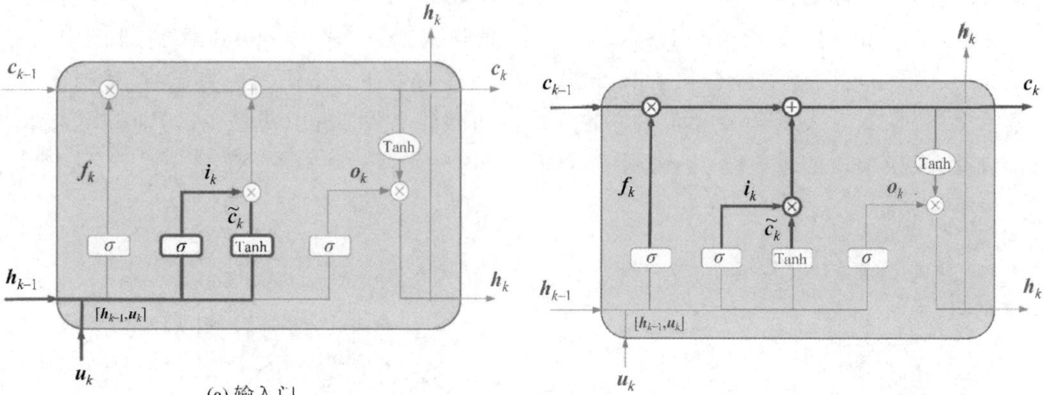

(a) 输入门

(b) 遗忘门与输入门对细胞状态的更新

图 2.17　LSTM 的输入门与细胞状态的更新

如图 2.17(b)所示，利用遗忘门与输入门，按下式完成对细胞状态的更新，即

$$\boldsymbol{c}_k=\boldsymbol{f}_k*\boldsymbol{c}_{k-1}+\boldsymbol{i}_k*\tilde{\boldsymbol{c}}_k \tag{2.15}$$

此时，遗忘门的输出 $\boldsymbol{f}_k$ 将首先通过乘法器直接作用于前一时间步的细胞状态 $\boldsymbol{c}_{k-1}$，以实现遗忘操作，然后再由输入门的输出 $\boldsymbol{i}_k$ 通过乘法器作用于输入变换 $\tilde{\boldsymbol{c}}_k$，并将其添加到遗忘后的细胞状态 $\boldsymbol{f}_k*\boldsymbol{c}_{k-1}$ 之上，从而计算出当前的细胞状态 $\boldsymbol{c}_k$，这里的“$*$”为逐元素相乘。

（3）输出门与输出变换模块。

输出门与输出变换模块如图 2.18 所示。

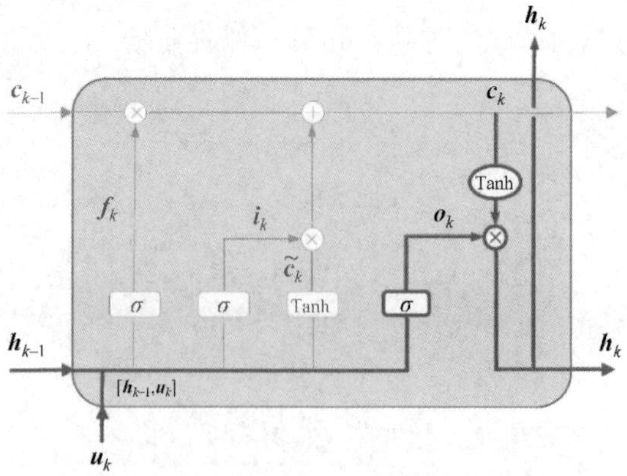

图 2.18　LSTM 的输出门与输出变换模块

输出门的公式为

$$\boldsymbol{o}_k=\sigma(\boldsymbol{W}_{\mathrm{o}}\cdot[\boldsymbol{h}_{k-1},\boldsymbol{u}_k]+\boldsymbol{b}_{\mathrm{o}}) \tag{2.16}$$

其中，$\boldsymbol{W}_{\mathrm{o}}$ 和 $\boldsymbol{b}_{\mathrm{o}}$ 分别为输出门的输入连接权矩阵和偏置向量，$\boldsymbol{o}_k$ 为输出门的门控输出。

相应地，可得到 LSTM 两个隐状态向量之间的关系，即

$$\boldsymbol{h}_k=\boldsymbol{o}_k*\mathrm{Tanh}(\boldsymbol{c}_k) \tag{2.17}$$

显然，隐状态 $\boldsymbol{h}_k$ 实际就是输出变换模块 $\mathrm{Tanh}(\boldsymbol{c}_k)$ 或受限细胞状态 $\boldsymbol{c}_k$ 的门控输出。这里的 $\boldsymbol{h}_k$ 既可以直接作为 LSTM 的当前输出 $\boldsymbol{y}_k$（通过增加输出层），也可同时作为下一时间步的隐状态输入。

综上，LSTM 的前向计算过程可归纳如下：

$$\begin{aligned}
\boldsymbol{f}_k&=\sigma(\boldsymbol{W}_{\mathrm{f}}\cdot[\boldsymbol{h}_{k-1},\boldsymbol{u}_k]+\boldsymbol{b}_{\mathrm{f}})\\
\boldsymbol{i}_k&=\sigma(\boldsymbol{W}_{\mathrm{i}}\cdot[\boldsymbol{h}_{k-1},\boldsymbol{u}_k]+\boldsymbol{b}_{\mathrm{i}})\\
\tilde{\boldsymbol{c}}_k&=\mathrm{Tanh}(\boldsymbol{W}_{\mathrm{c}}\cdot[\boldsymbol{h}_{k-1},\boldsymbol{u}_k]+\boldsymbol{b}_{\mathrm{c}})\\
\boldsymbol{c}_k&=\boldsymbol{f}_k*\boldsymbol{c}_{k-1}+\boldsymbol{i}_k*\tilde{\boldsymbol{c}}_k\\
\boldsymbol{o}_k&=\sigma(\boldsymbol{W}_{\mathrm{o}}\cdot[\boldsymbol{h}_{k-1},\boldsymbol{u}_k]+\boldsymbol{b}_{\mathrm{o}})\\
\boldsymbol{h}_k&=\boldsymbol{o}_k*\mathrm{Tanh}(\boldsymbol{c}_k)
\end{aligned} \tag{2.18}$$

2）学习算法

下面将详细推导 LSTM 的误差反向传播算法。与 Elman 网络类似，其训练方法通常采用截断(truncated)的沿时间的误差反向传播(BPTT)方法。

LSTM 模型 $\boldsymbol{H}$ 的细节描述如图 2.19 所示。

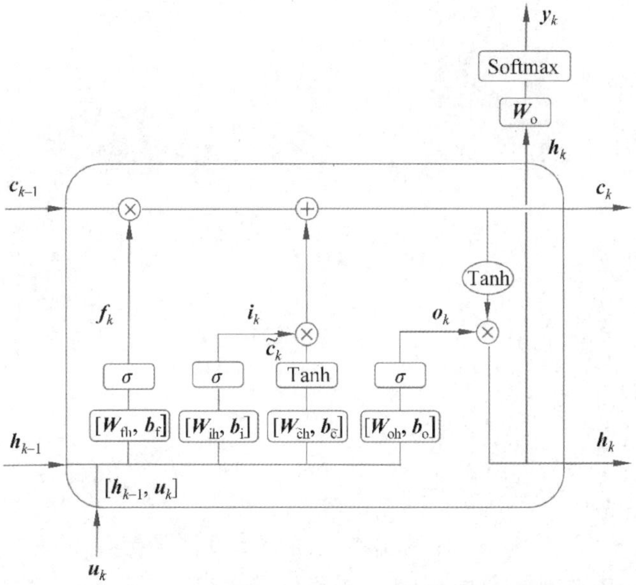

图 2.19　LSTM 模块 $\boldsymbol{H}$ 的细节描述框图

首先计算损失函数 E 相对于第 $k-1$ 时间步的隐状态 $\boldsymbol{h}_{k-1}$ 的偏导数，并将其表示为广义误差的形式，即

$$\frac{\partial E}{\partial \boldsymbol{h}_{k-1}}=\boldsymbol{\delta}_{\mathrm{o},k}^{\mathrm{T}}\boldsymbol{W}_{\mathrm{oh}}+\boldsymbol{\delta}_{\mathrm{f},k}^{\mathrm{T}}\boldsymbol{W}_{\mathrm{fh}}+\boldsymbol{\delta}_{\mathrm{i},k}^{\mathrm{T}}\boldsymbol{W}_{\mathrm{ih}}+\boldsymbol{\delta}_{\tilde{\mathrm{c}},k}^{\mathrm{T}}\boldsymbol{W}_{\mathrm{ch}}\triangleq\boldsymbol{\delta}_{k-1}^{\mathrm{T}}$$

式中

$$\boldsymbol{\delta}_{\mathrm{o},k}^{\mathrm{T}}=\boldsymbol{\delta}_k^{\mathrm{T}}\mathrm{Tanh}(\boldsymbol{c}_k)\boldsymbol{o}_k(1-\boldsymbol{o}_k)$$
$$\boldsymbol{\delta}_{\mathrm{f},k}^{\mathrm{T}}=\boldsymbol{\delta}_k^{\mathrm{T}}\boldsymbol{o}_k(1-\mathrm{Tanh}(\boldsymbol{c}_k)^2)\boldsymbol{c}_{k-1}\boldsymbol{f}_k(1-\boldsymbol{f}_k)$$
$$\boldsymbol{\delta}_{i,k}^{\mathrm{T}}=\boldsymbol{\delta}_k^{\mathrm{T}}\boldsymbol{o}_k(1-\mathrm{Tanh}(\boldsymbol{c}_k)^2)\tilde{\boldsymbol{c}}_k\boldsymbol{i}_k(1-\boldsymbol{i}_k)$$
$$\boldsymbol{\delta}_{\tilde{c},k}^{\mathrm{T}}=\boldsymbol{\delta}_k^{\mathrm{T}}\boldsymbol{o}_k(1-\mathrm{Tanh}(\boldsymbol{c}_k)^2)\boldsymbol{i}_k(1-\tilde{\boldsymbol{c}}_k^2)$$

且

$$\boldsymbol{\delta}_{p-1}^{\mathrm{T}}=\prod_{j=p}^{k}(\boldsymbol{\delta}_{\mathrm{o},j}^{\mathrm{T}}\boldsymbol{W}_{\mathrm{oh}}+\boldsymbol{\delta}_{\mathrm{f},j}^{\mathrm{T}}\boldsymbol{W}_{\mathrm{fh}}+\boldsymbol{\delta}_{\mathrm{i},j}^{\mathrm{T}}\boldsymbol{W}_{\mathrm{ih}}+\boldsymbol{\delta}_{\tilde{c},j}^{\mathrm{T}}\boldsymbol{W}_{\mathrm{ch}})$$

由于

$$\begin{aligned}\frac{\partial E}{\partial \mathrm{net}_k^{l-1}}&=\frac{\partial E}{\partial \mathrm{net}_{\mathrm{f},k}^1}\frac{\partial \mathrm{net}_{\mathrm{f},k}^1}{\partial \boldsymbol{x}_k^1}\frac{\partial \boldsymbol{x}_k^l}{\partial \mathrm{net}_k^{l-1}}+\frac{\partial E}{\partial \mathrm{net}_{\mathrm{i},k}^1}\frac{\partial \mathrm{net}_{\mathrm{i},k}^1}{\partial \boldsymbol{x}_k^1}\frac{\partial \boldsymbol{x}_k^l}{\partial \mathrm{net}_k^{l-1}}+\frac{\partial E}{\partial \mathrm{net}_{\tilde{c},k}^1}\frac{\partial \mathrm{net}_{\tilde{c},k}^1}{\partial \boldsymbol{x}_k^1}\frac{\partial \boldsymbol{x}_k^l}{\partial \mathrm{net}_k^{l-1}}\\&=\boldsymbol{\delta}_{\mathrm{f},k}^{\mathrm{T}}\boldsymbol{W}_{\mathrm{fx}}f'(\mathrm{net}_k^{l-1})+\boldsymbol{\delta}_{\mathrm{i},k}^{\mathrm{T}}\boldsymbol{W}_{\mathrm{ix}}f'(\mathrm{net}_k^{l-1})+\boldsymbol{\delta}_{\tilde{c},k}^{\mathrm{T}}\boldsymbol{W}_{\mathrm{cx}}f'(\mathrm{net}_k^{l-1})+\boldsymbol{\delta}_{\mathrm{o},k}^{\mathrm{T}}\boldsymbol{W}_{\mathrm{ox}}f'(\mathrm{net}_k^{l-1})\\&=(\boldsymbol{\delta}_{\mathrm{f},k}^{\mathrm{T}}\boldsymbol{W}_{\mathrm{fx}}+\boldsymbol{\delta}_{\mathrm{i},k}^{\mathrm{T}}\boldsymbol{W}_{\mathrm{ix}}+\boldsymbol{\delta}_{\tilde{c},k}^{\mathrm{T}}\boldsymbol{W}_{\mathrm{cx}})f'(\mathrm{net}_k^{l-1})\end{aligned}$$

因此，利用梯度下降法可得如下的学习算法为

$$\begin{aligned}&\Delta\boldsymbol{W}_{\mathrm{oh}}=-\eta_{\mathrm{oh}}\frac{\partial E}{\partial \boldsymbol{W}_{\mathrm{oh}}},\Delta\boldsymbol{W}_{\mathrm{fh}}=-\eta_{\mathrm{fh}}\frac{\partial E}{\partial \boldsymbol{W}_{\mathrm{fh}}},\Delta\boldsymbol{W}_{\mathrm{ih}}=-\eta_{\mathrm{ih}}\frac{\partial E}{\partial \boldsymbol{W}_{\mathrm{ih}}},\Delta\boldsymbol{W}_{\tilde{c}\mathrm{h}}=-\eta_{\tilde{c}\mathrm{h}}\frac{\partial E}{\partial \boldsymbol{W}_{\tilde{c}\mathrm{h}}}\\&\Delta\boldsymbol{W}_{\mathrm{ox}}=-\eta_{\mathrm{ox}}\frac{\partial E}{\partial \boldsymbol{W}_{\mathrm{ox}}},\Delta\boldsymbol{W}_{\mathrm{fx}}=-\eta_{\mathrm{fx}}\frac{\partial E}{\partial \boldsymbol{W}_{\mathrm{fx}}},\Delta\boldsymbol{W}_{\mathrm{ix}}=-\eta_{\mathrm{ix}}\frac{\partial E}{\partial \boldsymbol{W}_{\mathrm{ix}}},\Delta\boldsymbol{W}_{\tilde{c}\mathrm{x}}=-\eta_{\tilde{c}\mathrm{x}}\frac{\partial E}{\partial \boldsymbol{W}_{\tilde{c}\mathrm{x}}}\\&\Delta\boldsymbol{b}_{\mathrm{o}}=-\eta_{\mathrm{ob}}\frac{\partial E}{\partial \boldsymbol{b}_{\mathrm{o}}},\Delta\boldsymbol{b}_{\mathrm{f}}=-\eta_{\mathrm{fb}}\frac{\partial E}{\partial \boldsymbol{b}_{\mathrm{f}}},\Delta\boldsymbol{b}_{\mathrm{i}}=-\eta_{\mathrm{ib}}\frac{\partial E}{\partial \boldsymbol{b}_{\mathrm{i}}},\Delta\boldsymbol{b}_{\tilde{c}}=-\eta_{\tilde{c}\mathrm{b}}\frac{\partial E}{\partial \boldsymbol{b}_{\tilde{c}}}\end{aligned}\tag{2.19}$$

其中，

$$\frac{\partial E}{\partial \boldsymbol{W}_{\mathrm{oh}}}=\sum_{j=1}^{k}\boldsymbol{\delta}_{\mathrm{o},j}\boldsymbol{h}_{j-1}^{\mathrm{T}},\qquad\frac{\partial E}{\partial \boldsymbol{W}_{\mathrm{fh}}}=\sum_{j=1}^{k}\boldsymbol{\delta}_{\mathrm{f},j}\boldsymbol{h}_{j-1}^{\mathrm{T}}$$

$$\frac{\partial E}{\partial \boldsymbol{W}_{\mathrm{ih}}}=\sum_{j=1}^{k}\boldsymbol{\delta}_{\mathrm{i},j}\boldsymbol{h}_{j-1}^{\mathrm{T}},\qquad\frac{\partial E}{\partial \boldsymbol{W}_{\tilde{c}\mathrm{h}}}=\sum_{j=1}^{k}\boldsymbol{\delta}_{\tilde{c},j}\boldsymbol{h}_{j-1}^{\mathrm{T}}$$

$$\frac{\partial E}{\partial \boldsymbol{W}_{\mathrm{ox}}}=\frac{\partial E}{\partial\,\mathrm{net}_{\mathrm{o},k}}\frac{\partial\,\mathrm{net}_{\mathrm{o},k}}{\partial \boldsymbol{W}_{\mathrm{ox}}}=\boldsymbol{\delta}_{\mathrm{o},k}\boldsymbol{x}_k^{\mathrm{T}},\qquad\frac{\partial E}{\partial \boldsymbol{W}_{\mathrm{fx}}}=\frac{\partial E}{\partial\,\mathrm{net}_{\mathrm{f},k}}\frac{\partial\,\mathrm{net}_{\mathrm{f},k}}{\partial \boldsymbol{W}_{\mathrm{fx}}}=\boldsymbol{\delta}_{\mathrm{f},k}\boldsymbol{x}_k^{\mathrm{T}}$$

$$\frac{\partial E}{\partial \boldsymbol{W}_{\mathrm{ix}}}=\frac{\partial E}{\partial\,\mathrm{net}_{\mathrm{i},k}}\frac{\partial\,\mathrm{net}_{\mathrm{i},k}}{\partial \boldsymbol{W}_{\mathrm{ix}}}=\boldsymbol{\delta}_{\mathrm{i},k}\boldsymbol{x}_k^{\mathrm{T}},\qquad\frac{\partial E}{\partial \boldsymbol{W}_{\tilde{c}\mathrm{x}}}=\frac{\partial E}{\partial\,\mathrm{net}_{\tilde{c},k}}\frac{\partial\,\mathrm{net}_{\tilde{c},k}}{\partial W_{\tilde{c}\mathrm{x}}}=\boldsymbol{\delta}_{\tilde{c},k}\boldsymbol{x}_k^{\mathrm{T}}$$

$$\frac{\partial E}{\partial \boldsymbol{b}_{\mathrm{o}}}=\sum_{j=1}^{k}\boldsymbol{\delta}_{\mathrm{o},j},\qquad\frac{\partial E}{\partial \boldsymbol{b}_{\mathrm{f}}}=\sum_{j=1}^{k}\boldsymbol{\delta}_{\mathrm{f},j}$$

$$\frac{\partial E}{\partial \boldsymbol{b}_{\mathrm{i}}}=\sum_{j=1}^{k}\boldsymbol{\delta}_{\mathrm{i},j},\qquad\frac{\partial E}{\partial \boldsymbol{b}_{\tilde{c}}}=\sum_{j=1}^{k}\boldsymbol{\delta}_{\tilde{c},j}$$

下面进一步分析为什么 LSTM 能够有效避免梯度消失与梯度爆炸这样的梯度遽变问题。如图 2.20 所示，在经典的 Elman 递归神经网络中，仅有一个横向隐状态流 $\boldsymbol{h}_k$，此时有 $\boldsymbol{h}_k=f(\boldsymbol{h}_{k-1})$，这里的 $f()$ 为 Elman 网络中隐层的激活函数，如 Tanh 函数或 Sigmoid 函数。

相比之下，由式(2.15)，对 LSTM 有

$$\boldsymbol{c}_k=\boldsymbol{f}_k*\boldsymbol{c}_{k-1}+\boldsymbol{i}_k*\tilde{\boldsymbol{c}}_k$$

其中，$\boldsymbol{f}_k$ 和 $\boldsymbol{i}_k$ 分别为遗忘门和输入门的[0,1]门控输出，$\tilde{\boldsymbol{c}}_k$ 为输入变换模块的输出。显然，对已完成 $[\boldsymbol{h}_{k-1},\boldsymbol{u}_k]$ “纵向”连接权修正的当前模块 $\boldsymbol{A}_k$，当 $\boldsymbol{f}_k$、$\boldsymbol{i}_k$ 和 $\tilde{\boldsymbol{c}}_k$ 保持不变时，当前的

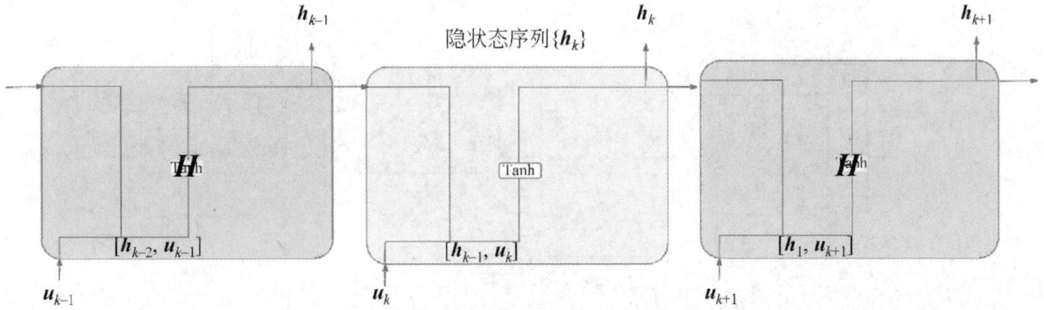

(a) Elman网络

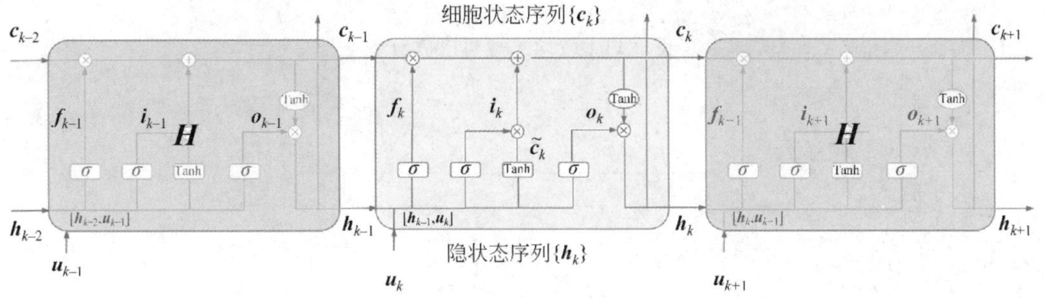

(b) LSTM网络

图 2.20　LSTM 避免梯度遽变示意图

细胞状态 c_k 与前一时间步的细胞状态 c_{k-1} 之间，将呈现线性关系，此时，损失函数关于表征长期记忆的细胞状态的"横向"反向传播，将变得没有损耗，且可传播较远。LSTM 以这种"纵向"和"横向"交替进行连接权修正的方式，避免了"横向"细胞状态深度的梯度消失与梯度爆炸问题，从而可实现期望的长程或长期依赖性记忆。

2. LSTM 的若干变形

1）双向长短期记忆网络

考虑到 LSTM 的监督学习算法与输入序列的顺序有关，因此若能设计两个 LSTM（正向网络 $\boldsymbol{W}^{\mathrm{f}}$ 和反向网络$\boldsymbol{W}^{\mathrm{b}}$），将输入序列分别从左到右以及从右到左同时进行学习，并最终将两个 LSTM 的输出进行聚合，则可较大程度地提高学习的效率，如图 2.21 所示。自 2005 年以来，由 Graves 和 Schmidhuber(2005)提出的双向长短期记忆(bi-directional long short-term memory，BiLSTM)网络，已得到广泛应用。

2）增加窥视孔连接

如图 2.22 所示，具有窥视孔连接(peephole connections)的改进型 LSTM(Gers 与 Schmidhuber，2000)修改了 3 个门的输入聚合向量，即将前一时间步的细胞状态 c_{k-1} 引入输入门与遗忘门的输入聚合向量中，同时将当前的细胞状态 c_k 引入输出门的输入聚合向量中，其他未变。实验结果表明，这种改进通常可改善网络对输入序列细微特征的区分能力。

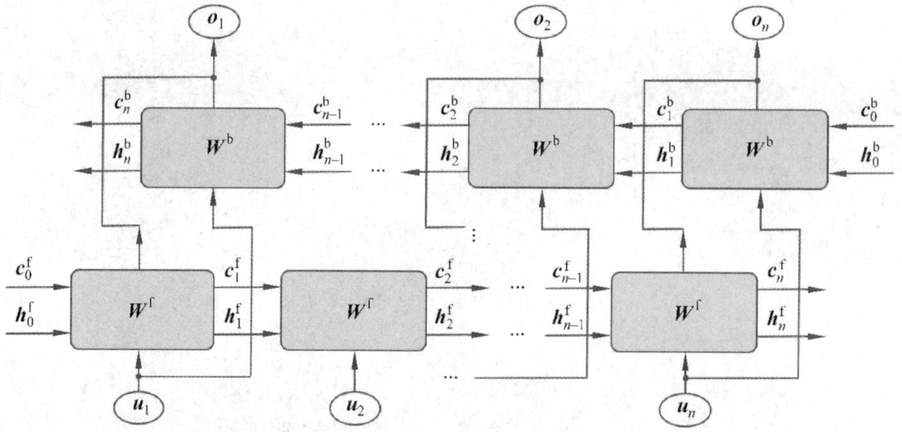

图 2.21　双向长短期记忆网络

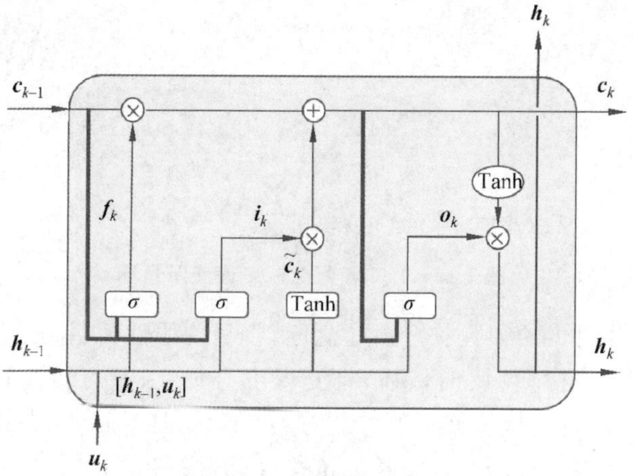

图 2.22　增加窥视孔连接层

相应的前向计算公式为

$$
\begin{aligned}
\boldsymbol{f}_k &= \sigma(\boldsymbol{W}_{\mathrm{f}} \cdot [\boldsymbol{c}_{k-1}, \boldsymbol{h}_{k-1}, \boldsymbol{u}_k] + \boldsymbol{b}_{\mathrm{f}}) \\
\boldsymbol{i}_k &= \sigma(\boldsymbol{W}_{\mathrm{i}} \cdot [\boldsymbol{c}_{k-1}, \boldsymbol{h}_{k-1}, \boldsymbol{u}_k] + \boldsymbol{b}_{\mathrm{i}}) \\
\boldsymbol{o}_k &= \sigma(\boldsymbol{W}_{\mathrm{o}} \cdot [\boldsymbol{c}_k, \boldsymbol{h}_{k-1}, \boldsymbol{u}_k] + \boldsymbol{b}_{\mathrm{o}})
\end{aligned}
\tag{2.20}
$$

3）采用耦合遗忘门和输入门

如图 2.23 所示，这种改进型的 LSTM 删除了原来的输入门，将遗忘门的输出 $\boldsymbol{f}_k$ 引入，进行了 $1-\boldsymbol{f}_k$ 的反向合并使用，从而将 LSTM 原来的 3 个门缩减为两个门。

相应的细胞状态更新公式为

$$
\boldsymbol{c}_k = \boldsymbol{f}_k * \boldsymbol{c}_{k-1} + (1-\boldsymbol{f}_k) * \tilde{\boldsymbol{c}}_k \tag{2.21}
$$

4）门控递归单元

如图 2.24 所示，门控递归单元（gated recurrent unit，GRU）（Cho 等，2014）的主要特点是：

① 合并了遗忘门和输入门，将 LSTM 原来的 3 个门修改为两个门；

② 较大程度地修改了 LSTM 输出变换模块的结构；

③ 直接利用隐状态 $\boldsymbol{h}_k$ 的更新公式替代了关于细胞状态 $\boldsymbol{c}_k$ 的更新公式。

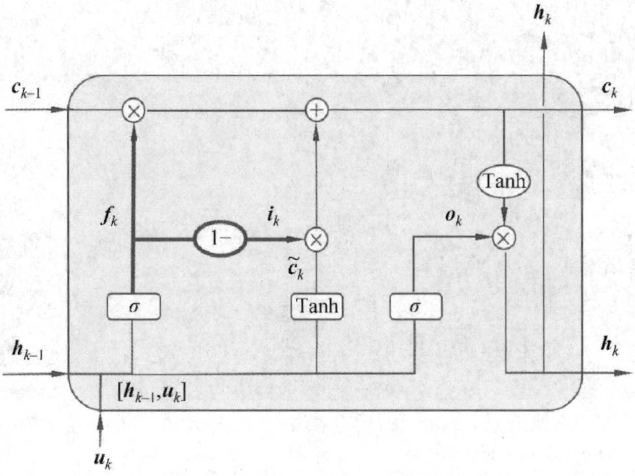

图 2.23　采用耦合遗忘门和输入门

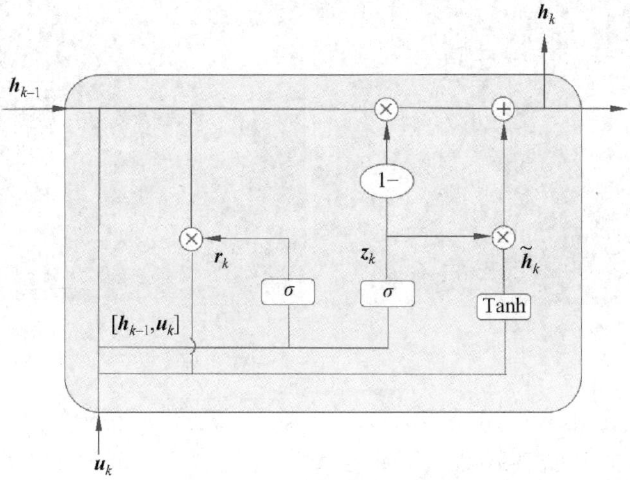

图 2.24　门控递归单元

相应的前向计算公式为

$$
\begin{aligned}
\boldsymbol{r}_k &= \sigma(\boldsymbol{W}_{\mathrm{r}} \cdot [\boldsymbol{h}_{k-1}, \boldsymbol{u}_k]) \\
\boldsymbol{z}_k &= \sigma(\boldsymbol{W}_{\mathrm{z}} \cdot [\boldsymbol{h}_{k-1}, \boldsymbol{u}_k]) \\
\tilde{\boldsymbol{h}}_k &= \mathrm{Tanh}(\boldsymbol{W} \cdot [\boldsymbol{r}_k * \boldsymbol{h}_{k-1}, \boldsymbol{u}_k]) \\
\boldsymbol{h}_k &= (1 - \boldsymbol{z}_k) * \boldsymbol{h}_{k-1} + \boldsymbol{z}_k * \tilde{\boldsymbol{h}}_k
\end{aligned}
\tag{2.22}
$$

3. LSTM 在文本分类任务中的应用

如图 2.25 所示，AG's News 网络新闻类语料库包含 496 835 篇已分类的文章，根据标题和描述域可划分为 4 个大类，其中训练样本集为每个类别 30 000 个样本，测试样本集为每个类别 1900 个样本。

实验中对较长文本序列使用了具有 23 个隐层神经元的 3 层深度 LSTM 网络结构。算

```
1 "3","Wall St. Bears Claw Back Into the Black (Reuters)","Reuters - Short-
  sellers, Wall Street's dwindling\band of ultra-cynics, are seeing green a
  gain."
2 "3","Carlyle Looks Toward Commercial Aerospace (Reuters)","Reuters - Priv
  ate investment firm Carlyle Group,\which has a reputation for making well
  -timed and occasionally\controversial plays in the defense industry, has
  quietly placed\its bets on another part of the market."
3 "3","Oil and Economy Cloud Stocks' Outlook (Reuters)","Reuters - Soaring
  crude prices plus worries\about the economy and the outlook for earnings
  are expected to\hang over the stock market next week during the depth of
  the\summer doldrums."
4 "3","Iraq Halts Oil Exports from Main Southern Pipeline (Reuters)","Reute
  rs - Authorities have halted oil export\flows from the main pipeline in s
  outhern Iraq after\intelligence showed a rebel militia could strike\infra
  structure, an oil official said on Saturday."
5 "3","Oil prices soar to all-time record, posing new menace to US economy
  (AFP)","AFP - Tearaway world oil prices, toppling records and straining w
  allets, present a new economic menace barely three months before the US p
  residential elections."
```

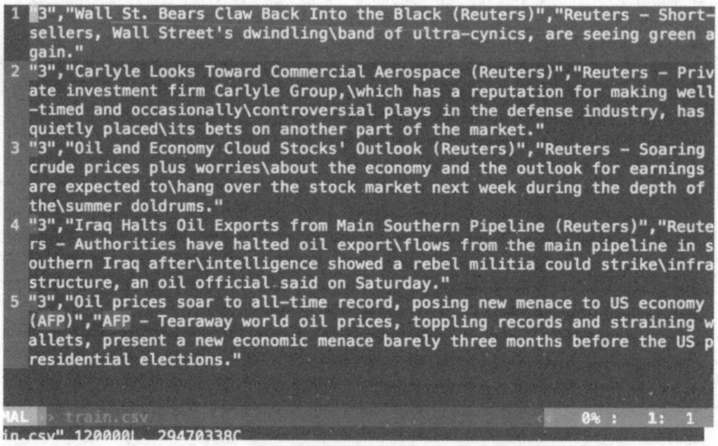

图 2.25 AG's News 网络新闻类语料库中的训练样本举例

法实现采用了 Caffe-LSTM 开源框架，如图 2.26 所示。

```
deep_lstm_long.prototxt+                    buffers
1 layer {
2   name: "lstm1"
3   type: "Lstm"
4   bottom: "data"
5   bottom: "clip"
6   top: "lstm1"
7
8   lstm_param {
9     num_output: 23
10    clipping_threshold: 0.1
11    weight_filler {
12      type: "gaussian"
13      std: 0.1
14    }
15    bias_filler {
16      type: "constant"
17    }
18  }
19 }
20
```

```
deep_lstm_long_solver.prototxt              buffers
1 net: "deep_lstm_long.prototxt"
2 base_lr: 0.00005
3 momentum: 0.95
4 lr_policy: "fixed"
5 display: 200
6 max_iter: 100000
7 solver_mode: CPU
8 average_loss: 200
```

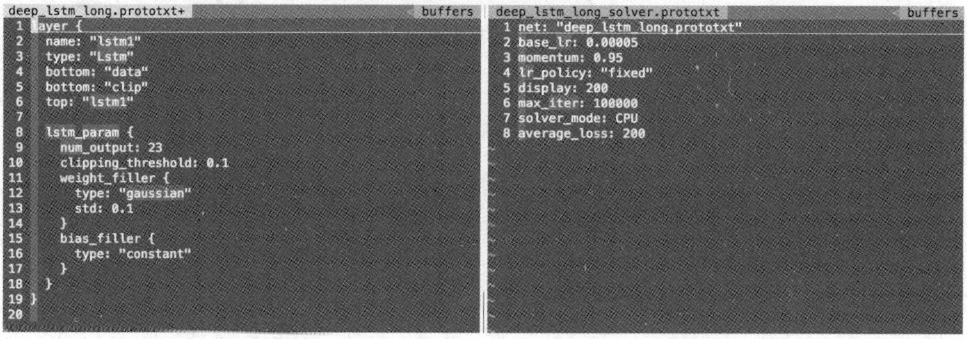

(a) net.prototxt   (b) solver.prototxt

图 2.26 Caffe-LSTM 编程

图 2.27 给出了上述 LSTM 在经过 10 000 次训练迭代后得到的学习曲线，即损失函数随迭代次数的变化曲线，同时还给出了针对 AG's News 文本分类任务的测试精度。

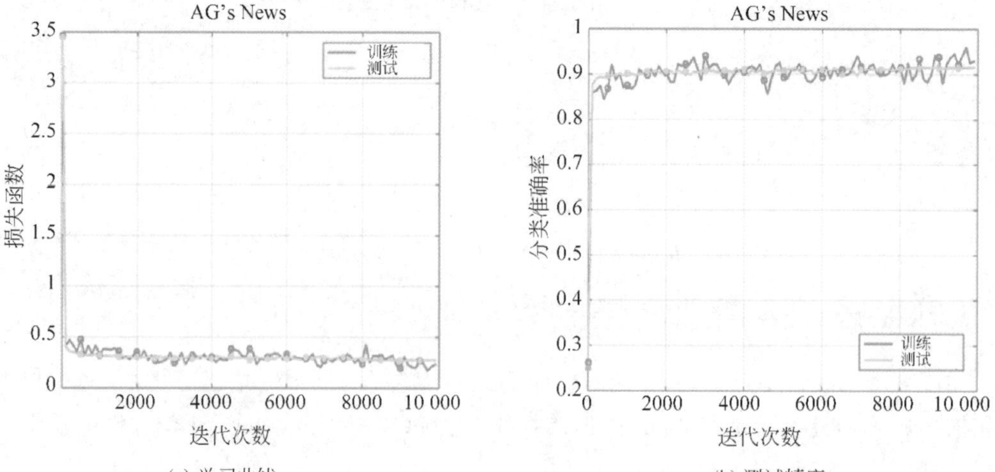

(a) 学习曲线   (b) 测试精度

图 2.27 10 000 次训练迭代所得到的学习曲线与测试精度

前已指出，LSTM 已出现大量变种，并已获得广泛应用，如针对 NLP 中的文本分类任务以及对时间序列的预测等，都已取得了极大的成功。事实上，将传统的 LSTM 与深度卷积神经网络进行结合后，完全基于深度卷积神经网络的 LSTM 所完成的许多文本分类任务的性能，都已超过传统的 *n*-gram 语言建模方法。

最后需要指出的是，将传统 LSTM 中输入层、隐层与输出层的全连接形式，修改为卷积共享连接权形式并增加卷积层的深度，对图像、视频等模态信息的处理尤为重要。除此之外，LSTM 的一些研究工作还涉及如何与注意力、记忆增强、邻域图表示，特别是与无监督深度生成式神经网络框架及强化学习等进行结合。相关的工作包括记忆神经网络（MNN，Weston 等，2014）、堆叠增强递归神经网络（Joulin 等，2014）、神经图灵机（NTM，Graves 等，2014）、堆叠的 What-Where 自编码器（Zhao 等，2016）。有些研究也涉及将 LSTM 与隐马尔可夫模型（HMM）等传统机器学习方法进行结合，如 HMM-LSTM（Liu 等，2021）等。

2.2.4　递归神经网络的编码器-解码器框架

2006 年 Hinton 等在 *Science* 上发表了一种用神经网络进行数据降维的方法，同时提出了深度置信网络的快速学习算法。同年，LeCun 等提出了一种用能量模型有效学习稀疏表达的方法。2007 年，Bengio 等提出了一种深度网络的贪婪逐层训练方法。上述研究成果被普遍认为是深度学习的发轫之作。事实上，在 2012 年出现 AlexNet 深度卷积神经网络之前，深度学习实际主要就是指上述的深度生成式网络或深度生成式人工智能，它们通常包括深度置信网络和深度自编码器。

在经典编码器-解码器框架下，编码器与解码器均由多个相同的递归神经网络组成，其中编码器隐状态序列用于对输入序列进行深度特征学习表达，而解码器隐状态序列则用于输出序列的自回归生成，二者之间通过上下文向量进行连接驱动。下面结合图 2.28～图 2.35 进行详细说明，这些图均改编自 *Speech and Language Processing*（Jurafsky 与 Martin，2023）。

1. LSTM 的编码器-解码器框架

对如图 2.28 所示的 LSTM 编码器-解码器框架（Jurafsky 与 Martin，2023），假定：

① 编码器和解码器均采用多个相同的网络结构单元构建，这里的每个网络结构单元均作为编码器和解码器的一个网络层出现；

② $\boldsymbol{h}_n$ 是编码器输入序列 $\boldsymbol{u}_1,\boldsymbol{u}_2,\cdots,\boldsymbol{u}_n$ 的嵌入向量对应的最后一个隐状态，它被设计为编码器作用于解码器的唯一连接；

③ $\boldsymbol{h}_n$ 作为解码器的初始隐状态，能够使解码器完成输出序列的自回归生成。

图 2.29 通过设定一个上下文向量 $\boldsymbol{c}$，可以更加一般性地完成从编码器到解码器的上下文特征表达传递。

① 编码器：对输入序列 $\boldsymbol{u}_1,\boldsymbol{u}_2,\cdots,\boldsymbol{u}_n$，产生对应的隐状态上下文表达 $\boldsymbol{h}_1^{\mathrm{e}},\boldsymbol{h}_2^{\mathrm{e}},\cdots,\boldsymbol{h}_n^{\mathrm{e}}$；

② 上下文向量 $\boldsymbol{c}$：作为 $\boldsymbol{h}_1^{\mathrm{e}},\boldsymbol{h}_2^{\mathrm{e}},\cdots,\boldsymbol{h}_n^{\mathrm{e}}$ 的函数，本质上是将输入序列的全部特征表达传递给解码器，即将前述仅最后一个隐状态 $\boldsymbol{h}_n$ 对解码器的驱动，增强为 $\boldsymbol{h}_1^{\mathrm{e}},\boldsymbol{h}_2^{\mathrm{e}},\cdots,\boldsymbol{h}_n^{\mathrm{e}}$ 的函数 $\boldsymbol{c}$ 的整体驱动，这里的上标 e 为编码器的意思；

③ 解码器：将 $\boldsymbol{c}$ 作为输入，以产生任意长度的隐状态序列 $\boldsymbol{h}_1^{\mathrm{d}},\boldsymbol{h}_2^{\mathrm{d}},\cdots,\boldsymbol{h}_m^{\mathrm{d}}$，并据此自回

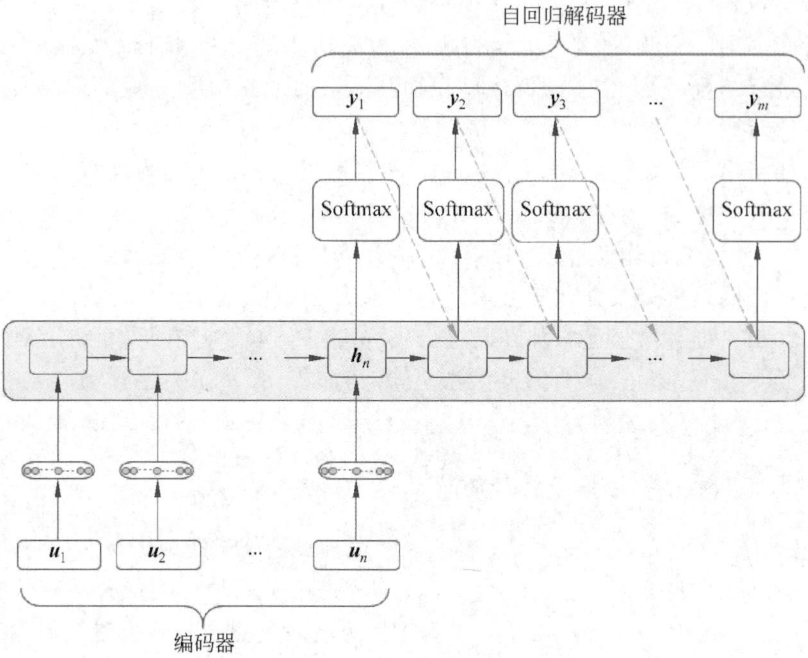

图 2.28 LSTM 的编码器-解码器框架

归生成相应的输出序列 $\boldsymbol{y}_1,\boldsymbol{y}_2,\cdots,\boldsymbol{y}_m$，其中上标 d 代表解码器。

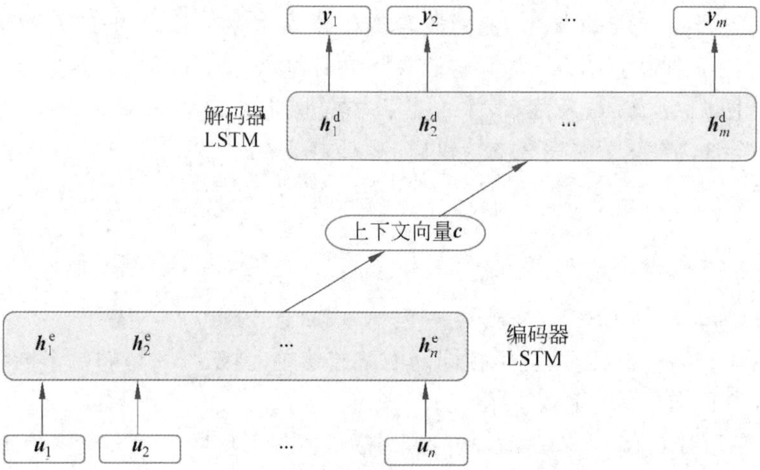

图 2.29 上下文向量作为编码器与解码器连接的唯一通道

2. 编码器：典型的结构设计

图 2.30 是一种常用的编码器设计，它使用了多个完全相同的双向长短期记忆(BiLSTM)网络进行堆叠，这构成了整个编码器的深度。显然，对输入序列 $\boldsymbol{u}_1,\boldsymbol{u}_2,\cdots,\boldsymbol{u}_n$，每层每个时间步的隐状态就是来自左、右 BiLSTM 隐状态之和。本质上，编码器的作用就是要完成对输入序列的深度隐状态的上下文特征表达。规模为 9400 万的嵌入向量语言模型 ELMo(Peters 等，2018)就是采用了这样的编码器结构。

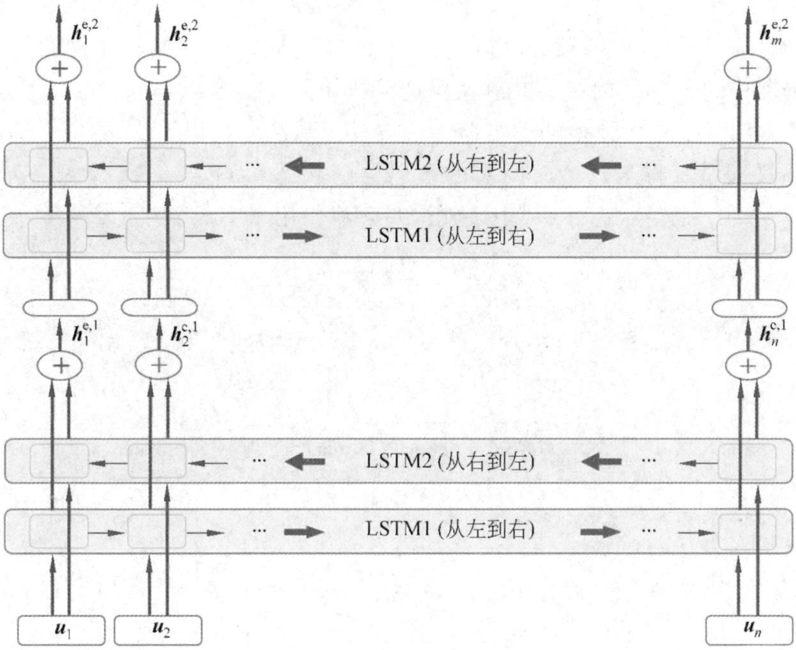

图 2.30　编码器：BiLSTM 的堆叠

3. 解码器：增强型的结构设计

解码器同样由完全相同的网络结构单元组成。在图 2.31 的经典解码器中，编码器的最后一个隐状态 h_n^e，同时也是解码器的初始隐状态 h_0^d，即有上下文向量 $c = h_n^e = h_0^d$。

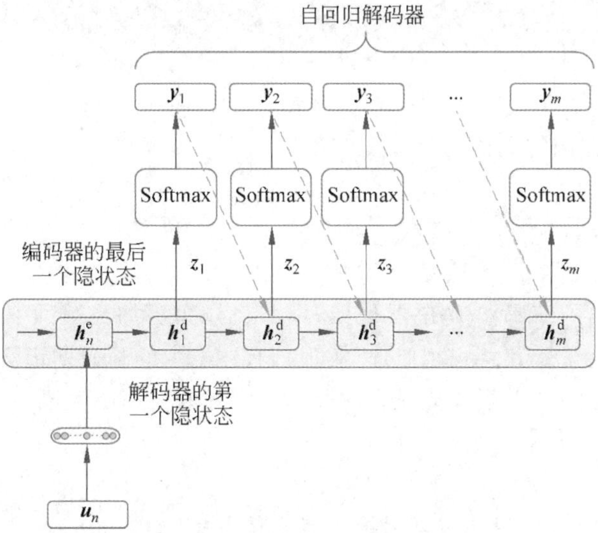

图 2.31　经典解码器：输出序列生成

此时，解码器生成输出序列的前向计算公式为

$$h_k^d = f(\hat{y}_{k-1}, h_{k-1}^d) \tag{2.23a}$$

$$z_k = Vh_k^d \tag{2.23b}$$

$$\boldsymbol{y}_k = \text{Softmax}(\boldsymbol{z}_k) \tag{2.23c}$$

其中，$\hat{\boldsymbol{y}}_{k-1}$ 为解码器的自回归项，即解码器第 $k-1$ 时间步的预测输出及第 k 时间步的输入；$\boldsymbol{V}$ 为解码器中递归神经网络的共享输出连接权矩阵。

图 2.32 给出了一种增强型的解码器结构设计。从图中可以看出，这时仍有 $\boldsymbol{c}=\boldsymbol{h}_n^{\text{e}}=\boldsymbol{h}_0^{\text{d}}$ 成立，但上下文向量 $\boldsymbol{c}$ 将与每个时间步的解码器隐状态 $\boldsymbol{h}_k^{\text{d}}(k=0,1,2,\cdots,m)$ 进行连接驱动，即编码器最后一个隐状态 $\boldsymbol{h}_n^{\text{e}}$ 或上下文向量 $\boldsymbol{c}$ 将作用于解码器中的每步解码。

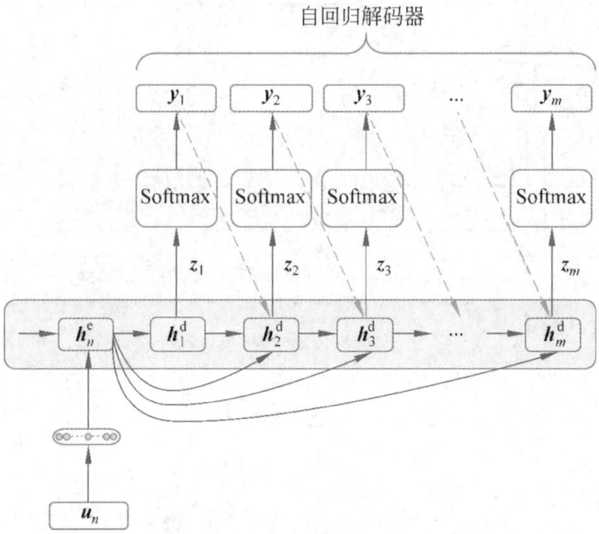

图 2.32 增强型的解码器结构设计

相应地，解码器生成输出序列的前向计算公式为

$$\boldsymbol{h}_k^{\text{d}} = f(\hat{\boldsymbol{y}}_{k-1}, \boldsymbol{h}_{k-1}^{\text{d}}, \boldsymbol{c}) \tag{2.24a}$$

$$\boldsymbol{z}_k = \boldsymbol{V}\boldsymbol{h}_k^{\text{d}} \tag{2.24b}$$

$$\boldsymbol{y}_k = \text{Softmax}(\boldsymbol{z}_k) \tag{2.24c}$$

式中，$\boldsymbol{c}$ 为连接编码器与解码器的上下文向量。

2.3 递归神经网络的注意力与点积相似性

相比于上述经典的编码器-解码器框架，本节将介绍更加灵活的上下文向量设计，即通过引入动态上下文向量及其点积相似性，实现具有注意力的长短期记忆网络，以针对多个任务更好地完成输入序列的上下文特征表达及输出序列的自回归生成。

2.3.1 长短期记忆网络的注意力

前已指出，将上下文向量 $\boldsymbol{c}$ 定义为编码器隐状态 $\boldsymbol{h}_1^{\text{e}},\boldsymbol{h}_2^{\text{e}},\cdots,\boldsymbol{h}_n^{\text{e}}$ 的函数，实际上是将输入序列的全部特征进行表达学习，并将其传递作用于解码器。下面将同时从编码器与解码器两个角度设计更加灵活的上下文向量 $\boldsymbol{c}$，即一方面考虑更加多样化地组合编码器的 $\boldsymbol{h}_i^{\text{e}}$，另一方面则使 $\boldsymbol{c}$ 对解码器每个 $\boldsymbol{h}_i^{\text{d}}$ 的作用也有所不同。

具体来说，如图 2.33 所示，可以考虑设计动态上下文向量 $\boldsymbol{c}_k$ 来代替前面的静态上下文

向量 $\boldsymbol{c}$，即

$$\boldsymbol{c}_k = \sum_{j=1}^{n} \alpha_{kj} \boldsymbol{h}_j^{\mathrm{e}} \tag{2.25a}$$

其中，加权平均值 α_{kj} 可以通过相似性计算得到，且 $k=1,2,\cdots,m$。

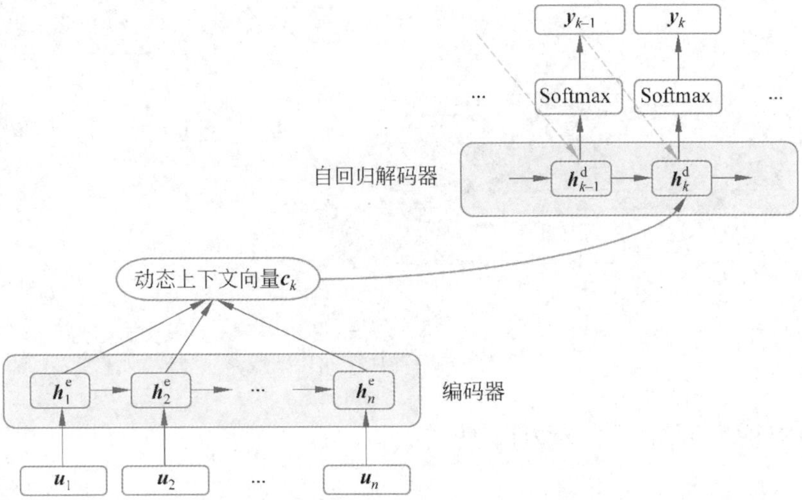

图 2.33 注意力机制：动态上下文向量的设计

相应地，解码器中每个时间步的解码也由动态上下文向量 $\boldsymbol{c}_k$ 来驱动。此时有

$$\boldsymbol{h}_k^{\mathrm{d}} = f(\hat{\boldsymbol{y}}_{k-1}, \boldsymbol{h}_{k-1}^{\mathrm{d}}, \boldsymbol{c}_k) \tag{2.25b}$$

换句话说，$\boldsymbol{h}_k^{\mathrm{d}}$ 同时也将经由 $\boldsymbol{c}_k$ 利用编码器的隐状态 $\boldsymbol{h}_j^{\mathrm{e}}$ 进行驱动，且 $\boldsymbol{c}_k$ 中的加权平均值 α_{kj} 可通过相似性计算来实现。显然，这是一种更加通用和灵活的编码器-解码器上下文向量连接方式，相当于在编码器和解码器隐状态之间建立了注意力机制，通过构建具有注意力的长短期记忆网络，以对任何任务获得最优性能。

2.3.2 点积相似性

从式(2.25a)可以看出，利用加权平均值 α_{kj} 可实现动态上下文向量 $\boldsymbol{c}_k$ 的计算，α_{kj} 反映了编码器输入序列中各个 token 及其隐状态 $\boldsymbol{h}_j^{\mathrm{e}}$ 对 $\boldsymbol{c}_k$ 的贡献，实际体现了解码器隐状态 $\boldsymbol{h}_{k-1}^{\mathrm{d}}$ 与编码器各个隐状态 $\boldsymbol{h}_j^{\mathrm{e}}$ 之间的相似性。

1. 评分向量的动态计算

为了计算出 $\boldsymbol{c}_k$，需要动态评估解码器隐状态 $\boldsymbol{h}_{k-1}^{\mathrm{d}}$ 与编码器各个隐状态 $\boldsymbol{h}_j^{\mathrm{e}}$ 之间的相似性，并给出相应的评分向量。对图 2.34 所示的输出序列生成问题，则是需要设计网络使其能够学习出解码器隐状态与编码器各个隐状态之间的相似性，给出来自最相似编码器隐状态的驱动。

利用向量点积，其相似性评分可给出为

$$\alpha_{kj} = \mathrm{score}(\boldsymbol{h}_{k-1}^{\mathrm{d}}, \boldsymbol{h}_j^{\mathrm{e}}) = \boldsymbol{h}_{k-1}^{\mathrm{d}} \cdot \boldsymbol{h}_j^{\mathrm{e}} \tag{2.26}$$

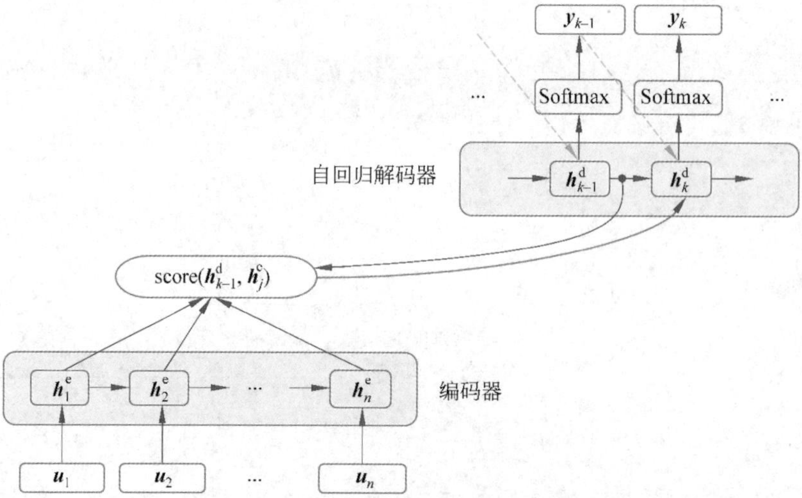

图 2.34 点积相似性作为评分向量

2. 具有点积相似性的自注意力机制

通过归一化评分进一步构建加权平均值。对 $\forall j=1,2,\cdots,n$，有

$$\begin{aligned}\alpha_{kj} &= \text{Softmax}(\text{score}(\boldsymbol{h}_{k-1}^{\text{d}},\boldsymbol{h}_j^{\text{e}})) \\ &= \frac{\mathrm{e}^{\text{score}(\boldsymbol{h}_{k-1}^{\text{d}},\boldsymbol{h}_j^{\text{e}})}}{\sum_i \mathrm{e}^{\text{score}(\boldsymbol{h}_{k-1}^{\text{d}},\boldsymbol{h}_i^{\text{e}})}}\end{aligned} \tag{2.27}$$

如图 2.35 所示，根据式(2.25a)，利用上述权值 α_{kj} 对编码器的所有隐状态 $\boldsymbol{h}_j^{\text{e}}$ 求加权平均，就可计算出维数固定的上下文向量 $\boldsymbol{c}_k$，进而可利用式(2.25b)驱动解码器当前时间步的隐状态。

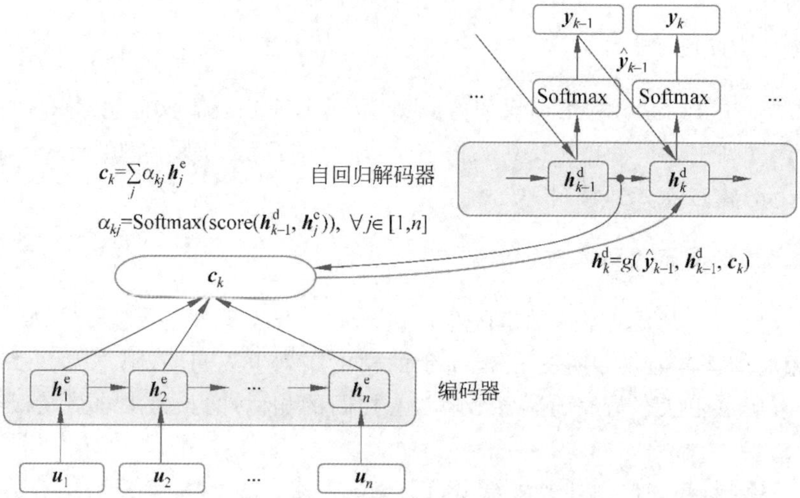

图 2.35 具有点积相似性的自注意力机制

总之，对解码器的隐状态 $\boldsymbol{h}_{k-1}^{\text{d}}$ 而言，它将首先与编码器输入序列的所有隐状态 $\boldsymbol{h}_j^{\text{e}}(j=1,2,\cdots,n)$ 进行点积相似性评分计算，即给出 $\text{score}(\boldsymbol{h}_{k-1}^{\text{d}},\boldsymbol{h}_j^{\text{e}})$，然后再利用 Softmax 获得相

应的归一化加权值 α_{kj}，从而实现具有点积相似性的自注意力机制。

相应的计算公式总结如下：

$$\boldsymbol{h}_k^{\mathrm{d}} = f(\hat{\boldsymbol{y}}_{k-1}, \boldsymbol{h}_{k-1}^{\mathrm{d}}, \boldsymbol{c}_k) \tag{2.28a}$$

$$\boldsymbol{c}_k = \sum_{j=1}^{n} \alpha_{kj} \boldsymbol{h}_j^{\mathrm{e}} \tag{2.28b}$$

$$\alpha_{kj} = \mathrm{Softmax}(\mathrm{score}(\boldsymbol{h}_{k-1}^{\mathrm{d}}, \boldsymbol{h}_j^{\mathrm{e}})) \tag{2.28c}$$

这里 $j=1,2,\cdots,n,k=1,2,\cdots,m$。

尽管上述具有注意力的递归语言模型已取得较多成果，但递归本身的顺序性或非并行化，其实是非常不利于处理较长序列的数据的，这严重制约了需要适配大数据的大型语言模型的发展。

2.4　Transformer 模型

自 2012 年以来，深度卷积神经网络因其具有从大数据中自动提取分层特征的能力，通过结合前述的 LSTM 等递归神经网络，逐渐成为自然语言处理、计算机视觉与语音处理的主流方法之一。2017 年 6 月 12 日谷歌机器翻译团队的 Vaswani 等提出的新一代通用神经网络模型 Transformer，完全摒弃了递归和卷积，给出了一种利用注意力机制的网络结构，在许多自然语言处理任务和计算机视觉任务中都获得了最好的结果，已发展成为大型语言模型的核心支撑模型。作为典型的例子，OpenAI 公司于 2020 年 5 月推出的生成式大型语言模型 GPT-3（Brown 等，2020），就是完全基于 Transformer 构建的，该项成果曾获 NeurIPS-2020 最佳论文。

具有注意力学习机制的 Transformer 新一代通用神经网络模型，将已完成预训练的深度卷积神经网络等作为主干网络，再加上位置编码向量，就可以获得统一的 token 嵌入向量表达。不仅对文本、代码、信号、图像、视频、三维点云与语音等多模态的数据具有完全通用的框架、网络结构与适用性，能够得到全局的上下文依赖性，而且随模型规模的不断扩充，网络的性能还通常呈现出单调递增的趋势，同时这种模型中的多头结构与逐位置前馈神经网络结构，也非常适合于并行处理。特别地，基于 Transformer 高维潜空间的面向各种模态的特征嵌入、对齐、连接和聚合等，既便于进行自监督学习，实际也体现出将自然语言处理、计算机视觉与语音处理等进行多模态融合发展的趋势。图 2.36 给出了利用 Transformer 模型构建的端到端视觉目标检测可视化效果图。

2.4.1　传统编码器-解码器框架下的 Transformer 网络结构

如图 2.37 所示，经典的 Transformer 模型由输入、编码器、解码器和输出 4 部分组成，是一种标准的编码器-解码器框架结构。其中编码器、解码器均分别由 N 个编码器块（层）、N 个解码器块（层）堆叠而成，这里编码器块与解码器块的总数就是 Transformer 神经网络的总层数或称为“深度”。

1）输入部分

① 输入输出嵌入向量层；

② 位置编码与相加层。

图 2.36 利用 Transformer 模型构建的端到端视觉目标检测可视化效果图(Carion 等,2020)

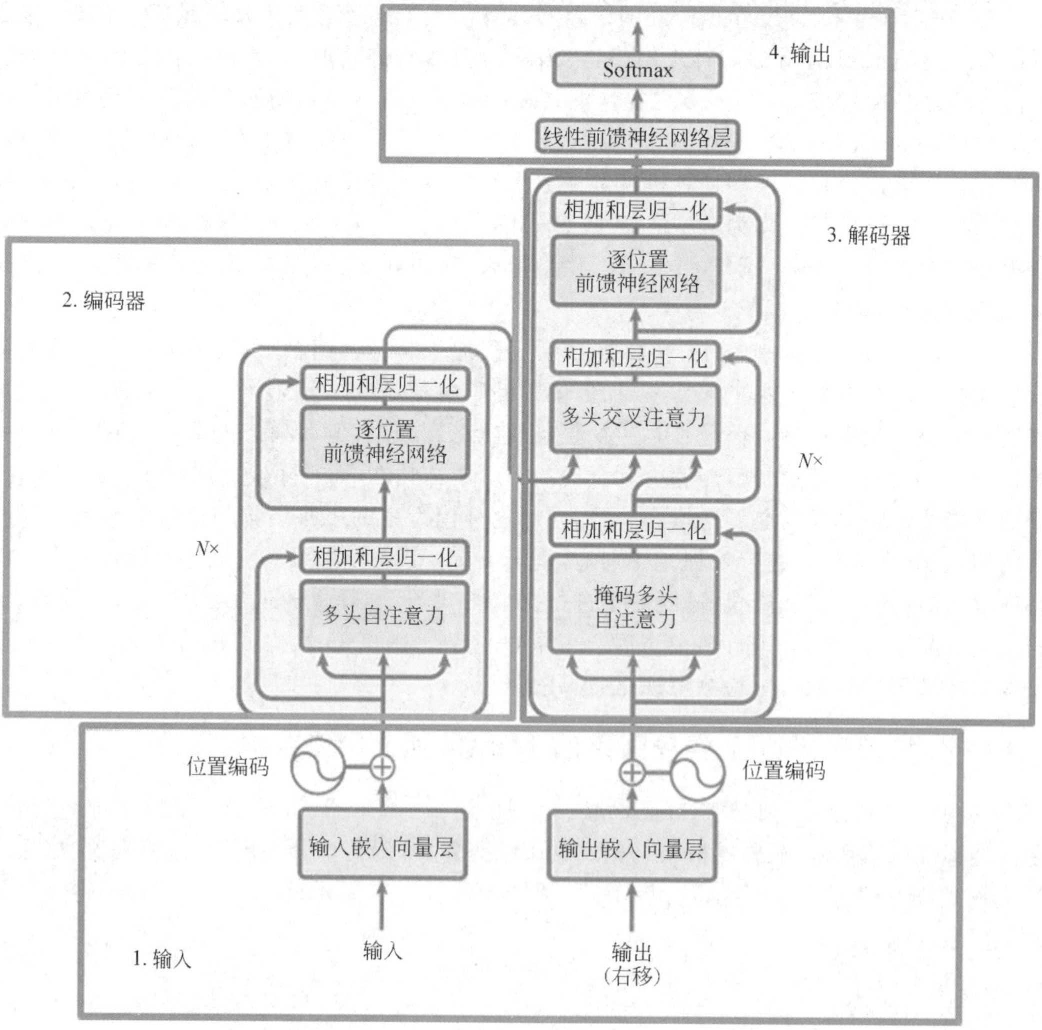

图 2.37 Transformer 的网络结构(取材于 Vaswani 等, 2017)

2）编码器

由 N 个具有如下基本结构单元的编码器块组成：

① 两个残差直连结构及相应的归一化层；

② 多头自注意力(MHA)子层；

③ 逐位置前馈神经网络(也称多层感知机)子层。

3）解码器

由 N 个具有如下基本结构单元的解码器块组成：

① 3 个残差直连结构及相应的归一化层；

② 掩码多头自注意力子层；

③ 多头编码器-解码器交叉注意力子层；

④ 逐位置前馈神经网络子层。

4）输出部分

① 线性前馈神经网络层；

② Softmax 输出层。

在上述网络结构中，编码器块与解码器块均具有(掩码)多头自注意力子层、逐位置前馈神经网络子层。二者的区别在于，解码器块增加了一个多头编码器-解码器交叉注意力子层，其中自注意力头、交叉注意力头和逐位置前馈神经网络均具有相应的残差直连结构及归一化层标准结构。必须着重指出的是，这里的残差直连结构及归一化层十分重要，但实际是继承于 ResNet 等著名网络结构，多头自注意力与位置编码才是 Transformer 网络结构的核心，也是其有别于递归神经网络等的主要创新之处，如图 2.38 所示。

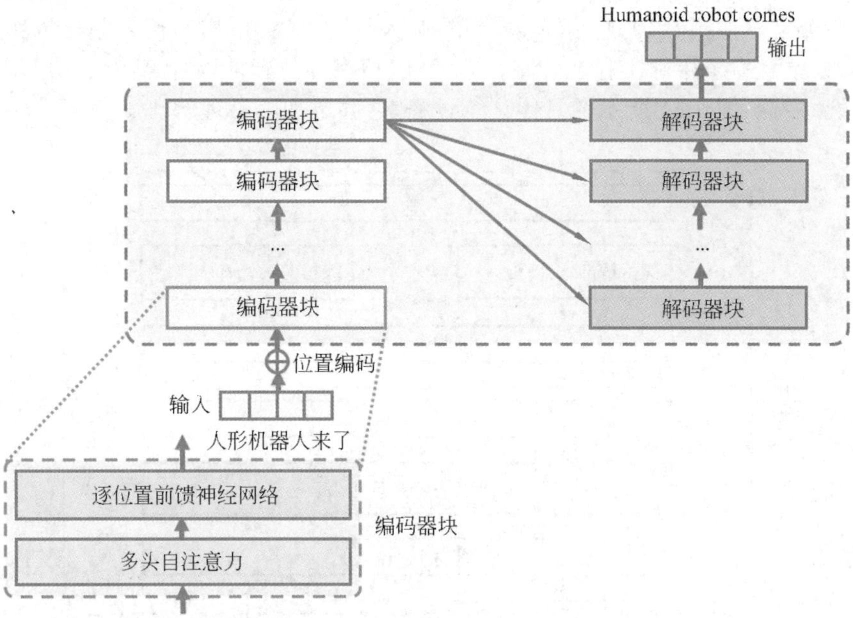

图 2.38　多头自注意力与位置编码是 Transformer 模型的核心网络结构

首先举例说明编码器块部分。

如图 2.38 所示，堆叠的编码器块均具有完全相同的网络结构，但其中每个编码器块的连接权在学习后将会不同。一般地，每个编码器块又可细分为多头自注意力和逐位置前馈神经网络两个子层，或者说编码器是由这两个子层通过结合残差直连结构与层归一化(layer normalization，LN)串接而成的。从图 2.39 可以看出，对每个编码器块，多头自注意力子层的输出就是逐位置前馈神经网络子层的输入。需要注意：对输入序列每个位置的编码或特征向量，逐位置前馈神经网络子层结构相同，也是独立并行的。但多头自注意力子层在编码一个输入句子中的某个特定单词时，将会全局地关注这个句子中的其他单词。

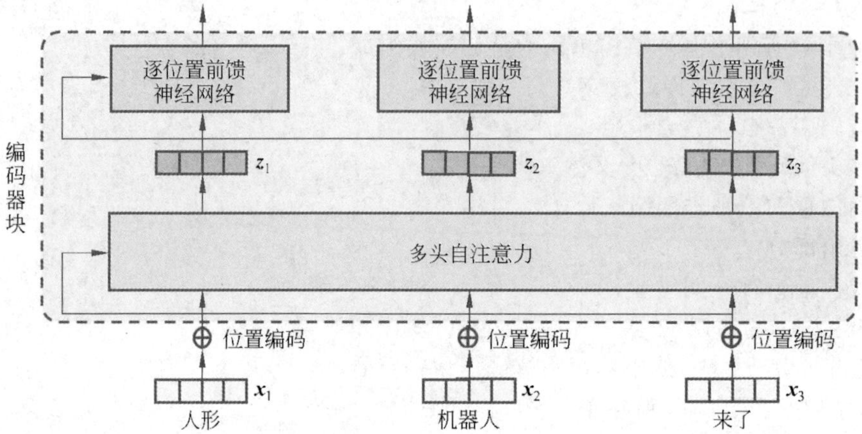

图 2.39　编码器块包括多头自注意力和逐位置前馈神经网络两个子层

对编码器块而言，输入序列中每个位置的特征向量均沿自己的位置路径前向传播。在多头自注意力子层中，不同位置的路径之间可能存在着依赖关系。但这种路径依赖，对逐位置前馈神经网络子层而言则并不存在。换句话说，不同的路径可以在前馈神经网络子层中并行地前向流动。如图 2.40 所示，以两个单词“人形”“机器人”作为输入进行说明。容易看出，在多头自注意力子层确实存在着路径依赖性，但在逐位置前馈神经网络子层却没有任何路径依赖性。对照图 2.41 所示的具体计算过程，这会更加容易理解。

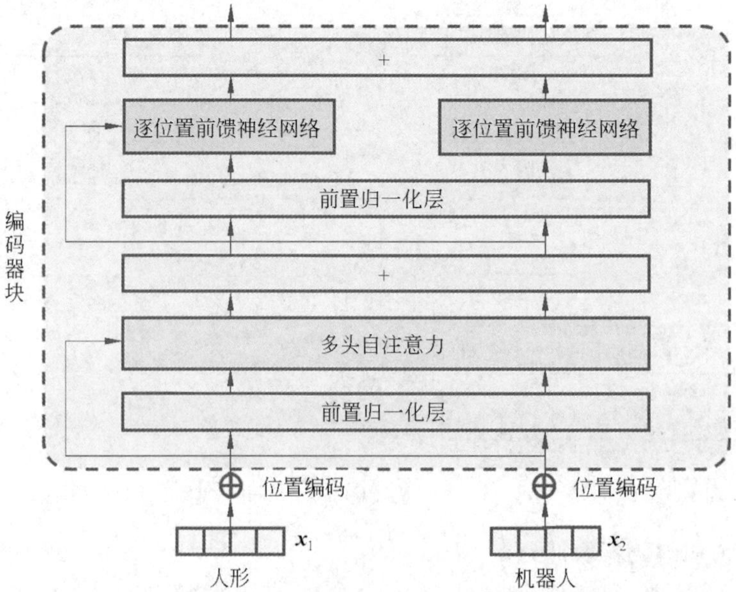

图 2.40　举例说明编码器块两个子层的依赖性与非依赖性

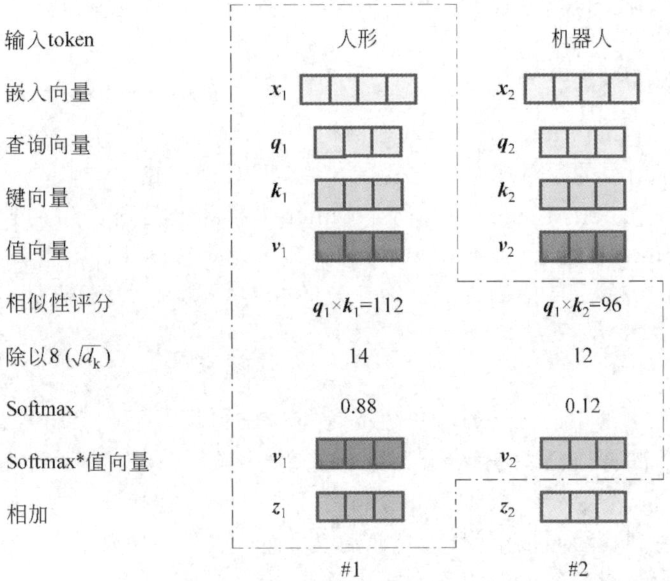

图 2.41　通过具体计算过程举例说明编码器块词嵌入的路径传播与依赖性

总之，当处理每个输入嵌入向量或特征表达时，上述自注意力机制允许关注输入特征序列中其他位置的特征线索，从而对当前位置的输入构建一个更好的编码或特征表达。

下面再举例说明一下解码器块部分。

如图 2.42 所示，解码器块与编码器块中的相关概念与基本结构大致相同。但前文已指出，它们之间也至少存在如下不同，即解码器块需要具有编码器-解码器交叉注意力、自回归输入与掩码多头自注意力等 3 个独特的结构设计。例如，解码器块在第 5 时间步解码当前位置的单词"robot"时，需要将解码器块当前位置的输入嵌入向量或特征表达投影为查询向量，并与来自编码器最后一层的键向量序列和值向量序列进行交叉注意力计算，之后再经过

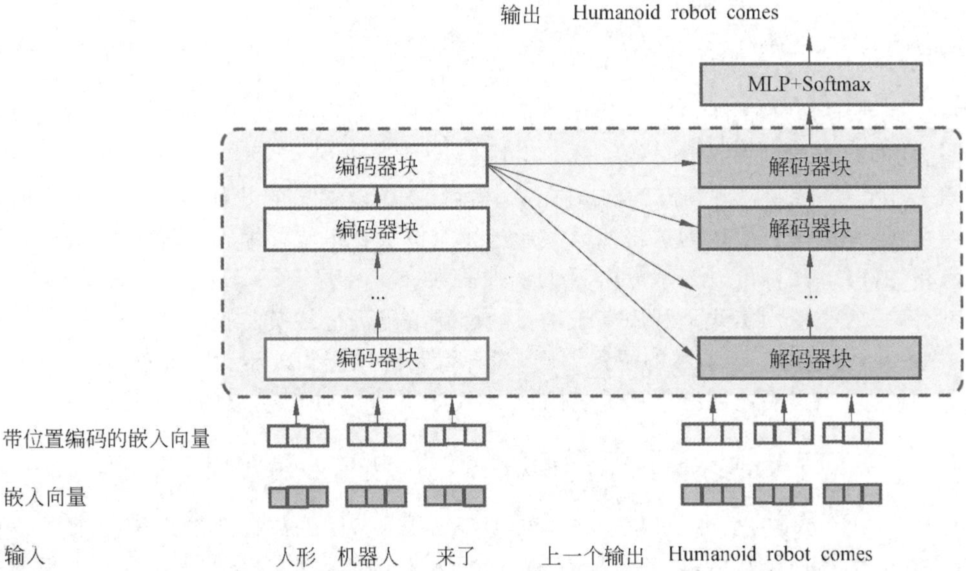

图 2.42　举例说明解码器的交叉注意力子层和自注意力子层

其本身位置的前馈神经网络子层，如此即可学习或推断出当前位置的输出单词“comes”。

2.4.2 嵌入向量与位置编码

前文已指出，Transformer 的内部网络结构已完全摒弃了递归与卷积操作，因此必须加入各个 token 在序列中的相对或绝对位置的信息，即对输入输出嵌入向量加入位置编码向量，才能利用到序列的顺序性。这是 Transformer 去掉递归后所产生的独特问题。考虑到位置编码对 Transformer 泛化性能具有较大的影响，因此其设计显得十分重要。

下面对 Transformer 模型输入部分中涉及的嵌入向量与位置编码进行介绍。

1. 利用预训练主干网络获得的输入输出 token 嵌入向量

输入输出原始序列中的 token 既可以是文本中的单词、短语、字符等最小语义实体，也可以是信号、代码、图像、视频、三维图形或三维点集中的具有语义性质的关键点、区域、部件、目标、物体、实例、关系等。文本 token 通常需要基于全连接层（线性投影矩阵）等，将词表中的单词等映射到连续向量空间中，这被称为词嵌入层，而图像、视频等 token 则需要利用已经预训练好的深度卷积神经网络主干网络（如 ResNet101），将其转换为相应的嵌入向量，从而获得统一编码表达的多模态特征向量输入。

2. 位置编码

由于 Transformer 模型中已不包含递归和卷积操作，为了让模型利用序列的顺序，必须注入一些关于 token 在序列中的相对或绝对位置的信息。为此，需要对堆叠的编码器块和解码器块的输入输出嵌入向量添加“位置编码”。这个位置编码向量的维数必须与嵌入向量的维数相同，以便二者可以相加。选择位置编码的方法有很多，典型的方法包括基于学习的方法与利用人为设定的方法等。例如，可以使用如下具有不同频率的正弦和余弦函数，即

$$\mathrm{PE}_{(\mathrm{pos},2i)}=\sin\left(\frac{\mathrm{pos}}{10\ 000^{2i/d}}\right) \tag{2.29a}$$

$$\mathrm{PE}_{(\mathrm{pos},2i+1)}=\cos\left(\frac{\mathrm{pos}}{10\ 000^{2i/d}}\right) \tag{2.29b}$$

其中，pos 表示在序列中的位置；i 表示当前位置处嵌入向量的第 i 个分量；d 为嵌入向量的维数，这同时也是位置编码向量的维数。上述公式表明，当前位置嵌入向量中的每个分量都对应着一个正弦-余弦波。其波长构成了从 2π 到 $10\ 000 \cdot 2\pi$ 的几何级数。这里之所以选择这个函数，原因是一般认为这将使模型通过相对位置获得位置编码。事实上，对任何固定的偏移量 k，$\mathrm{PE}_{\mathrm{pos}+k}$ 都可以表示成$\mathrm{PE}_{\mathrm{pos}}$的线性函数。

此外，一大类应用实践是利用基于学习的位置编码进行替换实验。相关实验结果表明，利用式(2.29)与使用基于学习的位置编码，二者得到的性能相差不大。此处选择正弦-余弦函数的原因是，当出现比训练序列更长的推断序列时，非常便于模型进行外推。

2.4.3 残差直连结构及前置归一化层

在 Transformer 的基本结构单元中，每个多注意力头（包括自注意力头与交叉注意力头）和逐位置前馈神经网络，均各自拥有属于自己的残差直连结构与归一化层。这里的多注意力头残差直连结构，是指当前位置的嵌入向量或来自前一层的隐状态向量，必须与由该多

注意力头给出的最终值向量直接相加。类似地，逐位置前馈神经网络的残差直连结构，是指将当前位置的逐位置前馈神经网络的输入与该逐位置前馈神经网络的输出向量直接相加。本质上，这里的残差直连结构就是要保留当前位置的嵌入向量或前一层的隐状态向量，形成当前位置编码表达的主路径，连同注意力计算获得的特征表达作为附加，共同构成当前位置当前路径的联合特征表达。这种继承于 ResNet 深度残差卷积神经网络的优良基因结构，对增强 Transformer 的特征表达能力至关重要。

需要特别指出的是，包括 Transformer 的原文《注意力机制：你所需要的一切》(*Attention is All You Need*，Vaswani 等，2017)在内(如图 2.37 所示)，很多 Transformer 的网络结构图中均将编码器块或解码器块中残差直连结构配套的归一化层后置，其实这是错误的或与实际代码不相符的(Xiong 等，2020)。图 2.43 给出了 Transformer 网络结构中的残差直连结构及其前置归一化层。需要注意的是，在大多数实际应用中，这个归一化层通常使用如下层归一化(LN)算子。

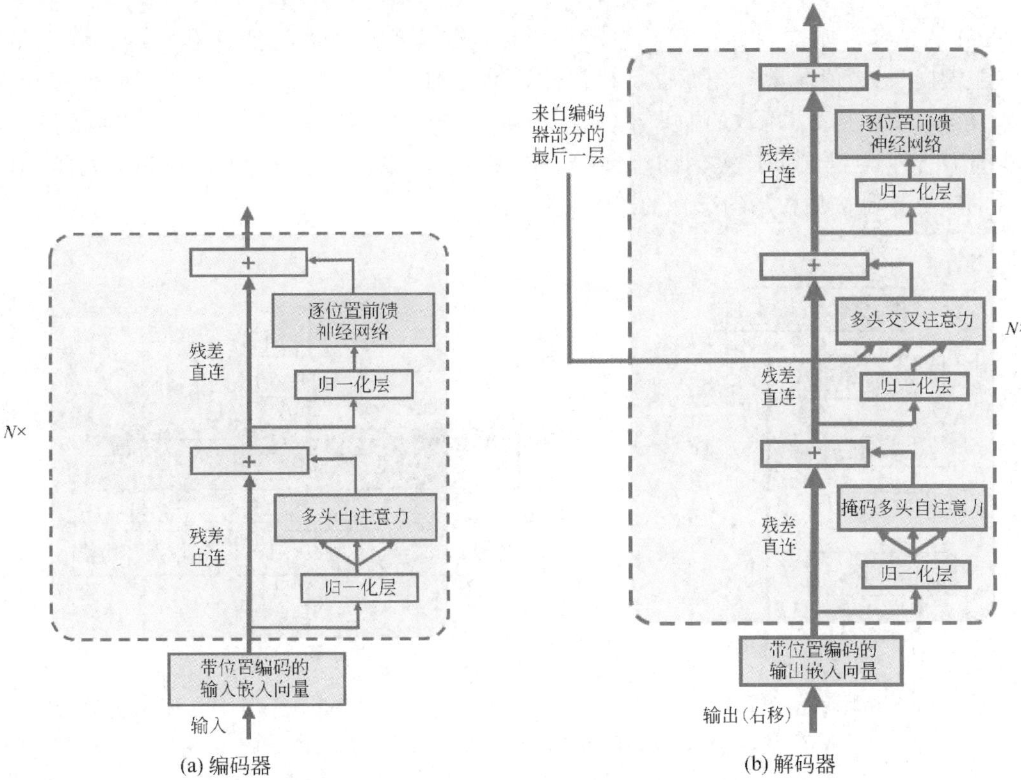

图 2.43　Transformer 网络结构中的残差直连结构及前置归一化层

对任意输入向量 $\boldsymbol{u} \in \mathbf{R}^{1\times d_{\text{model}}}$，层归一化被定义为

$$\text{LN}(\boldsymbol{u}) = \gamma \frac{\boldsymbol{u} - \mu}{\sigma} + \boldsymbol{\beta} \tag{2.30a}$$

其中，比例因子 γ 和偏置向量 $\boldsymbol{\beta}$ 均为超参数，μ，σ 分别为输入向量 $\boldsymbol{u}$ 中各元素的均值与标准差，即

$$\mu = \frac{1}{d_{\text{model}}} \sum_{i=1}^{d_{\text{model}}} u_i, \qquad \sigma^2 = \frac{1}{d_{\text{model}}} \sum_{i=1}^{d_{\text{model}}} (u_i - \mu)^2 \tag{2.30b}$$

式中，d_{model} 为模型维数。

2.4.4 Transformer 的核心结构单元：多头注意力机制与逐位置前馈神经网络

多头注意力机制的引入，是 Transformer 模型的核心网络结构设计。Transformer 在每个位置进行编码、解码或编-解码查询时，需要关注本层或整个编码器最后一层的全部隐状态序列，寻求其中最相似的隐状态键向量，计算相应的注意力矩阵，并对相应的值向量进行加权平均，以此作用于当前位置正进行的编码、解码或编-解码。这一全局注意力矩阵的计算过程仅需恒定数量的运算就可完成。考虑到加权平均有可能会降低注意力的位置分辨率，因此 Transformer 采用多个注意力头。一方面通过配合使用前馈神经网络来抵消这种不利的影响；另一方面也可实现对内部隐状态的降维。这里，多头注意力与前馈神经网络连同相应的残差直连结构与前置归一化，共同构成了 Transformer 的核心结构单元。

1. 多头注意力机制

如图 2.44(a)所示，注意力函数被定义为将当前位置的查询向量 $\boldsymbol{Q}$ 和对应于输入序列的一组键向量 $\boldsymbol{K}$、值向量 $\boldsymbol{V}$ 先后进行相似性计算与加权计算后，映射得到该模块的输出 $\boldsymbol{z}$，即 $\boldsymbol{Q}$,$\boldsymbol{K}$,$\boldsymbol{V}$ 为该注意力函数的输入，输出则为值向量 $\boldsymbol{V}$ 的加权平均和，其中的权重是根据查询向量 $\boldsymbol{Q}$ 与一组键向量 $\boldsymbol{K}$ 之间的一致性函数或相似性测度计算得到的。换句话说，注意力函数的输出 $\boldsymbol{z}$ 是按加权平均选择的注意力值向量。

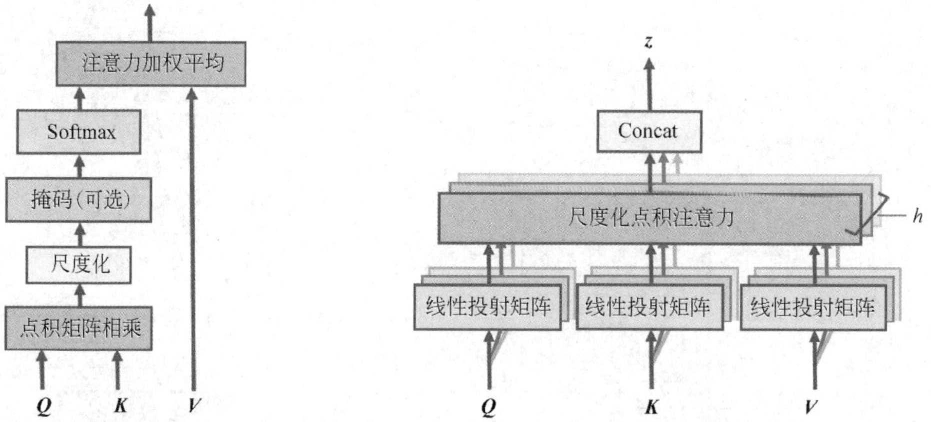

(a) 基于点积相似性的注意力函数 (b) 多头注意力：由多个并行运行的注意力子层组成

图 2.44 Transformer 的多头注意力机制

假定输入 token 序列的长度为 n，查询向量 $\boldsymbol{Q}_i$ 与键向量 $\boldsymbol{K}_i$ 的维数均为 $d_{\mathrm{k},i}$，值向量 $\boldsymbol{V}_i$ 的维数为 $d_{\mathrm{v},i}$，$i=1,2,\cdots,h$ 为多注意力头的序号，且 h 称为总的头数。一般令 $d_{\mathrm{v},i}=d_{\mathrm{k},i}=d_{\mathrm{k}}$。注意全部头的维数为 $d_{\mathrm{model}}=hd_{\mathrm{k}}$，也称模型维数。

在实际计算注意力函数时，通常都将一组查询向量打包为一个查询矩阵 $\boldsymbol{Q}_i\in\mathbf{R}^{n\times d_{\mathrm{k}}}$，相应的键矩阵 $\boldsymbol{K}_i\in\mathbf{R}^{n\times d_{\mathrm{k}}}$ 和值矩阵 $\boldsymbol{V}_i\in\mathbf{R}^{n\times d_{\mathrm{k}}}$ 也都打包为矩阵进行计算，此时 $n\times n$ 维尺度化点积相似性评分矩阵为

$$\tilde{\boldsymbol{\alpha}}_i=\frac{\boldsymbol{Q}_i\boldsymbol{K}_i^{\mathrm{T}}}{\sqrt{d_{\mathrm{k}}}} \tag{2.31}$$

这里除以 $\sqrt{d_k}$ 进行尺度化，完全是为了在误差反向传播计算时能够得到一个稳定的梯度。

进一步通过 Softmax 函数进行高斯核化和归一化，之后就可以得到第 i 个头的注意力矩阵 $\boldsymbol{\alpha}_i = \text{Softmax}(\widetilde{\boldsymbol{\alpha}}_i) \in \mathbf{R}^{n\times n}$，即注意力矩阵 $\boldsymbol{\alpha}_i$ 也是一个 $n\times n$ 维的稀疏矩阵，故可给出各个头的输出矩阵 $\boldsymbol{z}_i$ 为

$$\boldsymbol{z}_i = \boldsymbol{\alpha}_i \boldsymbol{V}_i = \text{Softmax}\left(\frac{\boldsymbol{Q}_i \boldsymbol{K}_i^{\mathrm{T}}}{\sqrt{d_k}}\right)\boldsymbol{V}_i \tag{2.32}$$

这里 $\boldsymbol{z}_i \in \mathbf{R}^{n\times d_k}$。

最后将各个头的输出矩阵 $\boldsymbol{z}_i$ 拼接起来，就可得到多头注意力模块的最终输出矩阵为

$$\boldsymbol{z} = \text{Concat}(\boldsymbol{z}_1, \boldsymbol{z}_2, \cdots, \boldsymbol{z}_h) \tag{2.33}$$

其中，$\boldsymbol{z} \in \mathbf{R}^{n\times d_{\text{model}}}$ 为多注意力头输出矩阵拼接后得到的总的输出矩阵。

此处使用 h 个多注意力头代替单个注意力函数的计算，相应增加了 h 组的可学习参数化线性投影矩阵 $\boldsymbol{W}_i^{\mathrm{Q}}$，$\boldsymbol{W}_i^{\mathrm{K}}$ 和 $\boldsymbol{W}_i^{\mathrm{V}}$（$i=1,2,\cdots,h$），这至少可带来如下好处：

① 通过对序列不同位置的多样化关注，可有效提高加权平均注意力的分辨率，改善其对抗数据噪声的鲁棒性。

② 在注意力值向量总维数或模型维数 d_{model} 保持不变的前提下，整体的计算开销实际变化不大。考虑到每个注意力头的维数实际都缩减至原来的 $1/h$（$d_k = d_{\text{model}}/h$），且可充分利用针对多注意力头的并行计算机制，缓解显存开销，因此总的计算效率与可用性反而会有很大的提升。但需要注意的是，多注意力头的使用必然需要引入逐位置前馈神经网络进行一致性学习整合，这会带来一定的额外计算开销。

对 h 个注意力头，记线性投影矩阵 $\boldsymbol{W}_i^{\mathrm{Q}} \in \mathbf{R}^{d_{\text{model}}\times d_k}$，$\boldsymbol{W}_i^{\mathrm{K}} \in \mathbf{R}^{d_{\text{model}}\times d_k}$，$\boldsymbol{W}_i^{\mathrm{V}} \in \mathbf{R}^{d_{\text{model}}\times d_k}$。前文已指出，这里 d_{model} 为模型的维数，它既是前一层隐状态向量的维数，同时也是逐位置前馈神经网络的输出向量维数，在整个 Transformer 模型中通常保持不变。

此时，有

$$\boldsymbol{Q}_i = \boldsymbol{u}\boldsymbol{W}_i^{\mathrm{Q}}, \boldsymbol{K}_i = \boldsymbol{u}\boldsymbol{W}_i^{\mathrm{K}}, \boldsymbol{V}_i = \boldsymbol{u}\boldsymbol{W}_i^{\mathrm{V}} \tag{2.34}$$

其中，$\boldsymbol{u} \in \mathbf{R}^{n\times d_{\text{model}}}$ 为本层隐状态向量序列或带位置编码的输入嵌入向量序列，且 $i=1,2,\cdots,h$。

总之，当处理某层隐状态时，该机制允许全局关注前一层隐状态向量序列或带位置编码的输入嵌入向量序列中其他位置的线索，如此可对当前位置的隐状态构建一个更好的编码、解码或编-解码。

下面通过举例进一步详细说明上述过程。

计算当前位置自注意力头主要包括如下具体步骤。

(1) 如图 2.45 所示，对输入向量序列中每个带位置编码的嵌入向量 $\{\boldsymbol{x}_1, \boldsymbol{x}_2\}$ 或本层隐状态向量，分别乘以 3 个线性投影矩阵 $\boldsymbol{W}^{\mathrm{Q}}, \boldsymbol{W}^{\mathrm{K}}, \boldsymbol{W}^{\mathrm{V}}$，就可以创建出相应的查询向量 $\{\boldsymbol{q}_1, \boldsymbol{q}_2\}$、键向量 $\{\boldsymbol{k}_1, \boldsymbol{k}_2\}$ 和值向量 $\{\boldsymbol{v}_1, \boldsymbol{v}_2\}$ 等 3 组向量，这里所有的线性投影连接权矩阵都需要在预训练阶段进行学习更新。同时，投影后得到的 3 组向量都具有相同的各个头的模型维数 d_k，且通常都小于全部注意力头的模型维数。

(2) 参考图 2.41，首先计算相似性评分，它给出了在某个位置处编码或解码一个单词时，对输入句子中其他部分的注意程度。此时，将当前位置查询向量与序列中各单词所对应的键向量进行点积相似性计算，得到相应的相似性评分。例如，在处理位置 ♯1 处的单词“人形”时，第一个相似性评分将是 $\boldsymbol{q}_1$ 和 $\boldsymbol{k}_1$ 的点积，第二个相似性评分则是 $\boldsymbol{q}_1$ 和 $\boldsymbol{k}_2$ 的点积。

(3) 将点积相似性评分除以键向量维数的平方根，以得到更稳定的误差反向传播梯度。

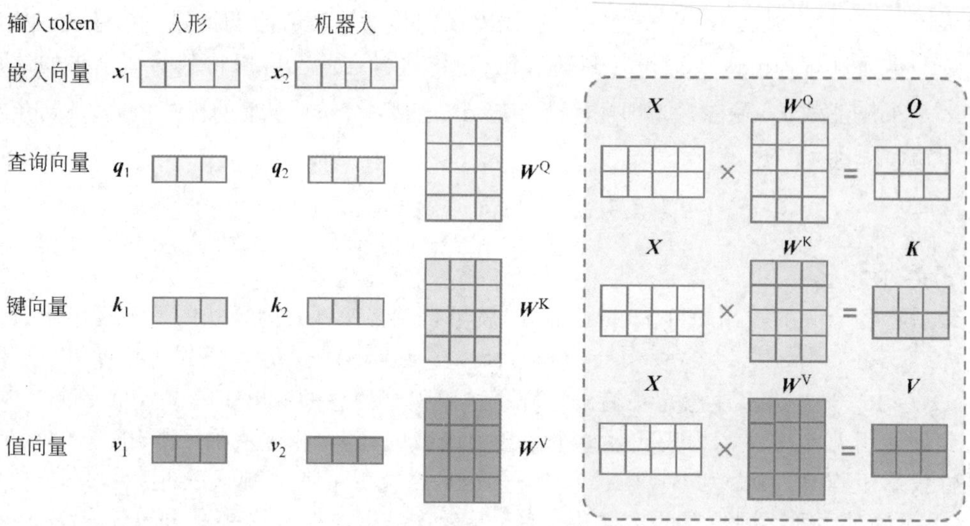

图 2.45　利用线性投影矩阵计算序列的查询向量 $\boldsymbol{Q}$、键向量 $\boldsymbol{K}$ 和值向量 $\boldsymbol{V}$

(4) 对上述结果进行 Softmax 操作以给出高斯核化的归一化注意力向量。此时，注意力向量中的各个元素全部为正，且相加为 1。显然，注意力向量元素描述了序列中各个单词的受注意程度，如图 2.46 所示。

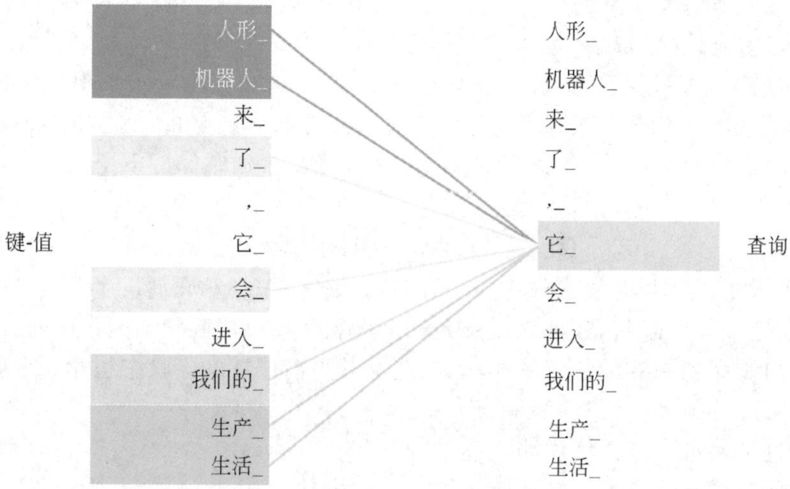

图 2.46　当前位置自注意力向量的计算举例

(5) 根据注意力向量，对序列对应的值向量进行加权平均，最终给出当前位置该自注意力头的注意力值向量输出。

显然，该网络通过计算归一化注意力向量对序列中的所有单词进行自注意力定位。这需要首先编码序列中单词的相对或绝对位置，即获得单词的位置编码，然后再利用多头注意力机制进行定位分辨率等性能的改善，而这里的“多头”有点类似于深度卷积神经网络中的多重卷积核操作。

2. 逐位置前馈神经网络

Transformer 模型编码器和解码器中的每层，即编码器块或解码器块，除了多头注意力子层之外，还有一个单隐层全连接前馈神经网络子层，它被独立及同等地应用于序列的每个位置，用于对多个注意力头的输出进行一致性函数的相融计算。一般地，逐位置前馈神经网络由具有 ReLU 激活函数的单隐层全连接前馈神经网络组成。例如，若该前馈神经网络的输入向量与输出向量的维数均为 $d_{\text{model}}=512$，则隐层神经元的个数可选为 2048。此时，有

$$\text{FFNet}(\boldsymbol{z})=\max(0,\boldsymbol{z}\boldsymbol{W}_1+\boldsymbol{b}_1)\boldsymbol{W}_2+\boldsymbol{b}_2 \tag{2.35}$$

其中：$\boldsymbol{W}_1,\boldsymbol{b}_1$ 分别为从输入层到隐层的连接权矩阵与偏置；$\boldsymbol{W}_2,\boldsymbol{b}_2$ 分别为从隐层到输出层的连接权矩阵与偏置；$\boldsymbol{z}$ 为该前馈神经网络的输入，它来自全部注意力头的输出拼接后的结果。注意这些连接权矩阵与偏置对不同位置是不同的，因此可通过学习算法来适配不同批次和整个预训练样本集，这也是逐位置的含义。显然，此网络隐层神经元的个数是一个需要进行试错选择的结构参数。

2.4.5 学习机制：层堆叠自监督学习与基于误差反向传播的监督微调

Transformer 模型的学习机制与所需完成的任务密切相关。在应用于大型语言模型的构建时，其学习算法通常包括预训练(pre-training)和微调(fine-tuning)两个阶段。预训练时，Transformer 利用大规模自监督学习，针对一般性的前置人类语言建模任务，完成所有输入 token 训练序列中各个位置的自注意力隐状态的深度表达。

1. 预训练：层堆叠自监督学习

在 Transformer 模型中，需要进行预训练的连接权参数矩阵主要包括 $N\times h$ 个线性投影矩阵 $\boldsymbol{W}_i^{\mathrm{Q}}$，$\boldsymbol{W}_i^{\mathrm{K}}$，$\boldsymbol{W}_i^{\mathrm{V}}(i=1,2,\cdots,h)$，见式(2.34)，以及 N 个逐位置前馈神经网络中的连接权矩阵与偏置 $\boldsymbol{W}_1,\boldsymbol{b}_1,\boldsymbol{W}_2,\boldsymbol{b}_2$，见式(2.35)。这里的 N 分别为编码器或解码器中编码器块或解码器块的个数或层数，h 为注意力头的个数。

在编码器-解码器框架下，通过输出序列相对于输入序列的重构误差创建损失函数，可在无需标签训练样本的情况下实现误差的反向传播，从而完成上述连接权矩阵的修正，这被称为 Transformer 的层堆叠自监督学习，也称无监督学习。

本质上，通过引入序列的注意力自监督预训练学习机制，Transformer 有能力实现更大规模的输入序列中各个位置的深度自注意力隐状态表示，相应获得更高水平的语言建模与内容生成能力。对于大型语言模型的构建，预训练的前置任务就是前述的基于数据驱动的端到端的 n-gram 语言建模任务。

2. 基于误差反向传播的监督微调

对于已完成预训练的大型语言模型，针对下游任务中的各种特定子任务，通常利用监督微调、强化学习或少样本演示学习等，进行连接权全部参数、部分参数的微调(参数适配)或提示微调(任务适配)的更新，以实现大型语言模型的任务迁移，最终获得对众多下游特定任务的更强的泛化能力。

在参数微调阶段使用的误差反向传播算法，详见 1.3.2 节。对预训练大型语言模型使用更多的提示微调少样本学习算法，则可参考 4.3 节的介绍。

2.4.6 Transformer 的主要特性

Transformer 的主要特性包括如下内容。

(1) 模型规模与泛化性能呈现单调递增关系，即随着模型连接权参数的不断增加，其泛化性能仍有可能继续改善。一般认为，正是由于这一优势，才使得 Transformer 成为各种大模型的基础网络结构。特别需要指出的是，在模型超过一定规模时，基于 Transformer 构建的大型语言模型所发生的涌现能力，呈现出复杂系统的非线性相变特性，使其能够融会贯通地产生更加强大的多任务解决能力。

(2) 通过网络结构在高维潜空间实现的自注意力学习机制，成为 Transformer 的核心能力，使其能够学习、表达与记忆 token 序列的长程依赖性，而且这种上下文全局长程依赖性的学习，已从根本上防止了递归神经网络的梯度遽变问题。

(3) 多注意力头对序列数据具有并行处理能力，由于已不受递归制约，不仅能够极大地缩短模型从零开始的预训练时间，而且可以有效地面对较大窗口长度的输入序列。

(4) 体现在高维潜空间中的固有的跨模态及多模态对齐、变换与融合能力，使其不仅可以完成输入输出序列之间的自注意力学习，而且也能够实现不同模态之间的语义对齐。这里多模态的输入序列可以利用已预训练的深度卷积神经网络主干网络来进行向量嵌入。

(5) Transformer 的解码器可以根据自注意力上下文自回归地生成任意长度的输出序列，这说明解码器本身就可独立成为生成式深度学习模型。

(6) 前馈神经网络的逐位置性，使得 Transformer 仍具有序列的顺序依赖性，这在某种意义上妨碍了该模型的完全并行化。

(7) 绝对或相对位置编码可以重构序列的顺序性与局部性，其不同的设计方法对 Transformer 的泛化性能具有较大的影响。

总之，Transformer 是迄今最为理想的新一代注意力神经网络模型，有能力支持大型语言模型和巨型多模态通用模型达到人类大脑的突触连接规模，使其通过智能涌现能力与领悟现象，进一步推动通用人工智能(AGI)的发展。

2.4.7 与递归神经网络的联系与区别

前已指出，Transformer 模型的提出源于编码器-解码器框架下具有注意力机制的递归神经网络的发展，因此它与长短期记忆网络等递归神经网络，既有相同之处也有不同之处。

相同之处是，二者均可处理序列数据，都可以基于编码器-解码器框架利用注意力机制完成各种 NLP 任务，而且还都是自回归生成式模型。不同之处是，相比递归神经网络，Transformer 模型在内部操作中完全摒弃了递归与卷积，因此并不要求处理输入序列时必须按顺序进行。例如，对利用自然语言提出的问题，Transformer 无须像长短期记忆网络一样从头到尾按序进行处理，可以直接对归一化点积相似性矩阵进行计算。正是由于这一特性，Transformer 训练时具有远超递归神经网络的并行性。

此外，递归神经网络仅有编码器-解码器交叉注意力机制的结构设计，而 Transformer 模型则具有如下 3 种方式使用的多头注意力。

(1) 对编码器-解码器交叉注意力层，查询向量来自本解码器层，而键向量和值向量则来自编码器最后一层的输出序列。允许解码器每个位置的查询向量关注前述输出序列中的所有位置。这模拟了基于递归神经网络的序列到序列模型中典型的编码器-解码器交叉注意力机制。

(2) 对编码器的自注意力层，所有的键向量、值向量和查询向量都来自同一个地方，实际就是编码器中前一层的输出序列。编码器中每个位置的查询向量都可以关注编码器前一层所有位置的键向量和值向量。

(3) 对解码器的自注意力层，允许解码器的每个当前位置关注其输入序列中直到当前位置的所有位置。需要防止解码器中出现左向的信息流，以保持解码器的右移自回归特性。这通常可通过掩码相应注意力矩阵中当前位置后的元素项来实现。

显然，Transformer 模型中编码器与解码器的自注意力机制的设计是递归神经网络所没有的。最后，递归神经网络与 Transformer 又都是自回归模型，即模型的每个位置或每一时间步的输出都是自回归的，也就是都使用前一位置或时间步生成的输出作为当前的输入。但 Transformer 的输出仅线性地取决于自己前一位置的输出值和一个随机项，并无递归项，而这个随机项实际是一个极其关键的预测项。

2.5　应用领域：从 NLP 扩展到 CV

前文已指出，2017 年 6 月由谷歌提出的 Transformer 模型在许多 NLP 任务中都获得了最好的结果。迄今 Transformer 获得的突破性成就之一就是推出了在 NLP 领域具有许多通用人工智能特征的 ChatGPT 和 GPT-4。同时在生命科学中，由谷歌 DeepMind 公司发布的具有人类专家水平的蛋白质结构预测模型 AlphaFold2，也是基于 Transformer 模型构建的。除此之外，在计算机视觉(CV)领域，Transformer 同样取得了突破性进展。自 2018 年谷歌发表图像 Transformer，2020 年 5 月由 Meta 推出目标检测 Transformer(DETR)以来，Transformer 利用其具有明显优势的自注意力机制与全局依赖性，已广泛应用于 CV 中的分类、检测、分割、跟踪、生成、补全、视频描述、文本-视觉接地等各种下游任务，且性能优越，其发展可谓方兴未艾，可望推动视觉大型语言模型的发展。

表 2.1 给出了视觉领域 Transformer 在近几年发展历程中取得的若干重要成果。

表 2.1　视觉领域 Transformer 发展的里程碑

时　间	方法或模型	视觉任务	机　构	应用领域
2017 年 6 月	Transformer		美国谷歌	NLP(德-英机器翻译)
2018 年 2 月	图像 Transformer	图像补全	美国谷歌	CV
2018 年 10 月	BERT		美国谷歌	NLP
2020 年 5 月	GPT-3		美国 OpenAI	NLP
2020 年 5 月	DETR	图像检测与分割	美国 Meta	CV
2020 年 6 月	iGPT	图像分类	美国 OpenAI	CV
2020 年 10 月	ViT	图像分类	美国谷歌	CV
2020 年 12 月	ST-TR	行为识别	意大利米兰理工大学	CV
2020 年 12 月	Point Transformer	三维点云处理	英国牛津大学	CV
2020 年 12 月	DeiT	图像分类	美国 Meta 等	CV
2020 年 12 月	SETR	图像分割	中国复旦大学等	CV
2020 年 12 月	TransTrack	多目标跟踪	中国香港大学等	CV
2021 年 1 月	TrackFormer	多目标跟踪	德国慕尼黑工业大学等	CV

续表

时间	方法或模型	视觉任务	机构	应用领域
2021 年 2 月	CLIP	对比式语言-图像预训练模型	美国 OpenAI	跨模态(NLP,CV)
2021 年 8 月	Swin Transformer	视觉通用主干模型	微软亚洲研究院	CV
2023 年 3 月	接地 DINO	开放域目标检测	中国清华大学等	跨模态(NLP,CV)
2023 年 4 月	SAM	开放域图像分割	美国 Meta	跨模态(NLP,CV)

2.5.1 CV 领域的 Transformer

Transformer(Vaswani 等,2017)是谷歌在研究 NLP 领域中的英语-德语神经机器翻译任务时引入的。虽然该问题仍然是序列到序列的任务,但 Transformer 取消了递归,也不需要卷积,仅基于注意力机制。如图 2.37 所示,Transformer 由输入部分、编码器、解码器和输出部分组成,其中的编码器与解码器分别由编码器块与解码器块堆叠而成。而编码器块与解码器块都具有大致相同的基本结构单元,即二者都具有注意力子层与前馈神经网络子层。上述两个 Transformer 的核心模块对 NLP 与 CV 而言,基本相同,变化不大。二者应用 Transformer 的差别主要体现在输入输出部分。在 Transformer 的输入部分,CV 领域中的图像块(patch)必须首先直接拉平或基于预训练主干模型变换为嵌入向量,然后再加上位置编码,并利用单层 MLP 线性投影为维度为 d_{model}/h 的各个注意力头的 $\boldsymbol{Q}$、$\boldsymbol{K}$、$\boldsymbol{V}$ 向量,这里 d_{model} 为模型维数,h 为头数。在 Transformer 的输出部分,对各种视觉任务而言,则需要设计出一个相应的 MLP 类型的单任务头或多任务头,这方面的区别也不是太大。自 2018 年以来,Transformer 从 NLP 领域迅速扩展到 CV 领域,发展出各种计算机视觉领域的 Transformer 模型,在网络结构基本保持不变的情况下,不仅迅速渗透到众多的视觉任务中,而且在性能上还大多超越原来使用的 CNN 方法。Transformer 在 CV 领域中获得的巨大成功,究其原因,主要是因为:①自注意力机制的使用,这使视觉 Transformer 可从全局捕获视觉 token 的长程依赖性,这不仅比递归神经网络更具优势,而且更易并行化与大规模化;②支持在自回归语言建模等超大规模无标签数据集上进行从零开始的预训练,并可在具有较小数据集的多样化下游视觉任务上进行参数微调或提示微调。

相对于 NLP 领域的 Transformer 应用,Transformer 在解决视觉任务时,需要在 Transformer 的输入输出部分额外增加或改变如下 4 方面,其中前 3 方面的变化均涉及输入部分,仅最后一处的修改与 Transformer 的输出部分有关。

(1) 将原始输入图像切分为非重叠或重叠的若干图像块,如分割为 16×16、32×32 分辨率的小图像块,或整帧逐像素进行。

(2) 将每个二维图像块直接拉平成一维向量(如 16×16 图像块拉平成 256 维向量),或使用基于深度卷积神经网络的预训练主干模型得到相应的逐像素嵌入向量,进而构建出针对每张原始输入图像的嵌入向量序列。

(3) 添加位置编码嵌入向量,将带位置编码的嵌入向量序列传送给 Transformer 的编码器、解码器或编码器-解码器。

(4) 在 Transformer 的输出部分,针对不同的视觉任务设计不同的 MLP 任务头,以获得整个模型的输出与误差的反向传播。

2.5.2　视觉目标检测与分割任务：DETR

目标检测与分割是计算机视觉领域中的核心任务之一，主要涉及确定给定类别的目标（或物体）是否存在的检测任务以及确定目标具体位置的定位任务，后者也称分割问题，通常包括语义分割、实例分割和全景分割 3 种基本的分割类型。由于深度学习方法的巨大成功，自 2014 年 R-CNN（Girshick 等，2014）问世以来，目标检测与分割方法得到迅猛发展，出现了各种性能优越的基于深度卷积神经网络的方法。例如，Fast R-CNN（Girshick，2015）、Faster R-CNN（Ren 等，2015）、U-Net（Ronneberger 等，2015）、YOLO（Redmon 等，2016）、SSD（Liu 等，2016）、R-FCN（Dai 等，2016）、MS-CNN（Cai 等，2016）、RetinaNet（Lin 等，2017）、YOLOv3（Redmon & Farhadi，2017）、Mask R-CNN（He 等，2017）、$Mask^X$ R-CNN（Hu 等，2017）、PointNet（Qi 等，2017）、Complex-YOLO（Simon 等，2018）、全景分割（Kirillov 等，2018）、YOLOv4（Bochkovskiy 等，2020）和 EfficientDet（Tan 等，2020）。2020 年，Meta 的 Carion 等提出了一种利用 Transformer 的端到端的目标检测方法（DETR），开创了 Transformer 模型在视觉目标检测与分割方向成功应用的先河，有力地推动了包括 SAM 模型（Kirillov 等，2023）等在内的面向视觉目标检测与分割任务的 Transformer 大型预训练模型的发展。

1. DETR——检测 Transformer 模型

Carion 等（2020）提出的检测 Transformer（DEtection TRansformer，DETR），是首个利用 Transformer 作为核心模块构建的目标检测框架。这是一种简单、统一且完全端到端的目标检测模型。DETR 将目标检测任务视为一个可利用 Transformer 完成的直接的无序集合预测问题，无须使用传统 CNN 目标检测方法中的锚点生成与非极大值抑制（NMS）等受人工影响的设计环节。图 2.47 给出了 DETR 的总体框架示意图。从图中可以看出，DETR 由 Transformer 的输入部分（即 CNN 主干网络）、编码器、解码器和输出部分（也就是预测头（prediction heads））4 个模块组成。在 Transformer 的输入部分，CNN 主干网络（如 ResNet50）从原始输入图像中提取特征，即 $H \times W \times C$ 的张量，先将其拉平为 $(H \times W, C)$ 的二维嵌入向量，再逐元素与固定的空间位置编码嵌入向量相加，以弥补 Transformer 去掉递归造成位置信息丢失的缺陷。

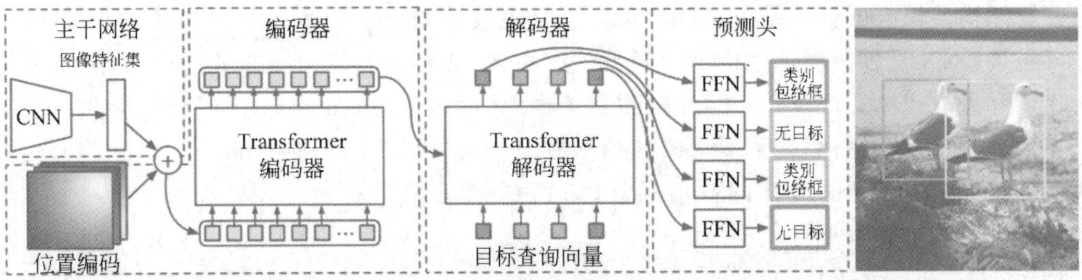

图 2.47　DETR 的总体框架示意图（Carion 等，2020）

编码器的输入输出都是长度为 $H \times W$ 的 C 维嵌入向量序列。与其他 Transformer 编码器相同，这部分主要完成对视觉 token 序列的自注意力学习表达。

解码器的输入为带位置编码的 N 个给定视觉目标组成的查询序列，其中每个目标查询向量(object queries)在功能上类似于一个锚点，实际表示在编码器图像特征空间中该目标可能出现的位置，其嵌入向量的大小为 C 且可学习，这里的位置编码同样是可学习的嵌入向量。注意，N 为一个预先设定的超参数，通常大于整个数据集中单张图像的最大物体个数(如 $N=100$)。相应地，解码器的输出为长度为 N 的特征向量序列。

在 Transformer 的输出部分，N 个预测头均由前馈神经网络组成，分别对应于解码器的 N 个输出特征向量，可同时并行地预测出 N 个无序集合，即给定类别的目标是否存在(类别标签)以及存在时的包络框坐标。DETR 解码器的这种并行输出特点，与标准 Transformer 模型的自回归或序贯输出序列明显不同。需要指出的是，此处的每个 FFN 预测头实际可细分为类别头与回归头两部分，均为 MLP。若预测无匹配，则会生成一个无目标($\boldsymbol{\Phi}$)的类别预测值。

如图 2.48 所示，DETR 训练时基于集合的全局损失，通过二分图匹配强制进行唯一预测，即利用二分图匹配算法为真值框指定唯一一个预测框。为了计算所有匹配目标对的损失函数，通常采用如下的 Hungarian 函数，即

$$\mathcal{L}_{\text{Hungarian}}(\boldsymbol{y},\hat{\boldsymbol{y}})=\sum_{i=1}^{N}\left[-\log \hat{p}_{\hat{\sigma}(i)}(c_i)+1_{\{c_i\neq\Phi\}}\,\mathcal{L}_{\text{box}}(\boldsymbol{b}_i,\hat{\boldsymbol{b}}_{\hat{\sigma}}(i))\right] \tag{2.36}$$

其中，$\boldsymbol{y}$ 和 $\hat{\boldsymbol{y}}$ 分别为目标的真值和预测值，$\hat{\sigma}$ 表示最优指定，c_i 和 $\hat{p}_{\hat{\sigma}(i)}(c_i)$ 分别表示目标的类别标签和预测概率值(置信度)，$\boldsymbol{b}_i$ 和 $\hat{\boldsymbol{b}}_{\hat{\sigma}}(i)$ 则分别表示真值框和预测框，$\mathcal{L}_{\text{box}}$ 为包络框损失，N 为查询目标的最大个数。

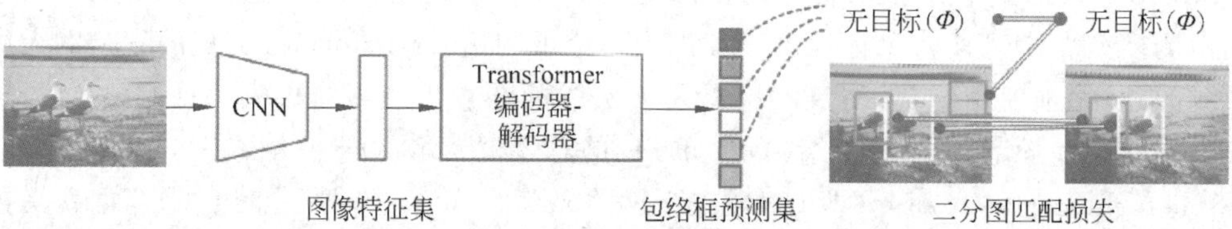

图 2.48 DETR 目标检测流程(Carion 等，2020)

作为一种完全的端到端目标检测方法，DETR 提供了一种新的 Transformer 通用框架及模型，不仅取消了锚点生成，也无须采用 NMS 去重策略，而且方法简单，即给定一组固定数量的已学习的目标查询向量，该模型就可对目标与全局图像上下文的关系进行推理，直接且并行地输出最终的预测集合。DETR 在具有挑战性的 MS COCO 目标检测数据集上，与 Faster R-CNN 这种高度优化的基线模型性能相当，具有差不多相同的平均精度(mAP)、运行速度和参数规模。此外，对 DETR 预训练模型，通过在 Transformer 输出部分增加一个简单的分割头进行微调，就可实现极具竞争力的全景分割性能。但标准 DETR 也存在一些明显的缺点，如对微小目标的性能较差、训练时间更长等。为此，目前已有各种方法对 DETR 进行改进和发展。

2. 实验结果

DETR 在目标检测方面表现出令人印象深刻的性能。表 2.2 给出了面向 MS COCO 验

证集获得的实验结果，这里 DETR 与具有 ResNet-50 和 ResNet-101 主干网络的 Faster R-CNN 基线模型进行了性能比较。从表中可以看出，DETR 与经过大量调优的 Faster R-CNN，在性能上大体相当。针对较大目标的 AP_L 检测性能，DETR 明显优于 Faster R-CNN，但对较小目标的 AP_S，DETR 的性能则有所下降。

表 2.2　DETR 与 Faster R-CNN 基线模型的性能比较(Carion 等，2020)

模　　型	运行速度/(GFLOPs/FPS)	参数规模/MB	AP	AP_{50}	AP_{75}	AP_S	AP_M	AP_L
Faster R-CNN-DC5	320/16	166	39.0	60.5	42.3	21.4	43.5	52.5
Faster R-CNN-FPN	180/26	42	40.2	61.0	43.8	24.2	43.5	52.0
Faster R-CNN-R101-FPN	246/20	60	42.0	62.5	45.9	25.2	45.6	54.6
Faster R-CNN-DC5+	320/16	166	41.1	61.4	44.3	22.9	45.9	55.0
Faster R-CNN-FPN+	180/26	42	42.0	62.1	45.5	26.6	45.4	53.4
Faster R-CNN-R101-FPN+	246/20	60	44.0	63.9	**47.8**	**27.2**	48.1	56.0
DETR	86/28	41	42.0	62.4	44.2	20.5	45.8	61.1
DETR-DC5	187/12	41	43.3	63.1	45.9	22.5	47.3	61.1
DETR-R101	152/20	60	43.5	63.8	46.4	21.9	48.0	61.8
DETR-DC5-R101	253/10	60	**44.9**	**64.7**	47.7	23.7	**49.5**	**62.3**

此外，在参数规模(params)和运行速度(FPS)方面，DETR 与 Faster R-CNN 也基本处于相同量级，但 DETR 所需的训练时间要长许多。

最后，基于已预训练的 DETR 模型，通过在解码器上，即在 Transformer 的输出部分叠加一个掩码分割任务头，并进行相应的微调训练，就可将 DETR 扩展为一个性能优越的通用全景分割器。图 2.49 示出了 DETR-R101 针对 MSCOCO 数据集生成的全景分割实验结果，这里 DETR 以统一的方式给出了对齐各种目标的掩码预测。

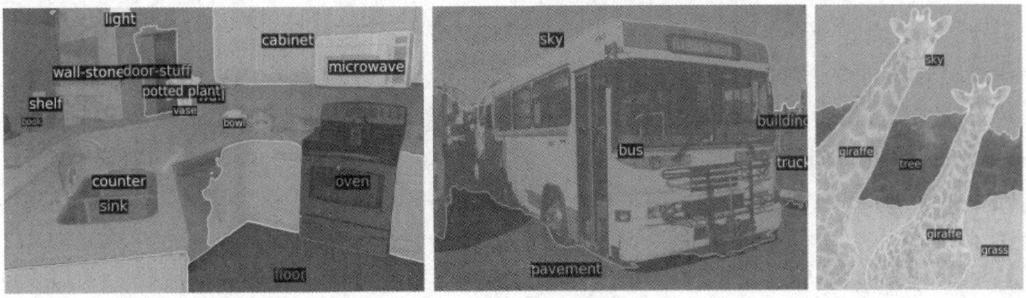

图 2.49　DETR 的全景分割实验结果(Carion 等，2020)

2.5.3　图像分类任务：ViT

利用注意力机制，Transformer 从大量真实图像中学习到了更加全局的特征表达。与传统的 CNN 相比，将 Transformer 应用于视觉分类任务，可获得性能更优的结果，而且比 CNN 需要更少的计算。为了适应 Transformer 所需的序列输入，首先必须将原始输入图像调整为一个句子或序列数据，为此需要将整张图像切分为一系列图像块，然后将图像块拉平为嵌入向量序列。类似于 BERT 的类别 token，输入嵌入图像块序列必须额外补充可学习的类别 token 嵌入向量，并将可训练的位置编码嵌入向量与输入嵌入向量相加，以保有图像块序列中 token 的位置信息，弥补 Transformer 放弃递归的缺陷。此外，Transformer 完全依赖自注意力机制，不需要使用卷积层。这种自注意力技术有助于 Transformer 从全局意义上理解图像中各个图像块之间的关系。理论上，构建 Transformer 的 MLP 模型通常比 CNN 模型更好，但需要巨大的训练数据一直是影响 MLP 性能的一大障碍。在视觉分类任务方向，Transformer 在 CV 领域取得的上述重要进展，鼓舞了基于图像分类任务的迭代演进，相关的研究成果包括在医学图像、图像生成等方面获得的最新进展等。

1. ViT——视觉 Transformer 模型

针对大规模图像分类任务，谷歌的 Dosovitskiy 等(2020)提出了一种视觉 Transformer(简称 ViT)，无须使用 CNN，就可直接利用 Transformer 对图像进行分类，并可得到与 CNN 相媲美的最优分类结果。

1）对原始图像进行切分与嵌入

(1) 首先将一张原始输入图像从左至右、从上到下切分为若干非重叠或重叠的图像块(patch)，如分割为 16×16 或 32×32 分辨率的小图像块。例如，对图 2.50 所示的分辨率为 224×224 的输入图像，可将其切分生成 196(14×14)个 16×16 的图像块。由于图像块中的每个像素均有 3 个颜色通道，实际的形状为 16×16×3。

(2) 将每个二维图像块直接拉平成一维向量，或使用基于深度卷积神经网络的预训练主干模型得到相应的输入嵌入向量，进而构建出针对每张原始输入图像的嵌入向量序列。此时向量化之后的图像块嵌入向量，与 NLP 中的词嵌入向量类似。继续上面的举例，这里图像块的总数为 196，它同时也是每张输入图像中图像块或 token 序列的长度。对 16×16×3 的图像块，直接拉平的向量大小为 768，因此整张图像的嵌入矩阵为 196×768，然后通过单层 MLP 线性投影为矩阵 196×d_{model}，对 ViT-基准模型，这里的模型维数 $d_{\text{model}}=768$。

(3) 对每个输入嵌入向量，都分别添加位置编码嵌入向量，同时额外增加一个可学习的类别(class) token 嵌入向量。然后将带位置编码的嵌入向量序列传送给 Transformer 的编码器或解码器。由于 Transformer 取消了递归，因此若无位置编码，Transformer 就无法有效区分序列中 token 的顺序信息，准确率有可能会急剧降低。由于此处添加了一个类别 token，图像块嵌入向量序列的长度变为 197，相应的嵌入矩阵为 197×768。此时，具有位置编码和类别 token 的图像块嵌入向量序列被传送给 Transformer，并获得类别 token 的学习表达，编码器块的相应输出为 1×768。它最终将被叠加传送给最后一层的编码器块。

2）ViT 模型

图 2.50 给出了 ViT 的总体框架示意图(Dosovitskiy 等，2020)。从图中可以看出，除了上述有别于 NLP 的 Transformer 输入部分之外，最重要的编码器其实没有什么变化，都是由多头自注意力(MHA)和逐位置前馈神经网络(MLP)两个子层组成。Transformer 编码器块(层)接收形状为 197×768 的带位置编码的嵌入向量序列作为输入。显然，对 Transformer 的所有层，其输入均为前一层矩阵形状为 197×768 的隐状态输出。在 ViT-基准模型中，多头自注意力子层共有 12 个头。与 2.4.3 节的内容相同(见图 2.43 与图 2.50 的右侧图)，在残差直连结构下，首先对输入嵌入向量或隐状态向量进行层归一化，然后再传送给多头自注意力子层。在多头自注意力子层中，使用 3 组线性投影层将输入转换为 197×2304(768×3)的形状，以获得对应的查询、键和值矩阵。然后，再将这 3 组 $\boldsymbol{Q}$、$\boldsymbol{K}$、$\boldsymbol{V}$ 矩阵重塑

为 197×3×768，其中每个查询、键和值矩阵的形状均为 197×768。进一步地，这些查询、键和值矩阵被再次重塑为 12×197×64(768/12)的形状。之后就可以进一步计算出多头自注意力子层中的注意力矩阵，并进而计算出值矩阵的加权平均值输出。

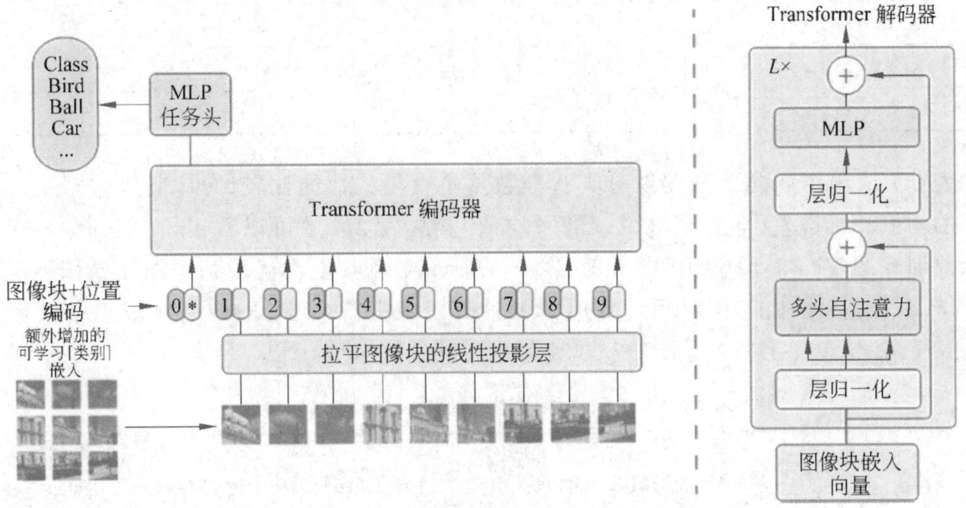

图 2.50　ViT 的总体框架示意图(Dosovitskiy 等,2020)

类似地，多头自注意力子层各个头的输出被 Concat 拼接后将恢复回 197×768 的形状，之后会直接传送给前馈神经网络部分的残差直连结构。然后被归一化层处理，进而传送给前馈神经网络子层。标准的前馈神经网络由隐层带 GeLU 激活函数的 MLP 组成。由于 ViT 取得的重大进展，已有研究工作在 MLP 中引入局部机制，以获得相应的局部特征。还有相关工作在前馈神经网络的第一个全连接层之后嵌入逐深度卷积，通过减少参数量来获得更加优越的性能。

最后，对最后一层的编码器块，只有对应于类别 token 的输出值被传送给 Transformer 输出部分的 MLP 任务头，并最终获得整个模型的分类预测。

必须指出的是，上述 ViT 模型需要使用数百万张图像进行训练，计算成本巨大，这在某种意义上限制了它们的应用。Touvron 等(2020)提出的 DeiT，仅在具有 120 万张图像的 ImageNet 数据集上进行训练，无须使用外部数据。该方法对 ViT 的原始架构进行了改进，通过原生蒸馏过程的实现，对教师-学生学习方法，特别是对 Transformer 模型本身进行了适应，相应可从教师网络的输出中学习到学生网络的输出，从而实现模型的改进。目前的研究重点包括训练策略的增强、稀疏注意力机制的改进和发展各种先进的位置编码技术等。

2. 实验结果

为了进行性能比较，Dosovitskiy 等(2020)评估了 ViT 和 ResNet 等的表达学习能力。由于需要了解每个模型对训练数据的需求，因此相应在不同大小的数据集上进行预训练，并对许多基准任务进行了性能评估。总体上，当需要考虑预训练模型的计算成本时，ViT 模型的表现十分突出，能够以较低的预训练成本，在大多数图像分类基准数据集上达到最先进的水平。

类似于 BERT 模型的配置，实验中使用了 3 种 ViT 模型及其变体，相应的网络结构参数详见表2.3。

表2.3 ViT模型变体的网络结构参数(Dosovitskiy等,2020)

模　型	编码器层	隐层大小	MLP大小	头　数	参数规模/MB
ViT-基准	12	768	3072	12	86
ViT-大型	24	1024	4096	16	307
ViT-巨型	32	1280	5120	16	632

表2.4给出了面向7个图像分类基准数据集获得的性能比较结果,其中包括了分类准确率的均值和标准差(即对3次微调的平均值)。从表2.4中可以看出,在JFT-300M数据集上预训练的ViT模型(表中的ViT-JFT),在所有数据集上都优于基于深度卷积神经网络ResNet152的基线性能,同时预训练所需的计算资源要少得多,即使是在较小公共数据集ImageNet-21k(ViT-I21k)上预训练的ViT也表现良好。

表2.4 ViT的性能比较结果(Dosovitskiy等,2020)

	ViT-JFT (ViT-H/14)	ViT-JFT (ViT-L/16)	ViT-I21k (ViT-L/16)	BiT-L (ResNet152x4)	有噪声的学生模型 (EfficientNet-L2)
ImageNet	**88.55**±0.04	87.76±0.03	85.30±0.02	87.54±0.02	88.4/88.5
ImageNet ReaL	**90.72**±0.05	90.54±0.03	88.62±0.05	90.54	90.55
CIFAR-10	**99.50**±0.06	99.42±0.03	99.15±0.03	99.37±0.06	—
CIFAR-100	**94.55**±0.04	93.90±0.05	93.25±0.05	93.51±0.08	—
Oxford-IIIT Pets	**97.56**±0.03	97.32±0.11	94.67±0.15	96.62±0.23	—
Oxford Flowers-102	99.68±0.02	**99.74**±0.00	99.61±0.02	99.63±0.03	—
VTAB(19 tasks)	**77.63**±0.23	76.28±0.46	72.72±0.21	76.29±1.70	—
谷歌TPUv3计算核心的天数/天	2500	680	230	9900	12 300

通过将ViT编码器最后输出的token序列折算到输入空间,相应可得到可视化的图像注意力表达,如图2.51所示。从全局来看,可以发现该模型确实仅关注与分类语义相关的图像区域。这些代表性示例,对于深刻理解Transformer的视觉注意力机制特别具有启发性。

2.5.4 三维点云处理任务:Point Transformer

三维点云旨在收集具有丰富几何形状和尺度信息的三维空间数据。点云中的每个数据都含笛卡儿坐标值,可被用来表示三维物体或形状。这些数据主要来源于激光雷达、RGB-D等三维感知设备或通过摄像测量软件获得。在CNN中,捕捉长期关系十分困难,但Transformer方法通过自注意力机制很好地解决了全局依赖性问题。正因为如此,各种基于自注意力机制的点云方法,在许多三维点云任务中不断取得新的更好的性能。

1. Point Transformer模型

1) Point Transformer层

如图2.52所示,Zhao等(2020)为点云设计了一种基于自注意力机制的Point

图 2.51　ViT 输出 token 序列可视化到输入空间时获得的注意力代表性示例(Dosovitskiy 等,2020)

Transformer 层,并将其作为密集预测与场景理解任务的基础主干层。考虑到这个核心层对置换与基数的不变性,因此它在本质上更适合三维点云数据的处理。

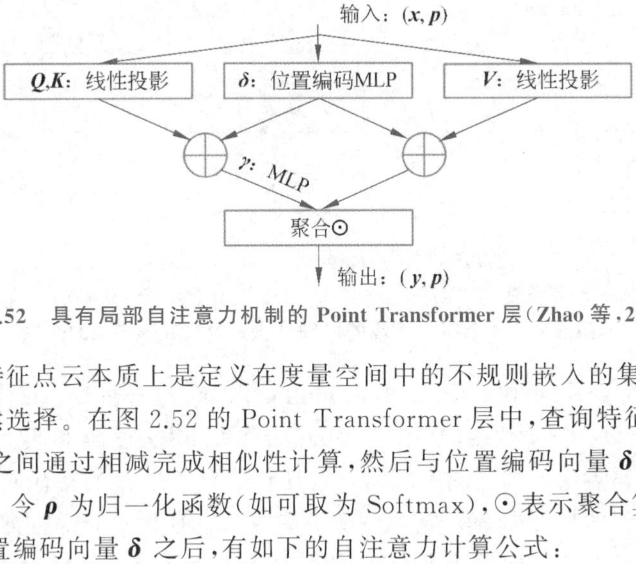

图 2.52　具有局部自注意力机制的 Point Transformer 层(Zhao 等,2020)

由于数据或特征点云本质上是定义在度量空间中的不规则嵌入的集合,因此自注意力机制是点云的自然选择。在图 2.52 的 Point Transformer 层中,查询特征向量 $\boldsymbol{Q}(\boldsymbol{x}_i)$ 与键特征向量 $\boldsymbol{K}(\boldsymbol{x}_j)$ 之间通过相减完成相似性计算,然后与位置编码向量 $\boldsymbol{\delta}$ 相加,并作为注意力函数 $\boldsymbol{\gamma}$ 的输入。令 $\boldsymbol{\rho}$ 为归一化函数(如可取为 Softmax),$\odot$表示聚合算子。在值特征向量 $\boldsymbol{V}(\boldsymbol{x}_j)$ 加上位置编码向量 $\boldsymbol{\delta}$ 之后,有如下的自注意力计算公式:

$$\boldsymbol{y}_i = \sum_{\boldsymbol{x}_j \in \boldsymbol{X}(i)} \boldsymbol{\rho}(\boldsymbol{\gamma}([\boldsymbol{Q}(\boldsymbol{x}_i) - \boldsymbol{K}(\boldsymbol{x}_j)] + \boldsymbol{\delta})) \odot (\boldsymbol{V}(\boldsymbol{x}_j) + \boldsymbol{\delta}) \tag{2.37}$$

这里,子集 $\boldsymbol{X}(i) \subseteq \boldsymbol{X}$ 表示当前点 $\boldsymbol{x}_i$ 的局部邻域(即 $\boldsymbol{x}_i$ 的 k-近邻,通常取超参数 $k=16$)中的一组点。因此式(2.37)实际是对每个点完成局部邻域的自注意力计算。与标准的 Transformer 相同,$\boldsymbol{Q}$、$\boldsymbol{K}$、$\boldsymbol{V}$ 3 个向量均是通过单层 MLP 形式的线性投影矩阵实现的,而可训练的位置编码函数 $\boldsymbol{\delta}$ 和注意力函数 $\boldsymbol{\gamma}$ 则是由两个线性层且中间隐层带 ReLU 激活函数的 MLP 实现的。

2）位置编码与 3 个基本模块

前已指出，位置编码在自注意力计算中十分重要。在三维点云处理中，数据或特征点的三维空间坐标本身就是位置编码的首选，而且还可以通过引入 MLP，利用可训练的参数化的位置编码函数来进一步予以强化。位置编码函数 $\boldsymbol{\delta}$ 定义如下：

$$\boldsymbol{\delta}=\boldsymbol{\delta}(\boldsymbol{p}_i-\boldsymbol{p}_j) \tag{2.38}$$

式中，$\boldsymbol{p}_i$ 和 $\boldsymbol{p}_j$ 分别为点 i 和 j 的三维坐标。

下面结合图 2.53，分别对 Point Transformer 块、下采样转移模块和上采样转移模块 3 个构建 Point Transformer 模型的基本模块进行介绍。

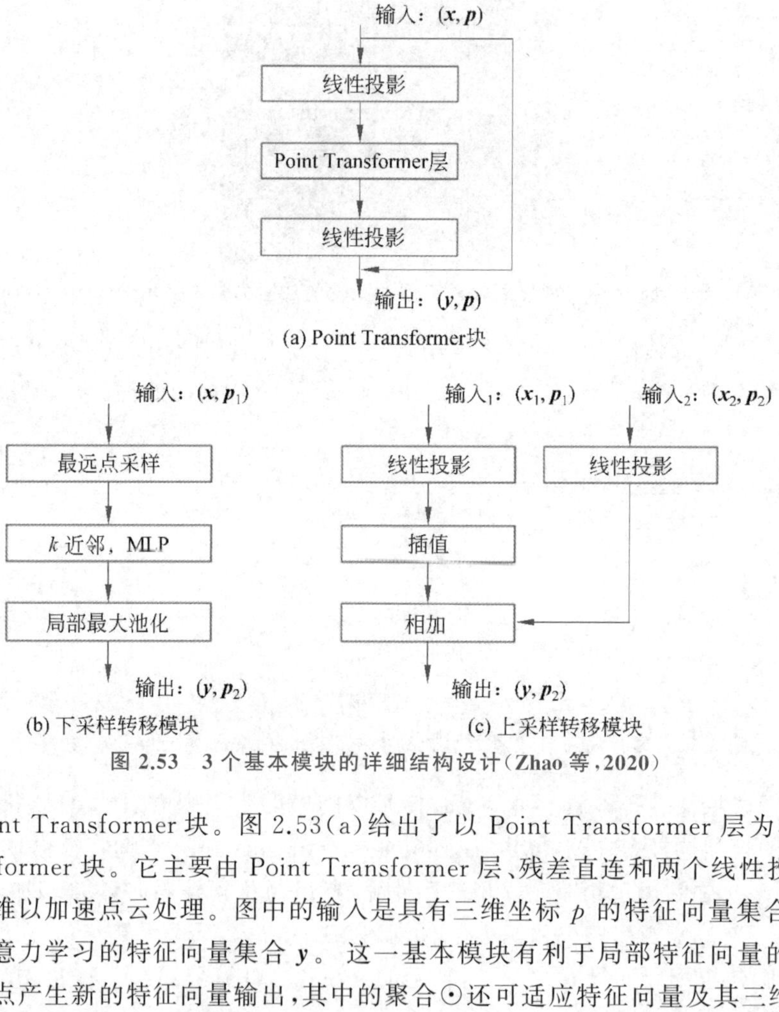

图 2.53　3 个基本模块的详细结构设计（Zhao 等，2020）

（1）Point Transformer 块。图 2.53(a)给出了以 Point Transformer 层为核心的残差 Point Transformer 块。它主要由 Point Transformer 层、残差直连和两个线性投影层组成，后者可以降维以加速点云处理。图中的输入是具有三维坐标 p 的特征向量集合 $\boldsymbol{x}$，输出是经过局部注意力学习的特征向量集合 $\boldsymbol{y}$。这一基本模块有利于局部特征向量的信息交换，为所有数据点产生新的特征向量输出，其中的聚合⊙还可适应特征向量及其三维空间分布。

（2）下采样转移模块。如图 2.53(b)所示，该模块的一个重要功能是可以按需降低点集的基数。例如，将原来的 N 个数据降低为 $N/4$ 个数据。为了叙述方便，假定 $\mathcal{P}_1$、$\mathcal{P}_2$ 分别表示该模块的输入输出点集。此时，首先在输入点集 $\mathcal{P}_1$ 中执行最远点采样，借此识别出一个具有必要基数且分布良好的输出子集 $\mathcal{P}_2\subset\mathcal{P}_1$。为了将特征向量从 $\mathcal{P}_1$ 池化为 $\mathcal{P}_2$，通常需要在 $\mathcal{P}_1$ 处使用一个 k-近邻图，并利用 MLP 进行实现。整体流程上，每个输入特征都首先需要经过一个线性投影，其次是进行批次归一化(BN)与 ReLU，最后则是对 $\mathcal{P}_2$ 中的每个点进行最大池化。注意 $\mathcal{P}_2$ 中的点均来自 $\mathcal{P}_1$ 的 k 个邻居点。

(3) 上采样转移模块。该模块的主要功能是将输入点集 $\mathcal{P}_1$ 的特征向量通过插值映射回它的超集 $\mathcal{P}_2 \supset \mathcal{P}_1$ 上，如图 2.53(c)所示。为此，每个输入点的特征向量首先需要由线性投影层进行处理，其次是进行批次归一化(BN)与 ReLU，最后则是通过三线性插值将特征向量映射到具有更高分辨率的点集 $\mathcal{P}_2$ 上。

3) Point Transformer 模型的网络结构

图 2.54 给出了 Point Transformer 模型的网络结构示意图。基于前述的 3 个基本模块，再加上全局平均池化和作为输出任务头的 MLP，就可以构建各种针对三维点云理解任务的 Point Transformer 自注意力模型，这里的三维点云理解任务包括三维物体分类、部件分割和场景语义分割等。总体上，Point Transformer 块是点云处理的核心模块，主要完成自注意力训练。下采样转移模块适用于特征编码，上采样转移模块被用于特征解码。

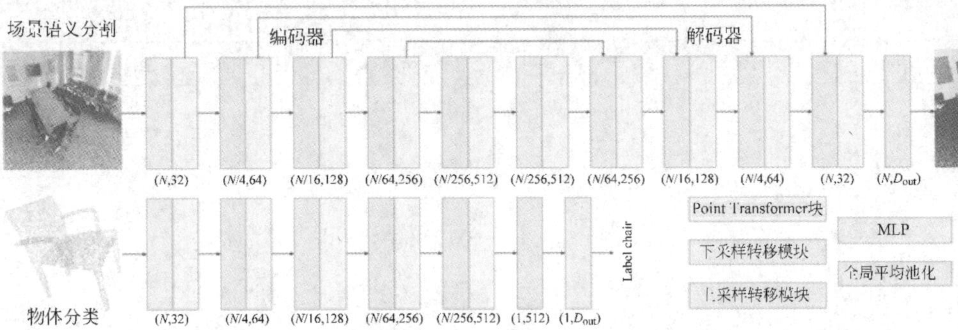

图 2.54 彩图

图 2.54　Point Transformer 模型的网络结构示意图(Zhao 等，2020)

(1) 编码器。特征编码器一般具有若干阶段，其中每个阶段由下采样转移模块与 Point Transformer 块组成，主要对点集进行下采样操作与局部自注意力训练。级联后感受野增加，但点集基数会下降。对具有 5 个阶段的编码器，若各阶段的下采样率分别为 [1,4,4,4,4]，则每个阶段产生的点集基数分别为 $[N, N/4, N/16, N/64, N/256]$，其中 N 为整个编码器的输入点数。必须指出的是，这里的阶段数和下采样率可以根据任务进行具体的改变。

(2) 解码器。特征解码器由上采样转移模块与 Point Transformer 块组成的阶段构建，对具有 5 个阶段的解码器，则分别对点集进行逐阶段的上采样操作与局部自注意力学习。级联后点集基数会上升。若各阶段的上采样率分别为 [4,4,4,4,1]，则每个阶段产生的点集基数逐阶段增加，即分别为 $[N/256, N/64, N/16, N/4, N]$。类似地，这里的阶段数和上采样率也可以按任务设定。

(3) 输出任务头。对于三维场景语义分割任务(图 2.54 上面一行)，解码器对来自编码器的每个点生成特征向量，最终通过 MLP 实现的分割任务头将其映射为 Logits。对于物体分类任务(图 2.54 下面一行)，则需对编码器最后阶段的特征进行全局平均池化，以获得整个点集的全局特征向量，然后再利用 MLP 实现的分类任务头来获得全局分类的 Logits。

对于三维场景语义分割等密集预测任务，通常采用由编码器与解码器前后串联耦合构建的径向对称 U 形网络结构，如图 2.54 上面一行所示。此处解码器中各阶段的输入既包括前一阶段的特征输出，也包括经由跳跃连接提供的直接来自相应编码器阶段的特征输出。总之，Point Transformer 层是整个网络结构中特征的核心操作符。该模型未使用卷积进行预处理或利用任何辅助性的结构分支，完全基于 Point Transformer 层、逐点进行的线性投影变换、残差直连结构和池化等，但最初的 Point Transformer 模型尚未使用注意力的多头机制。

2. 实验结果

为了验证 Point Transformer 针对各种任务的有效性，Zhao 等（2020）使用了多个典型的基准数据集，包括具有挑战性的斯坦福大规模三维室内空间数据集 S3DIS、三维形状分类数据集 ModelNet40 和三维物体部件分割数据集 ShapeNetPart。表 2.5 给出了 Point Transformer 在 S3DIS 数据集上的三维场景语义分割结果，获得了最好的结果，这里的性能评估使用了 6-折交叉验证法，且 OA 为总体准确率，mAcc 为精度均值，mIoU 为平均交并比。

表 2.5 Point Transformer 在 S3DIS 数据集上的三维场景语义分割结果（Zhao 等，2020）

（单位：%）

Method	OA	mAcc	mIoU
PointNet	78.5	66.2	47.6
RSNet	—	66.5	56.5
SPGraph	85.5	73.0	62.1
PAT	—	76.5	64.3
PointCNN	88.1	75.6	65.4
PointWeb	87.3	76.2	66.7
ShellNet	87.1	—	66.8
RandLA-Net	88.0	82.0	70.0
KPConv	—	79.1	70.6
Point Transformer	**90.2**	**81.9**	**73.5**

图 2.55 进一步给出了 Point Transformer 作为多样化三维点云理解任务的主干模型，相应获得的三维物体分类、三维物体部件分割和三维场景语义分割的可视化结果。

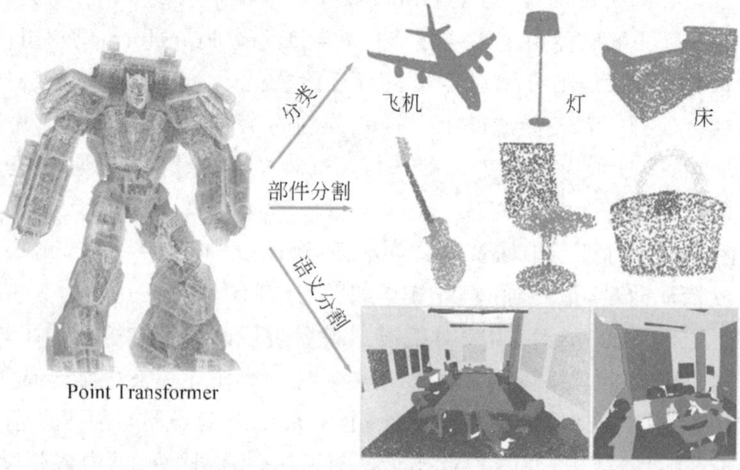

图 2.55 Point Transformer 可作为多样化三维点云理解任务的主干模型（Zhao 等，2020）

2.5.5 对比式语言-图像预训练模型：CLIP

由 OpenAI 的 Radford 等于 2021 年提出的对比式语言-图像预训练模型 CLIP，不仅是一种语言-视觉跨模态模型，而且还超大规模地预训练于全球互联网的开放域上。仅此一点就超越了自 2012 年以来的闭域标签数据集及其对应的单任务弱人工智能，使其具有更强的零样本预测能力与类别可扩展性，可为多模态大型语言模型的发展提供重要启迪。首先，作为一项重要的基础性工作，CLIP 利用互联网上可公开爬取的巨量带文本图像，创建了一个包含 4 亿张高质量图像-文本对的数据集。仅就数据规模而言，这已远远超过了之前完成的类似工作，也比通过众包标注的任何闭域图像数据集都要大。其次，与弱人工智能时代基于人工标签的完全监督学习方法不同，CLIP 对视觉模型的学习，直接利用了来自图像所对应文本的自然语言的监督，且通过对比式损失函数的设计，从头开始一体化地完成对图像编码器和文本编码器的联合训练，以期获得图像及其配对文本这两种模态在潜空间中的特征表达学习与对齐。

特别地，类似于 GPT 系列大型语言模型，CLIP 在预训练期间还通过对众多下游视觉任务的学习，获得了将模型零样本迁移到大多数视觉任务的能力。CLIP 利用 30 多个视觉数据集对零样本迁移性能进行了测试，如 ImageNet-1K 图像分类、视频动作识别、OCR、地理定位和细粒度图像分类等。实验结果表明，该模型可以与基于监督训练获得的模型性能相当。例如，CLIP 在 ImageNet-1K 上的性能，可媲美利用众包标签数据集进行监督训练得到的 ResNet-50，但 CLIP 在预训练中却并未使用过 128 万张闭域训练图像中的任何一张。

1. CLIP 模型

CLIP 模型的核心是从自然语言包含的监督中学习感知，也就是从开放域几乎无限制的文本自然语言的监督中获得跨模态的图像特征学习能力或视觉模型的创建能力。这相当于自带文本标签，从与图像配对的文本中学习视觉表示，无须使用完全监督学习方法所需的标签数据。

1）CLIP 网络结构

图 2.56 给出了 CLIP 模型的总体框架示意图，其中包括对比式预训练（见图 2.56(a)），根据标签文本创建数据集分类器和预测零样本。在基于深度卷积神经网络的传统视觉模型中，一般是通过对图像特征提取器与线性分类器进行联合监督训练来完成模型的构建与预测。但 CLIP 则是利用对文本编码器和图像编码器的联合训练，预测一个批次的图像-文本对之间的正确配对。如图 2.56(b)所示，首先根据目标数据集收集类别词汇，如“飞机”“汽车”等，然后按提示模板嵌入这些类别名称，并输入文本编码器以得到文本特征表达。同时将与类别词汇配对的已知图像输入图像编码器，以得到相应的图像特征表达。如此就可训练出一个数据集分类器。在测试时，利用已完成预训练的文本编码器，通过在提示模板中嵌入目标数据集的大量类别名称或描述，来提示和集成零样本线性分类器，以此获得可靠的文本描述零样本预测，如图 2.56(c)所示。

在图 2.56(a)的预训练阶段，给定一个批次的 N 个图像-文本对，其中的图像输入经过图像编码器得到图像特征表达 $\boldsymbol{I}_1, \boldsymbol{I}_2, \cdots, \boldsymbol{I}_N$，配对的文本输入利用文本编码器得到文本特征表达 $\boldsymbol{T}_1, \boldsymbol{T}_2, \cdots, \boldsymbol{T}_N$。此处的图像编码器可以是 ResNet-50 这样的改进版深度卷积神经

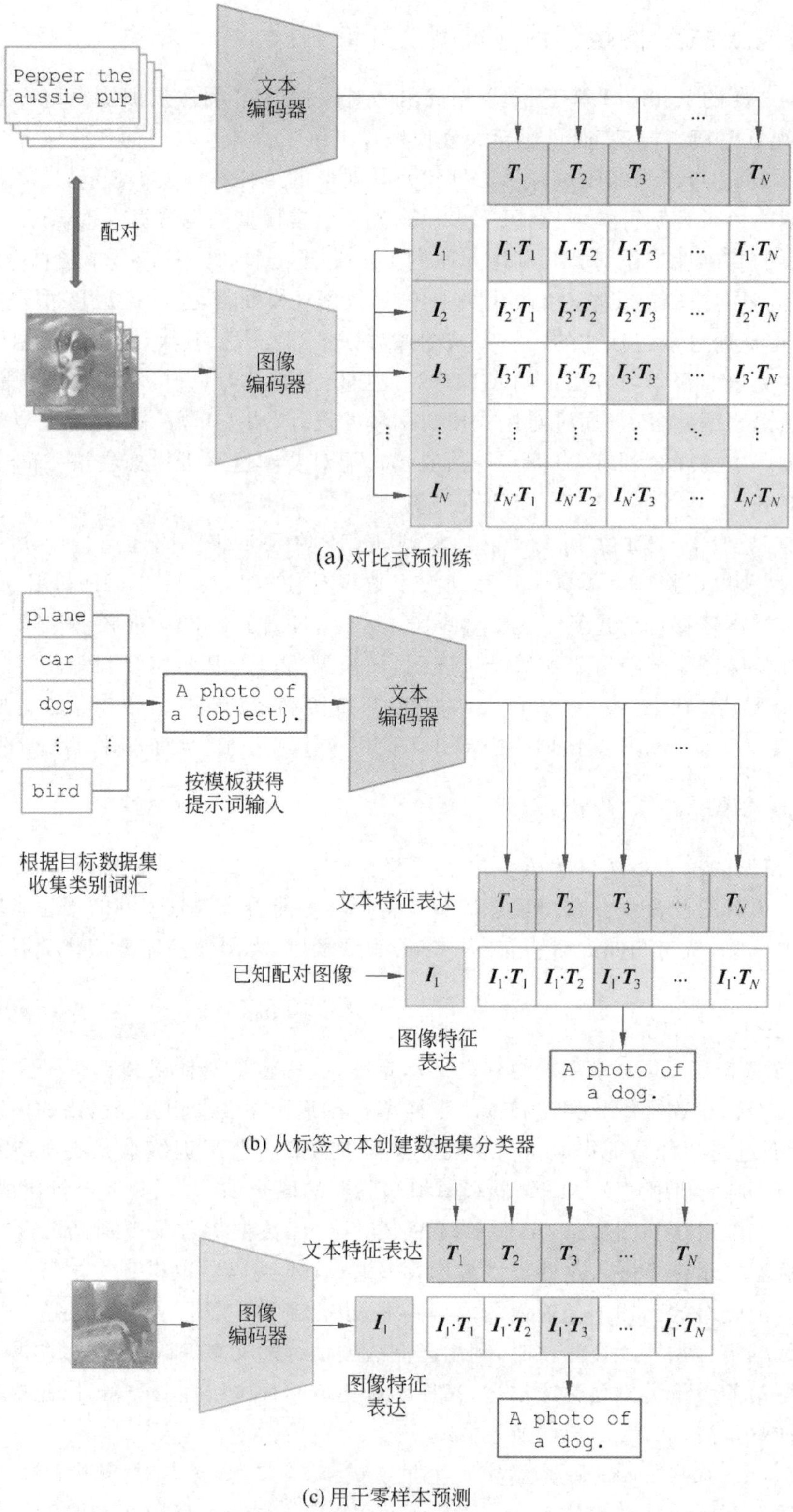

图 2.56　CLIP 模型总体框架示意图(Radford 等,2021)

网络,也可以是 ViT 之类的视觉 Transformer。而文本编码器则可以选择 CBOW 或使用文本 Transformer。它们均需要在 CLIP 中进行从头开始的联合预训练。

为了得到联合且统一的多模态嵌入特征表达,需要利用线性投影矩阵 $\boldsymbol{W}_i$、$\boldsymbol{W}_t$,分别将上述图像、文本特征表达再各自映射到多模态嵌入空间中。此时,若将对角线上的 $(\boldsymbol{I}_j,\boldsymbol{T}_j)$ 作为对比学习时的正样本对,将 $(\boldsymbol{I}_j,\boldsymbol{T}_k)(j \neq k)$ 作为其负样本对,其中 $j,k=1,2,\cdots,N$,则可通过最大化 N 对正样本对之间的两两余弦相似性,同时最小化 (N^2-N) 对负样本对之间的两两余弦相似性,以此获得相应的图像-文本联合 Logits 与损失函数。此处的数据增强仅使用了随机裁剪策略,且将温度 τ 也设定为一个可训练的参数。

利用基于交叉熵的对称损失函数,CLIP 从头开始进行图像编码器与文本编码器的一体化联合预训练。必须指出的是,这里既不使用诸如 ImageNet-1K 这样的预训练权重来初始化图像编码器,也不使用任何预训练的权重来初始化文本编码器。本质上,在损失函数最优的意义上,图像、文本任务头输出的跨模态嵌入向量配对,就被称为在潜空间中实现了对齐。

2）编码器模型的选择与缩放

对文本编码器,CLIP 使用了改进版的 Transformer。作为一个基座模型,这是一个具有 6300 万参数的模型,包括了 12 层、512 维的模型维数和 8 个注意力头。输入为具有49 152 个词汇的小写 BPE 文本嵌入。为了提高计算效率,最大输入序列长度为 76。同时采用[SOS]和[EOS]这两个特殊的 token,将输入的文本 token 序列括起来。此时,[EOS] token 位置处所对应的 Transformer 最后一层的隐状态,被视为该文本的特征表达。之后通过层归一化和线性投影层,最终映射到多模态嵌入空间中。在文本编码器中还使用了掩码自注意力,以使其支持基于预训练语言模型进行的初始化或添加语言建模作为其辅助目标,这方面的探索仍在持续。对图像编码器,CLIP 则使用了改进版的深度卷积神经网络 ResNet-50,也尝试了视觉 Transformer 模型 ViT。但这两种编码器都必须采用从头开始的预训练。

对模型的缩放,CLIP 发现对 ResNet 图像编码器,通过同时均等缩放其宽度、深度和分辨率,相应获得的效果较好。但对作为文本编码器的 Transformer 模型,则仅对其宽度进行缩放,使其与 ResNet-50 宽度的计算增量成正比,但无须缩放深度,原因是 CLIP 的性能对文本编码器的拟合能力不太敏感。

3）选择高效的预训练方法

训练效率是成功扩展自然语言监督的关键。CLIP 采用了基于对比学习的高效预训练方法。如图 2.57 中最下面的曲线所示,为了获得输入图像的文本描述预测,首先对基于深度卷积神经网络的图像编码器和利用 Transformer 的文本编码器进行联合训练。容易看出,此时基于零样本 ImageNet 准确率的可扩展性不好。图中间的曲线则对应基于词袋(BOW)模型的文本预测,其效率相比最下面的曲线提高了 3 倍。但这两种方法都有一个共同的根本性缺陷,即均尝试去预测每张图像配对文本描述中的准确单词,但实际上非常困难。原因是网页上同一张图像所对应的文本描述、文本注释和相关的文本说明等,可能比较多样化。CLIP 模型的重要创新之一,就是将文本上下文描述看成一个整体,通过对比表达学习预测整个文本上下文描述与图像之间的配对关系,而不是关注其中的某个确切单词。实验结果表明,相应的效率较图中间的曲线又增加了 4 倍,如图中最上面的曲线所示。

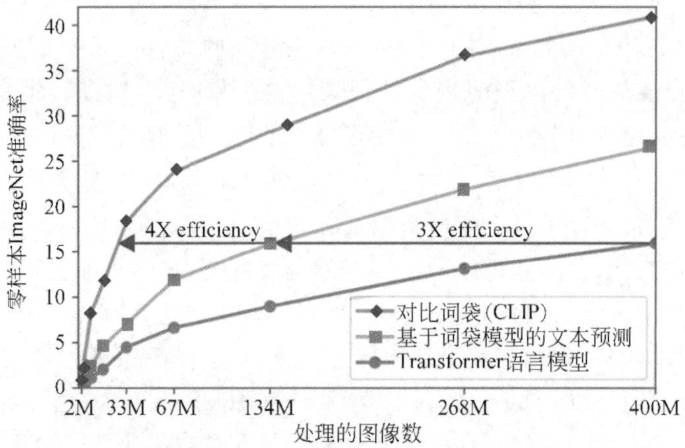

图 2.57 3 种方法的零样本 ImageNet-1K 准确率(Radford 等,2021)

2. 实验结果

1) 数据集

CLIP 的主要特点之一就是面向开放域,直接利用互联网上巨量的可公开访问的数据资源,即各种几乎无数量限制的带说明文本的图像,构建了一个新的数据集 WebImageText(WIT),其中包含了高达 4 亿个图像-文本的数据对。为了适应自然语言的监督学习,OpenAI 对 WIT 数据集进行了高质量的清洗,这也是 CLIP 如此强大的主要原因之一。相比之下,对面向图像分类的视觉任务,在各种众包标注的闭域数据集中,JFT 数据集规模最大,但也仅有 1.8 万个类别和 3.03 亿张高分辨率的训练图像。其次是 YFCC100M 数据集,总共含 1 亿张高质量训练图像。ImageNet-21K 数据集由 2.1 万个类别和 1400 万张训练图像组成,而 ImageNet-1K 数据集的训练图像则只有 128 万张。分别具有约 10 万张训练图像的 MS COCO 数据集和 Visual Genome 数据集规模较小。

2) 零样本迁移

零样本性能是指对新类数据集的泛化性能。换言之,当一个模型已被训练好之后,需要评测其在未知新数据集上的迁移性能。如图 2.56(c)所示,在预测阶段,CLIP 实际是利用预训练图像编码器和文本编码器,来测试其零样本迁移能力。例如,对一张 ImageNet-1K 验证集中的图像,它并未参与 CLIP 的预训练,此时希望 CLIP 预训练模型能够完成相应的图像分类任务。考虑到 CLIP 模型是没有最后的分类头的,即它没法直接做图像分类任务,因此 CLIP 采用了如下的提示词模板模式。例如,对上述的 ImageNet-1K 验证图像,利用 CLIP 预训练模型中的图像编码器可得到相应的图像特征 I_1,然后将目标数据集 ImageNet-1K 中所有及扩充的类别词汇,如“飞机”“汽车”等,按模板嵌入并做成一个提示,即 A photo of a {object},且将相应的上下文提示输入预训练的文本编码器,依次得到文本特征 $T_1, T_2, \cdots, T_N$,最后计算 $\{I_1, T_j\}$ 的余弦相似性,其中的最大者就是该图像所对应的文本上下文描述类别。显然,此处加入的提示非常关键,既可弥补图像编码器无分类头的缺陷,又可充分利用 CLIP 预训练模型中的文本编码器。

事实上,CLIP 的上述推理方法还摆脱了完全监督学习方法对类别的限制。例如,对一张“飞行汽车”的输入图像,由于 ImageNet-1K 中并没有“飞行汽车”这个类别,因此由其训练的任何机器学习模型都无法对“飞行汽车”图像进行正确的分类。但 CLIP 范式却仍可以完成。此时它仅需按模板进行嵌入，即构建一个提示：A photo of a {flying car}，就有可能实现对“飞行汽车”新类的零样本预测。

CLIP 的实验结果表明：

① 对细粒度图像分类任务，可明确指定其大类。例如，对 Oxford-IIIT Pets 数据集，上下文提示模板可以设置为“A photo of a {label}, a type of pet.”。又如对 Food101 数据集和 FGVC Aircraft 数据集，可将上下文提示模板分别设置为“A photo of a {label}, a type of food.”和“A photo of a {label}, a type of aircraft.”。

② 对物体上下文识别(OCR)任务，在待识别的文本或数字周围加引号就可提升性能。

③ 对卫星图像分类任务，上下文提示模板可设置为“a satellite photo of a {label}.”。

3）与视觉 n-grams 的初步比较

表 2.6 比较了 CLIP 与视觉 n-grams 方法(Li 等，2017)关于零样本迁移图像分类的实验结果。对所有 3 个数据集，CLIP 性能提高的幅度都非常大。

表 2.6　CLIP 与视觉 n-grams 方法关于零样本迁移图像分类的实验结果进行比较(Radford 等，2021)

（单位：%）

	aYahoo	ImageNet-1K	SUN
视觉 n-grams	72.4	11.5	23.0
CLIP	98.4	76.2	58.5

从表中可以看出，CLIP 模型将 ImageNet-1K 的准确率从 11.5%提高到 76.2%，已可媲美完全监督的 ResNet-50。注意 CLIP 并未使用 ImageNet-1K 训练集中的任何一张图像。这也说明，早期开展的概念验证研究因为性能太差(仅 11.5%)而不被看好。究其原因，在 CLIP 的性能突破中，规模化似乎发挥了相当的作用。此外，CLIP 模型的 top-5 准确率明显高于 top-1，该模型的 top-5 准确率为 95%，与 Inception-V4 相当。CLIP 对其他两个数据集的性能也显著优于视觉 n-grams。对 aYahoo 数据集，CLIP 将错误数量减少到 98.4%，对 SUN 数据集，CLIP 将视觉 n-grams 23%的准确率提高了一倍多。总之，在零样本设置中媲美完全监督的基线模型，这一能力表明 CLIP 已向灵活实用的零样本视觉分类器迈出了重要一步。

4）提示工程及集成

如图 2.58 所示，CLIP 还试验了集成多个零样本分类器以提高性能的方法。这些分类器通过使用不同的上下文提示来计算，如 A photo of a big {label}和 A photo of a small {label}。注意这里的集成是在嵌入空间而非概率空间进行的。实验结果表明，对 ImageNet-1K 数据集，CLIP 集成了 80 个不同的上下文提示，这比使用单个提示的性能提高了 3.5%。图 2.58 中示出了提示工程与集成对一组 CLIP 模型性能的提升，在 36 个数据集中，平均将零样本分类性能提高了近 5 个百分点，其中下面的曲线表示 Li 等(2017)所做的直接嵌入类别名称的无上下文的基线方法。

5）零样本 CLIP 性能的分析

通过进一步分析 CLIP 与特定任务无关的零样本分类器的性能，实验结果表明零样本 CLIP 的性能可媲美完全监督的基准模型。Radford 等(2021)对 CLIP 零样本分类器的各种

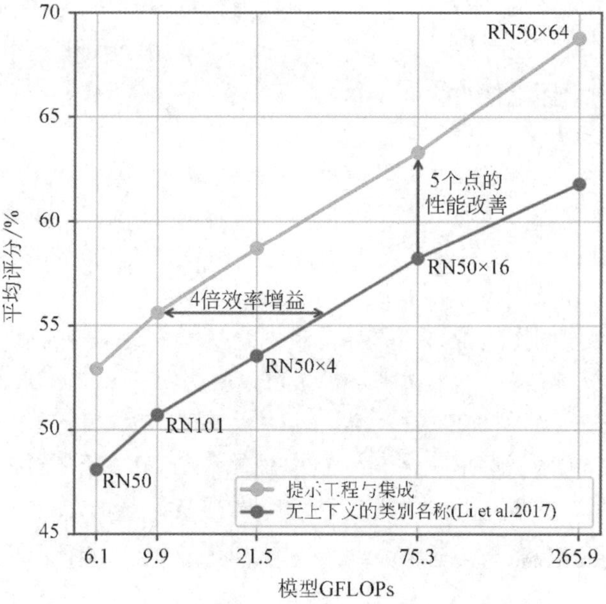

图 2.58　提示工程与集成可改善零样本性能

性质进行了研究，并与基于 ResNet-50 特征且具有完全监督逻辑回归分类器的基线模型进行了性能比较分析。图 2.59 给出了针对 27 个数据集验证样本的性能比较结果，其中零样本 CLIP 分类器在包括 ImageNet 在内的 16 个数据集上，都达到乃至远远超过 ResNet-50 基线模型中的完全监督线性分类器。

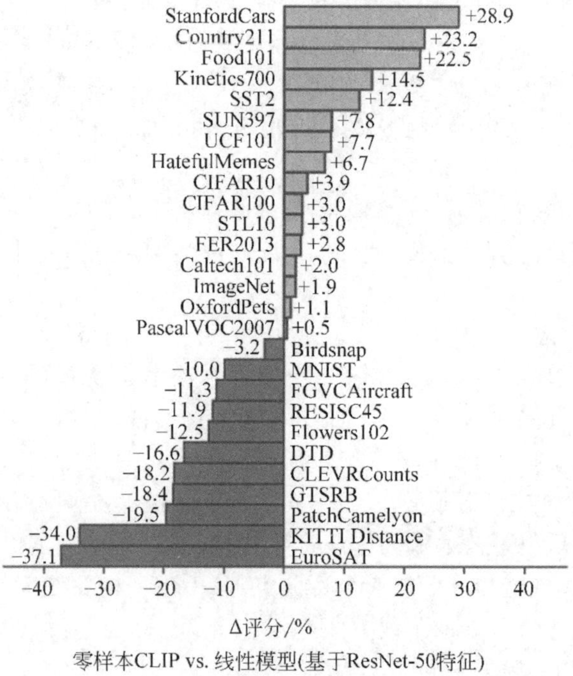

图 2.59　零样本 CLIP 的性能可媲美完全监督的基准模型

2.5.6 其他视觉任务及展望

此外，Transformer 还广泛应用于其他视觉任务中，包括视觉目标跟踪，例如 TransTrack（Sun 等，2020）与 TrackFormer（Meinhardt 等，2021）等，可实现基于 Transformer 的端到端多目标跟踪与分割。针对骨架动作识别任务，也出现了先进的时空 Transformer 模型 ST-TR（Plizzari 等，2020）等。2021 年 Liu 等提出了性能优异的 Swin Transformer，这是一种使用移动窗口的分层视觉 Transformer 模型。对自动驾驶中的车道线检测，也推出了基于 Transformer 的端到端车道形状预测模型 LSTR（Liu，2021）。对开放域或开集的视觉目标检测，接地 DINO（Liu 等，2023）具有强大的零样本目标检测能力。除此之外，Meta 于 2023 年 4 月提出的分割一切的 SAM 模型（Kirillov 等，2023），利用其发布的开源图像分割数据集 SA-1B（1100 万个图像样本，11 亿个掩码分割标签）进行预训练，实现了强大且先进的零样本分割。其他的 Transformer 视觉任务模型还包括图像生成、视频补全与视频描述等。

总之，近年来 Transformer 在计算机视觉领域中取得显著进展，不仅具有更加通用的网络结构，而且还具有更强的模型扩展能力与训练效率，已成为计算机视觉新的前沿发展方向。Transformer 模型本身存在着很多独特的优点，包括自注意力与交叉注意力机制、全局上下文、统一的多模态内部表达、对实例及其关系的学习表达，以及特别重要的规模化或可扩展性等。特别地，构建于 Transformer 大模型的零样本迁移能力，正在成为多模态通用人工智能发展的突破口。本质上，Transformer 需要超大规模的高质量训练数据，特别是对需要进行自监督或无监督预训练的大型语言模型，数据的质量尤为重要。相对而言，卷积神经网络更早应用于计算机视觉领域，可用于像素级局部特征的分层提取、连接权的共享与感受野的变化等。大量研究工作表明，卷积神经网络和 Transformer 的互补结合，对 ViT、DETR 等模型的发展更有价值。在密集预测和微小目标检测等复杂任务中，与卷积神经网络相比，Transformer 架构展现了卓越的性能。这些视觉 Transformer 可以很容易地学习视觉数据的内部表达。在某种程度上，视觉数据的内部表达在网络结构上仍然是黑箱式的。为了解释其内部工作原理，需要创建可视化层，发展具有可解释性的视觉 Transformer 模型。最后，Transformer 摒弃了递归，因此位置编码是捕获输入序列顺序信息的关键，但相关研究不多。例如，选择相对或绝对位置编码的研究，是否应聚焦位置方向性，是否需要发展更多的位置编码方案等就不够深入。

其他需要探索的前沿课题还有很多，如轻量化模型与模型训练效率的有效提升等。事实上，在视觉任务中，大多数 Transformer 模型对算力的需求都非常高，不仅训练时间长，而且需要先进硬件加速器予以支持。为此，一个研究方向就是使用卷积神经网络中经常采用的剪枝原理，根据可学习评分对 Transformer 进行剪枝，以减少其结构复杂性与内存占用。在加速模型推理速度方面，则可通过对无用特征的剪枝，仅保留重要特征，从而在降低成本的同时，推动其在智能手机与智能摄像头等实时设备上的工业化部署。

2.6 本章小结

对 MLP 这样的全连接前馈神经网络，通过在其隐层结构上导入上下文结构单元，利用一阶记忆，就可将其发展为能够对输入上下文序列依赖性进行学习建模的 Elman 递归神经网络。但传统的 Elman 网络在误差沿时间轴远距离反向传播时，容易出现梯度消失或梯度爆炸问题。这意味着该网络无法通过监督学习来构建序列上下文长程依赖性。为此，LSTM 长短期记忆网络通过巧妙地设定门控机制，克服了梯度遽变问题，有效地解决了序列中上下文长程依赖性的监督学习与预测问题。但无论是 Elman 网络还是 LSTM 网络，递归神经网络本身对输入序列顺序的依赖性，使其难以实现模型的并行化与规模化，也不容易完成全局上下文依赖性的学习表达。

新一代神经网络模型 Transformer，摒弃了递归与卷积，通过引入注意力机制，不仅具有更为强大的全局上下文特征表达能力，实现了多模态数据的统一表达及连接，而且在结构上更加通用，也更具规模化与可扩展性。Transformer 网络结构的核心设计是注意力机制，可以使模型在每个位置进行表达或预测时能够同时关注到输入序列中的所有位置，从而能够有效地提高模型的全局表达能力。为了获得分辨率更高的注意力表达能力，Transformer 模型引入了多头注意力机制，也增加了对其进行一致性融合的逐位置前馈神经网络。Transformer 的另一个创新就是引入了位置编码，使模型可以处理序列中的位置信息。位置编码通常基于正弦-余弦函数的组合，以表示不同位置的相对位置和绝对位置。因此，Transformer 模型已成为发展大型语言模型的最佳选择，同时正以端到端数据驱动的方式，快速推动包括自然语言处理、计算机视觉与语音处理等在内的多种学科的交叉、融合与统一，促进模型结构的深度神经网络化，并通过语言智能与知识的学习，最终获得跨任务、跨域、跨场景的零样本迁移能力。

总之，语言模型的构建从早期基于统计学与传统机器学习的方法发展到基于递归神经网络的方法，最后又发展到目前基于 Transformer 的方法。这主要得益于 Transformer 的多头注意力机制及并行化计算能力，使其能够将语言小模型推向大模型，甚至巨模型的新阶段，以此获得具有更强任务解决能力的智能涌现。目前绝大多数的大型语言模型，包括 GPT、BERT、RoBERTa、T5、GLM、PaLM 和 LaMDA 等，都是基于 Transformer 构建的，它们已在多样化复杂任务中获得优异的泛化性能，ChatGPT 和 GPT-4 甚至表现出接近于人类水平的通用人工智能的一些特征。

第3章

GPT 系列预训练大型语言模型

本章学习目标与知识点

- 了解构建大型语言模型的核心是实现人类水平的语言智能与世界知识封装
- 了解各种大型语言模型的发展现状
- 掌握 3 种典型架构的 Transformer 框架下的大型语言模型
- 重点掌握 GPT-3 与 GPT-4 的基本概念与基础知识

本章围绕构建深度学习大型语言模型(LLM)的根本目的，首先介绍了各种大型语言模型的发展现状。其次分析了 3 种架构的大型语言模型的 Transformer 框架，尤其对仅含解码器(decoder-only)架构的生成式 Transformer 框架的大型语言模型进行了重点阐述。最后对 3 类大型语言模型中的代表性模型进行了简要说明，其中重点介绍了 GPT 系列的生成式预训练大型语言模型，特别是 GPT-3 和 GPT-4 模型。

3.1 引言

ChatGPT 和 GPT-4 本质上是一个利用端到端数据驱动的方法，基于深度学习方法构建的人类语言模型与人类通用知识模型。其里程碑式的重大意义是通过极限使用深度学习方法，使机器能够模拟与使用人类的语言，即以人类的思维去完成感知、理解、预测、决策、规划与控制等任务，解决各种具有挑战性的复杂问题。显然，能否具备接近或达到人类的任务完成能力与水平，是评价任何深度学习大型语言模型质量与性能的重要指标之一。

大型语言模型通过对大规模多语种文本语料、代码、信号、语音、图像、视频、点云等多模态数据进行预训练，使其基于无监督或自监督学习方法创建、对齐并记忆语义实体、上下文及其关系等语言学知识与语义类世界知识，包括分布在 Transformer 框架低层和中层的语言学知识，如词法、词性、句法等浅层知识，以及存储在中层和高层结构中的抽象的语义类世界知识(Wallat 等，2021)。这里的语义类世界知识包括了事实型知识和常识型知识等。例如，“中国于 1964 年 10 月 16 日成功地爆炸了第一颗原子弹”，这是事实型知识。又如，“太阳从东方升起”，则是常识型知识。然后再针对众多下游任务进行预训练大型语言模型的参数微调或提示微调，从而获得安全与价值对齐的质量更优的语言建模性能。

目前最成功的大型语言模型通常由仅含解码器架构的生成式 Transformer 框架组成，其底层核心模块包括对应于每个解码器块的多自注意力头及其前馈神经网络。其他网络结构涉及整个解码器堆叠框架所采用的位置编码方式、归一化函数、神经元激活函数和是否使用偏置等。相应的 Transformer 结构参数则主要有解码器层数、多注意力头的个数、模型维数和从 0 开始的预训练时的最大上下文输入窗口长度等。此外,包括偏置在内的连接权参数的个数或模型的参数规模,则被视为大型语言模型普遍关注的关键指标。

最早的语言模型 n-gram 是利用统计学与传统的机器学习模型构建的。随着深度神经网络的发展,开始流行基于 LSTM(Hochreiter 与 Schmidhuber,1997)等递归神经网络的语言模型。但第 2 章已经指出,递归神经网络需要考虑输入序列的顺序性,无法充分利用并行计算的优势,同时也因其缺乏全局注意力与跨模态注意力计算能力,因而很难将其进行规模化扩大。随着新一代通用型神经网络 Transformer(Vaswani 等,2017)的问世,从 2018 年开始,各种大型语言模型的规模与能力开始呈现出指数量级的增长。特别是 ChatGPT 与 GPT-4 取得的里程碑式的成功,使大型语言模型的发展受到极大的关注。表 3.1 给出了若干典型大型语言模型的基础数据与主要特征。更多大型语言模型的动态演进、技术架构分类与代码开源情况,可参见图 3.1 所示的进化树。从图中不难看出,以 T5 为代表的混合式大型语言模型,综合了生成式与判别式的优点,时至今日仍有一定的发展。相比之下,2018 年由谷歌提出的 BERT 大型语言模型,成为判别式大型语言模型的典范。但在 2020 年 5 月出现 GPT-3 之后,这一簇进化子树明显受到极大影响。与此同时,2018 年由 OpenAI 推出的 GPT-1 及其系列大型语言模型,则成为生成式大型语言模型的杰出代表。从开始的孤独坚持,到后面的茁壮成长,迅速演化为一棵参天大树。典型模型包括 GPT-1、GPT-2、XLNet、GPT-3、CodeX、GLaM、Gopher、LaMDA、InstructGPT、Chinchilla、PaLM、OPT、BLOOM、ChatGPT 等。毫无疑问,GPT-3 的问世,成为发生上述改变的主要转折点。自此各种生成式大型语言模型迅速出现,并从原来的非主流变成现在的主流主导。之后出现的许多重要大型语言模型几乎都是生成式的,如 Llama、Bard、GPT-4、Jurassic-2、Claude、PaLM 2、Llama 3 等,又如国内的生成式大型语言模型,包括百度的文心一言(ERNIE Bot)、华为的盘古 PanGu-Σ、阿里的通义千问(Qwen)、腾讯的混元 DeepSeek 等。这些都可以总结为生成式技术路线的胜利。

表 3.1 若干典型大型语言模型的基础数据与主要特征

机构	大型语言模型	参数规模/亿个	预训练数据集规模	算力硬件	训练时间/天	发布时间
美国谷歌	BERT	1.1～3.4	16GB 纯文本语料	64 块 TPU v3	4	2018 年 10 月
美国 Meta	RoBERTa	3.55	160GB 纯文本语料	1024 块 V100	1	2019 年 7 月
美国谷歌	T5	110	1 万亿个 token	1024 块 TPU v3	—	2019 年 10 月
美国 OpenAI	GPT-3	1750	3000 亿个 token	—	—	2020 年 5 月
英国 DeepMind	Gopher	2800	3000 亿个 token	4096 块 TPU v3	—	2021 年 12 月
中国百度	ERNIE 3.0 Titan	2600	3000 亿个 token	2048 块 V100	28	2021 年 12 月
美国谷歌	LaMDA	1370	2.81 万亿个 token	1024 块 TPU v3	57.7	2022 年 1 月
美国 OpenAI	InstructGPT	1750	—	—	—	2022 年 3 月
美国谷歌	PaLM	5400	7800 亿个 token	6144 块 TPU v4	57.7	2022 年 4 月
英国 DeepMind	Chinchilla	700	1.40 万亿个 token	4096 块 TPU v3	—	2022 年 4 月
美国 Meta	OPT	1750	1800 亿个 token	992 块 80GB A100	—	2022 年 5 月

续表

机　构	大型语言模型	参数规模/亿个	预训练数据集规模	算力硬件	训练时间/天	发布时间
美国 OpenAI	ChatGPT	1750	—	—	—	2022 年 11 月
美国谷歌	Bard(LaMDA)	1370	2.81 万亿个 token	1024 块 TPU v3	—	2023 年 2 月
美国 Meta	Llama	70～650	1.40 万亿个 token	2048 块 80GB A100	21	2023 年 2 月
美国 OpenAI	GPT-4	—	—	—	—	2023 年 3 月
美国谷歌	PaLM 2	3400	3.60 万亿个 token	—	—	2023 年 5 月
中国清华大学	ChatGLM2	62	1.40 万亿个 token	—	—	2023 年 6 月
美国 Meta	Llama 2	70～700	2.00 万亿个 token	—	120	2023 年 7 月
中国百度	文心一言	2600	—	—	—	2023 年 3 月
中国华为	盘古 PanGu-Σ	10 850	3290 亿个 token	512 块昇腾 910	100	2023 年 3 月
中国阿里	通义千问	12 000～100 000	—	—	—	2023 年 4 月
中国腾讯	混元	1000	—	—	—	2023 年 5 月

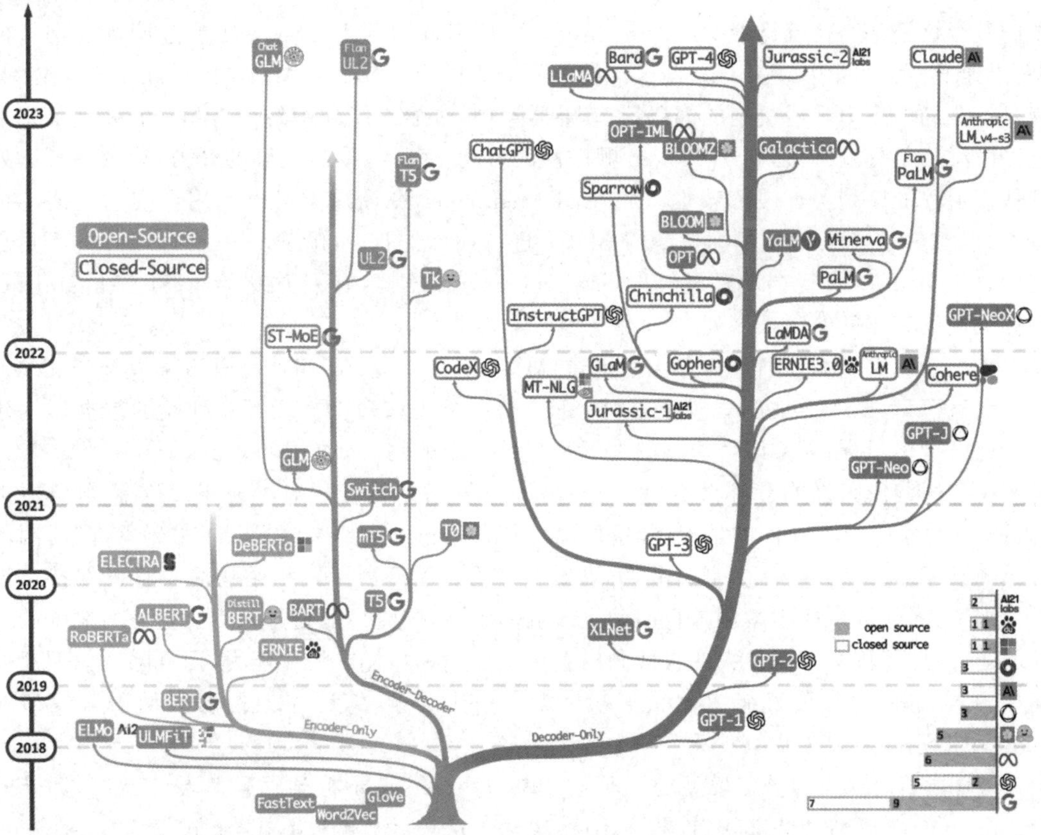

图 3.1　大型语言模型的进化树(J. F. Yang 等，2023)

总之，利用全球人类多语种文本数据集创建的多语种单模态或直接针对多模态数据构建的大型语言模型，既模拟了人类自然语言的预测能力，又可视为一个通用的人类世界知识模型。考虑到随模型规模扩大而可能出现的智能涌现能力与领悟现象,预训练大型语言模型确有可能获得接近甚至超过人类平均水平的任务完成能力。因此对众多下游任务而言,普遍将其视为迈向通用人工智能的基础模型。

本章包括 6 节。第 3.1 节为引言,主要讲述本章中构建各种大型语言模型的根本目的及实现途径,也分析了各种大型语言模型的发展现状及趋势,特别强调了基于深度学习的大型语言模型的核心,是实现具有人类水平的语言智能及世界知识封装。第 3.2 节则系统阐述了大型语言模型构建中的 3 种典型架构的 Transformer 框架,着重介绍了目前普遍采用的解码器或生成式架构的 Transformer 大型语言模型框架。第 3.3 节对包括 T5 与 GLM 在内的混合式预训练大型语言模型进行了简要的介绍。第 3.4 节介绍了 BERT 与 RoBERTa 这两种最具代表性的判别式预训练大型语言模型。第 3.5 节则详细介绍了 GPT 系列生成式预训练大型语言模型,特别是目前具有最高能力与水平的 ChatGPT 和 GPT-4 模型。最后第 3.6 节为本章小结。

3.2 大型语言模型的 Transformer 框架

随着谷歌于 2017 年 6 月提出新一代通用型神经网络 Transformer,语言模型开始从早期的基于统计学与传统机器学习的 n-gram 模型,到近期基于 LSTM 等的递归神经网络模型,迅速发展为目前基于 Transformer 的大型语言模型。与 LSTM 不同,Transformer 因其为具有全局注意力学习机制的编码器-解码器架构,对输入序列中每个 token 的处理都是独立、并行的,不受输入序列各个 token 顺序性的影响,而且只要有足够的算力,理论上可以处理任意远程的序列上下文依赖性。此外,Transformer 在训练时可以利用标准的反向传播算法,但 LSTM 需要使用时间截断的 BPTT 进行训练。Transformer 相比 LSTM 的不足之处为,LSTM 的计算复杂性是线性的,而 Transformer 则具有平方复杂性,且 Transformer 只能处理固定长度的输入序列。

大型语言模型的预训练任务包括构建自回归语言模型(ALM)、掩码语言模型(MLM)、置换语言模型(PLM)、去噪自编码器(DAE)、知识图谱和知识嵌入等端到端的数据驱动建模。前已指出,目前大型语言模型的发展趋势是采用解码器架构的 Transformer 框架,特别是利用自回归或因果关系解码器的 Transformer 网络结构。相对于使用编码器-解码器架构(如 T5),在总层数相同的情况下,解码器 Transformer 框架中因去除了编码器部分,因此参数规模相对会扩大一倍。事实上,解码器大型语言模型由于网络结构简单且可保持大规模预训练、多任务少样本微调与自回归生成的一致性,同时也能更好地克服注意力矩阵的低秩问题,因此不仅具有更强大的自回归内容生成能力和零样本泛化能力,而且随着模型规模增加,其文本表达与理解能力也在不断增大。相比之下,编码器架构的大型语言模型在 GPT-3 出现之后,其发展就变得较不具竞争力了。

表 3.2 给出了大型语言模型的 3 种架构的 Transformer 框架。第 2 章已指出,标准的 Transformer 模型本身具有编码器-解码器架构。从表 3.2 可以看出,通过对 Transformer 编码器、解码器架构不同的拆分与使用,大型语言模型的 Transformer 框架可分为前缀(编码器)-解码器架构、编码器架构和解码器架构 3 种,它们分别属于混合式、判别式和生成式类型,其中前缀(编码器)-解码器架构与编码器架构将 MLM 作为预训练主任务,而解码器

架构的预训练主任务则是 ALM，即给定 n 个 token 组成的输入序列，需训练语言模型预测第 $n+1$ 个 token 出现的条件概率。整体上，所有架构都属于层层堆叠而成的“堆栈型”的自编码器语言模型(auto-encoder language model，AELM)体系结构。

表 3.2 大型语言模型的 3 种架构的 Transformer 框架

大型语言模型架构	类型	预训练任务	训练方式	代表性大型语言模型
前缀(编码器)-解码器架构	混合式	MLM、DAE	预测掩码 token、预测去噪 token	GLM，ChatGLM2，T5，mT5，BART
编码器架构	判别式	MLM	预测掩码 token	BERT，RoBERTa，DeBERTa
解码器架构	生成式	ALM	预测下一个 token	GPT 系列等

下面分别介绍大型语言模型的这 3 种不同的架构。由于解码器或生成式架构的 Transformer 框架已异军突起，占据主导地位，因此下面将重点介绍这部分的内容。

3.2.1 前缀(编码器)-解码器架构的 Transformer 框架

在第 2 章中已经详细介绍了传统的 Transformer 模型。如图 2.37 所示，它主要由输入模块、编码器块堆叠、解码器块堆叠和输出模块 4 部分组成。其中编码器块包括多头自注意力子层和逐位置前馈神经网络子层两个基本结构单元，而解码器块则包含了多头编码器-解码器交叉注意力子层、掩码多头自注意力子层和逐位置前馈神经网络子层 3 个基本结构单元。显然，多头自注意力子层和逐位置前馈神经网络子层是二者的共同之处，它们之间的区别仅在于解码器块还有一个多头编码器-解码器交叉注意力子层。

如图 3.2 所示，大型语言模型中的前缀(编码器)-解码器架构自然地继承了完整的 Transformer 编码器-解码器网络结构，其中的编码器部分接收文本序列输入，同时使用完全可见的自注意力掩码模式，即训练阶段在当前位置生成对应的隐状态向量时，该类掩码机制可关注输入序列中的任何左右 token。这种形式的掩码对处理图 3.2(a)中的输入前缀序列 $\{x_1, x_2, x_3\}$ 是完全合适的，即提供给目标序列 $\{y_1, y_2\}$ 一些前缀序列，以供预训练时使用，此时的注意力矩阵为整个矩阵。换句话说，对图 3.2(a)的前缀-解码器架构，解码器部分使用了因果关系或自回归生成式架构，但编码器部分则通过对目标序列添加相应的前缀序列，同时允许对这个输入前缀序列采用完全可见的掩码机制，以增强对输入序列的注意力特征表达。图 3.2(b)给出了编码器-解码器架构，其中编码器部分与上述前缀-解码器架构相同，解码器部分也采用了完全相同的自回归生成式架构或因果关系的自注意力掩码模式，

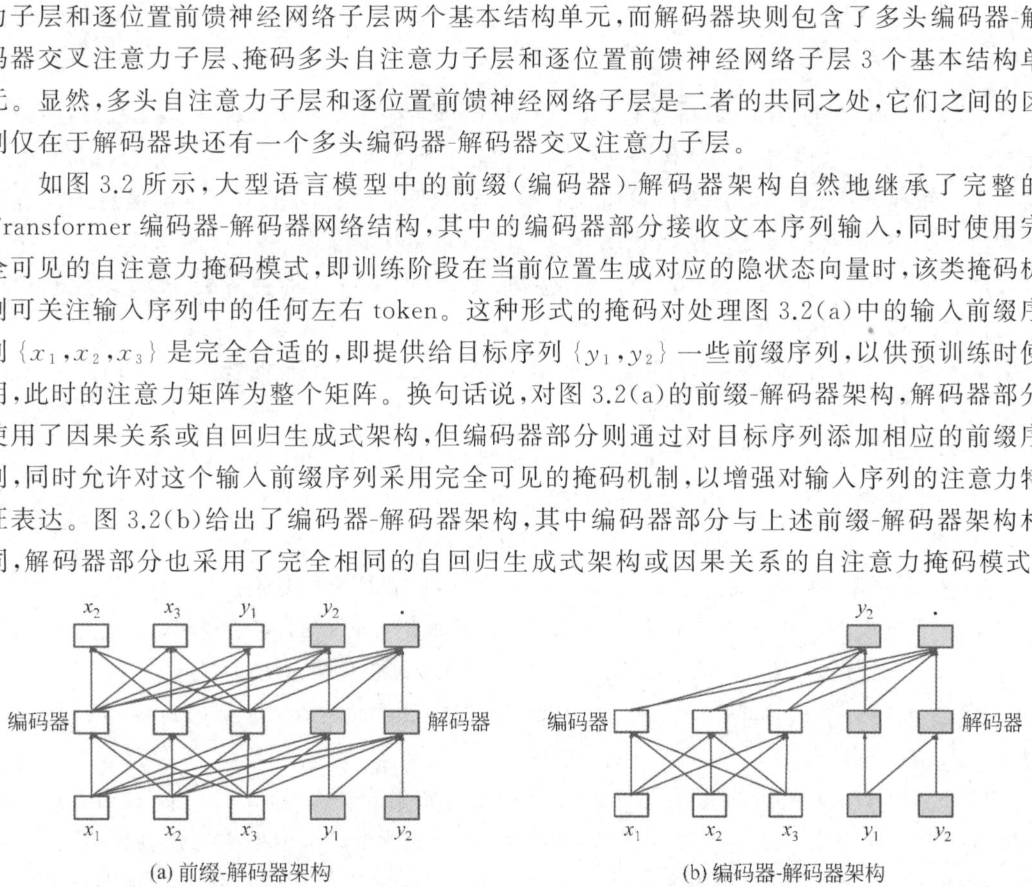

图 3.2 前缀(编码器)-解码器架构与编码器-解码器架构的 Transformer 框架(Raffel 等，2020)

用于生成新的输出序列。注意这里的解码器部分还包括了编码器-解码器交叉注意力机制。因此，训练阶段在当前位置由解码器生成对应的输出 token 时，因果关系的自注意力掩码机制可避免模型计算输入序列中下一个及其右侧的所有 token 的全局注意力，此时的注意力矩阵为下三角矩阵。

第 4 章将会介绍此类架构在预训练时通常采用无监督学习方法构建掩码语言模型和去噪自编码器。此处的掩码语言模型是指对给定的输入 token 序列，通过预测序列中掩码 token 出现的概率而构建得到的语言模型；而去噪自编码器则是指利用重建已被污染或已被损坏的 token，相应获得的预训练语言模型，同时也包括通过区分真实文本与机器生成文本进行预训练而获得的语言模型。显然，在这类架构中编码器用于输入文本的表达与理解，而解码器则主要用于输出文本内容的生成。从表 3.2 可以看出，GLM 与谷歌的 T5 分别是前缀（编码器）-解码器架构中最具代表性的语言模型，其中的 mT5（Xue 等，2021）是 T5 的多语种版，相应使用了包含中文在内的 101 种语言组成的多语种数据集 mC4。

总之，前缀-解码器架构与编码器-解码器架构都具有 Transformer 的完整网络结构，但前者的编码器与解码器之间必须共享连接权参数，而后者则使用各自不同的连接权参数，且二者均使用相同的主任务进行语言模型的预训练。

3.2.2 编码器架构的 Transformer 框架

如图 3.3 所示，这类架构仅使用了 Transformer 的编码器部分，因此仅保留了其中的自注意力学习机制，且通过设定掩码语言模型的构建等预训练任务，使其通过静态或动态的单向因果关系掩码或左右双向掩码，对输入文本序列中每个位置的相关上下文信息进行全局注意力计算，从而获得逐位置的隐状态混合编码与注意力特征表达。这些深度特征表达可以被用于输入序列的感知与阅读理解，相应可应用于 NLP 中的各种下游任务，以此获得更好的知识迁移与泛化性能。

从表 3.2 可以看出，谷歌的 BERT 和 Meta 的 RoBERTa 是此种架构大型语言模型的典型代表。图 3.4(a)给出了 BERT 预训练语言模型，其中 $\boldsymbol{E}_i(i=1,2,\cdots,N)$ 表示输入嵌入向量序列，$\boldsymbol{T}_i$ 为相应位置的输出目标序列，中间各层由 Transformer 编码器块组成。由于 BERT 模型采用了完全可见的双向静态掩码设计，即同时考虑了输入序列当前位置的左、右两个方向，可以在预训练建模中对每个位置进行上下文全局感知及掩码 token 预测。而 RoBERTa 则主要通过引入动态掩码技术，对 BERT 模型进行了改进和优化。这类架构的语言模型在输入文本序列的特征表达与阅读理解方面，具有较大的优势。这种优势在模型规模较小时，相对于其他架构的语言模型尤为明显。但随着模型规模的扩大，其在生成能力等方面的局限较明显，因此在 GPT-3 出现之后，大型语言模型已较少采用此类架构。

相对于图 3.4(c)给出的基于双向 LSTM 的嵌入式语言模型（embedding from language models，ELMo），BERT 与 GPT[见图 3.4(b)]均为 Transformer 框架下的预训练语言模型，可并行处理整个输入序列，因而具有强大的并发性，且能够更好地规模化扩大预训练语言模型，进而获得输入序列的全局注意力与长程依赖性表达。

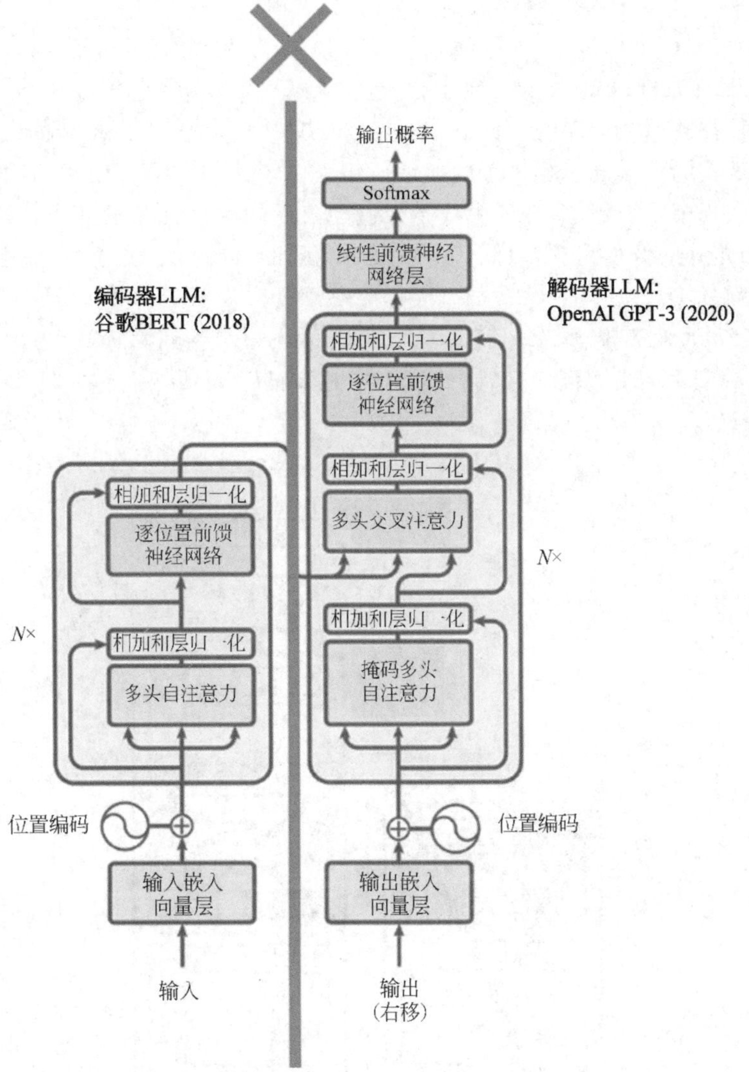

图 3.3　粗线左侧为语言模型使用的编码器架构的 Transformer 框架

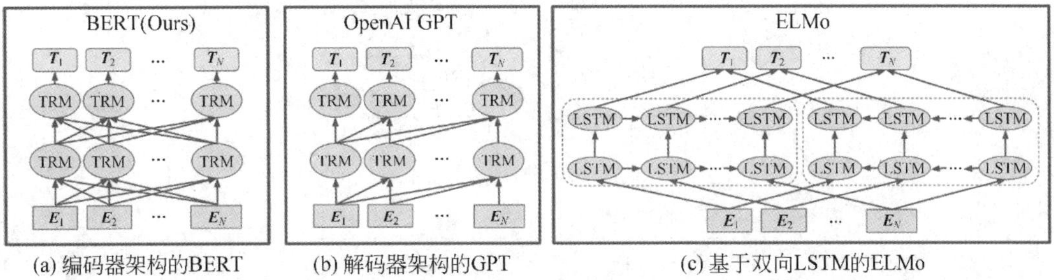

(a) 编码器架构的BERT　(b) 解码器架构的GPT　(c) 基于双向LSTM的ELMo

图 3.4　BERT 预训练语言模型与其他模型的比较(Devlin 等,2019)

3.2.3　解码器架构的 Transformer 框架

仅具有因果关系解码器架构的 Transformer 框架,也称生成式 Transformer 框架。由于 GPT-3 的成功问世，这类架构已成为大型语言模型的主流框架。

目前大型语言模型大多采用仅含解码器架构的从左至右的 Transformer 框架，特别是利用因果解码器的 Transformer 框架。前文已指出，与 T5 等编码器-解码器架构的 Transformer 框架相比，在保持总层数相同的条件下，解码器架构的 Transformer 框架因去除了编码器部分，其解码器架构的参数规模相当于增加了一倍。由于该架构语言模型的网络结构更加简单，且可维持大规模预训练、多任务少样本微调与自回归生成任务的一致性，同时也能更好地克服注意力矩阵的低秩问题，因此它不仅具有更强的自回归生成能力，而且也兼具较强的文本表达与理解能力。

如图 3.5 所示，对于仅含解码器架构的 Transformer 大型语言模型，考虑到已取消标准 Transformer 模型中的编码器部分，因此模型中相应的单向或双向编码器多头自注意力与多头编码器-解码器交叉注意力均已去除。

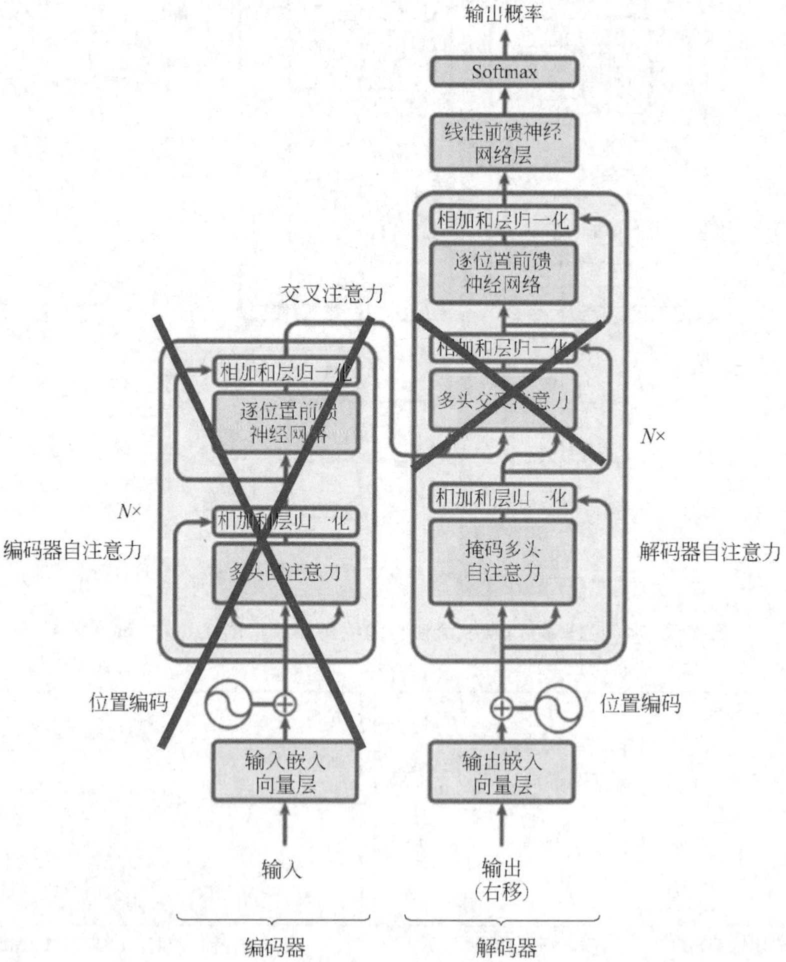

图 3.5 解码器架构的 Transformer 框架（与编码器相关的结构均被去除）

图 3.6 进一步给出了解码器架构大型语言模型的框架细节，其中每个解码器块都由掩码多头自注意力子层和逐位置前馈神经网络子层组成。

从图 3.6 中可以看出，对解码器架构的 Transformer 框架，其解码器块仅包括掩码多头

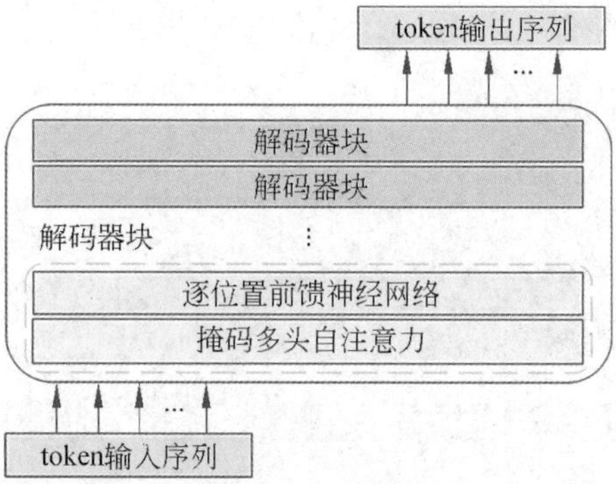

图 3.6　大型语言模型：解码器架构的 Transformer 框架

自注意力子层与逐位置前馈神经网络子层，它们构成了单解码器层。不同于标准的 Transformer 架构，该架构此时已无编码器侧的自注意力子层和编码器-解码器交叉注意力子层。但与传统 Transformer 相同之处是，整个框架仍需要预先确定因果解码器架构 Transformer 中的位置编码方式、归一化函数、神经元激活函数和是否使用偏置等，同时也需要确定包括解码器层数、自注意力头个数、模型维数(即多头自注意力隐层(总)维数)与前馈神经网络隐层维数、训练期间的最大上下文窗口长度等网络结构参数。在这些网络结构参数确定之后，就可以计算出对应大规模语言模型的总的参数规模。

图 3.7 给出了解码器架构 Transformer 框架的基本结构模块及其序列化示意图。可以看出，掩码多头自注意力和逐位置前馈神经网络这两个子层，相互之间利用残差直连与层归一化予以分开。来自词嵌入向量或来自前一层隐状态的输入向量，都首先需要进行层归一化处理，然后才能进入各个子层。显然，这里的解码器架构既可用于文本的表达与阅读理解，也可同时用来完成文本的自回归生成。

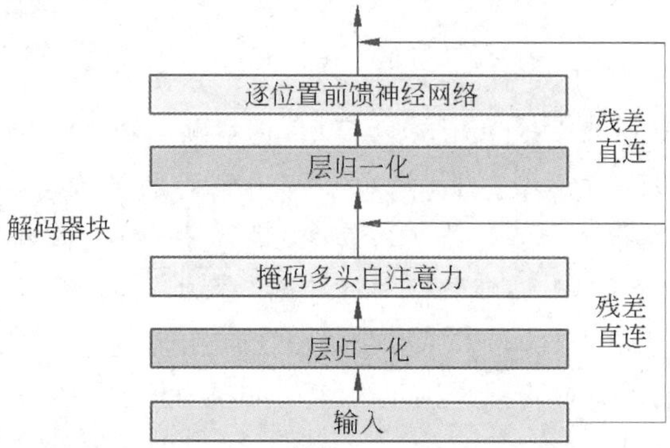

图 3.7　解码器架构 Transformer 框架的基本结构模块及其序列化

在该模型中，掩码多头自注意力机制的使用对于语言建模尤为重要。原因是通过掩码的引入可以有效地避免模型访问下一个 token，防止利用复制来完成当前位置的预测输出。特别地，通过结合当前位置的输入与解码器本身的深度自注意力特征表达，可同时完成从左至右的文本自回归生成。图 3.8 给出了针对输入 token 序列，由解码器架构 Transformer 框架语言模型利用每个位置或时间步的自回归，相应生成的文本内容输出。

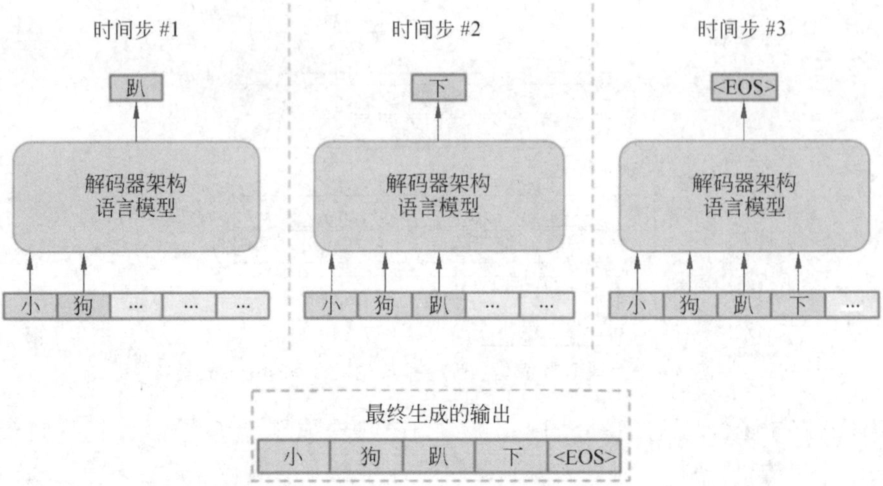

图 3.8　由解码器架构 Transformer 框架语言模型生成的自回归输出

3.3　混合式预训练大型语言模型

前文已指出，在新一代自注意力神经网络 Transformer 框架下，通过对编码器与解码器架构的不同拆解与使用，大型语言模型的 Transformer 框架可分为前缀(编码器)-解码器架构、编码器架构与解码器架构等 3 种类型，它们分别被称为混合式、判别式与生成式大型语言模型。下面就其中的若干典型模型分别进行举例说明。在本节中，首先依据模型发表的时间先后次序，依次介绍编码器-解码器架构混合式预训练大型语言模型中的 T5 和前缀-解码器架构混合式预训练大型语言模型中的 GLM。

3.3.1　T5 模型

T5(text-to-text transfer Transformer)模型，是谷歌于 2019 年 10 月提出的一种文本到文本转换的预训练大型语言模型。T5 使用了基于编码器-解码器架构的 Transformer 框架，它包含了多层的编码器块和解码器块。其中，编码器部分的任务是将输入序列映射到具有深度的隐状态特征向量序列；而解码器的任务则是根据输入序列，同时结合编码器特征向量序列生成输出序列(见图 3.2(b))。图 3.9 给出了使用不同掩码时的自注意力矩阵，它们分别对应于 T5 全可见、因果或带前缀因果等 3 种不同的预训练任务。

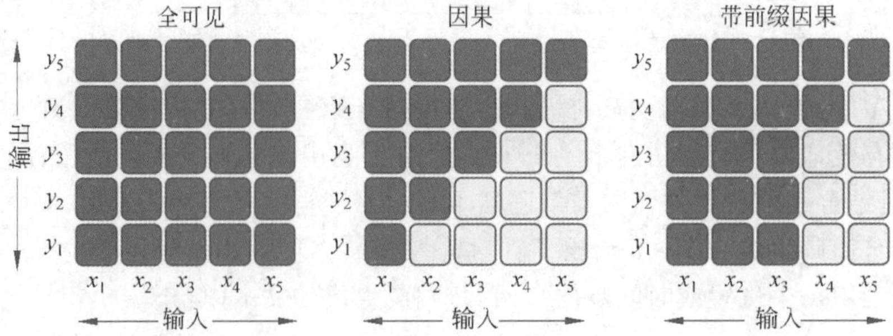

图 3.9　表达不同掩码时的自注意力矩阵(Raffel 等，2020)

T5 模型将阅读理解、翻译、文本分类、摘要生成、问答等各种 NLP 下游任务，都统一视为从文本到文本的转换任务，即输入序列为文本，输出序列也为文本的统一任务。从而使各种 NLP 下游任务在进行参数微调时，能够使用与 T5 在大规模预训练时相同的损失函数，在测试时也能使用相同的解码过程，并可方便地评估不同网络结构、预训练损失函数和无标签数据集等对泛化性能的影响。

T5 模型的参数规模为 110 亿，其典型预训练任务为序列到序列的掩码语言模型(seq2seq MLM)，相应使用了 750GB 的 C4 文本语料数据集。这些从大量网页上爬取的数据均进行了仔细的清洗。在预训练中使用的数据集规模达到 1 万亿个 token。为此采用了 1024 块 TPU v3 的算力进行支撑。平均 GLUE 基准测试评分为 89.7。

3.3.2 GLM 模型

GLM(general language model)是一种基于自回归空白填充的通用的预训练语言模型(Du 等，2022)，即通用语言模型。在框架上，它是一种前缀-解码器架构的 Transformer 预训练大型语言模型，可以用相对较少的模型参数(与编码器架构或解码器架构相当)，兼顾文本理解与生成。GLM 模型的核心是自回归空白填充。创新点是基于 Raffel 等(2020)在 T5 中使用的空白填充，提出了二维位置编码和文本片段的随机洗牌，即允许任意顺序地预测文本片段，以期改进空白填充预训练，增加其鲁棒性与泛化性能。该方法还可针对不同的下游任务，通过改变空白的数量和长度来进行预训练，因此具有很好的任务适应性。

图 3.10 给出了 GLM 模型的示意图。它将输入文本序列中的一段或多段连续文本片段进行随机空白化，并利用预训练语言模型对这些被掩码的文本片段进行自回归生成，以达到受噪文本重建甚至全文重建的目的。在这一过程中，前者相当于进行类 BERT 的自编码特征表达与文本阅读理解，后者则相当于进行类 GPT 的自回归生成。

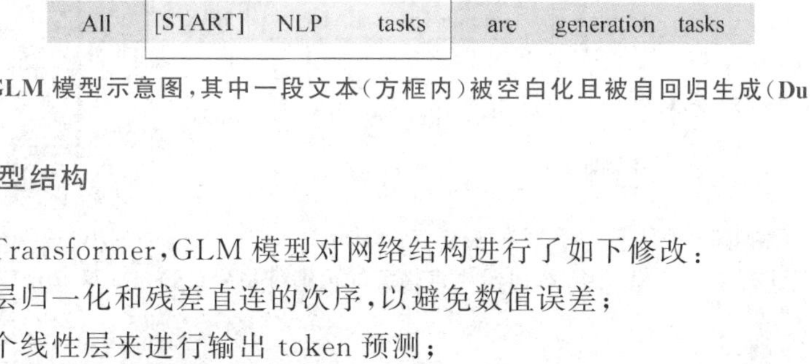

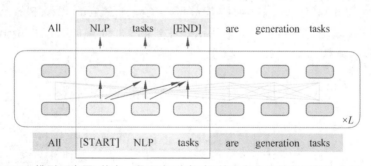

图 3.10 GLM 模型示意图，其中一段文本(方框内)被空白化且被自回归生成(Du 等，2022)

1. GLM 模型结构

基于单个 Transformer，GLM 模型对网络结构进行了如下修改：

① 调整了层归一化和残差直连的次序，以避免数值误差；

② 使用单个线性层来进行输出 token 预测；

③ 用 GeLU 激活函数替换了原来的 ReLU。

第 2 章已指出，Transformer 模型通过位置编码来注入 token 的绝对位置或相对位置，其设计将对 Transformer 的性能产生重要影响。作为前缀-解码器架构的 Transformer 语言模型，GLM 模型针对自回归空白填充任务提出了一种二维位置编码方法。在该方法中，每个 token 都用两个位置 id 来进行编码。第一个位置 id 表示在输入文本序列 $\boldsymbol{x}$ 中受损文本的位置。对于被掩码的文本片段就是[MASK]token 对应的位置。第二个位置 id 表示文本片段内的位置。如图 3.11 所示，对于 Part A 中的 token，它们的第二个位置 id 为 0，表示这部分为前缀提示。对于 Part B 中的 token，位置的范围从 1 到该文本片段的全长，代表了自回归生成的文本。这两个位置 id 通过可学习的嵌入表，被投影为两个位置向量并被加入输入 token 的嵌入向量中。不过此时被掩码的文本片段长度在文本重建时并不知道，这对于文本生成任务而言非常重要。

2. GLM 模型的预训练与微调

1）预训练目标函数

GLM 模型预训练的目标函数是自回归空白填充，实际就是空白填充目标与自回归目标的混合目标函数。如图 3.11 所示，GLM 以单个统一的模型同时学习双向编码（见 Part A）和单向自回归解码（见 Part B），其中 Part A 表示前缀序列或称受噪文本序列，Part B 为被掩码的文本片段集合或称目标序列。在图 3.11(a)中，原始输入文本为 $\boldsymbol{x}=[x_1,x_2,x_3,x_4,x_5,x_6]$，其中两个文本片段$[x_3]$和$[x_5,x_6]$被随机采样。图 3.11(b)将 Part A 中被采样的每个文本片段均替换为单个[M]，并对 Part B 中的全部文本片段进行随机洗牌，以此将输入文本 $\boldsymbol{x}$ 划分为 Part A 和 Part B 两部分。在图 3.11(c)中，对 Part B 中每个文本片段的开头加上特殊的 token [S]，并将其作为 GLM 模型的输入，同时对自回归生成的输出文本片段，在其末尾处加上同样特殊的 token [E]。这里的二维位置编码分别表示文本片段外和内的相对位置。图 3.11(d)是掩码的自注意力矩阵。右上角的标×区域表示已被掩码遮蔽掉的部分。左上角的①区域意味着 Part A 中的 token 彼此之间全可见，相应可进行双向自编码表达。与此同时，Part B 中的 token 可以关注到 Part A 以及 Part B 中的先行词，分别如中间的②区域与左下角的③区域所示。注意：图 3.11 中的[M]表示[掩码]，[S]表示[开始]，[E]表示[结束]。

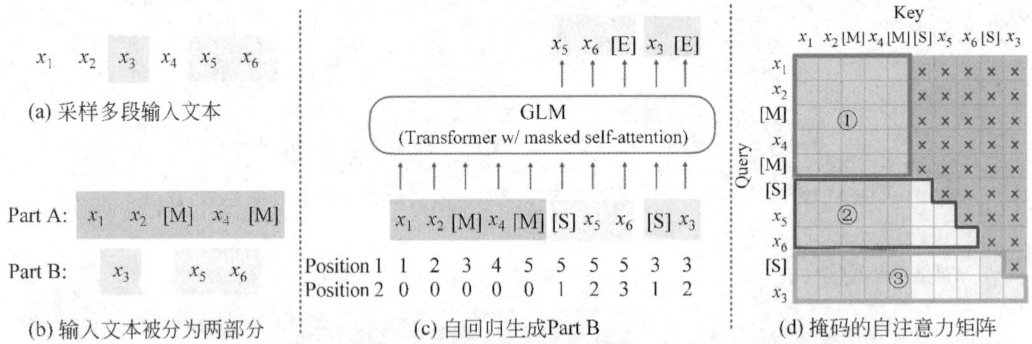

图 3.11 GLM 前缀-解码器语言模型的预训练目标函数(Du 等，2022)

2）多任务预训练

在上文 GLM 预训练目标函数中，GLM 掩码两种(短长)文本片段可适用于自然语言理解(NLU)任务。但 GLM 需要的是预训练一个可以同时处理 NLU 任务和文本生成任务的单一模型。换句话说，就是要相应设定空白填充的目标函数和文本自回归生成的目标函数，并进行联合优化。特别地，为了获得更好的文本阅读理解能力，并兼顾生成更长的文本，需要分别针对文档和句子采取不同的空白填充方式，即对这两种情况下的文本片段的数量和长度要有不同的选择策略。

① 文档级。单个文本片段的长度依据原始长度的 50%～100%的均匀分布进行采样，目的是有助于长文本的生成。

② 句子级。限定被掩码的文本片段必须是完整的句子。对多个文本片段或句子进行采样，需要覆盖 15%的原始 token。该目标主要针对的是序列对序列的任务，相应的预测通常是完整的句子或段落。

3）微调

对下游 NLU 任务，通常将预训练语言模型生成的序列或 token 的特征表示作为线性分类器的输入，相应可预测其正确标签。但预训练时使用的自回归文本生成主任务，毕竟不同于需要进行参数微调的 NLU 下游任务，二者之间确实存在着任务的不一致。

为了使预训练与微调保持一致，GLM 将 NLU 的分类任务重新表述为空白填充的生成任务。具体的方案就是将输入文本转换为完形填空问题，并利用交叉熵损失函数来微调 GLM。对于文本生成任务，输入的上下文加上掩码就是 Part A，GLM 可自回归地生成 Part B 的文本。预训练的 GLM 也可直接应用于下游的无条件生成任务，但对下游的有条件生成任务，则需要进行参数微调。

3. 实验结果

GLM 使用了数字化书籍语料库 BooksCorpus(Zhu 等，2015)和英语维基百科作为其预训练数据。GLM 包括基准模型(GLM_{Base})和大模型(GLM_{Large})，分别具有 1.1 亿和 3.4 亿个参数。针对多任务预训练，GLM 采用了空白填充目标和文档级或句子级目标的混合目标函数，其中文档级有两个较大的 GLM 模型：①GLM_{410M}的参数规模为 4.1 亿个参数，共 30 层，隐层大小为 1024，具有 16 个自注意力头；②GLM_{515M}的参数规模为 5.15 亿个参数，共 30 层，隐层大小为 1152，具有 18 个自注意力头。在相同参数规模与数据集的条件下，对 NLU、有条件和无条件生成任务在内的各种 NLP 任务，GLM 均优于 BERT、T5 和 GPT (Du 等，2022)，并且在具有 1.25 倍 $BERT_{Large}$ 参数的单个预训练模型中，获得了最优性能。GLM_{Large}的平均 GLUE 基准测试评分为 85.1。

3.4 判别式预训练大型语言模型

前文已指出，判别式预训练大型语言模型关注输入文本序列的阅读理解，一般使用编码器架构的 Transformer 框架，其大规模预训练主任务为掩码语言建模(MLM)，即已知 n 个 token 组成的输入文本序列或上文，需训练语言模型预测掩码 token 出现的条件概率分布。下面同样按照模型推出的先后次序，分别对 BERT 和 RoBERTa 这两种最典型的判别式预训练大型语言模型进行简要的介绍和分析说明。

3.4.1 BERT 模型

BERT 模型是谷歌于 2018 年 10 月提出的一种基于 Transformer 的双向编码器表达的

预训练语言模型。BERT的核心创新之处：一是采用了仅含编码器的Transformer框架，实现了强大的自注意力机制，使其能够同时关注输入文本序列中每个位置的关联上下文信息；二是通过设定掩码语言建模与下一句预测（NSP）两个预训练主任务，使BERT可以无监督地从数据集中学习到人类的自然语言表达，同时在完成预训练之后，可以针对NLP中的众多下游任务进行参数微调，从而通过利用预训练-微调迁移学习范式，有效提高多样化任务完成的性能，还可同时降低模型开发与部署的成本。

BERT模型采用了双向掩码的Transformer编码器，即同时考虑了输入文本序列的左、右两个方向，对每个位置进行上下文全感知的隐状态编码与注意力特征表示，这些表示可以进一步被应用于各种下游任务（如文本分类、问答等），以期获得更加优异的性能。具体地说，对于每个输入位置，双向Transformer编码器从当前位置分别向左和向右处理输入序列，生成两个特征向量表示该位置。如此可充分利用输入序列中的上下文信息，以便更好地表达与理解输入文本中的语义信息与上下文关系。与传统的递归神经网络和卷积神经网络不同，Transformer方法可以并行处理整个输入序列，因而可更好地捕捉输入序列中的上下文关系和全局依赖性。

BERT在预训练阶段有两个任务，即进行掩码语言建模和下一句预测任务。掩码语言建模任务，首先沿一个输入句子随机挑选一部分token，其次对其进行掩码，最后让BERT以类似于完形填空的方式预测该位置的token。这种静态掩码设计，使每个token的预测都必须关注整个输入文本中当前位置的左、右上下文，即需要实现基于双向多头自注意力的特征表达。下一句预测任务则是基于对两个句子之间关系的理解来加以实现的。为了使预训练语言模型能够理解两个句子之间的连续关系，BERT在预训练中加入了预测下一个句子是否正确的任务，即输入两个句子，判定前后两个句子是否连续。在参数微调阶段，BERT通过对各种下游任务进行监督微调，完成知识迁移，提升对各个下游任务的泛化性能。此时，可以根据具体任务需求，增加可学习的任务头（即部分参数）或直接调整预训练模型的结构与全部参数，并使用标签数据进行完全监督学习。例如，对于文本分类任务，可在BERT预训练模型的输出层再额外添加一个全连接的分类头（层），然后再利用标签数据进行监督微调训练。

为了应用于更多的下游任务，BERT的输入有两种形式，即单个句子或者一对句子。如图3.12所示，每个输入序列都是以[CLS]这样一个特殊符号作为开头，这个[CLS]对应的输

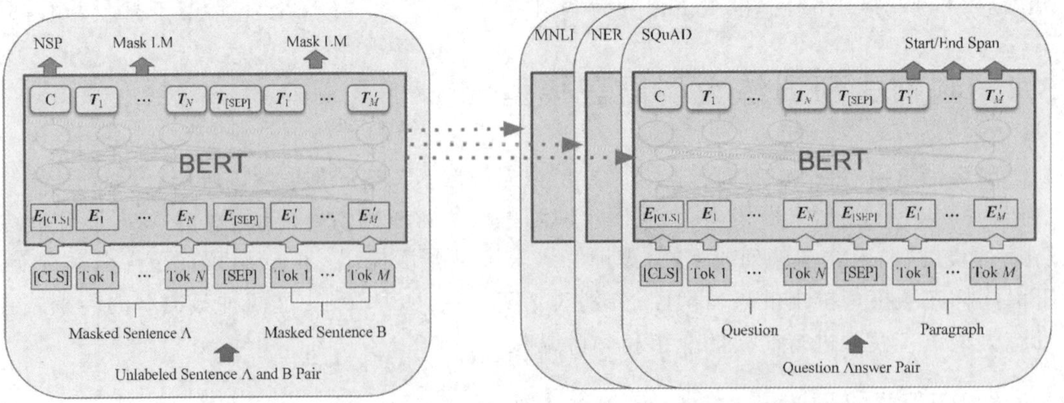

(a) 预训练　　(b) 监督微调范式

图3.12　BERT的预训练与监督微调范式（Devlin等，2019）

出位置 C 可作为分类任务的标记。对输入为一对句子的情形，则首先将两个句子拼接成一个句子，中间用[SEP]符号进行分隔，同时给 A、B 两个句子的每个 token 分别加上它们是属于句子 A 还是句子 B 的编码。每个输入 token 对应的输出是 $\boldsymbol{T}_i$。图中的嵌入层以 E 与 E' 来表示。此时，每个输入 token 对应的输入嵌入向量实际是如下 3 个分量之和：①每个当前 token 本身的嵌入向量；②综合了整个输入文本序列的分隔嵌入向量；③位置嵌入向量。

BERT 包括基准模型（$\text{BERT}_{\text{Base}}$）和大模型（$\text{BERT}_{\text{Large}}$），相应的网络结构参数：①$\text{BERT}_{\text{Base}}$具有 12 个编码器层，每层含 12 个多自注意力头，模型维数为 768，总的参数规模为 1.1 亿个；②$\text{BERT}_{\text{Large}}$由 24 个编码器层组成，每层含 16 个多自注意力头，模型维数为 1024，总的参数规模为 3.4 亿个。此外，该模型在预训练阶段使用了原始的静态掩码技术，同时基于 16GB 的无标签纯文本语料数据集进行预训练，所用数据集包括了数字化的英文书籍语料库和英文维基百科等，批次大小为 256。$\text{BERT}_{\text{Large}}$采用了 64 块 TPU v3 算力进行支撑，训练时间为 4 天，平均 GLUE 基准测试评分为 82.1。

例如，对输入文本序列："我喜欢自然语言处理"，现需使用 BERT 模型，以生成每个单词的特征向量表示。在 BERT 中，首先需要对输入文本序列进行预处理，即将每个单词转换为其对应的词嵌入向量，这可利用预训练的词向量模型（如 Word2Vec 或 GloVe）或具有多义词表达的 ELMo 来完成。假设已据此得到了每个单词的词嵌入向量，则可将其作为 BERT 模型的输入，然后再使用 BERT 的双向 Transformer 编码器来生成每个单词的特征向量表示。

事实上，考虑到 Transformer 中的残差直连结构，BERT 中每个单词的特征向量表示，是通过将该单词的词特征向量与相应的上下文特征向量拼接而成的。在双向 Transformer 编码器中，每个单词的上下文特征向量均是由该单词的左侧和右侧单词的特征向量表示拼接而成的。如在上述例子中，对单词"喜欢"，其上下文特征向量可以表示为[context_left, love_vector, context_right]，其中 context_left 和 context_right 分别表示"我"和"自然"的特征向量表示。最终，可得到整个输入文本序列中每个单词的特征向量表示，这些特征向量可用于训练和测试相应的自然语言处理任务模型，如文本分类、情感分析等。

相对于之前的自然语言处理模型，BERT 在诸多任务上都取得了显著的性能提升，被视为自然语言处理领域，特别是判别式预训练语言模型的重大突破性成果之一，历史性地成为 GPT-3 出现之前占绝对主导地位的深度学习预训练语言模型。

3.4.2　RoBERTa 模型

RoBERTa（robustly optimized BERT pre-training approach）模型，是 Meta 人工智能研究院于 2019 年 7 月提出的一种鲁棒优化的 BERT 预训练方法（Liu 等，2019）。它通过对 BERT 引入动态掩码技术，有效地改进和优化了 BERT 模型。该模型同样基于编码器架构的 Transformer 框架，参数规模为 3.55 亿个。预训练任务为掩码语言建模（MLM），但去除了下一句预测（NSP）预训练任务及其损失函数。与 BERT 的静态掩码不同，该模型采用了动态掩码技术，即对每个训练 epoch 均动态随机地生成 token 的掩码。RoBERTa 使用了数字化书籍语料库、公开的网络文本、英文维基百科等语料数据。预训练数据规模为 160GB 的纯文本语料，批次大小为 8000。RoBERTa 采用了 1024 块的 V100 GPU 算力，训练时间为一天，平均 GLUE 基准测试评分为 88.5。整体上，RoBERTa 的预训练和微调过程与

BERT 类似，都是采用大量的无标签数据进行大规模预训练，然后在众多 NLP 下游任务上进行参数微调。

如表 3.3 所示，相对于 BERT 模型，RoBERTa 模型主要进行了如下改进：

(1) 预训练任务：仅保留了掩码语言建模任务，去掉了下一句预测任务；

(2) 掩码方式：采用了动态掩码的方式，即在每个训练 epoch 中动态随机地选择相应的掩码 token，以期增强模型的鲁棒性和泛化性；

(3) 预训练数据规模：使用了比 BERT 多 10 倍的纯文本语料数据进行大规模预训练，如采用数字化书籍语料库、公开的网页文本、英文维基百科等文本语料；

(4) 预训练方法：采用了比 BERT 长得多的预训练 epoch 总数和更大的批次大小，以此提高模型的性能和学习效率；

(5) 句子级别的预训练：将两个句子拼接在一起进行预训练，可以提高模型对句子之间关系的理解能力。

表 3.3 RoBERTa 模型与 BERT 模型的不同之处

项　目	RoBERTa 模型	BERT 模型
预训练任务	掩码语言建模	掩码语言建模、下一句预测
掩码方式	动态掩码	静态掩码
预训练数据规模	160GB 纯文本语料	13GB(基准模型)、16GB(大模型)纯文本语料
预训练 epoch 总数	31 000	约 40
批次大小	8000	256
token 编码	字节水平的 BPE	字符水平的 BPE
词表大小	50 000	30 000

总的说来，RoBERTa 模型在预训练任务、掩码方法和预训练数据规模上对 BERT 模型进行了优化，有效地提高了模型的鲁棒性与泛化性，同样成为判别式预训练语言模型的重要标志性成果之一。

3.5 GPT 系列生成式预训练大型语言模型

由 OpenAI 发布的 GPT 模型，是一种仅含解码器架构的 Transformer 框架下的大型语言模型。GPT 的核心思想是通过对超大规模文本语料进行无监督预训练，使其创建、对齐、连接并记忆语义实体与语义关系，从而获得自回归语言模型与一般性世界知识，然后再针对众多 NLP 下游任务进行少样本监督指令微调，从而获得更优的任务迁移能力与跨任务、跨领域泛化能力。对已完成预训练和指令调优的 InstructGPT 模型，进一步基于人类反馈的强化学习(RLHF)实现安全与价值对齐，就可获得 ChatGPT 及 GPT API 这种可面向社会公测与应用的生成式人工智能模型。事实上，OpenAI 于 2022 年 11 月 30 日推出的 ChatGPT，已成为人工智能发展历程中的里程碑事件。ChatGPT 利用单一模型就可以完成大量的 NLP 任务，包括理解、对话、翻译、生成、搜索、编程和数学推理等，无须再进行模型的任何连接权修正意义上的监督训练，仅需少量示例类比或演示，甚至仅利用零样本提示就可以完成任务理解、内容生成等任务，获得与监督方式匹配甚至更好的性能。ChatGPT 及后续推出的 GPT-4，已具有 NLP 领域某种意义上的通用人工智能特征，不仅在 NLP 领域引起风暴，而且还在不断向真实物理世界进行延伸与拓展。

前已指出，GPT 模型是一种从左到右的单向的自回归语言模型，它可以将前面已输入或已生成的 token 或单词作为上文信息，并以此来预测下一个单词。在生成文本时，可以首先输入一个起始文本，如“巴金是一位”，然后模型就会根据前面的文本生成下一个单词，如“著名的”，这样就得到一个更长的文本“巴金是一位著名的”，之后可将其再输入模型中，让模型继续预测下一个单词，直到生成所需要的文本长度。在这个过程中，模型的输入会不断变化，每次输入的是当前已经生成的文本序列，而模型的输出则是预测的下一个单词。由于每次生成的单词都是根据之前已经生成的单词作为上下文信息，因此生成的自然语言文本序列具有连贯性和一定的语义意义。

GPT 系列生成式预训练大型语言模型目前包括 GPT（也直接称为 GPT-1）（Radford 等，2018），GPT-2（Radford 等，2019），GPT-3（Brown 等，2020），InstructGPT（Ouyang 等，2022），GPT-3.5/ChatGPT（OpenAI，2022）和 GPT-4（OpenAI，2023），其发展历程如图 3.13 所示。

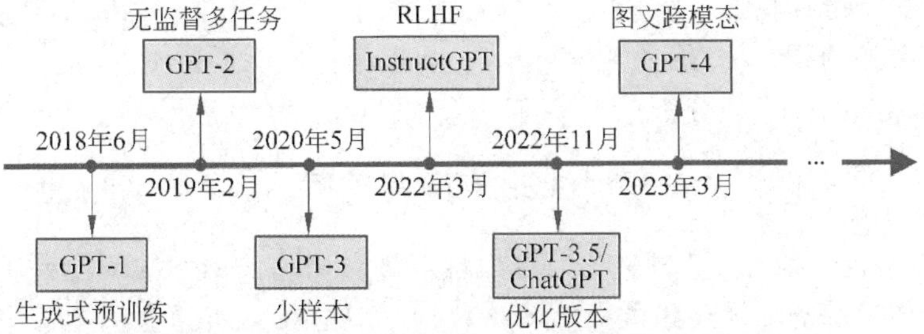

图 3.13　GPT 系列生成式大型语言模型的发展历程

图 3.13 中的 GPT-1、GPT-2、GPT-3 和 GPT-4 为 GPT 系列基础模型，而 InstructGPT 和 GPT-3.5/ChatGPT 均是利用 GPT-3 基础模型优化得到的下游微调模型，它们将在第 4 章重点介绍。GPT 系列基础模型在网络结构上都是由 Transformer 解码器块堆叠而成的，但各个阶段的研究重点与创新的方法均有所不同，同时在训练数据、参数规模、解码器块层数、多自注意力头数、模型维数和输入上下文窗口长度上不断进行规模化扩充，如表 3.4 所示。

表 3.4　GPT 系列基础模型的网络结构参数

基础模型	参数规模/亿个	解码器层数	自注意力头数	模型维数	输入上下文窗口长度/个 token	发布时间
GPT-1	1.17	12	12	768	512	2018 年 6 月
GPT-2	15	48	12	1600	1024	2019 年 2 月
GPT-3	1750	96	96	12 288	2048	2020 年 5 月
GPT-4	18 000+	120+	—	—	32 000	2023 年 3 月

注：+表示非官方数据，仅供参考（Patel 与 Wong，2023）。

① GPT-1 模型侧重于利用生成式预训练来改善语言理解，包含了 1.17 亿个连接权参数，具有 12 个解码器层，每层含 12 个多自注意力头，模型维数或多头自注意力子层的隐状

态维数为 768，输入上下文窗口长度为 512 个 token，预训练数据量约为 5GB；

② GPT-2 模型侧重于语言模型的无监督多任务学习，包含了 15 亿个连接权参数，具有 48 个解码器层，每层含 12 个多自注意力头，模型维数或多头自注意力子层的隐状态维数为 1600，输入上下文窗口长度为 1024 个 token，预训练数据量约为 40GB；

③ GPT-3 模型侧重于大型语言模型的少样本学习，包含 1750 亿个连接权参数，具有 96 个解码器层，每层含 96 个自注意力头，模型维数或多头自注意力子层的隐状态维数为 12 288，输入上下文窗口长度为 2048 个 token，预训练数据量约为 45TB，清洗后为 570GB；

④ GPT-4 模型侧重于混合专家模型与图文多模态阅读理解，包含 18 000 亿个连接权参数，具有 120 个解码器层（Patel 与 Wong，2023），模型最大的输入上下文窗口长度为 32 000 个 token，其他参数与技术细节暂时未公开。

在 GPT 系列基础模型中，GPT-1 的自回归语言建模使用了无监督预训练，之后针对各种下游 NLP 任务进行了参数的监督微调。GPT-2 与 GPT-3 的预训练与参数微调则全都使用了无监督学习方法，但模型的参数规模、深度（即解码器层数）和预训练数据量，相比 GPT-1 都逐个以大数量级增长的方式迅速规模化。此外，包括 GPT 在内的绝大部分生成式大型语言模型都能进行上下文学习评估。OpenAI、谷歌和 Meta 的部分生成式大型语言模型还能进行思维链评估。

下面以模型的网络结构、任务与学习算法、数据集和性能评估 4 方面，对 GPT 系列基础模型进行较为详细的介绍与分析。

3.5.1 GPT-1：利用生成式预训练改善语言理解

在 GPT-1 出现之前，NLP 领域的监督模型通常对训练数据集的规模要求极高，即大多深度神经网络模型都需要大规模的标签训练数据。但这在真实的应用场景中，实际很难得到，尤其是量大质优的标签训练数据，更是需要付出极大的资源与成本。有些领域甚至完全不可能，例如要将全世界不断涌现的多语种数字化文本语料都进行标注几乎不可能。为了解决上述问题，可以在潜空间中进行无须使用任何标签训练数据的自监督学习，以期通过无监督学习方式，获得相似性更好的特征表达、对齐与连接，以实现前所未有的超大规模的大型语言模型的预训练。相对于监督学习，尽管这种无监督预训练方法有可能增加一些时间与 AI 算力成本，但是可以充分发挥机器在学习效率上的优势。例如，在 NLP 领域中广泛使用的词嵌入向量的预训练模型，不仅可以提高众多 NLP 任务的性能，还具有应用时的便捷性、通用性与开放性。

1. 模型的网络结构

GPT-1 模型使用由 12 层解码器块堆叠的 Transformer 框架，其中每个解码器块由掩码多头自注意力子层和前馈神经网络子层组成，其他与标准的 Transformer 结构相同。这里采用掩码将有助于自回归语言建模，不仅可使语言模型无法访问当前位置右侧的后续 token，还可实现完形填空与前缀提示等，有利于完成对输入文本的阅读理解。最后，根据需微调的下游任务，还可添加全连接的任务头，以得到输出的概率分布。

GPT-1 模型的网络结构如图 3.14 所示，其中，$[\boldsymbol{E}_1,\boldsymbol{E}_2,\cdots,\boldsymbol{E}_N]$ 为输入嵌入向量序列，$[\boldsymbol{T}_1,\boldsymbol{T}_2,\cdots,\boldsymbol{T}_N]$ 为输出目标序列，箭头连线的方式是典型的自回归连接方式。这样的网络

结构在GPT系列模型中具有一般性。

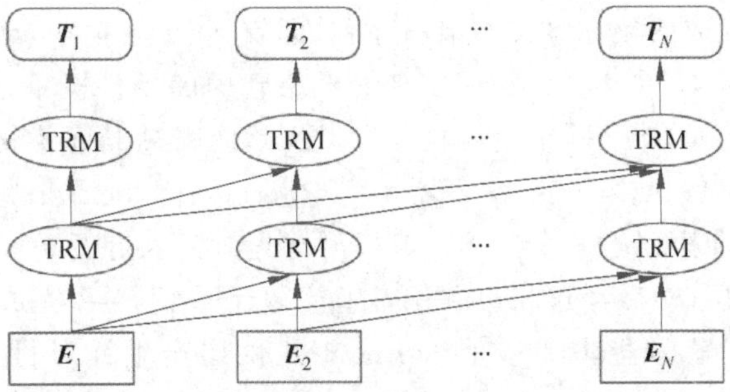

图3.14 GPT-1模型的网络结构(Radford等,2018)

GPT-1模型具有1.17亿个参数,网络结构特点如下:

① GPT-1由12个解码器层组成,每个解码器块有12个掩码多自注意力头;

② 模型维数为768;

③ 采用了可学习的位置编码嵌入;

④ 使用了40 000个BPE(字节对编码)词汇;

⑤ 对逐位置前馈神经网络层,隐状态的维数为3072;

⑥ 非线性激活函数为GeLU;

⑦ 训练的批次大小为64,输入上下文窗口长度为512个token,训练了100个epoch;

⑧ 注意力、残差和嵌入向量的Dropout被用于正则化(丢失率为0.1),L2正则化的修改版本也被用于无偏权重。

2. 任务与学习算法

GPT-1模型的核心是利用生成式预训练方法改善语言理解能力。迄今大多数性能最好的NLP模型都是针对特定任务利用监督学习方法得到的,如文本分类、情感分析与文本蕴含等任务。然而监督学习模型存在如下两个根本性的局限:一是需要大量带标签的训练数据进行监督学习,但将大型语言模型预训练所需的超大规模文本语料都打上标签,这其实很不现实;二是很难泛化到未经训练的新任务。GPT-1模型首先利用无标签的大规模文本语料数据集,进行大型语言模型的预训练。然后通过下游任务带标签的示例数据集,来完成预训练语言模型的监督微调。因此,GPT-1模型的训练过程一般分为两个阶段,即无监督预训练和监督微调。二者合在一起实际是一种半监督学习方法。

- 无监督预训练阶段:以自回归语言建模为主任务,利用大规模无标签文本语料数据集进行自监督预训练,以获得具有强大预测能力的语言模型;
- 监督微调阶段:基于迁移学习的思想,针对各种NLP下游任务,以监督训练方式微调任务头的线性层参数,完成模型对下游带标签判别式任务的适应,以获得性能更优的预测。

1) 生成式预训练的无监督学习算法

对于无监督语言建模主任务,可使用如下标准的自回归语言建模似然函数(Radford等,2018):

$$\mathrm{Loss}_1(\boldsymbol{\mathcal{U}})=\sum_i \log P(\boldsymbol{u}_i \mid \boldsymbol{u}_{i-k},\cdots,\boldsymbol{u}_{i-1};\boldsymbol{\Theta}) \tag{3.1}$$

其中，$\boldsymbol{\mathcal{U}}$ 是由 token 组成的无标签文本语料序列，即 $\boldsymbol{\mathcal{U}}=\{\boldsymbol{u}_1,\boldsymbol{u}_2,\cdots,\boldsymbol{u}_n\}$；$k$ 是输入上下文窗口长度；P 表示参数为 $\boldsymbol{\Theta}$ 的 Transformer 神经网络建模的条件概率；$\boldsymbol{\Theta}$ 是利用随机梯度下降(SGD)算法训练得到的神经网络连接权参数。实际使用 Adam 优化器，学习率为 2.5e-4。

GPT-1 利用多层 Transformer 解码器块(TRdecoder_block)来完成语言建模，这本质上是 Transformer 标准模型的一个变体。该模型首先将输入上下文 token 序列 $\boldsymbol{h}_0$，提供给掩码多头自注意力子层，然后经过相应逐位置前馈神经网络子层，完成一个解码器块的前向计算。最终通过 N 个解码器块和一个 Softmax 线性层产生针对目标 token 序列的输出分布。

$$\boldsymbol{h}_0=\boldsymbol{U}\boldsymbol{W}_{\mathrm{e}}+\boldsymbol{W}_{\mathrm{p}} \tag{3.2a}$$

$$\boldsymbol{h}_l=\mathrm{TRdecoder\_block}(\boldsymbol{h}_{l-1}),\ \forall\, l\in[1,N] \tag{3.2b}$$

$$\boldsymbol{P}=\mathrm{Softmax}(\boldsymbol{h}_N\boldsymbol{W}_{\mathrm{e}}^{\mathrm{T}}) \tag{3.2c}$$

其中，$\boldsymbol{U}=[\boldsymbol{u}_{i-k},\cdots,\boldsymbol{u}_{i-1}]^{\mathrm{T}}$ 为输入上下文 token 向量序列，N 为 Transformer 解码器块的层数，$\boldsymbol{W}_{\mathrm{e}}$ 为输入 token 嵌入矩阵，$\boldsymbol{W}_{\mathrm{p}}$ 为相应的位置编码嵌入矩阵。

2）参数微调的监督学习算法

GPT-1 通过向 Transformer 模型添加一个线性层和一个 Softmax 层来新增下游任务的任务头与任务标签，从而基于完全监督学习方法来实现预训练语言模型的参数微调。在利用式(3.1)对模型进行无监督预训练后，需要针对 NLP 下游任务对模型参数进行监督微调，以便更好地适应各种新的监督任务需求。在下游任务带标签的训练数据集 $\mathcal{C}$中，每个训练示例包含输入 token 序列 $\boldsymbol{x}=\{\boldsymbol{x}_1,\boldsymbol{x}_2,\cdots,\boldsymbol{x}_n\}$ 及其标签 $\boldsymbol{y}^{\mathrm{GT}}$。对该输入 token 序列，利用前面已经预训练过的大型语言模型，可以得到多层 Transformer 解码器块最后一层的特征向量 $\boldsymbol{h}_N$。然后将其提供给额外添加的任务头，即带参数 $\boldsymbol{W}_{\mathrm{y}}$ 的线性输出层以便给出预测值 $\boldsymbol{y}$。此时，

$$P(\boldsymbol{y}\mid \boldsymbol{x}_1,\boldsymbol{x}_2,\cdots,\boldsymbol{x}_n)=\mathrm{Softmax}(\boldsymbol{h}_N\boldsymbol{W}_{\mathrm{y}}^{\mathrm{T}}) \tag{3.3}$$

相应地，参数微调阶段的损失函数为最大化如下的似然函数，即

$$\mathrm{Loss}_2(\mathcal{C})=\sum_{(\boldsymbol{x},\boldsymbol{y})}\log P(\boldsymbol{y}\mid \boldsymbol{x}_1,\boldsymbol{x}_2,\cdots,\boldsymbol{x}_n) \tag{3.4}$$

但实际应用中并不会直接对式(3.4)进行最大化。Radford 等(2019)发现，将预训练阶段的语言建模目标作为参数微调的辅助目标函数，即通过在 $\mathcal{C}$中人为地混合预训练数据集中少量带标签的数据样本得到 $\mathcal{C}'$，在 $\mathrm{Loss}_2(\mathcal{C}')$ 的基础上，加权组合辅助目标函数 $\mathrm{Loss}_1(\mathcal{C}')$ 进行监督微调，可以提升监督微调模型的泛化性能，同时获得更快的收敛速度。

修改后的监督微调目标函数为

$$\mathrm{Loss}_3(\mathcal{C}')=\mathrm{Loss}_2(\mathcal{C}')+\lambda\,\mathrm{Loss}_1(\mathcal{C}') \tag{3.5}$$

其中，$\mathrm{Loss}_1(\mathcal{C}')$ 是用于自回归语言模型学习的辅助目标函数，λ 是对该辅助目标函数的相对权重，这里取 $\lambda=0.5$。

① 对大多数下游任务，监督微调仅需 3 个 epoch 即可，这表明在预训练期间模型已经学会了大量语言学知识，因此这里使用最少的微调就足够了；

② 在无监督预训练阶段使用的大多数超参数都可以继续用于监督微调阶段；

③ 在监督微调阶段，唯一需要的额外参数是 $\boldsymbol{W}_{\mathrm{y}}$ 和分隔符 delimiter 的嵌入向量。

3）下游特定任务的输入变换

为了在微调期间对模型结构做最小的改变，下游特定任务的输入必须被变换为相应的顺序序列。此时输入 token 需要按照如下方式进行变化或重排：

① 将表示开始与结束的特殊 token 嵌入向量，添加到输入序列中；

② 在示例的不同部分增加特殊的分隔符 token 嵌入向量，以便输入可以按顺序序列的方式提供给预训练语言模型。对于问答与多项选择题等任务，每个示例都会提供多个序列给模型。例如，一个训练示例可由多个上下文序列组成。对问答任务而言这些上下文就是问题与答案。

3. 数据集

GPT-1 无监督预训练使用的数据集为大型数字化书籍文本语料库 BooksCorpus，其中的 book3 数据集包含了 196 640 本电子书，全部为 TXT 纯文本格式，文件大小为 37GB。在该数据集中，大约有 7000 多本书籍未出版。因此各种 NLP 下游任务的测试集中很难找到这些数据，这对验证模型的泛化能力特别有帮助。此外，该数据集拥有大量的连续文本，可使模型学习到更大范围的上下文依赖关系。

4. 性能评估

在进行比较的 12 项下游任务中，GPT-1 模型在其中 9 项任务上获得了最优性能，其中被比较的基准模型都是经过监督训练的 SOTA 模型。此外，GPT-1 的另一个重大成就是对各种任务实现了相当不错的零样本性能。这标志着因为预训练，GPT-1 在包括问答和情感分析等在内的不同 NLP 任务上，已经实现了零样本性能的某种进化。

GPT-1 的上述成功，有力地证明了语言模型确实是一个非常有效的预训练目标，它可以帮助模型获得更好的泛化能力。这也同时大幅促进了迁移学习的发展，即基于语言模型的使用，实际仅需极少的微调次数就可以较好地完成各种 NLP 任务。总之，所有这一切都展示了 GPT 模型的强大力量，同时也初步表明使用更多的模型参数与更大的数据集，或有可能使上述能力得到进一步的爆发。

3.5.2　GPT-2：无监督多任务学习的语言模型

构建更大的数据集，采用更大的模型和基于监督学习的方法，是创建和训练机器学习模型的常用手段。它们通常针对单领域数据集上的单任务进行监督训练。虽有一定的性能提升效果，但对数据与任务的变化，特别是对多样化任务中的多样化输入，不仅鲁棒性较差，任务迁移与泛化不足，而且也缺乏通用性，即完成不同任务时需要手动标注每个下游任务对应的数据集。GPT-1 利用无监督预训练与监督微调结合的两阶段法，获得了很好的性能提升，是目前较好的方法。但就语言建模任务而言，NLP 中的无监督多任务学习框架更具发展潜力。原因是该方法可在更加广泛的领域与多个下游监督任务上进行无监督训练与测试，而这正是发展 GPT-2 模型的根本出发点。相对于 GPT-1，除了网络参数与数据的规模增大之外，GPT-2 模型在网络结构上并没有多大的变化。最大的创新是针对语言建模主任务与下游的多个 NLP 监督任务，利用无监督方法训练一个更加强大的语言模型，使其能够实现零样本任务迁移。

1. 模型的网络结构

GPT-2 模型具有 15 亿个参数，比 GPT-1 模型的 1.17 亿个参数多 10 倍以上。相对于 GPT-1，GPT-2 模型具有如下主要特点：

① GPT-2 由 48 个解码器层组成(GPT-1 为 12 层)；

② 模型维数为 1600；

③ 使用了更大的词汇量(50 257 个 BPE)；

④ 采用了更大的批次大小(512)和输入上下文窗口长度(1024 个 token)；

⑤ 层归一化被移至每个子层的输入，即采用前置层归一化，并在模型的最后一个掩码自注意力子层之后，额外添加了一个层归一化；

⑥ 初始化时，残差层的权重按 $1/\sqrt{N}$ 缩放，其中 N 是残差层的层数。

如表 3.5 所示，针对相同的数据集，GPT-2 预训练了 4 种具有不同网络结构参数的语言模型，模型规模分别为 1.17 亿个(与 GPT-1 规模相同)、3.45 亿个、7.62 亿个和 15 亿个，后者就是最终发布的 GPT-2。

表 3.5 GPT-2 的网络结构参数(Radford 等，2019)

GPT-2 模型	参数规模/亿个	解码器层数	模型维数
GPT-2 Small	1.17	12	768
GPT-2 Medium	3.45	24	1024
GPT-2 Large	7.62	36	1280
GPT-2 XL (GPT-2)	15	48	1600

2. 任务与学习算法

GPT-2 模型的核心依然是自回归语言建模，而且是无监督多任务的语言建模。该模型的训练目标是利用无监督语言建模完成对下游监督任务的零样本任务迁移。其基本思想：任何下游监督任务都是无监督语言模型的一个子集，当语言模型的拟合能力极强且数据量足够丰富时，仅仅依靠语言模型的无监督预训练便可同时完成所有的下游监督学习任务。

1) 多任务的条件给定

从式(3.1)可以看出，GPT 系列生成式预训练大型语言模型的自回归语言建模可以被形式化为最大化如下目标函数 $P(\boldsymbol{s}_{n-k}, \boldsymbol{s}_{n-k+1}, \cdots, \boldsymbol{s}_n \mid \boldsymbol{s}_1, \boldsymbol{s}_2, \cdots, \boldsymbol{s}_{n-k-1})$，其中 $\{\boldsymbol{s}_1, \boldsymbol{s}_2, \cdots, \boldsymbol{s}_{n-k-1}\}$ 与 $\{\boldsymbol{s}_{n-k}, \boldsymbol{s}_{n-k+1}, \cdots, \boldsymbol{s}_n\}$ 分别为输入与输出文本序列，也称上文与下文文本序列。在概率框架下，要完成单个任务的学习，确实可以利用无监督方法估计这样的条件分布，如使用具有自注意力学习机制的 Transformer 模型的无监督预训练方法。

在 GPT-2 中，为了使不同下游任务的相同输入也能产生不同的输出，需要对上述训练目标函数进行修改，即必须同时将给定任务也作为其条件，此时可将目标函数写为 $P(\boldsymbol{s}_{n-k}, \boldsymbol{s}_{n-k+1}, \cdots, \boldsymbol{s}_n \mid \boldsymbol{s}_1, \boldsymbol{s}_2, \cdots, \boldsymbol{s}_{n-k-1}, \boldsymbol{T})$，这里的 $\boldsymbol{T}$ 代表给定的任务，被称为任务条件给定，已在多任务与元学习方法中被广泛使用(Radford 等，2019)。通常还被设计与实现为特定任务的编码器-解码器架构。事实上，一些模型通过网络结构的设计，使其同时接收输入序列与任务，实现了任务条件给定。但对于语言模型来说，由于输入、任务和输出全都是自然语言的文本序列，因此多任务的完成或语言模型的任务条件给定，可简单地通过向语言模型提供示例或以自然语言指令来完成。这就是多任务语言建模的含义，同时这也构成零样本任务迁移的基础(Shree,2020)。

2) 无监督语言建模对下游监督训练任务实现零样本任务迁移

零样本任务迁移是 GPT-2 的重要能力之一。大家熟知的零样本学习只是零样本任务迁移能力的一种特例。在零样本任务迁移中，完全无须提供任何示例，模型对任务的理解仅基于给定的指令。与 GPT-1 通过重组输入序列完成微调不同，GPT-2 的输入序列直接要求模型理解任务性质，并提供答案，这个实际就是模拟了零样本的任务迁移行为。例如，在英语-法语的翻译任务中，首先向模型提供一个英语句子，然后接上法语单词与提示符号“:”，此时 GPT-2 模型就会理解这是一个翻译任务，要求其给出英语句子的法语翻译。

McCann 等(2018)的研究结果表明，训练 MQAN 这样的单一模型就可以将机器翻译、阅读理解等多个 NLP 任务统一建模为单一的分类任务，无须再为每个子任务单独设计一个语言模型。因此，当一个语言模型的容量足以覆盖多个下游监督任务时，所有下游监督训练任务都可看成无监督语言模型的一个子集(Radford 等,2019)，或视为由无监督语言模型实现了对下游监督任务的零样本任务迁移。

3. 数据集

相对于 GPT-1 预训练使用的 BooksCorpus 数据集，GPT-2 在预训练中使用更加庞大的 WebText 数据集。考虑到手动清洗完整网站的成本问题，WebText 数据集从 Reddit 平台上抓取了所有高赞文章的原始链接并从网页中提取数据。该数据集涵盖了 4500 万个链接，经过重复删除和利用启发式方法进行清洗后，共有 800 万份以上的文档，文件大小为 40GB，且数据质量更高，内容也更广泛。考虑到许多 NLP 下游任务测试集中都包含英文维基百科文档，因此在 WebText 数据集中删除了全部英文维基百科文档。

4. 性能评估

针对阅读理解、摘要、翻译与问答等下游任务的多个数据集，GPT-2 模型进行了性能评估与比较研究。

① 在零样本设置下，结合 8 个语言建模数据集进行了性能测试，其中 7 个获得了当时的最优性能。

② 随着模型参数的不断扩大，表 3.5 中的 4 个 GPT-2 模型，其性能一直在持续提升。

③ Children's Book 数据集通常用于评估语言模型在诸如名词、介词和命名实体等单词类别的性能。GPT-2 结合该数据集，将普通名词和命名实体识别的最佳准确率提高了大约 7%。

④ LAMBADA 数据集通常用于评估语言模型在捕捉长程依赖性和预测句子最后一个单词方面的性能。GPT-2 结合该数据集，将困惑度从 99.8%大幅降低到 8.6%，显著提高了准确率。困惑度是语言模型的标准评估指标之一，具有较低困惑度的语言模型被认为比具有较高困惑度的语言模型更好。

⑤ 在零样本设置下，面向阅读理解任务，GPT-2 对 4 个基线模型进行了性能测试，其中 3 个得到了更优的性能。

⑥ 在零样本设置下，面向法语-英语翻译任务，GPT-2 比大多数无监督模型表现更好，但没有超过最优无监督模型的性能，其无监督学习能力仍存在不足。

⑦ GPT-2 的文本摘要性能不是太好，其性能类似或较低于经典的摘要机器学习模型。

在上述 7 个特点中，最前面两个给人留下了足够深刻的印象，而且也最为重要。这充分表明，利用更大数量与更多样化数据集进行预训练，并扩大模型的参数规模，不但可以提高大型语言模型的阅读理解能力，而且还可以在零样本设置下超越许多 NLP 下游任务的最先进水平。Radford 等(2019)指出，随着模型容量的增加，语言模型的性能以对数线性的速率不断增加，困惑度也在持续下降，且还未达到饱和。事实上，GPT-2 的规模对 WebText 这种量级的数据集而言，有点欠拟合，增加训练时间可能会进一步减少困惑度。这说明 GPT-2 的模型规模尚有余地，继续扩充该语言模型，势必会进一步减小困惑度，并使语言模型在 NLU 方面获得更好的性能。

3.5.3 GPT-3：少样本学习的大型语言模型

前文已指出，GPT-3 完成各种复杂任务的能力比历史上任何一个模型都更加接近于人类水平，成为生成式通用人工智能发展历程中里程碑式的重大成果之一。相对于 GPT-3，GPT-2 中的零样本学习与零样本任务迁移，在方法上具有较强的创新性，但由于性能一般，推出后并未引起太大关注，影响力相当有限。为了构建强大的语言模型，GPT-3 将大幅提高任务的完成能力作为优先目标，聚焦语言模型的少样本学习，不再去追求理想的零样本任务迁移。特别地，考虑到 GPT-3 相对于 GPT-2 的参数规模被显著地扩充了 100 多倍，因此即便是仅完成模型参数的微调，须付出的成本也极其高昂。为此，GPT-3 针对众多下游任务的少样本学习，无须参数微调，即不会去改变语言模型本身的连接权参数或进行任何的梯度更新，仅利用很少的演示就能理解并执行任务，实际就是通过采用任务适应模型的范式，即提示微调去完成多样化的任务需求。由于 GPT-3 的参数规模与预训练数据集都有了很大的提高，也出现了涌现能力与领悟，因此在零样本和少样本设置下，针对各种下游 NLP 任务的性能得到了大幅提升。例如，可能会难以区分 GPT-3 写出的文章与人类撰写的文章。GPT-3 也有能力执行未经训练过的新任务，例如进行算术运算，编写 SQL 查询语句，解读句子中的单词，根据任务中的自然语言描述编写 React 或 JavaScript 的程序代码等(Shree，2020)。

1. 模型的网络结构

如表 3.6 所示，OpenAI 于 2020 年推出的 GPT-3 沿用了 GPT-1 与 GPT-2 的 Transformer 解码器块堆叠架构，但却拥有 1750 亿个连接权参数，在网络规模上有了极大的扩充。GPT-3 采用了 96 层的解码器块，其中每个解码器块中多注意力头的个数达到 96 个，模型维数为 12 888，输入上下文窗口长度提升至 2048 个 token，同时使用了传统密集自注意力模块与稀疏自注意力模块相互交替连接的网络架构设计。

表 3.6　不同规模大小的 GPT-3 模型(Brown 等,2020)

模　　型	参数规模/亿个	解码器块层数	模型维数	自注意力头数	每头维数	批次大小	学习率
GPT-3 Small	1.25	12	768	12	64	50	6.0×10^{-4}
GPT-3 Medium	3.50	24	1024	16	64	50	3.0×10^{-4}
GPT-3 Large	7.60	24	1536	16	96	50	2.5×10^{-4}
GPT-3 XL	13	24	2048	24	128	100	2.0×10^{-4}
GPT-3 2.7B	27	32	2560	32	80	100	1.6×10^{-4}
GPT-3 6.7B	67	32	4096	32	128	200	1.2×10^{-4}
GPT-3 13B	130	40	5140	40	128	200	1.0×10^{-4}
GPT-3 175B 或 GPT-3	1750	96	12 288	96	128	320	0.6×10^{-4}

GPT-3 模型的网络结构特点如下：

① 结构设计上使用了稀疏自注意力模块；

② GPT-3 由 96 层解码器块组成(GPT-2 为 48 层)；

③ 每个解码器块有 96 个掩码多自注意力头,每个头的维数为 128,因此 96 个头拼接后的隐状态向量维数为 12 288,这也就是模型维数；

④ 模型维数为 12 288,词嵌入向量长度为 2048；

⑤ 考虑到表中的所有模型都基于 3000 亿个 token 的数据集进行预训练,因此这里采用了相对较大的批次大小(320 万),且输入上下文窗口的长度也比 GPT-2 大一倍(2048 个 token)；

⑥ 预训练中使用了 Adam 优化器,其中 $\beta_1=0.9$,$\beta_2=0.95$,$\varepsilon=10^{-8}$。

总的看来,除了各方面的规模大幅增加以外,GPT-3 模型在网络结构上的最大特点就是使用了稀疏自注意力模块。传统 Transformer 中的自注意力计算通常被称为密集自注意力计算,即当前位置的 token 需要完成所有两两之间的相似性与自注意力计算,相应的计算复杂度为 $O(n^2)$,这里的 n 为序列长度。而在稀疏自注意力模块中,每个 token 仅与序列中全部 token 的某个子集进行两两之间的相似性与自注意力计算,计算复杂度为 $O(n\log n)$。具体来说,稀疏自注意力除了相对距离不超过 k 以及相对距离刚好等于 $\{k,2k,3k,\cdots\}$ 的 token,其余所有 token 的自注意力都设定为 0。

GPT-3 采用稀疏自注意力计算的优点是：

① 减小了自注意力子层的计算复杂度,降低了显存需求,提高了实时性,加大了输入上下文窗口的长度(Child 等,2019)；

② 对与当前位置距离较近的上下文关注较多,对距离较远的上下文关注相应减少,具有局部紧密相关与远端稀疏相关的特性。

2. 任务与学习算法

GPT-3 模型的核心是发展少样本学习的语言模型。GPT-3 在对下游任务进行评估与预测时,使用了少样本、1-样本与零样本设置,这些都是 GPT-2 中零样本任务迁移的特例,其中少样本设置需提供任务描述和满足上下文窗口宽度的若干输入输出示例,1-样本设置除任务描述外只有 1 个输入输出示例，而零样本设置则不提供任何示例，仅有当前任务的自然语言描述。注意：上述 3 种设置都不会对预训练语言模型的梯度进行任何的更新，即不会改变模型本身的连接权参数。原因是对 GPT-3 这样量级的参数与数据规模，若继续使用 GPT-1 中的预训练与参数微调方法，则相应的训练与使用成本可能大到无法承担，并且这种方式还非常不利于未经训练的新任务。

少样本学习也被称为上下文学习(in-context learning，ICL)，是一种典型的提示微调方法。作为语言模型元学习(meta-learning)(Rajeswaran 等，2019)的内循环，GPT-3 采用了 ICL。在元学习的外循环或无监督预训练阶段，大型语言模型使用文本训练数据来同时进行模式识别与文本理解。在完成自回归语言建模主任务，即通过学习预测给定上下文的下一个单词这一主要目标的同时，语言模型也开始识别数据中的模式，以期最小化语言建模任务的损失函数。在模型的任务迁移中，这种模式识别能力非常有用。事实上，在提供很少的演示示例和/或任务描述后，语言模型就会将示例中的模式与它过去学到的类似模式进行匹配，从而利用该知识来完成任务。

显然，与参数微调相同，ICL 也都需要使用少量带标签的文本数据。但两者之间却存在如下本质的区别：

① 参数微调需要对模型的参数进行修改或者说需要对模型的梯度进行更新，而 ICL 使用标签数据时不进行任何的梯度更新，相应的模型参数不会发生任何变化；

② ICL 使用的文本数据规模通常为 10～100 个样本，远小于传统微调方法的数据规模；

③ 针对众多下游任务的实验结果表明，零样本的调优性能最差，1-样本性能次之，少样本的性能最好，且这种趋势会随着模型规模的增大而愈发明显。图 3.15 给出了针对 SuperGLUE 中所有 42 个基准集得到的聚合性能。虽然零样本性能随着模型规模的增加而稳步提高，但少样本性能的增长更快，这表明更大的模型更擅长上下文学习(Brown 等，2020)。

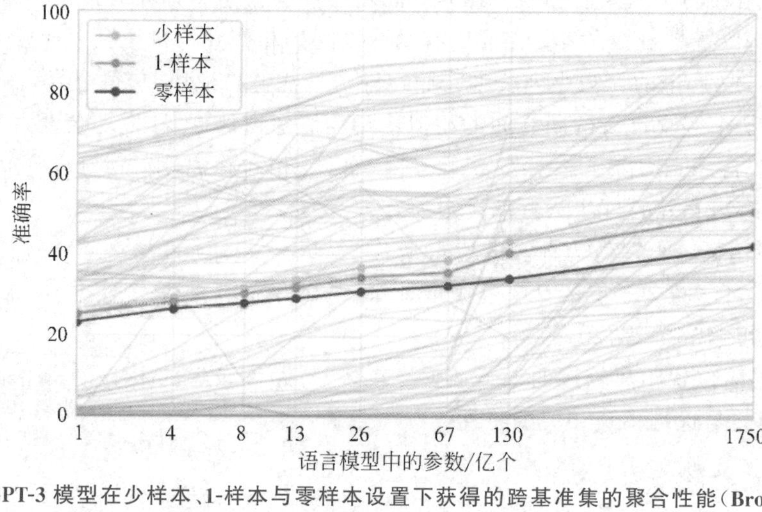

图 3.15　GPT-3 模型在少样本、1-样本与零样本设置下获得的跨基准集的聚合性能(Brown 等，2020)

3. 数据集

如表 3.7 所示，对 GPT-3 模型进行训练的 5 个文本语料数据集如下：相对低质量的网页爬取数据集 CommonCrawl，高质量的数字化电子书籍数据集 WebText2、Books1 与 Books2，以及英文维基百科等。CommonCrawl 数据集由 45TB 的压缩纯文本数据组成，但清洗之后仅有 570GB 的文件大小，相当于过滤掉了超过 98%的数据。相对于 WebText，WebText2 数据集利用了较长时间的爬取链接来进行数据收集。Books1 和 Books2 则是两个互联网图书语料库，分别具有 120 亿个和 550 亿个 token。依据表中的每字节 token 数量与比率，相应折算的文件大小分别为 21GB 与 101GB。在训练阶段，GPT-3 的数据集实际是通过混合上述 5 个不同语料库进行构建的。为了获得更高质量的训练数据，GPT-3 对这些训练数据集的采样不是按规模大小成比例进行的，而是根据数据集质量赋予不同的权值，权值越高的在训练时越容易被采样到。例如，质量较低的 CommonCrawl 和 Books2 数据集在训练过程中的采样次数少于一次，其他高质量的数据集采样次数则为 2～3 次。

表 3.7 用于训练 GPT-3 的数据集（Thompson，2022）

数据集	token 数量/亿个	token 数量/B	比率	文件大小/GB	来源
CommonCrawl（清洗后）	4100	0.71	1∶1.9	570	网页爬取
WebText2	190	0.38	1∶2.6	50	Reddit 链接
Books1	120	0.57	1∶1.75	21	电子书籍
Books2	550	0.54	1∶1.84	101	期刊
Wikipedia	30	0.26	1∶3.8	11.4	英文维基百科
合计	4990			753.4	

表 3.8 给出了 GPT-3 等大型语言模型所使用的数据集组合，即 Wikipedia＋CommonCrawl＋WebText 数据集，并对其前 20 名资源或域进行了排序。排名依据是基于数据集中每个资源的未加权重的 token 总数，这里的数据集主观权重是在模型预训练之前通过计算得出的（Thompson，2022）。

表 3.8 前 20 名资源用于 GPT-3 等的 Wikipedia＋CommonCrawl＋WebText 数据集（Thompson，2022）

排序	资源/域	数据集群组	未加权重之 token 总数/亿个
1	人物传记	Wikipedia	8.34
2	谷歌专利搜索	CommonCrawl	7.50
3	地理	Wikipedia	5.31
4	谷歌	WebText	5.14
5	文化与艺术	Wikipedia	4.74
6	历史	Wikipedia	2.97
7	生物学、健康与医学	Wikipedia	2.34
8	档案史料	WebText	1.99
9	体育	Wikipedia	1.95
10	博客网站	WebText	1.52
11	商业	Wikipedia	1.44
12	GitHub	WebText	1.38

续表

排序	资源/域	数据集群组	未加权重之 token 总数/亿个
13	其他社会	Wikipedia	1.32
14	《纽约时报》	WebText	1.11
15	WordPress 博客平台	WebText	1.07
16	科学与数学	Wikipedia	1.05
17	《华盛顿邮报》	WebText	1.05
18	维基网站	WebText	1.04
19	英国广播公司	WebText	1.04
20	《纽约时报》	CommonCrawl	1.00

4. 性能评估

GPT-3 在大量语言建模数据集与 NLP 数据集上进行了性能评估。对 LAMBADA 和 Penn Tree Bank 等语言建模数据集，GPT-3 在少样本或零样本设置中的性能优于之前的最优语言模型。对其他语言建模数据集，它也取得了最好的零样本性能。GPT-3 在闭卷问答、机器翻译等众多 NLP 任务中获得了相当出色的性能，不仅较多地冲击最好的性能记录，而且其性能也可匹配甚至超过基准微调模型。此外，就大多数下游 NLP 任务而言，相对于 1-样本和零样本设置，GPT-3 在少样本设置中的性能会更好。

除了这些传统的 NLP 任务，GPT-3 也在算术推理、单词解读、新闻稿件生成、学习和使用新词、编写代码等任务上对 GPT-3 模型进行了性能评估。总体上，完成这些任务的能力，将会随模型参数量的增加而提升，并且其少样本设置相对于 1-样本和零样本设置，性能更优。

① GPT-3 最大的创新是：提出了少样本学习的语言模型，且这里的少样本上下文学习不会改变模型本身的连接权参数；

② 结构上，融入了稀疏自注意力计算；

③ 性能上，超出了 GPT-2 很多，例如能生成人类难以区分的新闻类文章；

④ 不仅可以进行搜索，语言翻译，问答，文本填空，撰写文章，新闻生成，语法纠错，制作菜谱，完成作曲，还具有简单的数学计算和编程能力。

下面分析 GPT-3 的局限性及有待改进之处，并讨论该模型所带来的广泛影响。

① GPT-3 能够生成高质量的文本，但不能保证生成的一篇长文或者一本书籍的上下文连贯。GPT-3 在自然语言推断、空白填充与某些阅读理解等下游任务上，性能也不是太好。原因可能是 GPT 模型的单向训练方式造成的。

② 在语言建模主任务方面，GPT-3 对预训练文本序列中的每个 token 都进行了同等权重的采样，缺乏基于任务或面向目标的 token 预测理念。因此，有必要通过增强训练目标，利用强化学习进行模型微调，或采用多模态数据等予以改进。

③ 由于 GPT-3 庞大的网络架构而导致模型的推断相当复杂且成本高昂，相应生成的语言和结果可解释性较低，模型获得的少样本学习行为也具有更大的不确定性。

④ 除了这些局限性,GPT-3 还存在滥用其类似于人类的文本内容生成能力,包括出现网络污染、生成垃圾与钓鱼邮件、传播虚假信息、论文造假,或进行其他欺诈活动的潜在风险。此外,GPT-3 生成的文本可能具有语言偏见,这主要受限于训练文本语料所使用的语种。由于数据量过大,生成的文章还可能含敏感内容,如存在性别、民族、种族、宗教歧视与偏见等。

GPT-3 包括 Ada,Babbage,Curie 和 Davinci 等多个基础模型,它们在完成任务的能力以及模型本身的质量、速度和成本等方面有所区别,其中 Davinci 性能最优。2022 年 3 月 14 日,OpenAI 发布了 text-davinci-003 版本,这被归类为 GPT-3.5 系列微调优化模型。目前 GPT-3.5 实际包括了 gpt-3. 5-turbo,gpt-3. 5-turbo-0301,text-davinci-003,text-davinci-002 和 code-davinci-002,其中 code-davinci-002 也称 Codex,实际是基于代码补全任务而进行参数微调得到的下游微调模型。text-davinci-002 是该下游微调模型的 InstructGPT 版本。其余 4 款则是基于 text-davinci-002 结合 RLHF 得到的性能增强版本,具有强大的涌现能力,可提供社会公测与商业 API 应用。

3.5.4　GPT-4:图文多模态大型语言模型

相对于 ChatGPT 所依赖的 GPT-3.5,GPT-4 是 OpenAI 公司于 2023 年 3 月 14 日正式推出的新一代生成式预训练多模态大型语言模型,也是其 GPT 基础模型系列中的第 4 个。能够接收文本与图像输入,生成文本内容输出。GPT-4 包括了 gpt-4-8K 和 gpt-4-32K 两款基础模型,它们分别具有 8000 个 token 和 3.2 万个 token 的输入上下文窗口长度。

GPT-4 以付费聊天机器人产品 ChatGPT Plus 和 OpenAI GPT-4 API 的方式公开发布。作为一个基于 Transformer 框架的模型,GPT-4 利用公开数据和"第三方供应商许可的数据"进行预训练,旨在根据输入的上文对下一个 token 进行预测。预训练结束之后,通过人类及 AI 的反馈利用强化学习来对预训练大型语言模型进行微调,从而实现人类安全与价值对齐。使用 GPT-4 基础模型的 ChatGPT Plus 版本是对 GPT-3.5 版本的重大改进,然而 GPT-4 仍然存在各种早期缺陷及局限性。

相比之前的 GPT 基础模型,GPT-4 至少具有如下 3 个特点:①在结构上提出并使用了模块化的混合专家模型(mixture of experts,MoE),使模型具有更大的可扩展性;②允许多模态输入,即除文本以外,还可以使用图像、视频、语音等作为输入;③具有更大的网络规模与数据规模。总体上,OpenAI 官方拒绝透露涉及 GPT-4 的各种技术细节与统计数据,因此下面介绍的大部分 GPT-4 模型参数均属于非官方的分析与估计,仅供参考。

1. 模型的网络结构

OpenAI 于 2023 年推出的 GPT-4 延续了 GPT 系列由 Transformer 解码器块堆叠的生成式预训练架构。为了降低整体研发成本,GPT-4 采用了 MoE 框架进行模块化搭建,总共拥有 1.8 万亿个连接权参数,较 GPT-3 的 1750 亿个参数增加了 9 倍多。GPT-4 使用了 120 层的解码器块堆叠路径,输入上下文窗口长度大幅提高到 8000 个 token,最大窗口长度可达 3.2 万个 token。

GPT-4 模型的网络结构特点如下(Patel 与 Wong,2023):

① 结构设计上使用了 MoE 框架,实际由 16 个不同的专家模型组成,其中每个专家模型都专长于一个特定任务且含大约 1110 亿个参数,全部专家模型都针对不同的特定任务进行了预训练与微调;

② 输入序列的每次前向计算均须经过两个专家模型,相应的专家模型路由算法则使用了较为简单的规则;

③ 跨越 120 层解码器块的堆叠路径,整个模型总共具有 1.8 万亿个左右的巨量参数;

④ 使用了 550 亿个注意力共享参数,旨在保持对输入重要信息的一致聚焦;

⑤ 基于 13 万亿个 token 的数据集进行预训练,因此相应采用了更大的批次大小,在预训练期间,批量大小在几天内逐渐增加,最终达到了 1600 万的批量大小;

⑥ 预训练阶段的上下文窗口长度为 8000 个 token,微调后的最大窗口长度达到 3.2 万个 token,对应的训练成本极高,通常每次训练达到上千万美元;

⑦ 具有图像、视频、语音与文本等多模态输入能力。

2. 任务与学习算法

与 GPT 的其他三代模型相同,GPT-4 同样基于半监督训练方式,利用超大规模文本语料库对自回归生成式大型语言模型进行了从头开始的预训练及微调,这里的半监督训练方式与前面介绍的方法相同,就是指两步走的预训练-参数微调范式,即首先是自监督的生成式语言预训练,然后是有监督的 NLP 下游任务的判别式微调。OpenAI 训练 GPT-4 的 FLOPs 约为 2.15×10^{25},采用了微软 Azure 云大约 2.5 万块英伟达 A100 的 GPU 算力,进行 MoE 中各个专家模型的半监督训练。

对 GPT-4 的多模态输入与理解能力,相应的视觉编码器与文本编码器等相互独立,各自输出后对两者使用了交叉注意力计算。为此,GPT-4 在 1.8 万亿个基本规模之上增加了更多的参数。在文本预训练之后,它还进行了约 2 万亿个 token 的视觉-文本微调。对于视觉模型,OpenAI 原本希望从头开始进行训练,但实际使用了 CLIP 之类的视觉转文本的方式与文本模型的隐状态特征向量在潜空间进行对齐。相对来说,视觉模型的训练成本要高得多。在视觉模型中,数据加载需要的输入输出成本至少要高出上百倍,同时每个 token 对应的输入向量不是文本的几字节,而是成百上千以上的字节,因此有关图像压缩的研究十分重要。

3. 数据集

GPT-4 的预训练数据集包括 Common Crawl 和 RefinedWeb 等,规模大约为 13 万亿个 token,涉及文本数据和代码数据,以及来自 Scale AI 和内部的数百万行的指令微调数据。对 MoE 的每个专家模型,均使用混合数据集进行预训练。在集群预训练期间,考虑到预训练数据的超大规模,OpenAI 使用了可变的批量大小,在最初几天内逐渐增加,训练结束前的批量大小达到 1600 万,这是每个专家模型都能看到的预训练 token 数据集的一个子集。

在预训练与微调数据的采集方面，必须考虑到安全风险与价值对齐。与 GPT-3、InstructGPT 和 ChatGPT 类似，GPT-4 存在类似风险，如会生成有害的建议、错误代码或不准确的信息，甚至会出现事实性错误。但 GPT-4 的额外能力还导致有可能出现新的风险。为了明确这些风险的具体情况，OpenAI 聘请了 50 多位各领域专业的安全专家对该模型进行对抗性测试，包括评估其在高风险领域的行为。专家提供的有效反馈和数据，缓解和改进了大模型。例如，通过收集额外的数据，相应提高了 GPT-4 拒绝有关如何合成危险化学品的请求的能力。

GPT-4 在 RLHF 训练中加入了一个额外的安全奖励信号，通过监督训练奖励模型(RM)来拒绝对相关安全风险内容的请求，从而减少有害内容的生成。奖励是由 GPT-4 的分类器提供的，它能够判断安全边界和安全相关提示的完成方式。为了防止模型拒绝有效的请求，GPT-4 从不同的来源收集多样化的数据集，并在允许和不允许的类别上应用安全奖励信号。

4. 性能评估

OpenAI 研发的最新模型 GPT-4，使用了前所未有的超强算力与超大规模数据进行训练，在各领域和各种任务中表现出非凡的能力，表现出更多的通用智能，挑战了人类对学习和认知的理解。GPT-4 除了在更大程度上掌握了人类的自然语言之外，还可以在少样本甚至零样本设置，即在无须使用任何特殊提示下，完成数学、程序代码、图文多模态、医学、法律、心理学等领域的各种新颖且困难的任务(Bubeck 等，2023)。特别地，GPT-4 为生成式大型语言模型从文本单模态向巨型多模态模型发展，进行了重要的探索与实践。与此同时，在完成所有这些任务的过程中，GPT-4 的性能经常会大幅地超过 ChatGPT 等，惊人地接近于人类水平。考虑到 GPT-4 能力的广度和深度，Bubeck 等(2023)认为它可以被合理地视为通用人工智能(AGI)的早期版本，尽管它们仍不完备。

在 GPT-4 推出的过程中，OpenAI 利用各种基准测试集对 GPT-4 进行了性能评估，并开展了相对于 GPT-3.5 的比较性研究。各种实验结果表明，当大型语言模型的规模或任务复杂性达到或超过某个阈值，出现涌现能力之后，GPT-4 一般会比 GPT-3.5 更为准确，而且还有能力完成更具创造力的挑战性任务。

最后必须指出的是，GPT-4 可以接收纯文本内容输入，或者是接收结合文本与图像内容的提示输入，此时允许用户利用少样本与思维链提示，给定文本语言任务与视觉语言任务。相应地，GPT-4 能够生成更加准确与更加可靠的文本自然语言与代码输出。

GPT-4 的性能评估特点如下：

① GPT-4 是一个强大的多模态通用生成式大型语言模型；

② 更长的上下文窗口长度：最大为 3.2 万个文本单词读入，同时允许用户使用更长的文本内容生成，更长的对话和更长文档的搜索与分析；

③ 创新了多模态连接关系的特征表达与学习，演示了多模态图文阅读理解能力；

④ 经过 6 个多月的监督微调与 RLHF，该模型具有更好的安全性与更为准确的价值对齐(符合人类的常识与价值观)：根据 OpenAI 的内部评估，相对于 GPT-3.5，由于融入了更

多的人类反馈，对敏感或被禁止的内容，GPT-4 响应请求的可能性降低了 82%，但生成事实性响应的可能性却提高了 40%；

⑤ 具有更强的推理能力与语言翻译能力：包括准确率更高的数学推理、常识推理、逻辑推理与符号推理能力；

⑥ 具有更强的考试能力：如图 3.16 所示，律师资格考试（BAR）成绩超过 90% 的人类考试，而 ChatGPT 仅为 10%，GRE 语文考试几乎满分，生物奥林匹克成绩超过 99%的考生，已通过谷歌 L3 级软件工程师的入职测试；

⑦ 更具创造力与协作性：由于具有更加宽广的常识或一般性知识与问题求解能力，GPT-4 能够更加准确地完成复杂任务，能够与用户协作完成需要创造性与技巧性的写作任务，例如创作歌曲与电影剧本，甚至去学习用户的写作风格等。

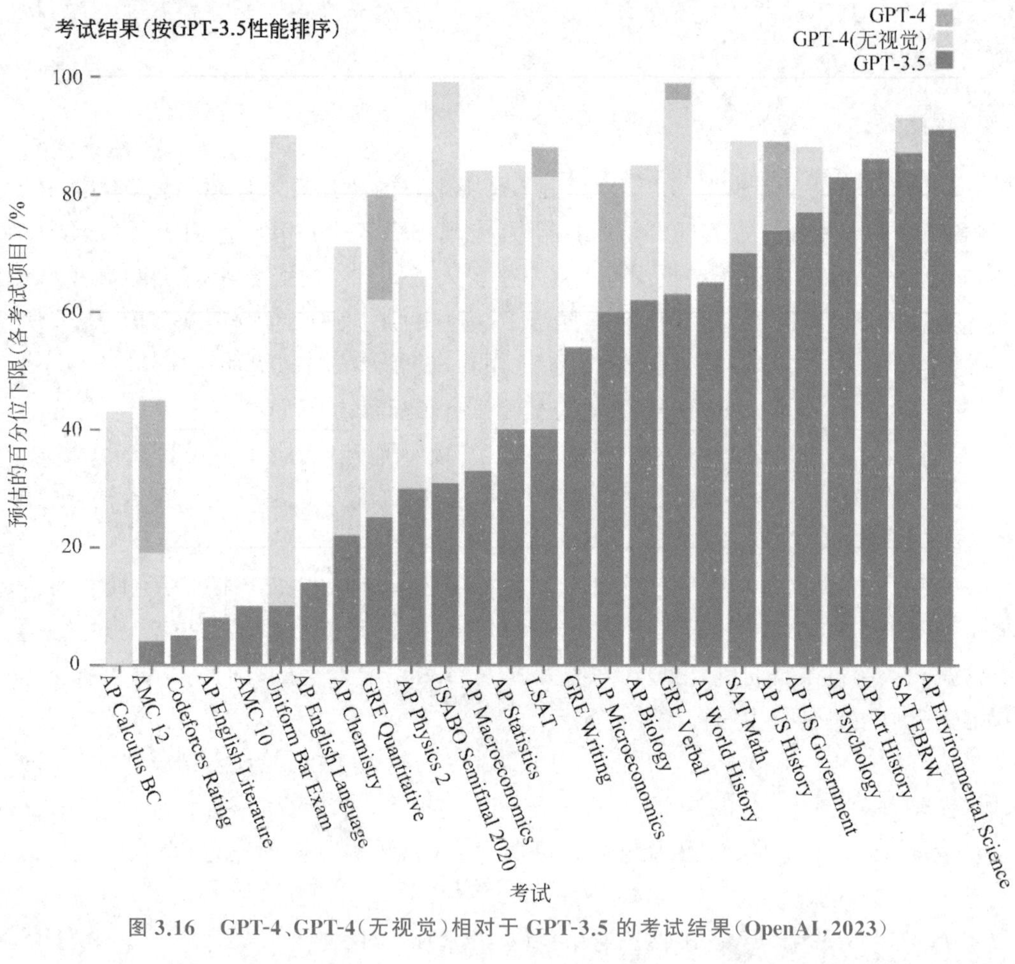

图 3.16　GPT-4、GPT-4(无视觉)相对于 GPT-3.5 的考试结果(OpenAI，2023)

此外，在安全与对齐方面，ChatGPT 在轮数较多的连续对话中有可能产生幻觉与偏好内容，但 GPT-4 显著减少了幻觉。如图 3.17 所示，在 OpenAI 的内部对抗性事实性评估中，GPT-4 的得分比最新版本的 GPT-3.5(ChatGPT-v4)高 40%。

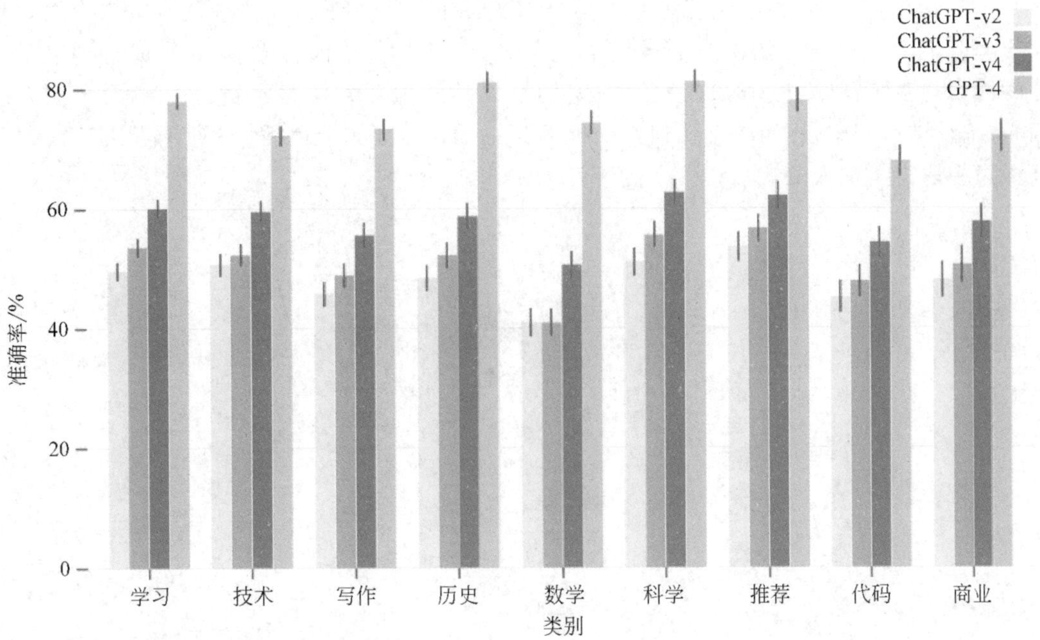

图 3.17 GPT-4 相对于 ChatGPT 的基于分类的内部事实性评估(OpenAI, 2023)

3.6 本章小结

本章围绕构建深度学习大型语言模型的根本目的,首先介绍了各种大型语言模型的发展现状,涉及各种大型语言模型的动态演进、技术架构分类与代码开源情况等。其次分析了3种架构的大型语言模型的Transformer框架,包括前缀(编码器)-解码器架构、编码器架构和解码器架构的Transformer框架,这里尤其对解码器架构的生成式大型语言模型进行了重点阐述。之后按照上述的体系安排,依次对3类预训练大型语言模型中最具代表性的若干模型进行了简要说明。在混合式预训练大型语言模型中,简单地介绍了T5模型,然后较为详细地分析了GLM模型。同时指出这种类型的大型语言模型,综合了生成式与判别式模型的优点,既有较好的自回归文本生成能力,也可获得较强的文本阅读理解能力,时至今日仍有相当的发展。针对判别式预训练大型语言模型,先后介绍了BERT模型和RoBERTa模型。事实上,这两种最为典型的判别式语言模型,在2020年5月GPT-3问世之前,一直是学术界与产业界追捧的热点模型。最后本章重点介绍了GPT系列的基础语言模型,特别是GPT-3和GPT-4这两种取得非凡成就的大型语言模型。2018年6月由OpenAI首先提出的GPT也称GPT-1,侧重于利用生成式预训练来改善语言理解能力,具有1.17亿个连接权参数,使用了5GB的预训练数据量。2019年2月发布的GPT-2,侧重于语言模型的无监督多任务学习,包含了15亿个连接权参数,预训练数据量约为40GB。上述两个模型都属于GPT的早期发展阶段,实际让OpenAI非常受挫,原因是GPT-1和GPT-2在包括文本阅读理解能力等在内的各个方面的性能,都较谷歌的BERT差。2020年5月,GPT-3的问世,成为人工智能发展的里程碑事件,也成为预训练大型语言模型发生改变的主要转折点。GPT-3模型侧重于大型语言模型的少样本学习,1750亿个连接权参数较

GPT-2 扩大了 100 多倍,同时使用了 45TB 的数据进行预训练,通过数据、模型与算力的超大规模的不断扩充,使其出现了涌现能力与领悟能力,大幅提高了 GPT-3 完成各种复杂任务的能力与水平。GPT-3 的这种能力,特别是以其作为基础模型经过进一步调优推出的 ChatGPT 与 GPT-4,比历史上任何一个模型都更加接近于人类水平,在通用人工智能的不懈探索中取得了惊人的成功。

第 4 章

ChatGPT 的大规模预训练与微调

本章学习目标与知识点

- 了解 GPT 从零开始预训练的基本概念
- 熟练掌握 ChatGPT 指令调优及价值对齐的基本概念与相关原理
- 掌握强化学习的基础知识
- 了解 ChatGPT 规模化与工程化中使用的优质数据与 AI 算力等关键技术

在自然语言处理领域，目前存在如下 4 种范式：

(1) 对传统的非神经网络模型的完全监督学习，如支持向量机、决策树；

(2) 对神经网络结构的完全监督学习，如对深度卷积神经网络、LSTM 等递归神经网络与 Transformer 注意力神经网络的误差反向传播算法；

(3) 预训练-参数微调范式，是指针对语言建模主任务构建的预训练模型，面向众多下游一级任务，通过模型中部分或全部连接权参数的微调，使预训练语言模型进一步适应多样化下游任务，进行任务泛化迁移与价值对齐，得到调优预训练语言模型，即完成所谓模型适应任务，这里的部分参数微调主要是通过增加各种任务头或任务颈进行的；

(4) 预训练-提示微调范式，例如对完形填空提示与前缀提示，利用提示方法使下游任务重构，以适应于预训练语言模型，即完成所谓任务适应模型，此时语言模型本身的参数不会发生任何改变，而提示输入或任务完成路径的变化会有效提升下游任务的预测准确率。

本章首先介绍了大规模预训练的相关概念与基本原理，包括针对预训练进行的任务分级、基础模型的选择以及大规模预训练方法与对比式自监督学习算法。其次，对 ChatGPT 预训练模型的指令调优与 RLHF 价值对齐算法进行了重点介绍，包括系统阐述了强化学习的基础知识，分析了基于人类反馈强化学习的价值对齐，并对监督微调模型(SFT)与奖励模型(RM)的监督训练，特别是 A2C 框架下的 PPO-ptx 强化学习算法进行了深入细致的描述。之后简要介绍了面向各种任务的性能评估指标。在本章最后，对 ChatGPT 规模化与工程化中涉及的优质数据、超强算力等若干关键技术进行了讨论。

4.1 引言

ChatGPT/GPT-4 可视为一个基于深度学习的端到端的数据智能新物种，其核心是重构了人类的语言智能，封装和压缩了人类的一般性知识。换句话说，基于数据驱动的端到端方法，它们在某种意义上模拟了人类的语言智能，而且这种基于深度学习极限使用的语言智能，不仅能够接收、理解并生成多语种的人类自然语言，而且还可完成下游的多样化自然语言处理任务，且其任务的完成能力已达到目前最好的水平。

由 OpenAI 发布的 GPT 是一种基于深度学习的大型语言模型。GPT 的核心思想是通过对超大规模文本语料的无监督预训练，使其创建、对齐并记忆语义实体、语义关系和语法结构等自然语言处理任务中的通用知识，模拟语言预测技术，然后再利用监督学习与强化学习针对下游任务进行微调，从而获得安全与价值对齐的更优的语言任务解决能力。特别地，对已完成预训练和指令调优后的 InstructGPT 基座语言模型，在增加安全与价值对齐算法后，OpenAI 于 2022 年 11 月 30 日推出的 ChatGPT，已具有自然语言处理领域中某种意义上的通用人工智能特征，成为人工智能发展的里程碑事件。ChatGPT 及后续推出的 GPT-4，已可由单一模型完成对话、翻译、生成、搜索、编程、数学能力等大量的自然语言处理任务，并可获得最接近于人类水平的泛化能力。

作为迄今最为成功的生成式大型语言模型（LLM），ChatGPT/GPT-4 的构建主要涉及训练、部署和持续优化等 3 个大的方面。此处，ChatGPT 的训练主要包括预训练与微调，其中微调又涉及参数微调和提示微调。为了使预训练大模型适应下游任务或微调数据集，近期不断涌现出各种性能优异的微调优化方法。除提示微调和可进行价值对齐的人类反馈强化学习（RLHF）微调外，还包括配置在预训练大模型顶部的可学习回归适配器（LoRA）参数微调、可替换大模型特定层的适配器（adapter）参数微调、针对输入序列进行的前缀微调（prefix-tuning）、修改预训练大模型自注意力机制的 P 微调（P-tuning）等。本章仅介绍指令调优及价值对齐，而后者包括了 SFT 模型与 RM 模型的监督训练及 A2C 框架下基于 PPO-ptx 强化学习的最优策略生成，这也被称为基于人类反馈的强化学习（RLHF）。整体上，ChatGPT 的训练流程可以细分为如下 4 个阶段：①预训练与指令调优；②监督微调模型的监督训练；③奖励模型的监督训练；④基于 PPO 强化学习的最优策略生成与价值对齐。

ChatGPT 的核心技术主要包括如下内容。

① LLM 的超大规模预训练技术；

② LLM 的微调优化技术（指令调优）；

③ 基于 RLHF 的价值对齐技术（含监督学习与 PPO 强化学习）；

④ 多任务性能评测技术；

⑤ 规模化性能预测工具链；

⑥ 语义对齐工具链；

⑦ 数据与 AI 算力准备。

目前已完成预训练、指令调优且已利用 RLHF 进行价值对齐的大型语言模型，主要包括 OpenAI 的 ChatGPT、GPT-3.5 API 和 GPT-4，也涉及谷歌的 Gemini、Meta 的一些最新 LLM（如 Llama 3.1 405B 等），以及国内的众多大型语言模型。ChatGPT/GPT-4 大型语言模型的巨大成功，本质上是源于深度学习极限使用的巨大成功，是 Transformer 注意力学习机制的巨大成功，也是多种要素的整合，如超大规模高质量数据资源、超大规模分布式训练所需的 AI 算力支撑、顶级人才及团队，以及针对大型复杂系统进行工程化落地的一次巨大成功。

下面对 ChatGPT 的预训练任务、模型选择（包括超参数优化）、指令调优、RLHF、性能评估以及规模化与工程化中的数据准备与 AI 算力支撑等关键技术，分别进行介绍与分析。

4.2　大型语言模型的大规模预训练

传统的监督学习方法在训练模型时使用了数据与特征层次的“点”输入，并对照期望的“点”输出进行误差反向传播。与此不同的是，在语言模型的构建中，训练样本的“点”输入被替换为自回归或含掩码的自然语言文本提示序列，这里的掩码可以在输入提示序列内，也可以是必须预测的下一个单词及其后缀序列。

语言模型的构建框架主要涉及两个方面的内容：①允许基于大量原始文本语料对语言模型进行从零开始的预训练；②通过定义新的提示函数，能够完成相应的微调，以实现对预训练模型的调优及价值对齐。

如何进行大型语言模型的预训练？如何通过对大模型的调结构与调超参数，进行某种意义上的“炼丹”？如何爬取、清洗、语义对齐巨量无标注高质量全球多语种文本数据？如何构建规模化性能预测工具链与语义对齐工具链？如何构建、管理和扩充分布式 AI 算力基础设施？这些都是被普遍关注的热点问题。

本节的知识点包括如下内容：

① 什么是大规模预训练；

② 有哪些大规模预训练方法；

③ 生成式 Transformer 大型语言模型的对比式自监督学习。

4.2.1　预训练任务与模型选择

这里首先重点介绍 LLM 在进行大规模预训练时所依据的主任务，然后概述对预训练模型进行指令调优及价值对齐的一级任务（辅助增强任务），并进一步说明进行垂域应用的二级任务（应用任务）。这也被称为领域模型（通用主任务）、行业/场景模型（多任务）和任务模型（单任务）。最后说明如何选择 LLM 构建时的 Transformer 神经网络基础模型。

1. 预训练任务

1）预训练的主任务、噪声算子与特征计算的方向性依赖

语言模型的构建主要围绕预训练的主任务、噪声算子的使用与注意力特征计算的方向性依赖等 3 个因素进行各种不同的组合。

（1）预训练主任务。

顾名思义，语言模型预训练的主任务是对人类的自然语言进行建模，这一般包括自回归语言建模（ALM）主任务和文本去噪主任务，后者又可划分为受噪文本重建（CTR）主任务和全文重建（FTR）主任务，这里的受噪或受损是指对输入文本施加了噪声算子，因此受噪文本重建主任务又可进一步细分为掩码语言建模（MLM）主任务和置换语言建模（PLM）主任务等。

① 自回归语言建模主任务。也称标准语言建模（SLM）主任务，目的是根据文本训练语料库对语言模型进行预训练，以期最大化下一个 token 预测的概率。该主任务通常以自回归方式进行，即每次以从左到右的顺序去预测序列中下一个 token 出现的概率。

一般地，GPT 系列大型语言模型都使用自回归语言建模作为其预训练的主任务。

② 文本去噪主任务。除自回归语言建模主任务以外，另外一个使用频度更高的主任务就是文本去噪主任务。该方法首先对原始输入文本作用噪声函数或噪声算子，以此获得受噪或受损文本，然后再尝试重建或恢复出原始输入文本。

这包括如下两种常见的方式：

a）受噪文本重建主任务。

该主任务通过计算输入文本中受噪部分的损失函数，目的是将其恢复回原始未受损状态，这一过程仍然是为了完成自然语言建模。受噪文本重建主任务也就是掩码语言建模主任务，在实际语言建模中使用最多。

b）全文重建主任务。

为了构建语言模型，在该主任务中，无论输入文本是否曾经受噪，都可通过计算整个输入文本的损失函数来重建原始输入文本。全文重建主任务更注重整体性，因此在生成式任务中更具优势。

总的看来，语言模型预训练主任务的选择，对于下游一级任务甚至二级任务的适用性，均具有较大的影响。例如，考虑到自回归语言模型通常是按照从左到右的顺序生成，因此它可能特别适用于文本内容生成与前缀提示类一级任务。而根据受噪文本重建主任务获得的预训练语言模型，则由于更侧重于输入文本的表达与理解，因此更适合于完形填空提示类一级任务。显然，利用全文重建主任务完成预训练的语言模型，也可用于文本生成一级任务。不过诸如分类之类的其他一级任务，则可使用上述 3 个主任务中的任何一个来加以解决。

表 4.1 列举了不同类型大型语言模型的预训练主任务，其中 $\boldsymbol{x}$ 和 $\boldsymbol{y}$ 分别表示待编码的输入文本与待解码的输出文本。第 3 章已指出，通过对 Transformer 模型中编码器、解码器架构的不同拆解与使用，大型语言模型的 Transformer 框架可分为前缀-解码器架构、编码器-解码器架构、编码器架构与解码器架构等 4 种类型，它们分别被称为前缀混合式、混合式、判别式和生成式大型语言模型。前缀-解码器架构与编码器-解码器架构，均具有 Transformer 编码器与解码器的完整结构，但前缀-解码器式模型的编码器与解码器之间需要共享连接权参数，而编码器-解码器式模型则使用各自不同的连接权参数，且两者预训练的主任务相同。总之，在上述 Transformer 框架下，解码器侧一般使用自回归语言建模作为预训练主任务，而编码器侧则通常基于受噪文本重建主任务或全文重建主任务进行预训练。

表 4.1 大型语言模型的预训练主任务

大型语言模型	待编码输入文本 x			待解码输出文本 y		
	预训练主任务	噪声算子	方向性	预训练主任务	噪声算子	方向性
前缀混合式模型（如 ChatGLM）	受噪文本重建（掩码语言建模）	任意算子	双向掩码	自回归语言建模	无	对角掩码
混合式模型（如 T5 与 BART）	受噪文本重建（掩码语言建模）/全文重建	任意算子	双向掩码	自回归语言建模	无	对角掩码
判别式模型（如 BERT，RoBERTa）	受噪文本重建（掩码语言建模）	掩码算子	双向掩码	—	—	—
生成式模型（如 ELMo 与 GPT 系列）	—	—	—	自回归语言建模	无	对角掩码

(2) 噪声算子。

除选择的主任务不同之外,影响预训练 LLM 的第二个重要因素是噪声算子的使用。在文本去噪主任务中,输入文本受损或受噪的类型,将直接影响预训练算法的有效性。事实上,对噪声类型的选择性控制可用来融入先验知识。例如,若受噪部分集中于输入文本的实体,则可学习到对实体具有特别高预测性能的预训练模型。

下面是 4 种典型的噪声算子或噪声函数。

① 掩码算子。

输入文本在不同级别上被掩码,即利用诸如[MASK]这样的特殊掩码 token,去替换掉输入文本中的一个 token 或多个 token。这里的掩码可以是根据某种概率分布随机设计的,也可以是为了导入某种先验知识而专门设计的。如前面提到的实体掩码例子,就是为了增强模型预测实体的能力而设计的。例如:

[原始输入文本]:“飞机正在机场滑行。”

[受噪输入文本]:“飞机正在机场[MASK]。”

[掩码算子]:一个“滑行”token 被掩码;

[原始输入文本]:“飞机正在机场滑行。”

[受噪输入文本]:“飞机正在[MASK]滑行。”

[掩码算子]:一个“机场”实体被掩码。

② 替换算子。

替换算子与掩码算子类似,区别仅在于输入文本中的一个或多个 token,不是用[MASK]而是用另外一个或多个 token 予以替换。例如:

[原始输入文本]:“飞机正在机场滑行。”

[受噪输入文本]:“飞机正在[厂房]滑行。”

[替换算子]:一个“机场”实体被替换为“厂房”实体。

③ 删除算子。

直接删除掉输入文本中的一个或多个 token,不用去添加[MASK]或使用任何其他 token。该算子通常与全文重建主任务配套使用。例如:

[原始输入文本]:“飞机正在机场~~滑行~~。”

[受噪输入文本]:“飞机正在机场。”

[删除算子]:一个“滑行”token 被删除。

④ 置换算子。

首先将一维输入文本划分为不同的区间(由一个或多个 token、子句或句子组成),然后将这些区间置换为新的文本。例如:

[原始输入文本]:“飞机正在机场滑行。”

[受噪输入文本]:“滑行。飞机正在机场]”

[置换算子]:“滑行。”组成一个区间被置换。

(3) 特征计算的方向性依赖。

对不同的预训练 LLM,需要考虑的第 3 个重要因素是特征计算中依赖的方向性问题,这里的特征表达通常是指 Transformer 中隐状态的注意力特征表达。

一般说来,有如下两种广泛使用的特征计算方式。

① 从左到右依赖。

每个当前token的自注意力特征表达，是根据该token及其左侧方所有前序token的特征来进行计算的，这相当于对当前token右侧的全部token进行掩码。例如，“巴金是著名的文学家”，这里“著名”这个当前词组的自注意力特征表达，就是基于该词组及其左侧前序单词或词组计算得到的。这类情形通常被应用于自回归语言建模主任务，或出现在全文重建主任务的输出侧的特征表达计算中。

② 双向依赖。

每个当前token的自注意力特征表达，是利用输入文本中的全部token计算得到的，包括当前token及其左、右侧的所有token。在上述例子中，“著名”会受到句子中所有单词或词组的影响，甚至是处于右侧或后序位置的“文学家”。

除了上面两种最常见的特征计算方式之外，还可以将这两种策略在一个模型中混合使用，或者将特征表达的顺序进行随机置换。事实上，利用神经网络实现这些策略时，通常是基于注意力掩码来具体实现的。例如在Transformer架构中，实际就是对该注意力模型中的值向量进行掩码。

2）一级任务：预训练模型的辅助任务

除了上述主任务外，通常还需要设计各种预训练一级任务（或称辅助任务），以进一步提高预训练语言模型执行多样化下游任务的能力。这种对任务的分级设计，通过对目标函数的设定，对LLM的预训练、调优与应用实现，它十分关键且具有决定性意义。事实上，对预训练语言模型而言，预训练-微调是最具代表性及影响力的训练范式。对已完成预训练的LLM，需要面向下游的众多一级任务，通过增加任务头获得可调连接权参数，或直接对全部连接权参数进行微调，以使其更加适应多样化任务要求，并获得更好的泛化性能。

在自然语言处理领域，常见的一级任务主要包括分类（CLS）、序列标记（TAG）、文本生成（GEN）、下一句预测（NSP）、句子顺序预测（SOP）、大写单词预测（CWP）、句子位置复原（SDS）、句子距离预测（SDP）、掩码列预测（MCP）、文本-视觉对齐（LVA）、图像区域预测（IRP）、替换token检测（RTD）、句间关系预测（DRP）、翻译语言建模（TLM）、信息检索相关性（IRR）、单词-段落预测（TPP）、通用知识-文本预测（UKTP）、机器翻译（MT）、翻译对完形填空（TPSC）、翻译完形填空（TSC）、多语言替代token检测（MRTD）、翻译替代token检测（TRTD）、知识嵌入（KE）、图像到文本生成（ITT）、多模态到文本生成（MTT）等。

在计算机视觉领域，常见的一级任务主要包括视觉目标检测、视觉目标定位或分割（含语义分割、实例分割与全景分割）、视觉目标分类与补全、视觉目标跟踪、视觉同时定位与建图（vSLAM）、视觉在线建图、视觉鸟瞰图（BEV）特征、视觉场景分类、视觉场景图生成（SGG）、视觉行为意图预测、视觉-文本语言对齐等。这里的视觉也包括点云等3D视觉。

3）二级任务：预训练模型的应用任务

与人类类似，ChatGPT/GPT-4等通用人工智能已具有完成一系列挑战性复杂任务的能力。对LLM而言，在已完成预训练及进行参数调优之后，最重要的事情就是如何用好这样的大模型。例如，针对ChatGPT/GPT-4，需要根据待解决的二级任务（或称应用任务），利用预训练-提示微调范式，重构二级任务描述，包括完善任务指令细节，增加任务示例样本，进行任务分解，并详细给出一系列中间步骤或尽可能补全后续路径等，以使二级任务更加适应于连接权参数已全部固定的调优预训练LLM，从而使其能够更加动态、更加精准与更接近于人类智能水平地完成各种特定应用场景的挑战性任务。显然，面向千行百业的应用任务会更加多样化，例如自动驾驶与人形机器人中的感知、预测与规划问题等。这些同时也是大模型应用工程中最为关注的二级任务。

2. 模型选择：生成式 Transformer 架构的大型语言模型成为主要趋势

表 4.2 给出了若干大型语言模型的网络结构参数(Zhao 等，2023)，其中绝大部分都是生成式或称因果解码器 Transformer 架构的大型语言模型。表中分别给出了模型的连接权参数规模、Transformer 神经网络架构中采用的归一化层类型、位置编码、激活函数类型、是否考虑了偏置、解码器或编码器-解码器基本结构单元的层数、每个基本结构单元中使用的自注意力头的个数，还进一步给出了 Transformer 架构中隐状态的维数和训练期间上下文输入窗口的最大长度。

表 4.2　若干大型语言模型的网络结构参数(Zhao 等，2023)

大型语言模型	类型	模型规模/亿个	归一化	位置编码	激活函数	偏置	层数	头数	模型维数	窗口长度/个 token
GPT-3	生成式	1750	前层归一化	可学习	GeLU	有	96	96	12 288	2048
PanGu-α	生成式	2070	前层归一化	可学习	GeLU	有	64	128	16 384	1024
OPT	生成式	1750	前层归一化	可学习	ReLU	有	96	96	12 288	2048
PaLM	生成式	5400	前层归一化	RoPE	SwiGLU	无	118	48	18 432	2048
BLOOM	生成式	1760	前层归一化	ALiBi	GeLU	有	70	112	14 336	2048
MT-NLG	生成式	5300					105	128	20 480	2048
Gopher	生成式	2800	前 RMS 归一化	相对位置			80	128	16 384	2048
Chinchilla	生成式	700	前 RMS 归一化	相对位置			80	64	8192	
Galactica	生成式	1200	前层归一化	可学习	GeLU	无	96	80	10 240	2048
LaMDA	生成式	1370	前层归一化	相对位置	GeGLU		64	128	8192	
Jurassic-1	生成式	1780	前层归一化	可学习	GeLU	有	76	96	13 824	2048
Llama	生成式	650	前 RMS 归一化	RoPE	SwiGLU	有	80	64	8192	2048
GLM-130B	前缀-解码器式	1300	后深度归一化	RoPE	GeLU	有	70	96	12 288	2048
T5	编码器-解码器式	110	前 RMS 归一化	相对位置	ReLU	无	24	128	1024	512

除了上述网络结构参数与连接权参数之外，随机梯度下降法(SGD)与自适应矩估计(Adam)优化器中的学习率、动量项大小、训练集中的批量大小等超参数的选择与优化，对保证 LLM 超大规模预训练的收敛性、收敛速度及泛化性能，也同样起着十分重要的作用。考虑到 LLM 的连接权参数规模十分庞大，因此每一个轮次(epoch)甚至每一个批次(batch)的预训练，均对 AI 算力提出了巨大的需求。

4.2.2　大规模预训练方法

LLM 的连接权参数规模已从几十亿个增加到了几十万亿个，所需的预训练数据与 AI

算力也随之迅速增长。利用巨大规模的高质量上下文文本语料数据，前缀或完形填空提示被用来引发 LLM 生成主任务与一级任务的期望答案，这被称为 LLM 的预训练与调优。这些经过提示调优的预训练 LLM，如 ChatGPT 与 GPT-4，已在许多下游 NLP 任务中表现出接近人类水平的惊人能力。

1. 预训练-提示微调范式

与传统范式不同的是，对单模态文本 LLM 进行的预训练，实际是基于提示进行的自监督学习。传统的完全监督学习方法，在模型训练时使用"点"样本输入，并给出"点"样本输出。但提示学习的目的是面向自然语言模型的构建，此时训练样本的"点"样本输入被替换为具有对角掩码或双向掩码的输入提示序列，即这里的掩码可以是须预测的下一个单词，也可以是输入提示序列中的完形填空。这种预训练-提示微调范式具有强大的能力：①允许基于大量原始文本语料对语言模型进行无监督预训练；②通过定义新的提示函数，能够完成少样本甚至零样本的微调学习，以实现对预训练语言模型的调优。考虑到 GPT-3 基础模型具有 1750 亿个连接权参数，因此 ChatGPT 这样量级的超大规模 LLM 预训练及调优，无疑是极具挑战性的。

针对不同的语言模型，图 4.1 给出了 LLM 的 4 种主流的预训练方法。它们分别在预训练的主任务、噪声算子的选择与特征计算的方向性依赖 3 个方面进行了各种不同的组合，这里 $\boldsymbol{x}_i$ 和 $\boldsymbol{y}_i$ 分别表示 Transformer 框架中编码器的文本输入与解码器的文本输出。

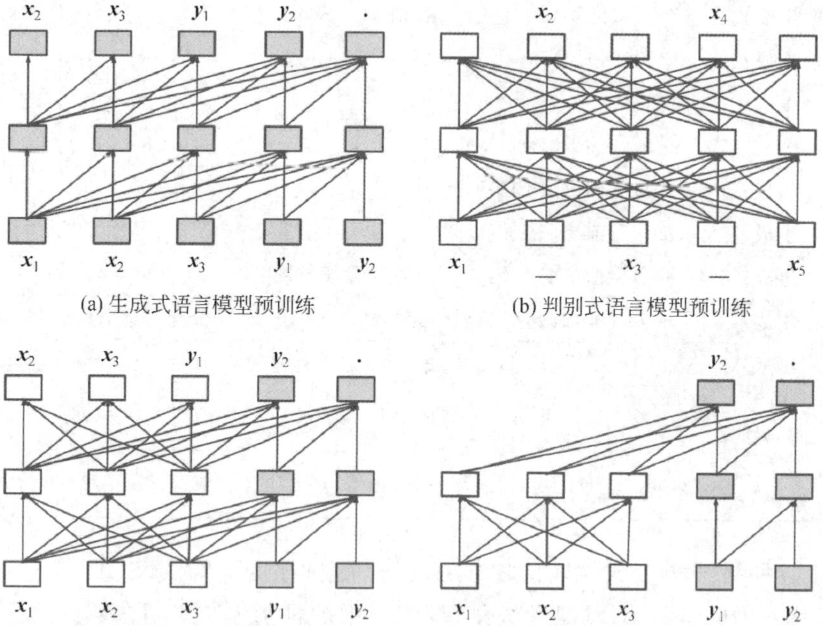

图 4.1　大型语言模型的 4 种主流的预训练方法

2. 4 种典型的预训练方法

1）生成式语言模型的预训练方法

如图 4.1(a)所示，生成式语言模型也称从左到右的语言模型，是一种自回归语言模型，其预训练主任务为自回归语言建模，注意力特征表达的计算需要从左到右进行，一般不使用噪声算子，采用对角掩码，即当前位置右侧的 token 被掩码。生成式语言建模通常用于根据上文序列 $\{\boldsymbol{x}_1, \boldsymbol{x}_2, \cdots, \boldsymbol{x}_{n-1}\}$，去预测下文或下一个 token(即$\boldsymbol{x}_n$)，并进而给出其联合分布概率 $P(\boldsymbol{x})$ 为

$$P(\boldsymbol{x}) = P(\boldsymbol{x}_1) \times P(\boldsymbol{x}_2 \mid \boldsymbol{x}_1) \times \cdots \times P(\boldsymbol{x}_n \mid \boldsymbol{x}_1, \boldsymbol{x}_2, \cdots, \boldsymbol{x}_{n-1}) \tag{4.1}$$

自 1913 年 Markov 提出自回归语言模型以来，该模型一直是标准的语言建模方法。它通常具有两种实现，即传统基于计数法的模型实现和基于神经网络的模型实现。目前生成式预训练模型中最具代表性的例子就是 GPT-3(Brown 等，2020)和 GPT-4(OpenAI，2023)。

生成式预训练语言模型已发展为被许多提示方法采用的主流大型语言模型(Radford 等，2019；Brown 等，2020)。但 gpt-3.5-turbo 等闭源生成式大型语言模型规模巨大，预训练极其困难，其预训练策略及其细节通常不会公开。因此，在预训练-提示微调范式中直接面向 gpt-3.5-turbo 进行参数微调的可能性极小。

在 ChatGPT 与 GPT-3.5 API 中，所有预训练语言模型都使用了 GPT-3 基础模型(Brown 等，2020)。在 RM 模型或价值函数网络的监督学习中，Transformer 神经网络的隐状态层均设定为投影层，以期进行自注意力或交叉注意力计算，并获得注意力标量采样值。与此同时，上述强化学习模型都采用 16 位浮点精度的连接权值与激活值。但预训练语言模型的连接权值，则仍采用 32 位的浮点数。此外，所有模型均使用与 GPT-3 基础模型相同的字节对编码(BPE)。预训练语言模型和强化学习模型的输入上下文窗口长度都设定为 2000 个 token，此时长度大于 1000 个 token 的提示序列将被过滤掉。最大响应长度也被限定为 1000 个 token。所有模型都使用 Adam 优化器进行训练，其中 $\beta_1 = 0.9$ 且 $\beta_2 = 0.95$。

2) 判别式语言模型的预训练方法

自回归语言模型为文本的概率建模提供了强大的工具。但缺点之一是必须从左到右进行注意力特征表达的计算。因此当考虑为分类等下游一级任务生成最优特征表达时，对规模较小的生成式语言模型，则可能不是最优的选择。从历史演进来看，在表达学习中使用更加广泛的是掩码语言模型(Devlin 等，2019)。如图 4.1(b)所示，该类判别式语言模型的主任务为受噪文本重建，特别是掩码语言建模，因此通常使用掩码噪声算子，并采用双向掩码计算注意力特征表达，通过基于当前掩码位置左右的上下文来预测掩码遮盖的文本，以实现文本补全或去噪。例如，在给定上下文后，可预测出第 $\boldsymbol{x}_i$ 个 token 的条件概率，即 $P(\boldsymbol{x}_i \mid \boldsymbol{x}_1, \boldsymbol{x}_2, \cdots, \boldsymbol{x}_{i-1}, \boldsymbol{x}_{i+1}, \cdots, \boldsymbol{x}_n)$。

最具代表性的判决式预训练模型是掩码语言模型 BERT(Devlin 等，2019)及其各种变体。在提示方法中，该模型最适合于自然语言理解或分析任务。如可应用于文本分类、语言推理与提取式问答等下游一级任务。这些一级任务较容易被重写为完形填空问题，因此与预训练主任务是完全一致的。显然，在利用预训练-提示微调范式时，掩码语言模型无疑是一种可选的预训练模型。但由于仅使用 Transformer 的编码器架构，因此缺乏文本生成能力是其最大的缺陷。在目前迅速发展的 LLM 中，这种类别的框架已日渐式微。

3) 前缀-解码器式语言模型的预训练方法

对于机器翻译和文本摘要等条件文本生成任务，若已知输入文本 $\boldsymbol{x} = \{\boldsymbol{x}_1, \boldsymbol{x}_2, \cdots, \boldsymbol{x}_n\}$，需要生成目标文本 $\boldsymbol{y}$。此时需要设计一个预训练模型，使其既能对输入文本进行编码，又能

生成输出文本。具体说来，这包括如下两个方面：①使用双向全连接掩码的编码器对输入文本 $\boldsymbol{x}$ 进行编码；②利用解码器自回归从左到右地对输出文本 $\boldsymbol{y}$ 进行解码。为此通常有前缀-解码器式语言模型与编码器-解码器式语言模型两种流行网络框架，两者之间的区别主要体现在前者的编码器与解码器连接权参数需要进行共享，而后者则无须进行这样的参数共享。

前缀-解码器式语言模型已在 UniLM 1-2(Dong 等，2019；Bao 等，2020）和 ERNIE-M (Ouyang 等，2021)中得到应用。前缀-解码器式语言模型是一个从左到右的语言模型，它以前缀序列 $\boldsymbol{x}$ 为条件对输出文本 $\boldsymbol{y}$ 进行解码，其中前缀序列由参数共享且具有双向全连接掩码的编码器进行编码表达。需要注意的是，为了使前缀-解码器式语言模型能够学习到更好的输入特征表达，除了对 $\boldsymbol{y}$ 利用自回归语言建模主任务外，通常还需要对 $\boldsymbol{x}$ 使用受噪文本重建主任务进行预训练。

4）编码器-解码器式语言模型的预训练方法

该模型利用单独一个双向全连接掩码编码器对输入文本 $\boldsymbol{x}$ 进行编码，并将其作为条件来使用，同时利用解码器从左到右对输出文本 $\boldsymbol{y}$ 进行解码。注意这里的编码器和解码器的参数不会进行共享。但与前缀-解码器式语言模型类似，不同类型的噪声算子均可以作用于输入文本 x。编码器-解码器式模型已广泛应用于各种预训练模型中，如 T5(Raffel 等，2017)，BART(Lewis 等，2020)，MASS(Song 等，2019)及其变体。

具有前缀-解码器式和编码器-解码器式的预训练语言模型，可以应用于具有输入文本提示或无提示的文本生成任务中。事实上，其他的非文本生成任务，如信息提取、问答任务和文本生成评估，都可以通过提供适当的提示，重新将其表述为文本生成任务。因此从这一角度来说，提示方法在相当程度上拓宽了这些生成式预训练语言模型的普遍适用性。然而，即使提示方法使 BART 这样的预训练模型在原则上也可适用于诸如命名实体识别(NER)任务中，但在实践中却很少如此使用。相关的提示工程仍需研究。但必须着重指出的是，正是由于使用了语言建模或采用了语言智能，提示方法为面向不同任务进行统一建模提供了新的研究方向。

4.2.3 生成式 Transformer 大型语言模型的对比式自监督学习

自监督学习通过在特征表达空间中自我设定“监督”学习任务，在无需外部人工文本标签的情况下去实现基于余弦距离的特征相似性计算或一致性特征对齐，可有效降低超大规模数据集的标注成本。该方法通常在特征空间中采用自定义的伪标签来进行自我监督学习，并将该学习表征用于多个下游任务。目前自监督学习方法已在生成式大型语言模型的预训练中获得了极大的成功，成为 ChatGPT 等大型语言模型得以问世的关键算法之一。

一般地，自监督学习方法可分为生成式自监督学习和对比式自监督学习等两种方法。

1. 自回归语言建模：生成式自监督学习

生成式自监督学习方法主要包括了自回归模型、流模型和自编码模型。自回归语言建模，本质上是通过使用自己以往或者已知的特征来预测自己未来或者未知的特征。一般基于 Transformer 解码器架构对上下文依赖关系进行建模。为了利用超大规模未标注的文本语料训练数据，该方法需要在特征向量空间中采用自监督学习方法进行。尽管这种语言建模的方式具有简单、高效的特点，但它仅能完成从左到右的单向建模与推断，这是其主要缺点。例如，PixelCNN（Oord 等，2016a）和 PixelRNN（Oord 等，2016b），以 CNN 或者 RNN 为基础，假定一张图片中的像素与像素之间存在依赖关系，此时模型就可以通过一部分像素预测出另一部分像素。

而诸如 NICE（Fan 等，2021）和 RealNVP（Dinh 等，2016）这样的流模型，则主要从 GAN 的生成器公式出发，通过进行逆向推导后给出模型结构。自编码模型的结构非常简单，其假设也非常符合直觉，例如通过 VAE（Kingma 等，2013）可将原始数据输入一个编码器中得到一个分布表达，再通过一个解码器来将表达还原成原始输入，如果还原得到的特征和原始输入的特征足够相似，则说明模型取得了很好的极大似然效果。

2. 生成式大型语言模型的对比式自监督学习

实际上，对比学习（Hadsell 等，2006）已成为自监督学习中的主要环节。通常，对比学习通过扩展相同样本，试图从多样化样本中发现新加样本。它的基本假设是在模型生成的特征表达空间中，相似样本（正样本）的特征表达应该较相似，而无关的样本（负样本）特征表达的差异则应该较大。这有别于度量学习，度量学习更多地聚焦度量空间，即仅关注如何衡量类内与类间距离测度的不同。另外，对比学习还需学习如何构造正负样本，并将其引入特征空间进行比较。对比学习要做的就是在不额外使用人工标签时，仍能学习到一种泛化性能更强的特征表达。显然，对比式自监督学习方法不但可以极好地丰富特征空间，使得模型具有更强的泛化能力，而且还可摆脱对标签大数据的依赖，这成为推动生成式人工智能发展的重要基础之一。

既然对比学习是在正负样本之间进行的，MoCo（He 等，2020）提出：如果负样本越多，那么该任务就越难。于是一个优化方向就是增加负样本。SimCLR（T. Chen 等，2020）探索了不同的数据增强组合方式，并且在计算损失时增加了负样本。而 MoCo v2（X. Chen 等，2020）在 MoCo 的基础上，进一步改进了数据增强方法。为了方便对比，学习率也采用了 SimCLR 的余弦衰减。典型的对比式自监督学习方法，例如 Deep Cluster（Caron 等，2018）与 SwAV（Caron 等，2020），则通过对训练与测试样本分别进行随机变换与分层随机裁剪，然后进行深度聚类与交叉对比学习等，进而获得对预训练主干网络的自监督学习能力。

对比式自监督学习方法既属于无监督学习，也属于度量学习。它可以通过学习相同实例之间的共同或一致特征，同时对不同实例特征进行有效区分，来获得伪标签数据的自我扩增。这类似于人类的一种自我想象力，非常适合于基于无监督的单模态多语种、跨模态或多模态数据的实体特征对齐，特别是实体之间连接关系的特征对齐。在对比式自监督学习方法中，对同一目标进行不同的随机剪裁（例如水平翻转、平移、缩放、旋转、高斯模糊、明暗变化）等数据增强操作，通过预训练主干网络得到的特征，是具有相似性的，这就是所谓相同实例的共同特征学习。在此基础上，将特征空间中对同一目标利用随机剪裁等数据增强获得的样本作为正样本，同时将其他目标作为负样本。进而基于损失函数的设计，使对比式自监督学习通过学习推远负样本之间的距离，且同时拉近正样本之间的距离。

此外，通过对比式损失函数的设计，利用数据增强，在潜空间中使用梯度下降等最优化方法，进行深度聚类与交叉联合对比学习等，进而获得对预训练自回归语言模型的自监督学习能力。文本-图像跨模态模型借助于深度神经网络，能够通过学习对齐文本与图像等多模态语义信息，理解与生成文本和图像中不同实例或对象之间的关系。它们通常需要各自利用预训练主干模型，将文本与图像等多模态 token 转换为相应的高维嵌入向量，例如基于预训练深度卷积神经网络或 ViT 输出图像编码或隐含特征表达，通过预训练 Transformer 模型等得到文本特征等。典型模型如 2.5.5 节介绍的 CLIP。跨模态或多模态建模的根本目的是它们能够增强大型语言模型的表达与泛化能力，而模态之间的语义一致性转换则是 AIGC 的主要内容，这已经广泛应用于目前的各种工程实践，例如文生图、图生文，又如图像搜索、图像的自动文本描述，甚至根据文本描述生成语义对齐的新图像。

4.3 ChatGPT 预训练模型的微调

一般说来，扩大语言模型规模并不能使它们更好地遵循人类用户的行为意图。例如，LLM 可能生成对用户毫无帮助，甚至是不真实或有害的输出。换言之，这些模型与人类用户的行为意图可能存在不一致，或称没有进行价值对齐。本节介绍的基于人类反馈的强化学习(RLHF)方法，利用人类反馈进行进一步的微调，使语言模型在完成多样化下游任务中始终与用户的意图或价值观保持对齐。该法开始于一组人类标签员编写的提示和一组通过 OpenAI API 提交获得的人类反馈提示。前者实际就是收集并构建具有期望输出行为的标签员演示数据集，然后利用监督学习来指令微调预训练基础模型。后者则收集并构建具有输出排序的人类反馈奖励数据集，之后同样采用监督学习微调 RM 模型。在此基础上，将 SFT 模型与 RM 模型同时作为 RLHF 模型的初始值，并进行基于 PPO 强化学习的最优策略生成，就可以最终获得调优后的 ChatGPT 与 GPT-3.5 模型等。基于提示分布的人类评估研究表明，具有 13 亿个参数的 InstructGPT 模型，尽管比具有 1750 亿个参数的 GPT-3 基础或下游微调模型少了约 99%的参数，但它的输出仍优于后者。此时 InstructGPT 模型不仅针对 NLP 公开数据集具有最小的性能回归损失，而且还改进了推理结果的可用性与真实性，减少了有害输出的生成。即使如此，InstructGPT 仍有可能生成简单错误，这与人类的智能行为具有某些相似之处。但 ChatGPT、GPT-3.5 与 GPT-4 的巨大成功表明，基于人类反馈进行微调，是使预训练语言模型对齐人类意图的一个极具前景的发展方向。

预训练大型语言模型的微调，包括传统的参数微调与现代的提示微调等。它既可以基于下游一级任务及其数据集对预训练语言模型的部分连接权参数进行细微调整，又可以通过提示输入的改变，以期改善其在新任务上的泛化性能。显然，微调无须使用预训练级别的超大规模数据资源与庞大算力。在对大型语言模型完成预训练之后，通过面向众多下游任务进行微调，一方面可使其适应下游任务，满足人类安全与价值对齐的要求；另一方面，则期望大模型能够获得性能增强，特别是出现涌现能力等。本节主要涉及如下 3 个方面的内容：

① 强化学习基础；

② 预训练大型语言模型的指令调优与 RLHF 调优；

③ RLHF 调优的流程与具体方法。

4.3.1 强化学习基础

机器学习通常分为监督学习、强化学习与无监督学习 3 种，其中监督学习的效率最高，强化学习次之。无监督学习虽然学习效率最差，但却有不使用任何标签数据的优点，这对大规模神经网络模型的预训练,应用价值巨大。原因是,要将适配于大模型的巨量训练数据均进行标注,通常十分困难甚至完全不可能。

1. 强化学习的基本概念

强化学习(reinforcement learning,RL),也称再励学习或增强学习。“强化学习”一词最初来源于心理学,这是一种模拟人类和动物行为学习的延迟回报学习方法。本质上,强化学习是通过奖励或惩罚,向成功或失败进行学习,以获得最优策略。同时它也是一种试错学习 (trial-and-error),其学习效率介于监督学习与无监督学习之间。

强化学习是从试错经验中学习如何进行决策的方法。与监督学习不同,该方法仅使用奖励信号,其性能反馈或回报通常是延迟的,且与时间或序列相关(即序贯及非独立同分布)。它需要预测动作的长期后果,需要对经验数据进行收集,同时需要处理不确定性。

强化学习具有模型、价值函数和策略 3 大要素。根据是否需要模型,强化学习一般可分为无模型的强化学习方法和基于模型的强化学习方法,如图 4.2 所示。按照价值函数与策略的单独或联合使用,无模型的强化学习方法通常可分为基于价值函数的方法、基于策略的方法与利用策略梯度的动作器-评判器方法等。表 4.3 给出了它们之间的联系与区别。

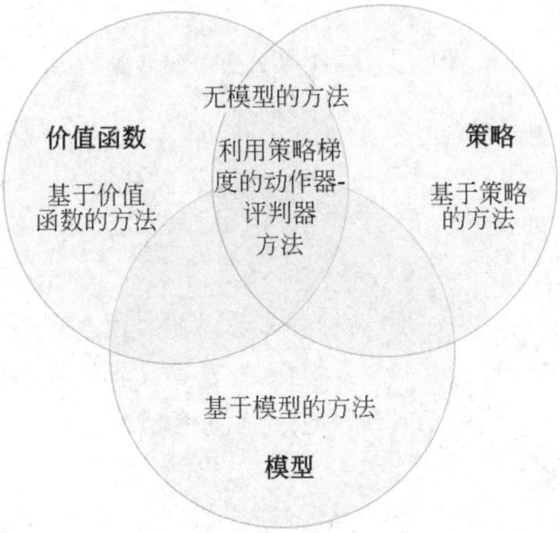

图 4.2 强化学习的分类

表 4.3 无模型的强化学习三大类方法的联系与区别

类　别	价值函数 V 或 Q	策　略	状态/动作空间
基于价值函数的方法	学习	隐含存在	离散
基于策略的方法	无	学习	离散
利用策略梯度的动作器-评判器方法	学习	学习	连续

基于价值函数的方法,通过构建价值函数的迭代公式进行学习,策略的使用隐含其中,例如常用的 ε-贪婪策略就是如此。相反,基于策略的方法则无须使用任何显式或隐式的价值函数,而是直接通过策略进行学习。而利用策略梯度的动作器-评判器方法,则同时使用了面向价值函数与策略的学习,可以应用于连续状态空间和连续动作空间。本书仅对无模型强化学习中的上述 3 大类方法进行介绍。

学习能力是生物智能的主要特征之一，也是自 2012 年以来第三次人工智能伟大复兴的关键特征。图 4.3 给出了强化学习的基本框图。容易看出，在时间步 t，状态为 $\boldsymbol{s}_t$ 的学习智能体，利用策略 $\pi:\boldsymbol{s}_t \rightarrow \boldsymbol{a}_t$ 获得动作 $\boldsymbol{a}_t$，并作用于环境，一方面导致状态发生转移，即从原来的 $\boldsymbol{s}_t$ 转移到 $\boldsymbol{s}_{t+1}$，另一方面，则同时获得对当前状态-动作对 $\{\boldsymbol{s}_t, \boldsymbol{a}_t\}$ 的评分或称即时奖励(immediate reward)。如此，将 $\boldsymbol{s}_{t+1}$ 重置为 $\boldsymbol{s}_t$，就可沿时间步不断动态演进，直至进入终了状态获得终了即时奖励，或因不能到达终了状态而受到惩罚。从初始状态开始，相应形成了一个回合或轮次(episode)的状态序列、动作序列和状态-动作序列，后者又被称为教训(lesson)。

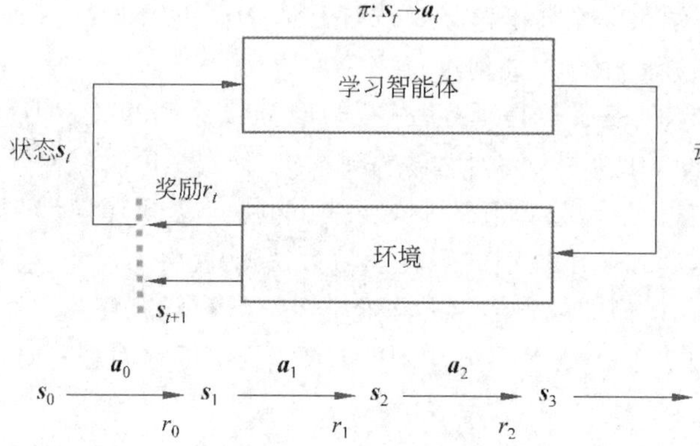

图 4.3 强化学习的基本框图

作为一个最优化问题，强化学习就是通过多个回合或多个批次(batch)与环境的不断交互及学习，以此获得最优策略 $\pi^*:\boldsymbol{s}_t \rightarrow \boldsymbol{a}_t$，其中须最大化的目标函数被定义为如下长期带折扣的累积回报(return)，即

$$r_t + \gamma r_{t+1} + \gamma^2 r_{t+2} + \cdots \tag{4.2}$$

这里，即时奖励值 $\{r_t, r_{t+1}, r_{t+2}, \cdots\}$ 均为标量，且 $\gamma(0<\gamma<1)$ 为折扣因子。

强化学习属于人工智能中的行为主义学派。学习智能体在多个回合或多个批次的动态演化过程中，不断观测状态和奖励值，然后通过调整策略或动作序列，使式(4.2)的强化学习目标函数最大化。

作为典型的行为主义学习方法，强化学习通过在状态空间和动作空间进行探索和历史数据的利用，基于奖励或惩罚获得性能反馈，以此完成最优策略的学习。

强化学习具有如下特点：

① 延迟奖励(delayed reward)；

② 对每个时间步，由于无示教动作好坏的直接评分或真值误差反馈，这使其有别于传统的监督学习方法，须进行试错学习；

③ 必须考虑探索(exploration)与利用(exploitation)之间的平衡，即不同阶段对两者不同的侧重；

④ 强化学习的初期阶段，一般应提供无贪婪的均一探索机会，但强化学习的后期阶段或进行最优推断时，则须更多地利用历史数据或经验；

⑤ 状态可以是部分可观测的。

强化学习已广泛应用于西洋双陆棋(已击败人类冠军)，老鼠迷宫问题(SAM)，倒立摆的学习控制，机器人学踢足球，学玩 Atari 视频游戏(部分已超过人类)，学下围棋(超九段)，学打扑克牌，管理投资组合，完成直升机特技飞行，实现人形机器人运动控制(最为重要的方法之一)，进行自动驾驶决策与路径规划，对大型语言模型进行调优及实现价值对齐，以及基于多模态 AGI 与具身智能在真实物理空间进行交互式 AI 学习等。

事实上，早在 20 世纪 90 年代，IBM 公司的 Tesauro 利用 TD(0)时差方法，基于单隐层 BP 神经网络，通过对西洋双陆棋（backgammon）150 万回合的自我对弈进行强化训练（1992，1995)，最终使具有全连接神经网络逼近器的强化学习方法（也称神经动态规划方法)，获得了人类最强棋手水平的博弈能力。

此时，即时奖励值 r_t 被定义为

$$r_t=\begin{cases}+100(\text{奖励})\text{，当进入终了状态且赢棋时}\\-100(\text{惩罚})\text{，当进入终了状态且输棋时}\\0(\text{不奖不惩})\text{，对其他状态-动作对}\end{cases}$$

事实上，西洋双陆棋仅有约 1020 个状态，但对于如此简单的棋类，若用精确的动态规划方法求解，也会出现维数灾问题，仍然需要利用上述的强化学习或启发式神经动态规划方法给出近似最优解。

2. 强化学习的理论基础：马尔可夫决策过程与动态规划

已知有限状态集 S 与有限动作集 A，对离散时间步 t，学习智能体通过观察状态 $\boldsymbol{s}_t\in S$，并选择动作 $\boldsymbol{a}_t\in A$，然后得到奖励函数 $r_t=r(\boldsymbol{s}_t,\boldsymbol{a}_t)$，同时根据状态转移函数 $\boldsymbol{s}_{t+1}=\boldsymbol{\delta}(\boldsymbol{s}_t,\boldsymbol{a}_t)$ 将状态 $\boldsymbol{s}_t$ 转移到 $\boldsymbol{s}_{t+1}$，这里 $\boldsymbol{s}_{t+1}=\boldsymbol{\delta}(\boldsymbol{s}_t,\boldsymbol{a}_t)$，$r_t=r(\boldsymbol{s}_t,\boldsymbol{a}_t)$ 被称为马尔可夫（或马氏）假设，即下一步的状态 $\boldsymbol{s}_{t+1}$ 与奖励 r_t 仅依赖于目前的状态 $\boldsymbol{s}_t$ 和目前的动作 $\boldsymbol{a}_t$。注意此处的两个已知函数 $\boldsymbol{\delta}(\boldsymbol{s}_t,\boldsymbol{a}_t)$ 和 $r(\boldsymbol{s}_t,\boldsymbol{a}_t)$，可以是非确定性或随机的。上述过程被称为马氏决策过程(Markov decision process，MDP)。

一般地，马氏决策过程可以被分类为预测问题和控制问题，分别定义为

(1) 马氏决策过程中的预测问题：

① 输入：已知马氏决策过程的五元组，即 $<S,A,\boldsymbol{\delta},r,\gamma>$；

② 输出：最优状态价值函数 $V^{\pi^*}(\boldsymbol{s}_t)$ 或最优状态-动作价值函数 $Q^{\pi^*}(\boldsymbol{s}_t,\boldsymbol{a}_t)$。

(2) 马氏决策过程中的控制问题：

① 输入：已知马氏决策过程的五元组，即 $<S,A,\boldsymbol{\delta},r,\gamma>$；

② 输出：最优策略 $\pi^*(\boldsymbol{s}_t)$ 或 $\pi^*(\boldsymbol{s}_t,\boldsymbol{a}_t)$。

本质上马氏决策过程就是要计算出最优策略 $\pi^*(\boldsymbol{s}_t,\boldsymbol{a}_t):S\rightarrow A$，它被定义为：学习智能体利用初始或当前策略，根据当前状态在环境中执行动作，观测结果，并且学习从状态 $\boldsymbol{s}_t\in S$ 到动作 $\boldsymbol{a}_t\in A$ 的策略函数 $\pi(\boldsymbol{s}_t,\boldsymbol{a}_t):S\rightarrow A$，使得从任意状态 $\boldsymbol{s}_t$ 开始的回报的数学期望最大化。

$$E[r_t+\gamma r_{t+1}+\gamma^2 r_{t+2}+\cdots] \tag{4.3}$$

其中，$0<\gamma<1$ 为未来奖励值的折扣因子或称衰减率，且称期望值最大时的策略 $\pi(\boldsymbol{s}_t,\boldsymbol{a}_t)$ 为最优策略 $\pi^*(\boldsymbol{s}_t,\boldsymbol{a}_t)$。

下面对两类价值函数进行定义，然后给出利用贝尔曼动态规划求解最优策略精确解的方法，最后再导入强化学习问题。

1) 状态价值函数 $V^{\pi}(\boldsymbol{s}_t)$

考虑确定性情形，即状态转移函数 $\delta(\boldsymbol{s}_t,\boldsymbol{a}_t)$ 和即时奖励函数 $r(\boldsymbol{s}_t,\boldsymbol{a}_t)$ 都是 $\boldsymbol{s}_t$ 和 $\boldsymbol{a}_t$ 的确定性函数。状态价值函数 $V^{\pi}(\boldsymbol{s}_t)$ 定义为从状态 $\boldsymbol{s}_t\in S$ 开始，并自此按照策略 $\pi(\boldsymbol{s}_t,\boldsymbol{a}_t)$：

$S \rightarrow A$ 选择系列动作所获得的累积回报。

此时,对时间步 t,有

$$V^{\pi}(s_t)=E^{\pi}[r_t+\gamma r_{t+1}+\gamma^2 r_{t+2}+\cdots]=E^{\pi}\left[\sum_{i=0}\gamma^i r_{t+i}\right] \tag{4.4}$$

其中,$\{r_t,r_{t+1},r_{t+2},\cdots\}$ 均为从当前状态 $\boldsymbol{s}_t$ 开始,执行策略 $\pi(\boldsymbol{s}_t,\boldsymbol{a}_t):S\rightarrow A$ 所获得的系列即时奖励。

对随机或非确定性情形,可将上述状态转移函数 $\boldsymbol{\delta}(\boldsymbol{s}_t,\boldsymbol{a}_t)$ 和即时奖励函数 $r(\boldsymbol{s}_t,\boldsymbol{a}_t)$ 分别替换为条件概率分布密度函数 $P(\boldsymbol{s}_{t+1}\mid \boldsymbol{s}_t,\boldsymbol{a}_t)$ 和 $r(\boldsymbol{s}_{t+1},\boldsymbol{s}_t,\boldsymbol{a}_t)$,并更改相应的表述即可。

在此目标函数下,根本任务就是学习最优策略 $\pi^*(\boldsymbol{s}_t,\boldsymbol{a}_t)$,使得 $V^{\pi}(\boldsymbol{s}_t)$ 最大,即

$$\pi^*(\boldsymbol{s}_t,\boldsymbol{a}_t)=\underset{\pi}{\operatorname{argmax}}\ V^{\pi}(\boldsymbol{s}_t),\ \forall\ \boldsymbol{s}_t \tag{4.5}$$

2) 状态-动作价值函数 $Q^{\pi}(\boldsymbol{s}_t,\boldsymbol{a}_t)$

类似地,状态-动作价值函数 $Q^{\pi}(\boldsymbol{s}_t,\boldsymbol{a}_t)$ 则代表了从状态-动作对 $(\boldsymbol{s}_t,\boldsymbol{a}_t)$ 开始,并自此根据策略 $\pi(\boldsymbol{s}_t,\boldsymbol{a}_t)$: $S\rightarrow A$ 对后续系列状态-动作对进行选择所获得的累积回报,即

$$Q^{\pi}(\boldsymbol{s}_t,\boldsymbol{a}_t)=E^{\pi}[r_t+\gamma r_{t+1}+\gamma^2 r_{t+2}+\cdots]=r(\boldsymbol{s}_t,\boldsymbol{a}_t)+\gamma V^{\pi}(\boldsymbol{\delta}(\boldsymbol{s}_t,\boldsymbol{a}_t)) \tag{4.6}$$

这里,$\boldsymbol{s}_{t+1}=\boldsymbol{\delta}(\boldsymbol{s}_t,\boldsymbol{a}_t)$ 和 $r_t=r(\boldsymbol{s}_t,\boldsymbol{a}_t)$ 分别为状态转移函数和奖励函数。

对随机或非确定性情况,则分别对应于条件概率分布密度函数 $\boldsymbol{s}_{t+1}=\boldsymbol{\delta}(\boldsymbol{a}_t\mid \boldsymbol{s}_t)$ 和 $r_t=r(\boldsymbol{a}_t\mid \boldsymbol{s}_t)$。

对上述目标函数,同样有

$$\pi^*(\boldsymbol{s}_t,\boldsymbol{a}_t)=\underset{\pi}{\operatorname{argmax}}\ Q^{\pi}(\boldsymbol{s}_t,\boldsymbol{a}_t),\quad \forall(\boldsymbol{s}_t,\boldsymbol{a}_t) \tag{4.7}$$

3) 利用动态规划的最优精确解求解方法

(1) 直接求解法。

下面首先给出确定性情况下的动态规划精确求解方法。

① 基于 $V^{\pi}(\boldsymbol{s}_t)$,可以得到如下贝尔曼方程:

$$\begin{aligned}V^{\pi}(\boldsymbol{s}_t)&=E^{\pi}[r_t+\gamma r_{t+1}+\gamma^2 r_{t+2}+\cdots]\\&=\sum_a \pi(\boldsymbol{s}_t,\boldsymbol{a}_t)(r(\boldsymbol{s}_t,\boldsymbol{a}_t)+\gamma V^{\pi}(\boldsymbol{\delta}(\boldsymbol{s}_t,\boldsymbol{a}_t)))\end{aligned} \tag{4.8}$$

其中,γ、$\boldsymbol{\delta}(\boldsymbol{s}_t,\boldsymbol{a}_t)$ 和 $r(\boldsymbol{s}_t,\boldsymbol{a}_t)$ 均为已知。

如图 4.4 所示,记离散状态空间 S 中状态 $\boldsymbol{s}_t\in S$ 的个数为 $|\boldsymbol{s}_t|$。对给定策略 $\pi(\boldsymbol{s}_t,\boldsymbol{a}_t)$,

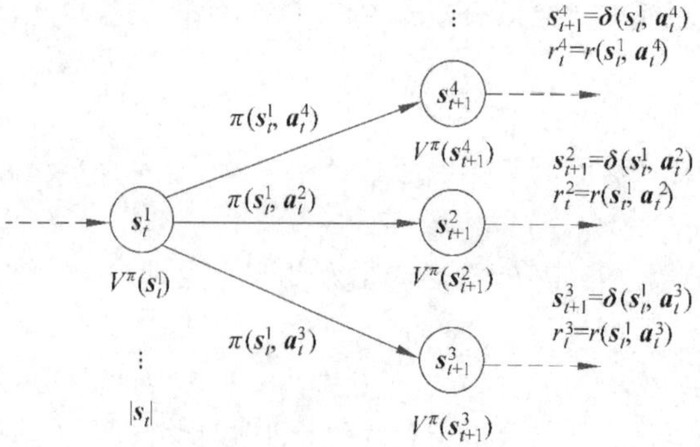

图 4.4 利用直接求解法计算 $|s_t|$ 个 $V^{\pi}(s_t)$

可由式(4.8)得到 $|\boldsymbol{s}_t|$ 个线性方程。通过求解该线性方程组,就可直接计算出 $|\boldsymbol{s}_t|$ 个 $V^\pi(\boldsymbol{s}_t)$。

例 4.1　对如图 4.5 所示的马氏决策过程,假定学习智能体进入终了状态 $\boldsymbol{T}$,就将获得 $+100$ 的即时奖励值,且永远留在 $\boldsymbol{T}$ 中,不再获得进一步的奖励。进入其他非终了状态的即时奖励值为 0。同时设折扣因子 $\gamma=0.9$。

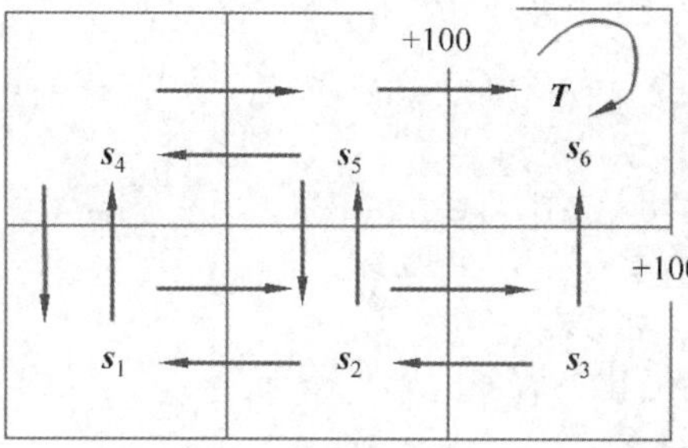

图 4.5　举例:利用线性方程组直接求解出 6 个离散状态的 $V^\pi(s)$

首先以等概率策略 $\pi(\boldsymbol{s},\boldsymbol{a})=1/|\boldsymbol{a}|$,计算 $V^\pi(\boldsymbol{s})$。容易得到如下贝尔曼方程:

$$V^\pi(\boldsymbol{s}_1)=1/2\gamma V^\pi(\boldsymbol{s}_2)+1/2\gamma V^\pi(\boldsymbol{s}_4)$$

$$V^\pi(\boldsymbol{s}_2)=1/3\gamma V^\pi(\boldsymbol{s}_1)+1/3\gamma V^\pi(\boldsymbol{s}_3)+1/3\gamma V^\pi(\boldsymbol{s}_5)$$

$$V^\pi(\boldsymbol{s}_3)=1/2\gamma V^\pi(\boldsymbol{s}_2)+1/2(100+\gamma V^\pi(\boldsymbol{s}_6))$$

$$V^\pi(\boldsymbol{s}_4)=1/2\gamma V^\pi(\boldsymbol{s}_1)+1/2\gamma V^\pi(\boldsymbol{s}_5)$$

$$V^\pi(\boldsymbol{s}_5)=1/3\gamma V^\pi(\boldsymbol{s}_2)+1/3\gamma V^\pi(\boldsymbol{s}_4)+1/3(100+\gamma V^\pi(\boldsymbol{s}_6))$$

$$V^\pi(\boldsymbol{s}_6)=0$$

显然,通过求解上述线性方程组就可直接求解出 6 个离散状态的 $V^\pi(\boldsymbol{s}_i)$ 值,这里 $i=1,2,\cdots,6$。

② 基于 $Q^\pi(\boldsymbol{s}_t,\boldsymbol{a}_t)$,可以得到如下贝尔曼方程:

$$\begin{aligned}Q^\pi(\boldsymbol{s}_t,\boldsymbol{a}_t)&=E^\pi\left[r_t+\gamma r_{t+1}+\gamma^2 r_{t+2}+\cdots\right]\\&=r(\boldsymbol{s}_t,\boldsymbol{a}_t)+\gamma\sum_{a'}\pi(\boldsymbol{\delta}(\boldsymbol{s}_t,\boldsymbol{a}_t),\boldsymbol{a}'_{t+1})\,Q^\pi(\boldsymbol{\delta}(\boldsymbol{s}_t,\boldsymbol{a}_t),\boldsymbol{a}'_{t+1})\end{aligned}\tag{4.9}$$

其中,γ、$\boldsymbol{\delta}(\boldsymbol{s}_t,\boldsymbol{a}_t)$ 和 $r(\boldsymbol{s}_t,\boldsymbol{a}_t)$ 均为已知。同样可以通过求解线性方程组直接得到相应的 $Q^\pi(\boldsymbol{s}_t,\boldsymbol{a}_t)$。

③ 最优价值函数:

定义

$$V^*(\boldsymbol{s}_t)=\max_\pi V^\pi(\boldsymbol{s}_t)\tag{4.10a}$$

$$Q^*(\boldsymbol{s}_t,\boldsymbol{a}_t)=\max_\pi Q^\pi(\boldsymbol{s}_t,\boldsymbol{a}_t)\tag{4.10b}$$

可以给出如下贝尔曼最优化方程:

$$\begin{aligned}V^*(\boldsymbol{s}_t)&=\max_{a_t}Q^*(\boldsymbol{s}_t,\boldsymbol{a}_t)\\&=\max_{a_t}(r(\boldsymbol{s}_t,\boldsymbol{a}_t)+\gamma V^*(\boldsymbol{\delta}(\boldsymbol{s}_t,\boldsymbol{a}_t)))\end{aligned}\tag{4.11a}$$

$$\begin{aligned}Q^*(\boldsymbol{s}_t,\boldsymbol{a}_t)&=r(\boldsymbol{s}_t,\boldsymbol{a}_t)+\gamma V^*(\boldsymbol{\delta}(\boldsymbol{s}_t,\boldsymbol{a}_t))\\&=r(\boldsymbol{s}_t,\boldsymbol{a}_t)+\gamma\max_{a'}Q^*(\boldsymbol{\delta}(\boldsymbol{s}_t,\boldsymbol{a}_t),\boldsymbol{a}'_{t+1})\end{aligned}\tag{4.11b}$$

其次，对非确定性情况下的精确求解方法，形式上仅需将确定性情况下的状态转移函数和即时奖励函数，分别替换为状态转移条件概率分布密度函数和即时奖励条件概率分布密度函数即可。

相应的贝尔曼方程给出如下：

$$V^{\pi}(\boldsymbol{s}_t)=\sum_{a_t}\pi(\boldsymbol{s}_t,\boldsymbol{a}_t)\left[\sum_{s'}P(\boldsymbol{s}'_{t+1}\mid \boldsymbol{s}_t,\boldsymbol{a}_t)(r(\boldsymbol{s}'_{t+1},\boldsymbol{s}_t,\boldsymbol{a}_t)+\gamma V^{\pi}(\boldsymbol{s}'_{t+1}))\right] \tag{4.12a}$$

$$\begin{aligned}Q^{\pi}(\boldsymbol{s}_t,\boldsymbol{a}_t)&=\sum_{s'}P(\boldsymbol{s}'_{t+1}\mid \boldsymbol{s}_t,\boldsymbol{a}_t)(r(\boldsymbol{s}'_{t+1},\boldsymbol{s}_t,\boldsymbol{a}_t)+\gamma V^{\pi}(\boldsymbol{s}'_{t+1}))\\&=\sum_{s'}P(\boldsymbol{s}'_{t+1}\mid \boldsymbol{s}_t,\boldsymbol{a}_t)\left(r(\boldsymbol{s}'_{t+1},\boldsymbol{s}_t,\boldsymbol{a}_t)+\gamma\sum_{a'}\pi(\boldsymbol{s}'_{t+1},\boldsymbol{a}'_{t+1})\,Q^{\pi}(\boldsymbol{s}'_{t+1},\boldsymbol{a}'_{t+1})\right)\end{aligned} \tag{4.12b}$$

下面是相应的贝尔曼最优化方程：

$$V^{*}(\boldsymbol{s}_t)=\max_{a_t}\left[\sum_{s'}P(\boldsymbol{s}'_{t+1}\mid \boldsymbol{s}_t,\boldsymbol{a}_t)(r(\boldsymbol{s}'_{t+1},\boldsymbol{s}_t,\boldsymbol{a}_t)+\gamma V^{*}(\boldsymbol{s}'_{t+1}))\right] \tag{4.13a}$$

$$Q^{*}(\boldsymbol{s}_t,\boldsymbol{a}_t)=\sum_{s'}P(\boldsymbol{s}'_{t+1}\mid \boldsymbol{s}_t,\boldsymbol{a}_t)(r(\boldsymbol{s}'_{t+1},\boldsymbol{s}_t,\boldsymbol{a}_t)+\gamma \max_{a'}Q^{*}(\boldsymbol{s}'_{t+1},\boldsymbol{a}'_{t+1})) \tag{4.13b}$$

(2) 策略迭代法。

无须直接求解贝尔曼方程组，可以将上述贝尔曼方程写成迭代形式，从而得到所谓的策略迭代法，即

$$V^{\pi}_{k+1}(\boldsymbol{s}_t)=\sum_{a}\pi(\boldsymbol{s}_t,\boldsymbol{a}_t)(r(\boldsymbol{s}_t,\boldsymbol{a}_t)+\gamma V^{\pi}_{k}(\boldsymbol{\delta}(\boldsymbol{s}_t,\boldsymbol{a}_t))) \tag{4.14}$$

对马氏决策过程，理论上可确保序列 V^{π}_{k} 收敛到 $V^{\pi^{*}}$。

(3) 价值迭代法。

该法的基本思想是：与策略迭代法不同，不用等到迭代收敛，而是在每次迭代后就马上改善策略。容易写出确定性条件下的价值迭代公式为

$$V^{\pi}_{k+1}(\boldsymbol{s}_t)=\max_{a_t}[r(\boldsymbol{s}_t,\boldsymbol{a}_t)+\gamma V^{\pi}_{k}(\boldsymbol{\delta}(\boldsymbol{s}_t,\boldsymbol{a}_t))] \tag{4.15a}$$

或

$$Q^{\pi}_{k+1}(\boldsymbol{s}_t,\boldsymbol{a}_t)=r(\boldsymbol{s}_t,\boldsymbol{a}_t)+\gamma \max_{a'}[Q^{\pi}_{k}(\boldsymbol{\delta}(\boldsymbol{s}_t,\boldsymbol{a}_t),\boldsymbol{a}'_{t+1})] \tag{4.15b}$$

相应的停止条件为

$$|V^{\pi}_{k+1}(\boldsymbol{s}_t)-V^{\pi}_{k}(\boldsymbol{s}_t)|<\varepsilon,\quad \forall\ \boldsymbol{s}_t \tag{4.16a}$$

或

$$|Q^{\pi}_{k+1}(\boldsymbol{s}_t,\boldsymbol{a}_t)-Q^{\pi}_{k}(\boldsymbol{s}_t,\boldsymbol{a}_t)|<\varepsilon,\quad \forall(\boldsymbol{s}_t,\boldsymbol{a}_t) \tag{4.16b}$$

事实上，在非确定性情况下，仅须将状态转移条件概率分布函数和奖励条件概率分布函数，分别代替确定性情况下的状态转移函数和奖励函数。此时

$$V^{\pi}_{k+1}(\boldsymbol{s}_t)=\max_{a_t}\left[\sum_{s'}P(\boldsymbol{s}'_{t+1}\mid \boldsymbol{s}_t,\boldsymbol{a}_t)(r(\boldsymbol{s}'_{t+1},\boldsymbol{s}_t,\boldsymbol{a}_t)+\gamma V^{\pi}_{k}(\boldsymbol{s}'_{t+1}))\right] \tag{4.17a}$$

或

$$Q^{\pi}_{k+1}(\boldsymbol{s}_t,\boldsymbol{a}_t)=\sum_{s'}P(\boldsymbol{s}'_{t+1}\mid \boldsymbol{s}_t,\boldsymbol{a}_t)(r(\boldsymbol{s}'_{t+1},\boldsymbol{s}_t,\boldsymbol{a}_t)+\gamma \max_{a'}Q^{\pi}_{k}(\boldsymbol{s}'_{t+1},\boldsymbol{a}'_{t+1})) \tag{4.17b}$$

相应的停止条件与式(4.16a)及式(4.16b)完全相同。

4）强化学习问题的导入及分类

如果状态转移函数 $s_{t+1}=\boldsymbol{\delta}(s_t,a_t)$（或其概率分布函数 $P(s_{t+1}\mid s_t,a_t)$）和即时奖励函数$r_t=r(s_t,a_t)$（或其概率分布函数 $r(s_{t+1},s_t,a_t)$）未知，还能通过学习得到 $V^*(s_t)$ 或 $Q^*(s_t,a_t)$，并能获得最优策略 $\pi^*(s_t,a_t)$ 吗？

答案无疑是肯定的。一般说来，这有两种实现途径。

途径之一：重构模型，即首先将这两个未知函数重构出来，然后再利用前述的马氏决策过程的动态规划方法，直接计算出精确最优解。这被称为基于模型的强化学习方法。这方面的最新进展就是谷歌 DeepMind 提出的 MuZero（Schrittwieser 等，2020），可以从零开始，同时完成围棋、国际象棋、日本将棋和 Atari 游戏集中的游戏，呈现出面向决策问题的某种程度上的通用人工智能的特征。这里的所谓模型通常是指状态转移模型，对离散状态空间而言，具体就是指状态转移矩阵，需要进行重构或人为给定。

途径之二：无模型迭代近似，此时不妨将已观测到的状态转移采样值 s_{t+1} 和即时奖励采样值 r_t，视为采样自真实概率分布函数 $P(s_{t+1}\mid s_t,a_t)$ 和 $r(s_{t+1},s_t,a_t)$ 的训练样本，得到相应的轨迹数据，然后人为地构造关于价值函数 $V_{k+1}^{\pi}(s_t)$ 或 $Q_{k+1}^{\pi}(s_t,a_t)$，或关于策略 $\pi(s_t,a_t)$ 的迭代公式，以期该迭代公式能够最终收敛，从而最终逼近最优价值函数 $V^*(s_t)$ 或 $Q^*(s_t,a_t)$，或最终逼近最优策略 $\pi^*(s_t,a_t)$，将此类方法称为无模型的强化学习方法。

迄今这类无模型的强化学习方法研究与应用最多，已得到了数十年的发展。如图 4.2 所示，典型的无模型强化学习方法：①基于价值函数的方法，如蒙特卡洛法、时差法、TD(0)法、SARSA 法、Q-学习法、多步自举法、TD(λ)法、SARSA(λ)法和异策略下的 Q(λ)；②基于策略的方法；③利用策略梯度的动作器-评判器方法。

图 4.6 给出了无模型强化学习方法的分类。早期基于价值函数或基于策略的近似动态规划方法，主要针对离散状态空间和离散动作空间，需要利用学习智能体在与环境的相互作用中，不断探索并积累出众多的轨迹采样数据，并据此完成对最优价值函数或最优策略的迭代近似。近期针对离散状态空间或离散动作空间情形，一般使用多项式或函数逼近器，特别是利用全连接神经网络与深度神经网络，即将人工神经网络的全部连接权作为可学习参数集合，通过使用连续的价值网络（如 V-网络与 Q-网络），来代替原来的离散价值表（如 V-表与 Q-表），从而实现从离散状态空间到连续状态空间的学习逼近或拟合。对连续状态空间与

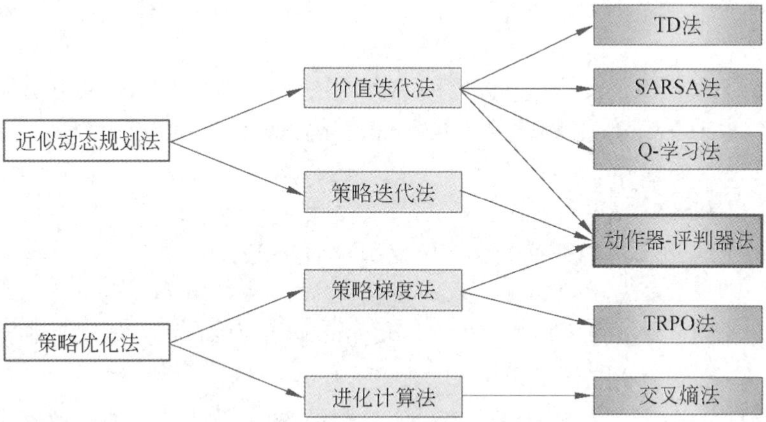

图 4.6　无模型强化学习方法的分类

连续动作空间的强化学习问题，利用策略梯度的动作器-评判器法与 TRPO 法，则十分有效，例如后续将重点介绍的 PPO 方法，就是这两种方法的结合。

3. 基于价值函数迭代的强化学习算法

1）同/异策略、ε-贪婪策略与蒙特卡洛法

（1）同策略（on-policy）与异策略（off-policy）定义。

所谓同策略是指在若干批量或一个或多个回合内遵循相同的策略进行学习。而异策略则指必须遵循更新后的策略完成学习。例如，在同策略下的时差法（TD 法）和 SARSA 法中，每个回合均执行完全相同的策略。但异策略下的 Q-学习法，则需要在每个时间步使用更新后的新策略。

（2）ε-贪婪策略定义。

与进化计算及群体智能方法相同，在强化学习的整个过程中，需要使用所谓的阶段论，即在不同阶段采用不同占比的探索率与利用率，并同时利用概率$(1-\varepsilon)$来完成最优策略的逼近，这里 ε 表示探索率。通常，为了得到更大可能的动作空间探索，需要在强化学习的初期（如 episode＝0，即第 0 个回合），使用更大的多样性或探索率（如设定 $\varepsilon=1$），这意味着此时需要选择等概率的完全随机的动作策略，即

$$\pi(\boldsymbol{s}_t,\boldsymbol{a}_t)\geqslant\varepsilon/|A(\boldsymbol{s}_t)|=1/|A(\boldsymbol{s}_t)| \tag{4.18a}$$

其中，$|A(\boldsymbol{s}_t)|$ 表示离散状态 $\boldsymbol{s}_t\in S$ 处所对应的离散动作的个数。显然，随着强化学习的持续进行并不断收敛，即 episode $\to\infty$，会出现所谓的 ε-贪婪收敛，此时 $\varepsilon\to 0$。为了体现探索率 ε 的这种变化，例如可简单选取 $\varepsilon=1/\text{episode}$（episode$\neq 0$ 时的软策略），则该 ε-贪婪策略最终将可收敛到如下最优确定性策略：

$$\pi^*(\boldsymbol{s}_t,\boldsymbol{a}_t)-\max_{\boldsymbol{a}_t}Q(\boldsymbol{s}_t,\boldsymbol{a}_t) \tag{4.18b}$$

（3）蒙特卡洛法。

式(4.2)利用从相同起始点到目标点的等长采样，通过大样本容量的轨迹数据计算平均回报作为其数学期望，以此作为无模型强化学习的目标函数，并获得最优策略。此方法的缺点是强化学习只能离线进行，轨迹数据必须是完备的、大样本容量的。因此不仅学习效率太低，而且方差较大。

2）单步自举法

（1）TD 法。

时差（temporal difference，TD）法也称 TD(0)法，是传统的强化学习方法之一。它首先通过单步自举（bootstrapping）构建关于状态价值函数 $V(\boldsymbol{s}_t)$ 的 TD 目标：$r_t+\gamma V(\boldsymbol{s}_{t+1})$，这里单步自举的含义是$V(\boldsymbol{s}_{t+1})$来自上一个回合的状态价值函数值。相应可给出 TD 误差，即 $[r_t+\gamma V(\boldsymbol{s}_{t+1})]-V(\boldsymbol{s}_t)$。

此时，可以人为地构建如下关于状态价值函数的迭代公式：

$$V(\boldsymbol{s}_t)\leftarrow V(\boldsymbol{s}_t)+\alpha\{[r_t+\gamma V(\boldsymbol{s}_{t+1})]-V(\boldsymbol{s}_t)\} \tag{4.19}$$

式中，$\alpha(0<\alpha<1)$ 表示学习率，r_t 为当前状态 $\boldsymbol{s}_t$ 处采取动作 $\boldsymbol{a}_t$ 获得的即时奖励采样数据，且 $\gamma(0<\gamma<1)$ 为折扣因子。

TD 法本质上是一种自举法。工程实践上，式(4.19)的迭代公式的收敛性通常可以得到某种意义上的保证。当类似式(4.16a)的停止条件满足时，即 $V(\boldsymbol{s}_t)$ 不再发生变化后，就可

认为获得了最优状态价值函数与最优策略。

下面给出 TD 法的伪代码。

初始化：

　　$\pi(s_t, a_t) \leftarrow$ 设定初始策略(如等概率动作)

　　$V(s_t) \leftarrow$ 设定任意的状态价值函数(如全部为 0)

针对每个回合(episode)进行重复：

　　初始化 s_t

　　针对回合中每一个时间步进行重复：

　　　　$a_t \leftarrow$ 对 s_t 利用 $\pi(s_t, a_t)$ 得到动作

　　　　采取动作 a_t，观测即时奖励采样值 r_t，并转移到下一个状态 s_{t+1}

　　　　$V(s_t) \leftarrow V(s_t) + \alpha\{[r_t + \gamma V(s_{t+1})] - V(s_t)\}$

　　　　$s_t \leftarrow s_{t+1}$

　　直到 s_t 为终了状态

直到满足停止条件

如图 4.7 所示，上述 TD 法的主要缺点是：进入终了状态才能得到的有效奖励值，仅反向传播并应用到下一个回合的状态价值函数更新。如果不考虑诸如经验回放(Lin，1993)等的使用，由于要花费很长的时间，才能将非零奖励值最终传播到初始状态处的状态价值函数修正，因此该法的学习效率十分低下。

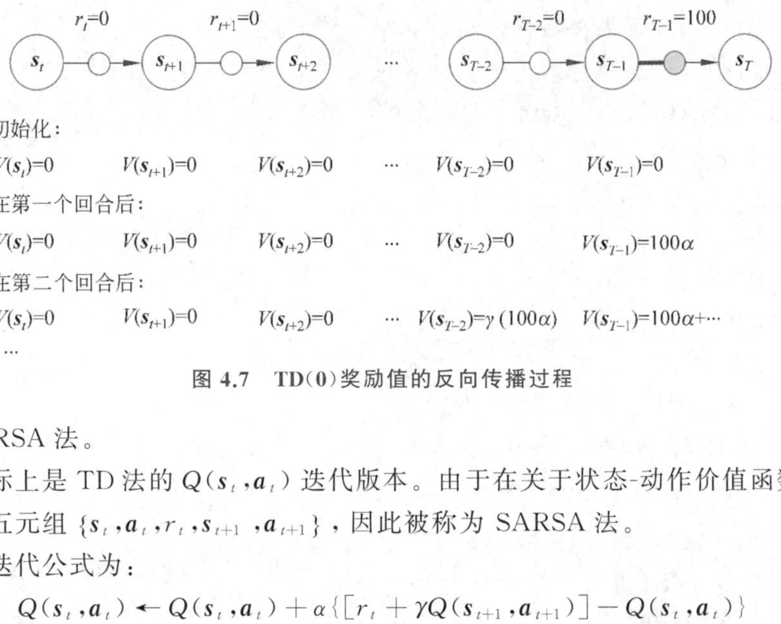

图 4.7　TD(0)奖励值的反向传播过程

(2) SARSA 法。

该法实际上是 TD 法的 $Q(s_t, a_t)$ 迭代版本。由于在关于状态-动作价值函数的迭代公式中使用了五元组 $\{s_t, a_t, r_t, s_{t+1}, a_{t+1}\}$，因此被称为 SARSA 法。

相应的迭代公式为：

$$Q(s_t, a_t) \leftarrow Q(s_t, a_t) + \alpha\{[r_t + \gamma Q(s_{t+1}, a_{t+1})] - Q(s_t, a_t)\} \tag{4.20}$$

式中，$\alpha(0 < \alpha < 1)$ 表示学习率，r_t 表示在状态 s_t 处采取动作 a_t 所获得的即时奖励采样数据，且 $\gamma(0 < \gamma < 1)$ 为折扣因子。

可以证明，在满足某些条件下，SARSA 法迭代到最优动作价值函数的收敛性可以得到保证，即有 $Q(s_t, a_t) \rightarrow Q^*(s_t, a_t)$。

下面给出 SARSA 法的伪代码。

任意初始化 $Q(s_t, a_t)$：
针对每个回合进行重复：
　　初始化 s_t
　　根据 $Q(s_t, a_t)$ 利用 ε-贪婪策略对 s_t 选择 a_t
　　针对回合中每一个时间步进行重复：
　　　　采取动作 a_t，观测即时奖励采样值 r_t，并转移到下一个状态 s_{t+1}
　　　　根据 $Q(s_t, a_t)$ 利用 ε-贪婪策略对 s_{t+1} 选择 a_{t+1}
　　　　$Q(s_t, a_t) \leftarrow Q(s_t, a_t) + \alpha\{[r_t + \gamma Q(s_{t+1}, a_{t+1})] - Q(s_t, a_t)\}$
　　　　$s_t \leftarrow s_{t+1}, a_t \leftarrow a_{t+1}$
　　直到 s_t 为终了状态
直到满足停止条件

---

(3) Q-学习法。

Q-学习法是该类价值函数迭代方法中性能最优秀的算法。它实际上是 SARSA 的异策略版本，即在关于 $Q(s_t, a_t)$ 的迭代公式中，必须遵循更新后的策略，进行学习更新。

该法可逼近最优状态-动作价值函数 $Q^*(s_t, a_t)$，且与使用的策略 $\pi(s_t, a_t)$ 无关，这里的策略仅确定了哪个状态-动作对将被访问和更新，即

$$Q(s_t, a_t) \leftarrow Q(s_t, a_t) + \alpha\{[r_t + \gamma \max_{a'} Q(s_{t+1}, a'_{t+1})] - Q(s_t, a_t)\} \tag{4.21}$$

必须指出的是，与绝大多数强化学习算法不同的是，上述 Q-学习算法的收敛性早已在理论上被严格证明，且具有与探索率 ε 无关的算法稳定性。为了加快 Q-学习算法的收敛性，通常可使用经验回放来加速这一动态学习过程。

下面给出 Q-学习法的伪代码。

任意初始化 $Q(s_t, a_t)$：
针对每个回合进行重复：
　　初始化 s_t
　　根据 $Q(s_t, a_t)$ 利用 ε-贪婪策略选择 a_t
　　针对回合中每一个时间步进行重复：
　　　　采取动作 a_t，观测即时奖励采样值 r_t，并转移到下一个状态 s_{t+1}
　　　　$Q(s_t, a_t) \leftarrow Q(s_t, a_t) + \alpha\{[r_t + \gamma \max_{a'} Q(s_{t+1}, a'_{t+1})] - Q(s_t, a_t)\}$
　　　　$s_t \leftarrow s_{t+1}$
　　直到 s_t 为终了状态
直到满足停止条件

---

3) 多步自举法

与单步自举法不同的是，多步自举法中的 n-步($n>1$)期望累积回报基于第 n-步向前自举的前一回合的价值函数，进行相应估计。显然，前述单步自举法中的 TD 法、SARSA 法与

Q-学习法，均可进行基于多步自举法的对应拓展。

(1) TD(λ)法。

该法的基本思想是：将 TD(λ)学习与蒙特卡洛法进行结合。

定义：在 TD(λ)迭代学习中，状态价值函数 $V(\boldsymbol{s}_t)$ 的 TD 目标给出为

$$\begin{aligned} &R_t(1) = r_t + \gamma V(\boldsymbol{s}_{t+1}) \\ &R_t(2) = r_t + \gamma r_{t+1} + \gamma^2 V(\boldsymbol{s}_{t+2}) \\ &\cdots \\ &R_t(n) = r_t + \gamma r_{t+1} + \cdots + \gamma^{n-1} r_{t+n-1} + \gamma^n V(\boldsymbol{s}_{t+n}) \end{aligned} \tag{4.22}$$

式中，$R_t(n)$ 表示 t 时间步的 n-步期望累积回报，且 $n=1,2,\cdots,\infty$。

相应关于状态价值函数的 TD(λ) n-步回溯迭代更新公式为

$$V(\boldsymbol{s}_t) \leftarrow V(\boldsymbol{s}_t) + \alpha[R_t(n) - V(\boldsymbol{s}_t)] \tag{4.23}$$

显然，TD 法或 TD(0)法可视为 $\lambda=0$ 时 TD(λ)的特例，即一步时差法，而前述的蒙特卡洛法实际就是 TD(1)法。

在 TD(λ)法中，通常使用 n-步期望累积回报的近似均值 R_t^λ，来代替式(4.23)中的 $R_t(n)$，以改善回溯更新。此时

$$R_t^\lambda = (1-\lambda)\sum_{k=1}^{T-t-1} \lambda^{k-1} R_t(k) + \lambda^{T-t-1} R_t(T-t) \tag{4.24}$$

这里假定 $\boldsymbol{s}_T$ 为终了状态，且 n-步期望累积回报 $R_t(k)$ 的权值 λ^{k-1} 随 k 的增大而逐渐减少。

下面给出 TD(λ)法的伪代码。

初始化：
　　$\pi(\boldsymbol{s}_t, \boldsymbol{a}_t) \leftarrow$ 设定初始策略
　　$V(\boldsymbol{s}_t) \leftarrow$ 设定任意的状态价值函数
针对每个回合进行重复：
　　初始化 $\boldsymbol{s}_t$
　　针对回合中每一个时间步进行重复：
　　　　$\boldsymbol{a}_t \leftarrow$ 对 $\boldsymbol{s}_t$ 利用 $\pi(\boldsymbol{s}_t, \boldsymbol{a}_t)$ 得到动作
　　　　采取动作 $\boldsymbol{a}_t$，观测即时奖励采样值 r_t，并转移到下一个状态 $\boldsymbol{s}_{t+1}$
　　　　$\delta \leftarrow R_t^\lambda - V(\boldsymbol{s}_t)$
　　　　$V(\boldsymbol{s}_t) \leftarrow V(\boldsymbol{s}_t) + \alpha\delta$
　　　　$\boldsymbol{s}_t \leftarrow \boldsymbol{s}_{t+1}$
　　直到 $\boldsymbol{s}_t$ 为终了状态
直到满足停止条件

---

(2) SARSA(λ)法。

类似地，SARSA(λ)实际就是 TD(λ)的 $Q(\boldsymbol{s}_t, \boldsymbol{a}_t)$ 版本。因此可参照 SARSA(0)和 TD(λ)，给出如下关于 $Q(\boldsymbol{s}_t, \boldsymbol{a}_t)$ 的 SARSA(λ) n-步回溯迭代更新公式：

$$Q(\boldsymbol{s}_t, \boldsymbol{a}_t) \leftarrow Q(\boldsymbol{s}_t, \boldsymbol{a}_t) + \alpha[R_t^\lambda - Q(\boldsymbol{s}_t, \boldsymbol{a}_t)] \tag{4.25}$$

其中，R_t^λ 由式(4.24)给出，且

$$R_t(n)=r_t+\gamma r_{t+1}+\cdots+\gamma^{n-1}r_{t+n-1}+\gamma^n Q(\boldsymbol{s}_{t+n},\boldsymbol{a}_{t+n}) \tag{4.26}$$

通常对每个状态-动作对,都可引入一个资格迹(eligibility trace) $e(\boldsymbol{s}_t,\boldsymbol{a}_t)$。事实上,资格迹算法可以结合进上述所有的无模型强化学习算法中。

在 SARSA(λ)的具体实现中,一般可使用 SARSA(λ)的后向算法,但需要与资格迹算法配合使用。

资格迹理论的研究很早就已开展。下面给出一种资格迹的更新公式,即随着迭代的进行,对每个时间步,所有状态-动作对的资格迹都会衰减 $\gamma\lambda$ 的大小,但若某个状态-动作对在该时间步被访问过,则相应的资格迹可递增 1。此时,有

$$e(\boldsymbol{s}_{t+1},\boldsymbol{a}_{t+1})=\begin{cases}\gamma\lambda e(\boldsymbol{s}_t,\boldsymbol{a}_t)+1, & \text{若}(\boldsymbol{s}_{t+1},\boldsymbol{a}_{t+1})\text{被访问过}\\ \gamma\lambda e(\boldsymbol{s}_t,\boldsymbol{a}_t), & \text{否则}\end{cases} \tag{4.27}$$

下面给出 SARSA(λ)法的伪代码。

对所有 $(\boldsymbol{s}_t,\boldsymbol{a}_t)$ 任意初始化 $Q(\boldsymbol{s}_t,\boldsymbol{a}_t)$,并令 $e(\boldsymbol{s}_t,\boldsymbol{a}_t)=0$
针对每个回合进行重复:
　　初始化 $(\boldsymbol{s}_t,\boldsymbol{a}_t)$
　　针对回合中每一个时间步进行重复:
　　　　采取动作 $\boldsymbol{a}_t$,观测即时奖励采样值 r_t,并转移到下一个状态 $\boldsymbol{s}_{t+1}$
　　　　根据 $Q(\boldsymbol{s}_t,\boldsymbol{a}_t)$ 利用 ε-贪婪策略对 $\boldsymbol{s}_{t+1}$ 选择 $\boldsymbol{a}_{t+1}$
　　　　$R_t(n)=r_t+\gamma r_{t+1}+\cdots+\gamma^{n-1}r_{t+n-1}+\gamma^n Q(\boldsymbol{s}_{t+n},\boldsymbol{a}_{t+n})$
　　　　$R_t^\lambda=(1-\lambda)\sum_{k=1}^{T-t-1}\lambda^{k-1}R_t(k)+\lambda^{T-t-1}R_t(T-t)$
　　　　$\delta\leftarrow R_t^\lambda-Q(\boldsymbol{s}_t,\boldsymbol{a}_t)$
　　　　$e(\boldsymbol{s}_t,\boldsymbol{a}_t)\leftarrow e(\boldsymbol{s}_t,\boldsymbol{a}_t)+1$
　　　　对所有 $(\boldsymbol{s}_t,\boldsymbol{a}_t)$:
　　　　$Q(\boldsymbol{s}_t,\boldsymbol{a}_t)\leftarrow Q(\boldsymbol{s}_t,\boldsymbol{a}_t)+\alpha\delta e(\boldsymbol{s}_t,\boldsymbol{a}_t)$
　　　　$e(\boldsymbol{s}_t,\boldsymbol{a}_t)\leftarrow\gamma\lambda e(\boldsymbol{s}_t,\boldsymbol{a}_t)$
　　　　$\boldsymbol{s}_t\leftarrow\boldsymbol{s}_{t+1},\boldsymbol{a}_t\leftarrow\boldsymbol{a}_{t+1}$
　　直到 $\boldsymbol{s}_t$ 为终了状态
直到满足停止条件

---

(3) Q(λ)-学习法。

作为 SARSA(λ)法的异策略版本,Q(λ)-学习法同样是此类多步自举法中性能优秀的算法之一。相应的 n-步回溯迭代更新公式可写为

$$Q(\boldsymbol{s}_t,\boldsymbol{a}_t)\leftarrow Q(\boldsymbol{s}_t,\boldsymbol{a}_t)+\alpha[R_t^\lambda-Q(\boldsymbol{s}_t,\boldsymbol{a}_t)] \tag{4.28}$$

这里,R_t^λ 由式(4.24)给出,且

$$R_t(n)=r_t+\gamma r_{t+1}+\cdots+\gamma^{n-1}r_{t+n-1}+\gamma^n \max_{\boldsymbol{a}'}Q(\boldsymbol{s}_{t+n},\boldsymbol{a}'_{t+n}) \tag{4.29}$$

下面给出 Q(λ)-学习法的伪代码。

对所有 $(\boldsymbol{s}_t,\boldsymbol{a}_t)$ 任意初始化 $Q(\boldsymbol{s}_t,\boldsymbol{a}_t)$,并令 $e(\boldsymbol{s}_t,\boldsymbol{a}_t)=0$

针对每个回合进行重复：

　　初始化 $(\boldsymbol{s}_t, \boldsymbol{a}_t)$

　　针对回合中每一个时间步进行重复：

　　　　采取动作 $\boldsymbol{a}_t$，观测即时奖励采样值 r_t，并转移到下一个状态 $\boldsymbol{s}_{t+1}$

　　　　根据 $Q(\boldsymbol{s}_t, \boldsymbol{a}_t)$ 利用 ε-贪婪策略对 $\boldsymbol{s}_{t+1}$ 选择 $\boldsymbol{a}_{t+1}$

$$R_t(n) = r_t + \gamma r_{t+1} + \cdots + \gamma^{n-1} r_{t+n-1} + \gamma^n \max_{a'} Q(\boldsymbol{s}_{t+n}, \boldsymbol{a}'_{t+n})$$

$$R_t^\lambda = (1-\lambda)\sum_{k=1}^{T-t-1} \lambda^{k-1} R_t(k) + \lambda^{T-t-1} R_t(T-t)$$

$$\delta \leftarrow R_t^\lambda - Q(\boldsymbol{s}_t, \boldsymbol{a}_t)$$

$$e(\boldsymbol{s}_t, \boldsymbol{a}_t) \leftarrow e(\boldsymbol{s}_t, \boldsymbol{a}_t) + 1$$

　　　　对所有 $(\boldsymbol{s}_t, \boldsymbol{a}_t)$：

$$Q(\boldsymbol{s}_t, \boldsymbol{a}_t) \leftarrow Q(\boldsymbol{s}_t, \boldsymbol{a}_t) + \alpha\delta e(\boldsymbol{s}_t, \boldsymbol{a}_t)$$

$$e(\boldsymbol{s}_t, \boldsymbol{a}_t) \leftarrow \gamma\lambda e(\boldsymbol{s}_t, \boldsymbol{a}_t)$$

$$\boldsymbol{s}_t \leftarrow \boldsymbol{s}_{t+1}, \boldsymbol{a}_t \leftarrow \boldsymbol{a}_{t+1}$$

　　直到 $\boldsymbol{s}_t$ 为终了状态

直到满足停止条件

---

4. 基于策略迭代的强化学习算法

在无模型强化学习中，对一个未知的马氏决策过程(MDP)，估计其价值函数一般被称为无模型预测，而最优化其价值函数，则称之为无模型控制。许多实际问题，如人形机器人的步态规划，自动驾驶的决策与路径规划等，都可以建模为 MDP，但这里又涉及两个方面的问题：一是 MDP 模型未知，但经验轨迹可被采样；二是 MDP 模型已知，但因其太大而存在维数灾，故只能使用经验采样的方法进行求解。尽管如此，所有这些情况均可由前述的无模型控制，特别是广义策略迭代方法加以解决。

策略迭代方法包括策略估计(policy evaluation)和策略提升(policy improvement)两部分。前者使用迭代策略估计算法来计算 V^π，即$V=V^\pi$，后者则基于贪婪策略提升算法来产生 $\pi' \geqslant \pi$，如图 4.8 所示。而广义策略迭代方法，则可使用任意的策略估计算法和任意的策略提升算法，通常具有更好的性能。在实际问题中，广义策略迭代方法中的策略估计部分，一般使用前述的价值迭代方法(包括传统的蒙特卡洛方法)。而策略提升部分，则大多采

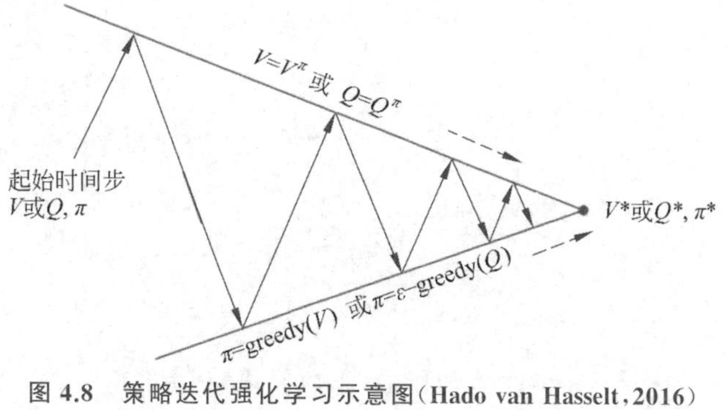

图 4.8　策略迭代强化学习示意图(Hado van Hasselt，2016)

用 ε -贪婪策略。这里 $V = V^{\pi}$ 与 $\pi = \text{greedy}(V)$ 可以相互进行转换，即通过相互交替进行价值函数的迭代与策略的迭代，以期最终获得完全等价的最优策略 π^* 与最优状态价值函数 V^* 。

然而基于状态价值函数 $V(s_t)$ 的贪婪策略提升算法，必须利用已知的奖励概率密度函数和状态转移概率密度函数，才能得到 $\pi'(s_t)$。但如果采用动作价值函数 $Q(s_t, a_t)$ 进行策略提升，则无须使用这些奖励与状态转移模型，就可直接给出策略 $\pi'(s_t)$。

此时，有

$$\pi'(s_t) = \underset{a \in A}{\operatorname{argmax}} Q(s_t, a_t)$$

因此，利用动作价值函数 $Q(s_t, a_t)$ 而非状态价值函数 $V(s_t)$ 来进行广义策略迭代，就成为一种必然的选择。此时，广义策略迭代方法中的传统蒙特卡洛策略估计算法，应基于 $Q(s_t, a_t)$ 进行，即有 $Q(s_t, a_t) = Q^{\pi}(s_t, a_t)$。

考虑到传统蒙特卡洛法的效率十分低下，因此实际应采用前面已详细介绍的各种关于 $Q(s_t, a_t)$ 的单步与多步自举法，包括 SARSA 法、Q-学习方法、SARSA(λ)法和 Q(λ)-学习法等，这些均可作为广义策略迭代方法中的策略估计算法使用。

此外，根据 ε -贪婪策略提升定理，在广义策略迭代方法中使用 ε -贪婪策略提升算法和基于 $Q(s_t, a_t)$ 的策略估计算法，不仅具有可保证的迭代收敛性，而且性能更优。

因此，综合上述两方面的情况，在广义策略迭代方法中，策略估计通常采用基于 $Q(s_t, a_t)$ 的价值函数迭代方法（单步与多步自举法），而策略提升则一般使用 ε -贪婪策略。

5. 利用策略梯度的动作器-评判器强化学习算法

这里主要介绍传统的策略梯度方法和信任域策略优化方法。有关 PPO 强化学习方法，将在 4.3.5 节中进行详细的介绍与分析讨论。

1）传统的策略梯度方法

图 4.9 给出了传统动作器-评判器（actor-critic）框架示意图，其中评判器可使用 SARSA 或 Q-学习算法进行价值函数或损失函数预测的强化学习更新。动作器则根据不断更新的损失函数预测，按照改善价值函数的方向进行策略或实值动作的学习更新。评判器实际为动作器提供损失函数或性能评判。该方法可同时学习，同时参数化，可适应连续状态空间和连续动作空间。

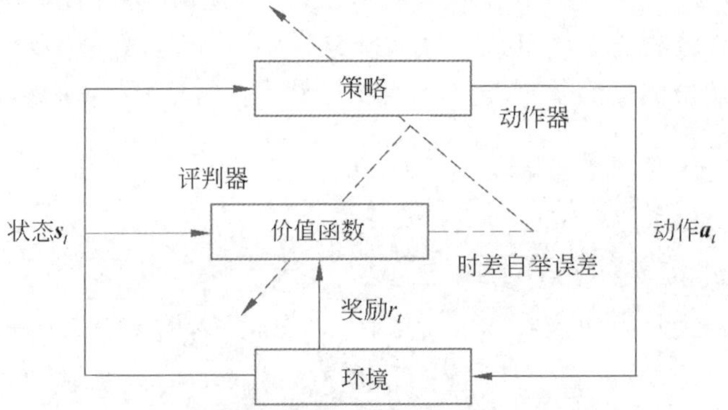

图 4.9 传统动作器-评判器（AC）框架

A2C（advantage actor-critic）优势动作器-评判器策略梯度方法的工作原理是设计一个

估计器以计算策略梯度,并将其以插件方式融入随机梯度上升算法中。

最常见的策略梯度估计器具有以下形式:

$$\hat{g} = \hat{E}_t\left[\nabla_{\boldsymbol{\theta}} r_t \log \pi_{\boldsymbol{\theta}}(\boldsymbol{a}_t \mid \boldsymbol{s}_t) \hat{A}_t\right] \tag{4.30}$$

其中,$\pi_{\boldsymbol{\theta}}$ 为随机策略,$\hat{A}_t$ 为优势函数在时间步 t 的估计。此处的数学期望 $\hat{E}_t[\cdots]$ 表示在数据采样与策略优化交替进行的算法中,对有限批次样本的经验平均值。对使用自动求导软件的实现,这可通过构建一个目标函数来直接完成。注意这里的目标函数梯度就是由这样的策略梯度估计器 $\hat{g}$ 求出的。理论上,为了得到这个 $\hat{g}$,可对如下策略目标函数求导获得,即

$$L^{\mathrm{PG}}(\boldsymbol{\theta}) = \hat{E}_t\left[\log \pi_{\boldsymbol{\theta}}(\boldsymbol{a}_t \mid \boldsymbol{s}_t) \hat{A}_t\right] \tag{4.31}$$

事实上,可以利用相同的采样轨迹数据对上述损失函数 L^{PG} 执行多步优化,但这实际并不合理。而且从经验上讲,相对于具有剪切(clipping)或带惩罚的情形,它时常会因破坏性地产生较大的策略更新,从而导致性能变差。

相对而言,A3C(asynchronous advantage actor-critic)策略梯度方法,具有更佳的策略搜索效率与性能,这里增加的所谓异步是指并行开启 N 个动作器以在连续的动作空间中进行探索,并进行策略的异步更新。

2) 信任域策略优化方法

对信任域策略优化(trust region policy optimization,TRPO)方法,目标函数或“替代”(surrogate)函数必须在对策略更新的大小进行约束的条件下完成最大化。

具体而言,通过引入一个相对大小的新旧策略比(也称条件概率比),有如下替代目标函数,即

$$\max_{\boldsymbol{\theta}} \hat{E}_t\left[\frac{\pi_{\boldsymbol{\theta}}(\boldsymbol{a}_t \mid \boldsymbol{s}_t)}{\pi_{\boldsymbol{\theta}_{\mathrm{old}}}(\boldsymbol{a}_t \mid \boldsymbol{s}_t)} \hat{A}_t\right] \tag{4.32}$$

且约束条件为

$$\hat{E}_t[\mathrm{KL}[\pi_{\boldsymbol{\theta}_{\mathrm{old}}}(\cdot \mid \boldsymbol{s}_t), \pi_{\boldsymbol{\theta}}(\cdot \mid \boldsymbol{s}_t)]] \leqslant \delta \tag{4.33}$$

这里,$\boldsymbol{\theta}_{\mathrm{old}}$ 为更新之前的旧策略参数向量。在对目标函数进行线性拟合以及对约束进行二次近似之后,可以使用共轭梯度法高效地近似求解该问题。

TRPO 方法实际是使用惩罚项来代替约束条件,即通过引入惩罚系数 β 来求解如下无约束优化问题:

$$\max_{\boldsymbol{\theta}} \hat{E}_t\left[\frac{\pi_{\boldsymbol{\theta}}(\boldsymbol{a}_t \mid \boldsymbol{s}_t)}{\pi_{\boldsymbol{\theta}_{\mathrm{old}}}(\boldsymbol{a}_t \mid \boldsymbol{s}_t)} \hat{A}_t - \beta \mathrm{KL}[\pi_{\boldsymbol{\theta}_{\mathrm{old}}}(\cdot \mid \boldsymbol{s}_t), \pi_{\boldsymbol{\theta}}(\cdot \mid \boldsymbol{s}_t)]\right] \tag{4.34}$$

此时,替代目标函数计算状态的最大 KL 散度而非均值,这实际构成了策略 π 的性能下界,但 β 值的选择其实很难。因为很难选择出某个具体的 β 值,能够对不同问题均表现良好。实际的情况是,即使对单一问题,也很难选择出合适的 β 值,原因是问题特性可能会在学习过程中发生变化。因此,要达到模拟 TRPO 方法单调改进的一阶算法的目标,简单地选择一个固定的惩罚系数 β,并利用 SGD 对式(4.34)带惩罚项的目标函数进行优化,显然是不够的。相关实验结果表明,必须对惩罚项进行更多的修改。

4.3.2 预训练大型语言模型的指令调优与 RLHF 调优

1. 预训练大型语言模型的微调方法

给定一些任务实例作为输入时，大型语言模型可以被提示执行一系列 NLP 任务。然而，这些大型语言模型经常会出现意想不到的行为，例如不遵循用户的指令，编造事实，生成有偏见或是有害的内容（Bender 等，2021；Bommasani 等，2021；Kenton 等，2021；Weidinger 等，2021；Tamkin 等，2021；Gehman 等，2020）。原因是许多大型语言模型的目标是在互联网上预测下一个 token，未去同时满足有效且安全地遵循用户指令的根本要求（Radford 等，2019；Brown 等，2020 年；Fedus 等，2021；Rae 等，2021；Thoppilan 等，2022）。因此，此时的语言模型并没有与安全及价值观对齐。显然，避免出现任何意外和失控的行为，生成价值对齐的内容，对于作为通用人工智能基础设施或操作系统的大规模语言模型来说，无疑十分重要。

自 Leike 等（2018）的工作以来，以训练驯化的方式使语言模型依从用户的意图行事，目前已有很大的进展。对齐语言模型既包括了显式的意图，如遵循指令，也涵盖了隐式的意图，如确保生成内容的真实性，不生成具有偏见、有毒或存在其他危害性的内容。具体而言，任何语言模型都必须达到如下标准（Askell 等，2021）：①有用的或有帮助的内容生成，即应该帮助用户求解其给定的任务；②诚实的，它们不应该编造信息或误导用户；③无害的，它们不应该对人或环境造成任何身体、心理或社会伤害。

下面将聚焦具有价值对齐的预训练语言模型的微调方法。图 4.10 给出了一种结合人类反馈强化学习（RLHF）的 InstructGPT 微调方法（Ouyang 等，2022；Christiano 等，2017；Stiennon 等，2020），目的是在遵循各种指令的同时，也能实现价值对齐。这里的 GPT-3.5 实际是一个模型集合，包括了 ChatGPT，GPT-3.5-turbo，text-davinci-003 和 text-davinci-002 等模型，它们都是通过对 code-davinci-002 进行指令微调得到的。具体而言，code-davinci-002 是适用于代码补全任务的下游微调模型，text-davinci-002 是基于该下游微调模型利用指令调优得到的 InstructGPT 模型。而 ChatGPT，GPT-3.5-turbo 和 text-davinci-003 则都是通过 text-davinci-002 获得的 RLHF 版本，一般称为 GPT-3.5 模型。只不过 ChatGPT 更专长聊天任务，而后两个模型则以 GPT API 的形式，更多地应用于各种非聊天的 NLP 下游一级任务。考虑到它们已进一步通过下游任务进行了上下文学习，因此完成任务时的效率更高，也更准确。

图 4.10 所示方法，由三个步骤组成：①监督微调（SFT）模型训练；②奖励模型（RM）训练；③近端策略优化（PPO）强化学习模型优化。

上述技术将人类偏好作为奖励信号来微调预训练语言模型。首先针对已完成预训练的语言模型，组建或雇佣人类标签员团队完成筛选测试，以培训其对后续演示数据和比较数据进行各种标注的能力。其次根据人类专家编写的演示提示数据集以及通过 OpenAI GPT API 提交收集的用户提示数据集，利用标签员得到相应的期望输出行为，以此完成演示数据集的构建。之后将其应用于监督学习基线模型的微调，以便得到初始化的监督策略。进一步地，基于更大 API 提示集得到的模型输出，利用标签员得到相应的排序比较，以此完成比较数据集的构建。之后将其应用于 RM 模型的训练，以预测与标签员偏好对齐的模型输出奖励值。最后，通过将该 RM 模型作为奖励函数，并利用 PPO 强化学习算法微调监督学习

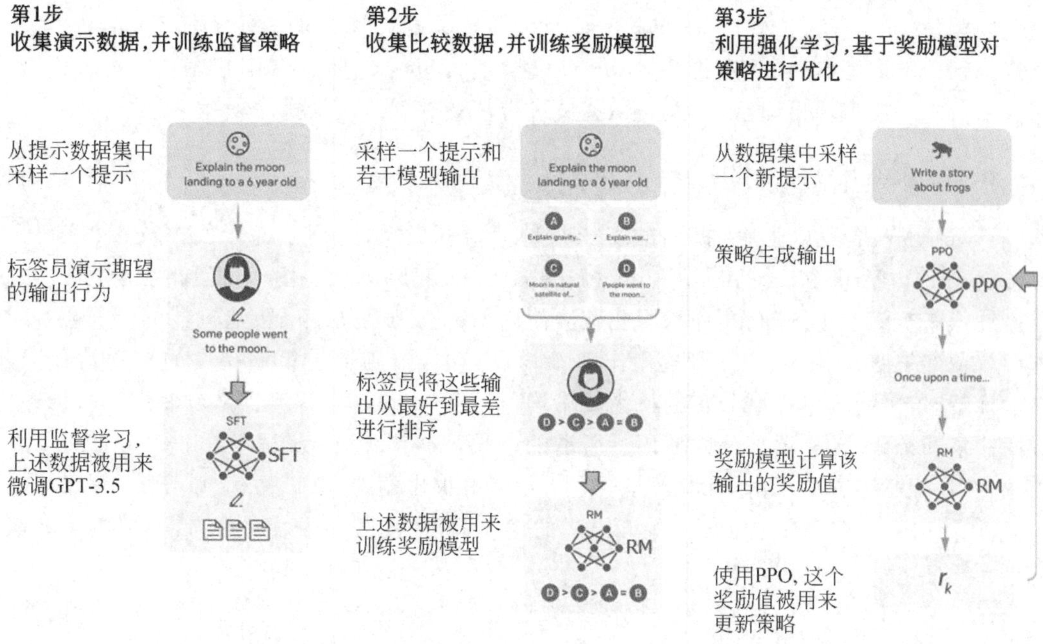

图 4.10　基于人类反馈强化学习的微调方法(Ouyang 等，2022)

基线模型，以期最大化该奖励(Schulman 等，2017)。图 4.10 说明了上述过程。上述方法实际是将 GPT-3.5 的行为与特定人群(主要是人类标签员和研究人员)的偏好对齐，因此这并非完全对齐了一般意义上的人类价值理念。

上述方法利用了 Ziegler 等(2019)和 Stiennon 等(2020)提出的分别面向风格延续与摘要任务的方法。在继续该方法之前，首先需要进行 3 点准备，即准备好一个已完成预训练的基础与基座大型语言模型，如 GPT-3 或 GPT-3.5(Radford 等，2019；布朗等，2020 年；Fedus 等，2021；Rae 等，2021；Thoppilan 等，2022；Ouyang 等，2022)，准备好一个提示数据集(旨在利用这个数据集分布生成对齐的输出)，以及准备好一个训练有素的人类标签员团队。之后就可以开展基于人类反馈强化学习(RLHF)的预训练语言模型的微调了。

如图 4.10 所示，RLHF 调优方法主要包括如下 3 个步骤：

第 1 步：收集演示数据，训练监督策略。人类标签员提供了演示数据集，它由从提示数据集分布采样给出的提示输入及由标签员给出的期望输出行为或意图数据组成。之后使用监督学习方法，基于该演示数据集对预训练的 GPT-3.5 模型进行微调。

第 2 步：收集比较数据，训练 RM 模型。人类标签员提供了比较数据集，它由给定提示输入、不同模型输出及其排序数据组成，其中排序数据由标签员给出，反映了他们更偏好哪个输出。之后利用这个比较数据集，对 RM 模型进行训练以预测带人类偏好的输出。

第 3 步：使用 PPO 与 RM 模型、价值函数得到更优化的策略。将 RM 模型的输出作为一个标量奖励值。之后使用 PPO 强化学习算法(Schulman 等，2017)，对第 1 步得到的监督策略(作为初始值)或由 PPO 得到的旧策略进行持续更新，以获得更优的新策略。

上面的第 2 步和第 3 步可以进行反复不断的迭代。利用动作器当前学习到的最优策略收集更多的比较数据，然后将这些数据用于训练评判器的价值函数(其初始值由 RM 模型提供),之后再继续PPO学习到一个新的策略。总体上,大部分的比较数据都来自第1步学习到的监督策略,仅有少数比较数据来自PPO策略。注意图中的3个大箭头,表示相关数据将分别用于训练SFT、RM和PPO 3个模型。第2步中的A、B、C、D 4个框,均来源于采样提示对应的模型输出,且都由人类标签员进行从最好到最差的排序。

2. 基于人类反馈的强化学习

针对ChatGPT预训练大模型的安全与价值对齐微调,采用了基于人类反馈的强化学习(reinforcement learning from human feedback,RLHF)方法。由于此处的强化学习均涉及连续状态空间与连续动作空间,因此该法使用了具有神经网络函数逼近器的动作器-评判器(Actor-Critic)架构,其中评判器用作RM模型,动作器则通过策略梯度的自动估计以获得最优策略,进而输出高斯分布的最优策略均值。进一步地,在评判器部分使用了多标签比较的监督训练,在动作器部分则使用了所谓的近端策略优化(proximal policy optimization,PPO)的强化学习方法。由OpenAI于2017年7月提出的PPO算法(Schulman等,2017),不但具有TRPO方法(Schulman等,2015)的优点,而且数据使用效率更高,实现更简单,且更具一般性。

自2015年以来,针对具有神经网络函数逼近器的强化学习,已提出了许多不同种类的方法。例如,深度Q-学习方法(Mnih等,2015),A2C与A3C(Mnih等,2016)及TRPO,这些都是目前最优秀的方法。然而它们在可扩展性(如对大模型及并行实现的适用性),数据的高效使用和鲁棒性(如无须调整任何超参数就可成功进行问题求解)方面仍有改善空间。事实上,带函数逼近器的深度Q-学习方法,对许多简单的任务有时都难以成功完成,且很难得到可解释性。普通的同步版A2C策略梯度方法(Mnih等,2016),其数据效率和鲁棒性也很差。TRPO方法相对复杂,但不兼容噪声,也不支持存在参数共享(包括在策略和价值函数间共享,或者借助辅助任务进行共享)的架构。

为了解决这些困难,PPO方法尝试仅使用一阶优化就能获得与TRPO方法相同的数据效率与可靠性。为此该法提出了一个含剪切概率比的新的替代目标函数,它实际构成了对连续动作空间可信区域或策略性能的一个下界估计。在策略优化的过程中,PPO首先利用初始或旧策略获得采样轨迹数据,然后基于采样轨迹数据完成若干轮次的最小批量策略优化,之后将此优化策略设置为旧策略,如此再不断交替地进行下去。

基于PPO完成的实验比较了不同替代目标函数的性能,发现具有剪切概率比的PPO性能最好。实验中将PPO与文献中的若干算法进行了性能比较与分析。实验结果表明,对连续控制任务,PPO的性能超过了现有的最优结果。例如,对Atari游戏集,PPO相对A2C具有更为明显的性能优势(就样本复杂性而言),与具有经验回放与可信区域的ACER(Wang等,2016)的性能大致相当,但实现起来却要简单得多。

图4.11给出了使用RLHF将GPT-3.5预训练微调模型的性能提升为ChatGPT的示意图。

3. 调优任务

在预训练语言模型的调优阶段,既有基于监督学习的微调,也有RM模型的监督训练,还有利用强化学习的最优策略生成。各种训练任务主要有两个数据来源:①由人类专家及

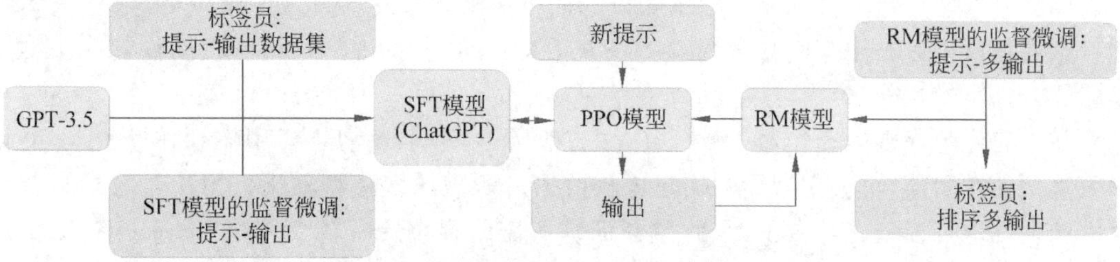

图 4.11　从 GPT-3.5 到 ChatGPT：RLHF 的使用(Zhou 等,2023)

标签员编写的演示提示数据集;②提交给 API 的早期版本 InstructGPT 模型的用户提示数据集(见表 4.4)。这些提示非常多样化,涉及生成、问答、对话、摘要、提取和其他 NLP 任务(见表 4.5)。这些数据集从规模来看,超过 96%都是英语,但也研究了模型响应其他语种指令和完成代码任务的能力。

表 4.4　以提示条数确定的数据集大小(Ouyang 等,2022)

SFT 模型数据			RM 模型数据			PPO 模型数据		
拆分	来源	大小	拆分	来源	大小	拆分	来源	大小
训练集	标签员	11 295	训练集	标签员	6623	训练集	用户	31 144
训练集	用户	1430	训练集	用户	26 584	验证集	用户	16 185
验证集	标签员	1550	验证集	标签员	3488			
验证集	用户	103	验证集	用户	14 399			

表 4.5　API 用户提示数据集的用例类别分布(Ouyang 等,2022)

用例	类别分布/%	用例	类别分布/%
生成	45.6	摘要	4.2
开源问答	12.4	分类	3.5
头脑风暴	11.2	其他	3.5
聊天	8.4	闭源问答	2.6
改写	6.6	提取	1.9

对于每条自然语言提示,通常是直接通过自然语言指令的方式来指定任务,例如“向一个 6 岁的孩子解释强化学习”。但也可以间接地通过或者是利用少样本示例来指定任务,例如给出两个强化学习的示例,并提示模型生成一个新的示例。又或者是隐含其进行续写,例如写一个关于强化学习的解释。对于各种情况,都要求标签员尽最大努力去推断及编写用户的意图,并要求他们在遇到任务非常不清楚的地方,跳过该提示输入。此外,标签员还会根据指南和自己的最佳判断,考虑提示输入中隐藏的真正意图及响应的真实性,以及潜在的有害输出,如各种偏见或有害的内容生成等。

4.3.3　初始动作器：SFT 模型的监督训练

前文已指出,这里首先需要收集并构建演示数据集,然后利用该数据集对 SFT 模型进行微调,以获得监督策略的预测。例如从演示数据集中采样一个提示输入“向一个 6 岁的孩子解释登月”，然后由人类标签员给出相应的期望输出行为或意图，如“曾有人类去过月球”。之后该数据就可以被用来监督微调 GPT-3/GPT-3.5 这样的 SFT 模型，以期得到一个初始策略。

在具有优势函数的动作器-评判器（A2C）架构下，SFT 模型主要用作动作器 PPO 强化学习算法的初始值，也会用来预测构建比较数据集所需的多模型输出。由于是对参数量巨大的预训练语言模型进行微调，因此监督训练所需的算力要求较大。在 InstructGPT 构建过程中，SFT 模型被微调训练 16 个 epoch，其中采用了余弦学习率衰减策略，即训练结束时学习率会被降低到初始值的 10%，同时设定 Dropout 的丢失率为 0.2，且无学习率预热。对具有 13 亿个和 60 亿个参数的 GPT-3 两个基础模型，初始学习率均设定为 9.65e-6，取批次大小为 32，并相应完成了 7 个学习率的几何优化搜索。对具有 1750 亿个参数的 GPT-3 模型，设定初始学习率为 5.03e-6，批次大小为 8，相应进行了 5 个学习率的几何搜索，同时也使用几何搜索算法调优了 epoch 的数量（Ouyang 等，2022）。

与 Wu 等（2021）的实验结果类似，Ouyang 等（2022）也发现，仅经过 1 个 epoch，该 SFT 模型就出现了针对验证集损失的过拟合。但同时也发现，尽管存在过拟合，更多的 epoch 微调训练，将有助于 RM 模型的评分。相对于验证集损失，RM 模型给出的评分更能预测出人类的偏好。

最终的 SFT 模型是基于验证集上的 RM 模型评分进行选择的。它们将被用作第 3 步 PPO 强化学习模型中策略的初始值，同时也用于第 2 步 RM 模型比较数据集构建中的提示输入、多模型输出的预测。

4.3.4 初始评判器：RM 模型的监督训练

同样，作为第 2 步的 RM 模型的监督训练，也必须首先收集并构建比较数据集。例如从演示数据集中采样一个提示输入“向一个 6 岁的孩子解释登月”，然后根据第 1 步得到的监督策略生成若干多模型输出，例如：

A：解释重力……

B：解释战争……

C：月球是地球的天然卫星……

D：人类曾经去过月球……

然后由人类标签员根据对问题输入输出的意图理解，进行从最好到最差的排序，即完成 D＞C＞A＝B 的排序比较工作。类似的比较数据被采集，相应由提示输入、多模型输出的排序比较组成的比较数据集被构建，并被用来进一步训练 RM 模型，以输出针对提示输入及其输出响应比较的一个标量奖励值。

一般说来，比较数据集的采集与损失函数的定义对 RM 模型的训练十分重要。在这种训练数据集中，构建每个样本时都需要针对相同提示输入，完成两个不同模型输出的比较。实验中通常使用交叉熵损失函数，并将该比较值作为训练标签。这里的比较值表示了奖励值之间的差异，体现了人类标签员对两个输出响应之一偏好的对数概率。

为了加快比较数据集的采集速度，InstructGPT 为人类标签员提供了 $K=4\sim 9$ 个输出响应进行排序比较。对每个提示输入而言，这会产生 $K(K-1)/2$ 个两两比较，且相应的输出响应或比较之间存在着较强的相关性。此时若简单地将所有这些比较都随机洗牌到整个比较数据集中，那么训练数据集一个 epoch 的前、后向传播，就会导致 RM 模型出现过拟合。因此，实际需要将每个提示输入的全部 $K(K-1)/2$ 个比较作为一个批次的样本进行训练。这会获得相对高得多的计算效率。原因是针对每个比较，这里仅需 RM 模型的一次前向传播。由于不再出现过拟合，因此可大幅提高验证集的精度与对数损失。

RM 模型的损失函数定义为

$$L(\boldsymbol{\theta})=-\frac{1}{K(K-1)/2}\mathbf{E}_{(x,y_w,y_l)\sim D}[\log(\sigma(r_{\boldsymbol{\theta}}(\boldsymbol{x},\boldsymbol{y}_w)-r_{\boldsymbol{\theta}}(\boldsymbol{x},\boldsymbol{y}_l)))] \tag{4.35}$$

其中，$r_{\boldsymbol{\theta}}(\boldsymbol{x},\boldsymbol{y})$ 为具有可训练参数 $\boldsymbol{\theta}$ 的 RM 模型对提示输入 $\boldsymbol{x}$ 及其比较 $\boldsymbol{y}$ 的一个标量奖励值，$\boldsymbol{y}_w$ 表示一对比较 $\{\boldsymbol{y}_w,\boldsymbol{y}_l\}$ 中人类标签员的偏好选择，且 D 表示比较数据集。

因此，考虑到 RM 模型损失对奖励值的平移具有不变性，通常可使用一个偏置将 RM 模型进行归一化。如此可在进行 PPO 强化学习之前，使人类标签员构建的演示样本集的平均奖励值评分为 0。

从 A2C 框架来看，已训练好的 RM 模型将主要用作 PPO 策略更新过程中评判器价值函数的初始值，且该价值函数也会根据 PPO 得到的新策略进行新比较数据的采集与迭代更新。在具体实现中，通常将前述 SFT 模型的最后一层去除，并以此为基础训练 RM 模型，使其接收提示输入及其输出响应，并预测出一个标量奖励值。

对于不同规模的 PPO 模型，一般仅使用一个 60 亿个参数规模的 RM 模型作为评判器，且由 GPT-3 进行初始化。上述规模的 GPT-3 模型已在 NLP 的各种公开数据集上进行了微调，包括 ARC，BoolQ，CoQA，DROP，MultiNLI，OpenBookQA，QuAC，RACE 和 Winogrande 等。这种选择主要出自于历史原因，即利用 60 亿个参数规模的 GPT-3 或根据第 1 步得到的不同规模的 SFT 模型，在应用于比较数据采集时，所得结果相差不大。实验中基于 RM 模型的全部比较数据集，进行了一个 epoch 的训练，其中学习率为 9e−6，采用余弦学习率策略，即训练结束时学习率下降到其初始值的 10%，且批次大小为 64。训练过程对学习率或学习率策略不太敏感，学习率高达 50%的变化，也会得到了相似的性能。但训练对 epoch 的数量却相当敏感，多个 epoch 之后 RM 模型会迅速过拟合到训练数据上，验证集损失则会出现明显恶化。由于每个提示都有 $K=4\sim9$ 数量的标签补全，因此一个批次可包括不大于 2304 次的比较。

尽管采用 1750 亿个参数这种更大规模的 RM 模型，有可能实现更低的验证集损失，但却存在如下两个问题：①训练可能会更不稳定，这使其不适合作为 PPO 模型中的价值函数初始值；②使用 1750 亿个参数的 RM 模型和价值函数，会大幅增加 PPO 的算力需求。相关实验结果表明，60 亿个参数规模的 RM 模型在相当宽的学习率范围内都是稳定的，且相应的 PPO 模型不仅同样强大，而且计算量要小得多。

4.3.5　A2C 框架下的 PPO-ptx 强化学习：策略更新与价值对齐

针对动作器的强化学习，下面介绍一类新的策略梯度方法，即学习智能体利用初始或旧的策略，通过与环境的相互作用来产生采样数据，并基于这些数据利用随机梯度上升算法去优化一个替代的目标函数，从而得到一个新的策略，之后将此新策略设置为旧策略重新进行数据采样，如此将两者反复交替下去。相对而言，标准的策略梯度方法对每个数据样本仅进行一次梯度更新，而该方法通过提出一种新的替代目标函数，可使多个轮次(epoch)的最小批量更新成为可能。上述方法被称为近端策略优化(PPO),它具有信任域策略优化(TRPO)的优点,但实现起来更加简单,更具一般性,且样本的复杂性也更小。针对包括模拟的机器人运动与 Atari 游戏等一系列基准评测任务,利用 PPO 完成的测试实验结果表明,PPO 不仅优于其他在线策略梯度方法,而且在样本的复杂性、调参的简单性和实际消耗的计算时间之间,实现了更好的平衡。

总之,为了完成预训练大型语言模型的调优及实现与人类价值的对齐,针对指令调优后的 InstructGPT,通过对其进行 RLHF 调优得到 ChatGPT 等,即利用深度神经网络 A2C 框架实现了 PPO 模型、RM 模型与 SFT 模型的集成与联合迭代优化。具体而言,已在第 1 步完成训练的 SFT 模型不仅提供对演示数据集中提示输入的响应推断,而且作为初始值为 PPO 提供监督策略。同样,在第 2 步完成训练的 RM 模型,对 PPO 的每个响应输出进行奖励值预测评分,并利用 PPO 获得的新策略与新采样数据,完成评判器价值函数的迭代训练,这里 RM 模型将同时作为价值函数的初始值。作为 RLHF 方法的第 3 步,在动作器中使用 OpenAI 提出的 PPO 强化学习算法,将获得评判器指导下的优化策略更新,从而获得最大化奖励值输出。下面将重点介绍 PPO 算法。

1. 剪切的替代目标函数L^{CLIP}

令 $r_t(\boldsymbol{\theta})$ 表示新旧策略的条件概率比,即

$$r_t(\boldsymbol{\theta})=\frac{\pi_{\boldsymbol{\theta}}(\boldsymbol{a}_t \mid \boldsymbol{s}_t)}{\pi_{\boldsymbol{\theta}_{\mathrm{old}}}(\boldsymbol{a}_t \mid \boldsymbol{s}_t)} \tag{4.36}$$

显然,$r_t(\boldsymbol{\theta}_{\mathrm{old}})=1$。此时,TRPO 方法将最大化如下替代目标函数:

$$L^{\mathrm{CPI}}(\boldsymbol{\theta})=\hat{E}_t\left[\frac{\pi_{\boldsymbol{\theta}}(\boldsymbol{a}_t \mid \boldsymbol{s}_t)}{\pi_{\boldsymbol{\theta}_{\mathrm{old}}}(\boldsymbol{a}_t \mid \boldsymbol{s}_t)}\hat{A}_t\right]=\hat{E}_t[r_t(\boldsymbol{\theta})\hat{A}_t] \tag{4.37}$$

损失函数上标 CPI 意思是指保守的策略迭代(Kakade & Langford,2002),这一目标函数实际是在该文中提出的。如果没有任何约束,上述 L^{CPI} 的最大化将导致过大的策略更新。因此,现在考虑修改这个目标函数,相应的基本思路是惩罚将 $r_t(\boldsymbol{\theta})$ 从 1 离开的任何策略改变。

此时目标函数修改如下:

$$L^{\mathrm{CLIP}}(\boldsymbol{\theta})=\hat{E}_t[\min(r_t(\boldsymbol{\theta})\hat{A}_t,\mathrm{clip}(r_t(\boldsymbol{\theta}),1-\varepsilon,1+\varepsilon)\hat{A}_t)] \tag{4.38}$$

其中,ε 是超参数,例如取 $\varepsilon=0.2$。设计这一目标函数的动机阐述如下。min( )内的第一项就是 L^{CPI} 本身。第二项,即 $\mathrm{clip}(r_t(\boldsymbol{\theta}),1-\varepsilon,1+\varepsilon)\hat{A}_t$,通过剪切 $r_t(\boldsymbol{\theta})$ 来修改相应的代理目标函数,这消除了将 $r_t(\boldsymbol{\theta})$ 移动到区间 $[1-\varepsilon,1+\varepsilon]$ 之外的任何激励。最后,对未剪切目标函数和剪切目标函数,可取两者的较小值,因此最终的目标函数实际是未剪切目标函数的下界。对这种方案,当条件概率比 $r_t(\boldsymbol{\theta})$ 的变化使目标函数变得更糟时,就会起到作用。注意,在 $\boldsymbol{\theta}_{\mathrm{old}}$ 附近 $L^{\mathrm{CLIP}}(\boldsymbol{\theta})=L^{\mathrm{CPI}}(\boldsymbol{\theta})$ 为一阶近似相等(即 $r_t(\boldsymbol{\theta})=1$)。然而,随着 $\boldsymbol{\theta}$ 远离 $\boldsymbol{\theta}_{\mathrm{old}}$,两者就变得不同了。图 4.12 给出了 L^{CLIP} 中的单个项(即单个时间步 t)。注意这里的概率比 r 在 $1+\varepsilon$ 或 $1-\varepsilon$ 被剪切,这完全取决于 A 是正的还是负的。

图 4.12 给出了作为概率比 r 函数的替代函数 L^{CLIP} 的一个项(即单个时间步),其中图 4.12(a)为 $A>0$,图 4.12(b)为 $A<0$。每个图上的圆点表示优化的起点,即 $r=1$。注

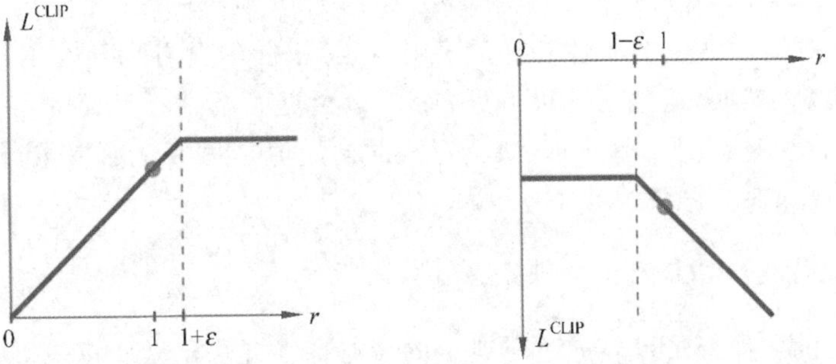

(a) $A>0$　　(b) $A<0$

图 4.12　L^{CLIP} 函数图

意 L^{CLIP} 是对许多这样的项相加而构建的。

图 4.13 提供了替代目标函数 L^{CLIP} 的另一个直觉。它示出了当沿着策略更新的方向插值时，4 个目标函数是如何变化的，这是通过对连续控制问题进行近端策略优化（稍后将介绍的算法）获得的。可以看到，L^{CLIP} 是 L^{CPI} 的下界，由于策略更新过大而受到惩罚。

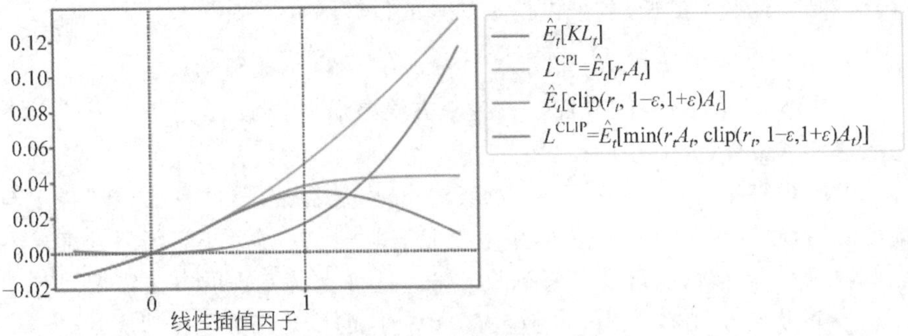

图 4.13　替代目标函数

图 4.13 彩图

在初始策略参数 $\boldsymbol{\theta}_{old}$ 和更新的策略参数之间插值时，在 PPO 的一次迭代后计算替代目标函数参数。更新后的策略与初始策略的 KL 偏差约为 0.02，这是 L^{CLIP} 最大的点。图 4.13 对应于 Hopper-v1 问题的第一次策略更新。

2. 自适应 KL 散度惩罚系数

另一种方法可以用作剪切替代目标的替换方案，这就是对 KL 散度使用惩罚，并自适应调整惩罚系数，以便在每次策略更新后达到 KL 散度 d_{targ} 的一些目标值。实验发现 KL 惩罚的性能比前述的剪切替代目标函数更差。但这里仍有必要对其介绍，这是因为它本身就是一个重要的基线。

在该算法的最简单实例化中，对每个策略更新执行以下步骤：

① 使用几个轮次的最小批量 SGD，对 KL-惩罚的目标函数进行优化，即

$$L^{KLPEN}(\boldsymbol{\theta})=\hat{E}_t\left[\frac{\pi_{\boldsymbol{\theta}}(\boldsymbol{a}_t \mid \boldsymbol{s}_t)}{\pi_{\boldsymbol{\theta}_{old}}(\boldsymbol{a}_t \mid \boldsymbol{s}_t)}\hat{A}_t-\beta \mathrm{KL}[\pi_{\boldsymbol{\theta}_{old}}(\cdot \mid \boldsymbol{s}_t),\pi_{\boldsymbol{\theta}}(\cdot \mid \boldsymbol{s}_t)]\right] \tag{4.39}$$

② 计算

$$d=\hat{E}_t[\mathrm{KL}[\pi_{\boldsymbol{\theta}_{old}}(\cdot \mid \boldsymbol{s}_t),\pi_{\boldsymbol{\theta}}(\cdot \mid \boldsymbol{s}_t)]] \tag{4.40}$$

其中，若 $d < d_{\text{targ}}/1.5$，则 $\beta \leftarrow \beta/2$；若 $d > d_{\text{targ}} \times 1.5$，则 $\beta \leftarrow \beta \times 2$。

β 更新后将被用于下一次策略更新。使用该方案，偶尔会看到存在 KL 散度与 d_{targ} 显著不同的策略更新，然而，这些情况很少见，而且 β 会迅速调整。上面的参数 1.5 和 2 是启发式选择的，但算法对它们并不是非常敏感。β 的初始值是另一个超参数，但实践中并不重要，因为算法会快速对其调整。

3. 近端策略优化(PPO)强化学习算法

前面章节中的替代损失可以通过对典型的策略梯度方法稍做变化来得到。对于使用自动求导的实现，可以简单地构建损失函数 L^{CLIP} 或 L^{KLPEN} 以替换传统的策略梯度损失函数 L^{PG}，以此得到策略梯度的估计，然后再对目标函数执行多步随机梯度上升算法。

估计方差缩减的优势函数的大多数技术，都使用了已学习的状态价值函数 $V(s)$。例如，广义优势估计 GAE(Schulman 等，2015)或 Mnih 等(2016)中的有限时域估计。如果使用在策略和价值函数之间共享参数的神经网络架构，就必须使用一个结合策略替换函数和价值函数误差项的损失函数。这个目标函数还可以通过添加熵红利来进一步增强，以此确保充分探索。结合这些项的使用，可以得到如下的目标函数：

$$L_t^{\text{CLIP+VF+S}}(\boldsymbol{\theta}) = \hat{E}_t[L_t^{\text{CLIP}}(\boldsymbol{\theta}) - c_1 L_t^{\text{VF}}(\boldsymbol{\theta}) + c_2 S[\pi_{\boldsymbol{\theta}}](\boldsymbol{s}_t)] \tag{4.41}$$

其中 c_1、c_2 为系数，S 表示熵红利，且 L_t^{VF} 为平方误差损失 $(V_{\boldsymbol{\theta}}(\boldsymbol{s}_t) - V_t^{\text{targ}})^2$。注意上述目标函数每次迭代都会被(近似地)最大化。

一种类型的策略梯度实现已在 Mnih 等(2016)中进行推广，并且非常适合于与递归神经网络结合使用，即运行 T 个时间步的初始或旧策略(其中 T 远小于场景长度)，然后使用采集的样本进行策略更新，以得到一个新的策略。这种交替实现的方法需要设计一个作用于时间步 T 内的优势估计器。Mnih 等(2016)中使用的优势函数估计器为

$$\hat{A}_t = -V(\boldsymbol{s}_t) + r_t + \gamma r_{t+1} + \cdots + \gamma^{T-t+1} r_{T-1} + \gamma^{T-t} V(\boldsymbol{s}_T) \tag{4.42}$$

式中，t 为给定长度 T 的轨迹段所对应的[0, T]区间中的时间索引。

将其一般化，可以使用如下广义优势函数估计的剪切版本，即

$$\hat{A}_t = \delta_t + (\gamma\lambda)\delta_{t+1} + \cdots + \cdots + (\gamma\lambda)^{T-t+1}\delta_{T-1} \tag{4.43}$$

且

$$\delta_t = r_t + \gamma V(\boldsymbol{s}_{t+1}) - V(\boldsymbol{s}_t) \tag{4.44}$$

显然，当 $\lambda = 1$ 时，式(4.43)即退化为式(4.42)。

下面给出了使用固定长度轨迹段的 PPO 算法。从算法 4.1 可以看出，对每次迭代，N 个(并行的)动作器中的每一个都会收集 T 个时间步的数据。然后对这 NT 个时间步的数据构建一个替代损失函数 L，并使用最小批量的 SGD(或通常利用 Adam 算法以获得更好的性能)，对其优化 K 个轮次。最后以新参数向量替换旧参数向量，相当于以新策略替换旧策略，重复上述过程，直至收敛为止。

算法 4.1：PPO(动作器-评判器框架)

```
for 迭代 = 1,2,⋯ do
    for 动作器 = 1,2,⋯,N do
```

在环境中运行 T 时间步的旧策略 $\pi_{\boldsymbol{\theta}_{\text{old}}}$

计算优势估计 $\hat{A}_1, \hat{A}_2, \cdots, \hat{A}_T$

end for

优化相对于 $\boldsymbol{\theta}$ 的替代目标函数 L(K 个轮次且最小批量大小 $M \leqslant NT$)

$\boldsymbol{\theta}_{\text{old}} \leftarrow \boldsymbol{\theta}$

end for

4. 不同替代目标函数的性能比较

首先比较了不同超参数下若干种的不同替代目标函数,完成了替代目标函数 L^{CLIP} 与几种不同替代函数之间的消融实验与性能比较(Schulman 等,2017)。

无剪切或惩罚:$L_t(\boldsymbol{\theta}) = r_t(\boldsymbol{\theta})\hat{A}_t$。

带剪切:$L_t(\boldsymbol{\theta}) = \min(r_t(\boldsymbol{\theta})\hat{A}_t, \text{clip}(r_t(\boldsymbol{\theta}), 1-\varepsilon, 1+\varepsilon)\hat{A}_t)$。

带 KL 散度惩罚(固定或自适应的):$L_t(\boldsymbol{\theta}) = r_t(\boldsymbol{\theta})\hat{A}_t - \beta \text{KL}[\pi_{\boldsymbol{\theta}_{\text{old}}}(\cdot \mid \boldsymbol{s}_t), \pi_{\boldsymbol{\theta}}(\cdot \mid \boldsymbol{s}_t)]$。

对 KL 散度惩罚,可以基于目标 KL 值 d_{targ},然后使用一个固定的惩罚系数 β 或一个自适应的系数。注意 Schulman 等(2017)还尝试了在对数空间进行剪切,但发现性能并没有提高。

考虑到需要对每个算法搜索超参数,因此选择了一个计算成本低廉的基准问题来测试算法性能。实验中使用了 OpenAI Gym(Brockman 等,2016)实现的 7 个模拟机器人任务,这些任务使用了 MuJoCo(Todorov 等,2012)物理引擎。对每个任务,都进行了一百万时间步的训练。除了搜索得到的剪切超参数(ε)和 KL 惩罚超参数(β, d_{targ})之外,其他的超参数如表 4.6 所示。

表 4.6 MuJoCo 百万时间步训练基准任务中使用的 PPO 超参数(Schulman 等,2017)

超参数	值	超参数	值
轨迹段(T)	2048	最小批量大小	64
Adam 步长	3×10^{-4}	折扣率(γ)	0.99
轮次(epochs)	10	GAE 参数(λ)	0.95

为了表达该策略,这里使用了一个全连接 MLP。该神经网络具有两个隐层,每个隐层由 64 个神经元组成,采用 Tanh 非线性激活函数,输出为高斯分布的均值,相应的标准差可变(Schulman 等,2015;Duan 等,2016)。此外,策略和价值函数之间不共享参数(因此系数 c_1 无关紧要),也不使用熵红利。

每个算法都在所有 7 种环境中运行,对每种环境使用 3 个随机种子。通过计算最后 100 个回合的平均总奖励来对算法的每次运行进行评分。这里对每种环境的评分进行了移位与缩放,以使随机策略的评分为 0,最优结果设置为 1,并在 21 次运行中进行平均,如此可得到对每个算法的标量评分。

实验结果如表 4.7 所示。从表中可以看出,当无剪切或惩罚时,相应的评分为负,这比初始随机策略还要糟糕。在该实验中,右栏给出的每个算法或超参数设置的平均归一化评分，由 7 种环境的 21 次算法运行得到，这里 β 初始设定为 1。

表 4.7 针对连续控制基准问题的实验结果比较(Schulman 等，2017)

算法	平均归一化评分
无剪切或惩罚	−0.39
带剪切且 $\varepsilon=0.1$	0.76
带剪切且 $\varepsilon=0.2$	0.82
带剪切且 $\varepsilon=0.3$	0.70
自适应 KL 散度且 $d_{\text{targ}}=0.003$	0.68
自适应 KL 散度且 $d_{\text{targ}}=0.01$	0.74
自适应 KL 散度且 $d_{\text{targ}}=0.03$	0.71
固定 KL 散度且 $\beta=0.3$	0.62
固定 KL 散度且 $\beta=1.0$	0.71
固定 KL 散度且 $\beta=3.0$	0.72
固定 KL 散度且 $\beta=10.0$	0.69

5. 与其他连续域强化学习算法的性能比较

此处将前述带“剪切”替代目标函数的 PPO，与文献中的其他几种对连续问题有效的强化学习方法进行了比较，如图 4.14 所示。实际比较了以下算法的调优实现，即 TRPO 方法(Schulman 等，2015)，交叉熵方法(CEM)(Szita 等，2006)，具有自适应步长的同步版策略梯度方法 A2C(Mnih 等，2016)，具有信任域的 A2C(Wang 等，2016)。这里的 A2C 表示优势函数动作器-评判器，相当于是 A3C 的同步版本。实验发现 PPO 的性能与异步版本 A3C 相同或更好。对于 PPO，实验中选择超参数 $\varepsilon=0.2$，每个均训练了一百万个时间步。实验结果表明，此时对几乎所有的连续控制问题，PPO 都优于已有的各种方法。

图 4.14 彩图

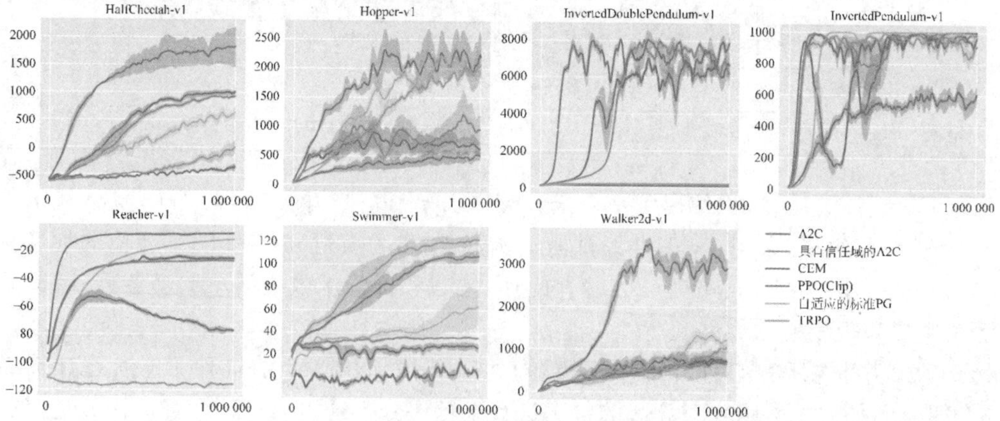

图 4.14 针对若干 MuJoCo 环境完成的算法性能比较(Schulman 等，2017)

上面介绍了 PPO，这是一类新的策略优化方法。该法使用了多个轮次的随机梯度上升算法来完成每次策略更新。这些方法均继承了信任域方法的稳定性和可靠性，但实现起来要简单得多，且仅需几行代码的修改，就可修改为一般的策略梯度法。PPO 不仅可应用于更一般的情形（例如，策略和价值函数使用联合架构时），而且具有更好的整体性能。

6. PPO-ptx 强化学习模型

在深度神经网络 A2C 框架下，将利用 OpenAI 提出的上述 PPO 算法（Schulman 等，2017）作为动作器，对运行于当前工作环境中的 SFT 模型，再次实施微调（Stiennon 等，2020；Ouyang 等，2022），以实现对动作空间在线策略的探索、利用及优化。这里的工作环境包括对用户的随机提示输入，生成一个响应输出。然后对这个提示-响应输入输出对，由 RM 模型确定一个奖励值进行评价，同时结束该轮 PPO 回合的策略更新。为了缓解 RM 模型的过度优化，通常需要针对当前 token，在 SFT 模型中增加一个逐 token 的 KL 惩罚。注意这里的价值函数是由 RM 模型进行的初始化。

一般地，微调过程中需要使用预训练混合数据（pre-training mixture，ptx），或者说推荐将预训练梯度混合到 PPO 梯度中，这不仅有助于 PPO 的训练，而且还可以稳定 NLP 各种公开数据集的回归。相应的模型被称为 PPO-ptx。注意在后续的介绍中，除非另有说明，ChatGPT/GPT-4 中的 PPO 均指的是 PPO-ptx 模型。

此时，PPO 强化学习训练中的最大化目标函数为（Ouyang 等，2022）

$$L_{\mathrm{RL}}(\boldsymbol{\phi})=E_{(\boldsymbol{x},\boldsymbol{y})\sim \boldsymbol{D}_{\pi_{\boldsymbol{\phi}}^{\mathrm{RL}}}}\left[r_{\boldsymbol{\theta}}(\boldsymbol{x},\boldsymbol{y})-\beta\log\left(\frac{\pi_{\boldsymbol{\phi}}^{\mathrm{RL}}(\boldsymbol{y}\mid\boldsymbol{x})}{\pi^{\mathrm{SFT}}(\boldsymbol{y}\mid\boldsymbol{x})}\right)\right]+ \gamma E_{\boldsymbol{x}\sim \boldsymbol{D}_{\mathrm{pretrain}}}\left[\log\left(\pi_{\boldsymbol{\phi}}^{\mathrm{RL}}(\boldsymbol{x})\right)\right] \tag{4.45}$$

其中，$\pi_{\boldsymbol{\phi}}^{\mathrm{RL}}$ 为通过学习得到的强化学习策略，π^{SFT} 为 SFT 模型生成的监督策略，$\boldsymbol{D}_{\mathrm{pretrain}}$ 为预训练数据集分布，且 KL 奖励系数 β 和预训练损失系数 γ 分别用来控制 KL 散度惩罚和预训练梯度的强度。因此，对 PPO-ptx 模型，$\gamma\neq 0$。但对传统的 PPO 模型，则有 $\gamma=0$。

下面介绍利用 PPO-ptx 模型得到的基准性能。首先对 PPO 模型相对于 SFT 模型及 GPT-3 的性能进行比较研究。然后增加与 GPT-3-提示的性能比较。后者提供了少样本前缀来提示它进入了指令遵循模式。这里的前缀通常添加在用户的指定指令之前。最后还进一步针对 FLAN（Wei 等，2021）和 T0（Sanh 等，2021）数据集，将 InstructGPT 与 RLHF 微调后的具有 1750 亿个参数规模 GPT-3.5 进行比较。这两个数据集都包括了各种 NLP 任务，同时具有针对每个任务的自然语言指令。但两者在具体涉及的 NLP 数据集及所用的指令风格上，还是有所区别。在 InstructGPT 的构建过程中（Ouyang 等，2022），对大约 100 万个示例样本分别进行了指令微调，并最优选择了验证集上获得最高 RM 模型评分的检查点。

具体流程如下。

① 对于各种参数规模的 PPO-ptx 模型，均使用一个具有 60 亿个参数的 RM 模型和一个具有 60 亿个参数的价值函数，且后者是由前者初始化的。通过对所有 PPO 使用完全相同的 60 亿个参数大小的 RM 模型和价值函数，更容易比较 PPO 模型规模对策略性能的影响。注意对具有 13 亿个参数和 60 亿个参数的 PPO 模型，价值函数的固定学习率均取为 9e−6，对具有 1750 亿个参数的 PPO 模型，则取为 5e−6。

② 已训练的 SFT 模型首先被用来初始化 PPO-ptx 模型，同时也根据式（4.45）将 SFT 用于 KL 奖励值的计算，这里取 KL 奖励系数 $\beta=0.02$。

③ PPO-ptx 模型也利用了 GPT-3 预训练模型进行初始化，并基于演示数据集对 GPT-3

进行了两个 epoch 的监督微调，且微调过程中混合了 10%的预训练数据。这里同样采用了余弦学习率策略，即学习率最终衰减到峰值学习率的 10%，且具有 13 亿个参数和 60 亿个参数的 GPT-3 批次大小为 32，具有 1750 亿个参数的 GPT-3 批次大小为 8。这里对每个模型都比较了几个不同的峰值学习率，并围绕前述演示数据集和预训练验证集挑选出一个损失值低的学习率。针对具有 13 亿个参数和 60 亿个参数的 GPT-3 模型的 5 个学习率值，还进行了对数线性扫描优选。同时对具有 1750 亿个参数的 GPT-3 的 3 个学习率值进行了比较。最终得到的学习率分别为 5e−6 与 1.04e−5（对具有 13 亿个参数与 60 亿个参数的 GPT-3 模型）和 2.45e−6（对具有 1750 亿个参数的 GPT-3 模型）。

④ 对强化学习的策略更新，所有 PPO-ptx 模型都被训练 25.6 万个回合（episode），其中包括了约 3.1 万个特殊提示，这些均利用了数据清洗技术。每个迭代的批次大小为 512，最小批次大小为 64。换句话说，每个批次被随机划分为 8 个最小批次，并且仅在一个 epoch 之内进行训练。在最初 10 次迭代中应用带预热策略的固定学习率，即从峰值学习率的十分之一开始。连接权采用指数滑动平均，衰减率为 0.992。在估计广义优势时不再应用折扣。PPO 的剪切比概率设定为 0.2，滚动时采样温度为 1。

最初的 RLHF 实验表明其对 SQuADv2 和 DROP 等 NLP 公开数据集的回归或逼近性能，同时也通过在 PPO 训练期间使用 ptx 梯度来减少这种回归损失。这里使用的预训练示例样本个数比强化学习的训练回合数多 8 倍，且此处的预训练数据是从 GPT-3 的训练数据集中随机抽取的。对于每个最小批次，将连续计算 PPO 梯度和预训练梯度，并将其累积到梯度缓冲器中。进一步将预训练梯度乘以系数 $\gamma = 27.8$（见式(4.45)），以控制其相对强度。

图 4.15 给出了各种模型对 API 提示分布的人类评估。这是根据每个模型的输出相对于具有 1750 亿个参数的 SFT 参考模型输出的偏好性进行的评估。InstructGPT 模型（PPO-ptx）及其未经 ptx 训练的变体（PPO），性能显著优于 GPT-3 基线模型（包括 GPT 和带提示的 GPT）。此外，相对于具有 1750 亿个参数的 GPT-3 模型，具有 13 亿个参数的 PPO-ptx 模型的输出具有更优的偏好性（Ouyang 等，2022）。

图 4.15 彩图

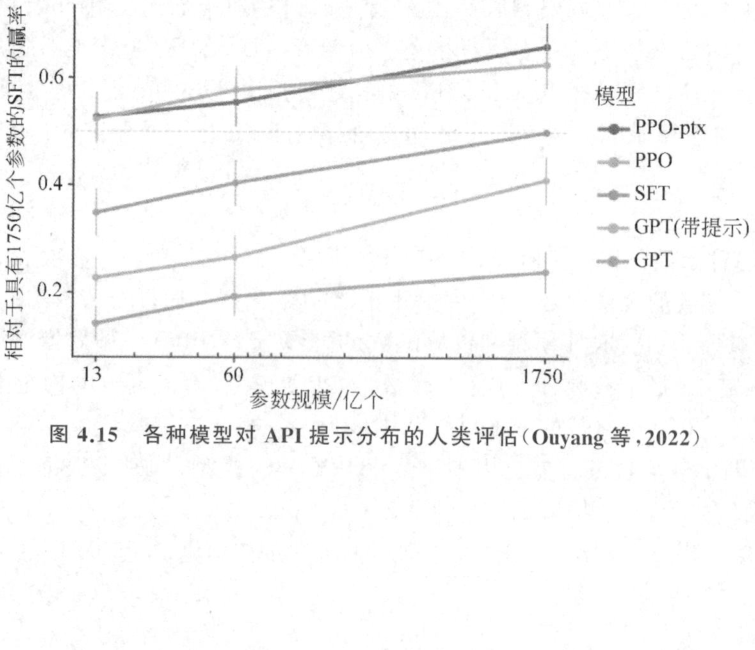

图 4.15　各种模型对 API 提示分布的人类评估（Ouyang 等，2022）

4.4　性能评估

对于大型语言模型研发的关键步骤，必须确保其在解决特定任务时的准确性与有效性，并对其各种性能进行评估。对于文本语言建模任务，困惑度是常用的语言模型质量评估指标。一级任务评估指标通常包括准确率、F1 分数、精确率、召回率和 AUC(曲线下面积)等。考虑到语言模型本身模拟的是人类的自然语言，需要进入人类社会进行使用，因此其安全性与价值观甚至比性能还更加重要，在对预训练模型进行微调时，必须重点关注其与人类意图及价值观对齐的性能评估。

4.4.1　与人类意图及价值观对齐的性能评估

为了评估一个语言模型是如何对齐的，首先需要澄清对齐的含义。自 2018 年以来，对齐的定义一直是一个不太清晰的概念，存在各种竞争性方案(Leike 等，2018；Gabriel，2020；Chen 等，2021)。根据 Leike 等(2018)的说法，对齐的目标是通过对语言模型的训练，使其依照用户的意图行动。在实践中，就语言任务的根本目的来说，通常使用类似于 Askell 等(2021)提出的框架，即如果模型是有所帮助的、真实的和无害的，则它们就被定义是价值对齐的。

首先，要做到有用或有所帮助，那么语言模型就不仅应该遵循指令，而且还要从少样本提示或 QA 问答中推断其意图。由于给定提示的意图可能不清晰或有歧义，因此通常只能依赖于人类标签员的判定。此时，主要的性能测度就变成了对标签员的偏好评定。考虑到标签员并不是生成提示输入的用户，因此用户的实际意图和标签员仅通过阅读提示而自认为的意图之间，可能还会存在差异。

其次，目前尚不清楚纯生成式语言模型是如何衡量真实性的。一个基本的出发点是将模型的实际输出与模型对正确输出的信念进行比较。但由于模型本身是一个大黑盒，因此无法推断其信念。为此，可以使用如下两个测度来衡量其真实性，以判定模型对世界的陈述是否客观真实。这两个测度是：①评估模型在闭域任务上编造信息的倾向性，即是否存在所谓的幻觉；②使用 TruthfulQA 基准数据集(Lin 等，2021)进行真实性测试。尽管如此，上述测度实际仅覆盖了真实性定义的一小部分实际含义。

最后，与真实性类似，衡量语言模型的毒性与偏见也面临许多挑战。这里的毒性主要是指语言模型是否会生成有毒、粗鲁和有害的内容，而偏见则是指它是否会生成具有偏见的内容。它们通常可利用 ToxiGen 基准数据集和 BOLD 基准数据集，分别对语言模型的毒性与偏见进行测试。大多数情况下，语言模型的危害性取决于其生成的内容是如何被应用于现实世界的。例如，对聊天机器人生成的上下文，产生剧毒物质的模型无疑就是有害的，但如果是用于数据增强，目的是据此训练出更加准确的剧毒物质检测模型，那就变得有用了。因此在早期，曾让人类标签员去评估输出是否“潜在有害的”。但后来放弃了相关工作，原因是这可能涉及太多的猜测，特别是因为数据本身就来自于 API 用户，而并非源于用途明确的生产用例。

4.4.2 定量评测

定量评测主要涉及如下几个方面的独立评估：

1. 对 API 用户提示分布的评估

主要是通过对一组测试提示进行人类偏好评估，这里的测试提示与训练分布来源相同，都属于 API 用户提示，但却未参与任何训练，即在训练数据集中并没有任何提示与意图的表达。此外，考虑到这里的训练提示主要是为 InstructGPT 模型设计的，它们很可能不利于 GPT-3 基线模型。因此，此处也对 API 提交给 GPT-3 模型的用户提示进行了评估。这些提示通常不是指令遵循风格，而是为 GPT-3 专设的。在上述两种情况下，需要对每个模型计算其相对于基线策略的输出编好频次。如表 4.8 所示，具有 1750 亿个参数的 SFT 模型被作为基准，标签员被要求在 1～7 级的李克特量表上判定每个响应的整体质量，并为每个模型输出收集一系列元数据。

表 4.8 标签员针对 API 分布收集的元数据(Ouyang 等，2022)

元数据	分　级
总体质量	李克特量表 1～7 级
未能遵循正确的指令或任务	二进制 0 或 1
不适合用户助理	二进制 0 或 1
幻觉	二进制 0 或 1
满足指令中提供的约束	二进制 0 或 1
含性内容	二进制 0 或 1
含暴力内容	二进制 0 或 1
鼓励或未能阻止暴力/虐待/恐怖主义/自我伤害	二进制 0 或 1
诋毁保护类	二进制 0 或 1
给出有害建议	二进制 0 或 1
表达意见	二进制 0 或 1
表达道德判断	二进制 0 或 1

(1) 与 GPT-3 的输出相比，标签员明显喜欢 InstructGPT 的输出。这里训练了 3 个规模(13 亿个，60 亿个和 1750 亿个参数)的 GPT-3 模型。在测试集中，相对于具有 1750 亿个参数的 GPT-3 模型，具有 13 亿个参数的 InstructGPT 模型尽管参数少了 100 多倍，但却具有更好的输出。这些模型都具有相同的基础模型，唯一不同之处是 InstructGPT 根据人类的反馈进行了微调。即使在 GPT-3 中添加提示以使其更好地遵循指令，这个结论仍然成立。同样，1750 亿个参数规模的 InstructGPT 的输出，在(85±3)%的时间内均优于 1750 亿个参数规模的 GPT-3 的输出；同时在(71±4)%的时间内都优于少样本的 1750 亿个参数规模的 GPT-3 的输出。InstructGPT 模型还利用人类标签员生成了更加价值对齐的输出，并且更可靠地遵循了指令中的显式约束。

(2) InstructGPT 模型的幻觉率比 GPT-3 约低一半。在 API 用户提示分布的闭域任务中，InstructGPT 构造输入中不存在信息的频率大约只有 GPT-3 的一半，两者的幻觉率分别为 21%和 41%。

(3) InstructGPT 模型对 RLHF 微调分布之外的指令也显示出令人鼓舞的泛化效果。通过定性地研究 InstructGPT 的功能，发现它能够遵循代码总结的指令，并能够回答关于代码的问题，有时还能够遵循不同语言的指令，尽管这些指令在微调发行版中非常罕见。相比之下，GPT-3 可以执行这些任务，但需要更仔细的提示，并且通常不遵循这些领域的指令。这个结果令人鼓舞，因为这表明该模型能够理解“遵循指令”的概念，而且在很少得到直接监督信号的任务上，也会保持一定的一致性。

(4) InstructGPT 仍然会犯简单的错误。例如，InstructGPT 可能无法遵循指令，仍可能编造事实，或对简单问题给出冗长的模棱两可的答案，或者无法检测带有错误前提的指令。

2. 对一系列 NLP 公开数据集的自动评估

主要包括两种类型的公开数据集：一是表达语言模型安全性的数据集，特别是涉及真实性、毒性和存在偏见的数据集；二是描述问答、阅读理解和摘要等传统 NLP 任务零样本性能的数据集。例如在对毒性进行的人类评估中，就使用了诸如 RealToxicityPrompts 数据集(Gehman 等，2020)和 CrowS-Pairs 数据集(Nangia 等，2020)。

(1) 通过修改 RLHF 微调方法来最小化 NLP 公开数据集的回归损失。在 RLHF 微调期间，已在某些 NLP 公开数据集上观察到与 GPT-3 相比的性能回归，特别是 SQuAD (Rajpurkar 等，2018)，DROP(Dua 等，2019)，HellaSwag(Zellers 等，2019)和 WMT- 2015 法-英翻译(Bojar 等，2015)。对齐过程实际是以牺牲某些任务的性能作为代价的。通过增加预训练混合数据的 PPO 更新(PPO-ptx)，可以大幅降低上述数据集的回归损失，同时不至于影响到标签员的人类偏好评分。

(2) InstructGPT 的真实性比 GPT-3 大幅提高。在 TruthfulQA 基准测试中，InstructGPT 生成真实且信息量较大答案的频次是 GPT-3 的两倍。

(3) 模型推广到那些不生产任何训练数据的“留守”标签员的偏好。为了测试模型的泛化性能，对留守标签员进行了初步实验，发现他们更喜欢 InstructGPT 的输出，而非 GPT-3 的输出。

(4) NLP 公开数据集并不能反映语言模型是如何使用的。对基于人类偏好数据进行微调的 GPT-3(即 InstructGPT)与在 FLAN(Wei 等，2021)和 T0(Sanh 等，2021)(特别是 T0++变体)NLP 公开数据集上微调的 GPT-3 进行了性能比较，这里 FLAN 与 T0 数据集由各种 NLP 任务组成，其中也包括了针对每个任务的自然语言指令。对 API 用户提示分布，利用 FLAN 和 T0 微调的 GPT-3 模型的性能略低于 SFT 基线，且标签员明显更喜欢 InstructGPT 模型。与基线相比，InstructGPT 的胜率为(73.4±2)%，而 T0 和 FLAN 版本 GPT-3 的胜率，则分别只有(26.8±2)%和(29.8±2)%。

(5) InstructGPT 的毒性比 GPT-3 略有改善，但无偏见。为了测量毒性，RealToxicity-Prompt 数据集(Gehman 等，2020)被用来进行自动和人工评估。当提示“尊重”时，InstructGPT 模型产生的有毒输出比 GPT-3 少 25%左右。对 Winogender(Rudinger 等，2018)和 CrowSPairs(Nangia 等，2020)数据集，InstructGPT 与 GPT-3 相比没有显著改善。

总的说来，上述结果表明，使用人类偏好微调大型语言模型，显著改善了它们针对众多NLP一级任务的行为表现。但生成式大型语言模型的安全性与可靠性仍有待进一步提高。许多强大的工具链和库函数可用来于改进语言模型，例如Comet，TensorFlow，PyTorch，Hugging Face Transformers，AllenNLP，OpenAI GPT，Fairseq和TensorFlow Text。可以据此构建和训练更加准确高效且适用于NLP特定任务的语言模型。

3. 对大型语言模型能力与局限性的系统评估

一般来说，随着模型规模的增加，Transformer架构的语言模型会表现出性能的持续提升，并同时呈现出各种新质能力。这些新质能力无疑具有潜在的变革性影响，包括可能存在破坏性的能力与社会危害。因此对预训练大型语言模型现在与将来可能具备的能力与局限性进行系统评估，就显得尤为重要。

为了系统评估预训练大型语言模型的能力，一般需要进行一系列学术基准性能测试。例如，对阅读理解任务，可使用SQuAD和BOOLQ等基准数据集。对编程语言生成任务，可采用BabelCode来进行评估。对常识推理任务，可使用HellaSwag，WinoGrande和CommonsenseQA等。对算术推理任务，GSM8K，MATH和MGSM等比较具有代表性。在综合能力评估上，则通常使用涵盖几十个主题的大规模多任务语言理解（MMLU）和BIG-bench Hard这两个综合性的基准测试集。

为了对多样性的综合能力进行系统评估，谷歌设计了一个相当复杂的基准测试集，称为超越模仿游戏的基准集（beyond the imitation game benchmark，BIG-bench）（Srivastava等，2023）。BIG-bench由204项任务组成，涉及了132家机构的450名作者。它主要专注于那些超越当前语言模型能力的任务。任务主题包罗万象，涉及语言学、儿童发育、数学、常识推理、生物学、物理学、社会偏见、软件开发等。基于BIG-bench，已评估了OpenAI的GPT模型、Google内部的密集Transformer架构和Switch风格的稀疏Transformer的行为，模型规模涵盖了数百万到数千亿个参数的语言模型。同时还组建了一个由人类专家评分员组成的基准团队，通过同时完成相应的所有任务，以期提供一个可供比较的基线性能。根据Srivastava等（2023）的研究，语言模型的NLP性能和校准都会随着规模的增加而提高，但与人类评分者性能相比，在绝对值上表现较差。但各种类别Transformer架构的语言模型之间，性能相差无几。对那些可预测性地改进的任务，通常涉及大量的知识或记忆环节。但对那些在临界规模阈值处表现出“突破性”行为的任务，则往往涉及多个步骤或多个环节，也与脆性度量相关。此外，在具有歧义的上下文环境中，社会偏见通常会随规模增加，但可利用提示来进行改进。

4.5 ChatGPT规模化与工程化中的关键技术

ChatGPT/GPT-4的成功问世，本质上是源于深度神经网络极限使用的成功，是Transformer注意力学习机制及PPO强化学习的成功，也是系统整合多种工程要素的一次巨大成功。OpenAI对构建语言智能的深刻认识，对生成式Transformer框架的选择，对规模化Transformer预训练大型语言模型的坚持，特别是对大型AGI复杂系统工程化落地所必需的大规模高质量数据资源、超强AI算力、顶级人才及团队等的长期投入与持续实践，都是最重要的成功因素。

本节的知识点包括如下内容。

① 大规模高质量数据资源的准备；

② 大规模分布式预训练与微调所需的 AI 算力支撑。

4.5.1 大规模高质量数据资源的准备

大型语言模型完成预训练与指令调优所需的数据准备，主要包括数据获取、数据清洗、数据集整合、分词、特征表达和归一化等一系列标准化操作流程。除构建高质量预训练数据集之外，对大模型微调或进行安全与价值对齐而言，还需要利用人类反馈或由专家混合模型(MoE)去获得 SFT 模型、RM 模型与 PPO 模型的监督学习与强化学习采样数据。本节不涉及预训练-提示微调范式下的应用数据集构建问题。

1. GPT-3 预训练所使用的数据集

1）NLP 领域常用的数据资源

在 NLP 领域，用自然语言表达的超大规模文本语料库较易获得(见表 4.9)，但将全球多语种文本数据都进行标注显然不可行，因此使用无监督训练范式就成为必然的选择。这就要求无标签数据本身，必须尽可能地进行基于隐状态空间的表达、清洗与对齐。特别地，为了获得高质量的大规模预训练数据集，就必须投入超常的资源进行数据采集与清洗，同时使数据集中的样本实现具有高相似度的单模态多语种文本数据的语义对齐，甚至是完成跨模态与多模态数据的语义对齐。

表 4.9 NLP 领域的常用数据资源

语　　料	规模/GB	来　　源	最新更新日期
BookCorpus	5	书籍	2015 年 12 月
Gutenberg	—	书籍	2021 年 12 月
C4	800	常见网络爬取	2019 年 4 月
CC-Stories-R	31	常见网络爬取	2019 年 9 月
CC-NEWS	78	常见网络爬取	2019 年 2 月
REALNEWs	120	常见网络爬取	2019 年 4 月
OpenWebText	38	Reddit 链接	2023 年 3 月
Pushift.io	—	Reddit 链接	2023 年 3 月
Wikipedia	—	英文维基百科	2023 年 3 月
BigQuery	—	代码	2023 年 3 月
the Pile	800	其他	2020 年 12 月
ROOTS	1638.4	其他	2022 年 6 月

2）GPT-3 预训练所使用的数据集

随着生成式人工智能日新月异地发展，全球范围内用于语言模型的数据集迅速扩张，如 CommonCrawl 数据集已达到近一万亿个单词的规模。这足以训练目前最大的单模态文本语言模型。但未经清洗或仅轻度清洗的 CommonCrawl 版本，相比精选后的数据集，质量更低。为了提高该数据集的平均质量，可采用如下 3 个步骤：①确定一系列高质量参考语料库，按照与它们之间的相似度，来下载并清洗 CommonCrawl；②在 CommonCrawl 数据集内及跨数据集之间，执行文档级别的所谓模糊重复数据删除，以期防止冗余，同时保持独立验证集的完整性，并将其作为过拟合的精确测度；③将已知的高质量参考语料库添加到混合型训练数据集中，完成 CommonCrawl 的数据增强，并增加其多样性。对于第①步中的数据集清洗，一般通过训练一个逻辑回归分类器，直接对 CommonCrawl 文档进行评分。训练中使用了正、负样本示例。待训练完成之后，若某个文档的评分高于一个阈值，则将其保留在数据集中，否则就被清洗掉。对于第②步的模糊重复数据删除，通常基于与前述分类相同的特征，利用 Spark 的 MinHashLSH 来删除与其他文档高度重叠的文档。总体上，这可平均减少大约 10% 的数据集大小。对于第③步，通常会添加若干精选的高质量数据集，例如 WebText 数据集的扩展版本（通过较长时间的爬取链接，来完成数据收集），两个互联网图书语料库（即 Books1 和 Books2）和英语维基百科等。

表 4.10 给出了在 GPT-3 预训练中最终使用的混合型数据集，其中 CommonCrawl 数据集包括了下载于 2016—2019 年期间每月的 41 个 CommonCrawl 碎片数据。需要特别指出的是，在清洗之前，该数据集由 45TB 的压缩纯文本数据组成，但清洗之后却仅有 570GB，这大致相当于 4000 亿字节对编码的 token，相当于过滤掉了超过 98% 的数据。此外，在语言模型的预训练过程中，各个数据集并不是按规模大小成比例地进行采样使用的，实际情况是较高质量的数据集将被更频繁地采样使用。例如 CommonCrawl 和 Books2 这两个数据集在预训练过程中的采样次数少于一次，但其他高质量的数据集则采样过两三次。本质上就是通过接受少量的过拟合，以换取更高质量的训练数据。在表 4.10 中，“混合型预训练样本比例”一栏，是指在预训练期间从第一栏给定数据集中抽取的示例样本的比例，这里故意让它与数据集的规模不成比例。从该表的最后一栏可以看出，当预训练 3000 亿个 tokens 时，一些高质量的数据集被采样使用的频率高达三四次，而一些较低质量的数据集被使用的次数则不到一次。

表 4.10　GPT-3 预训练所使用的数据集及其整合

数　据　集	数量 /亿个 token	混合型预训练 样本比例/%	预训练 3000 亿个 token 的 epoch 数
CommonCrawl(清洗后)	4100	60	0.44
WebText2	190	22	2.9
Books1	120	8	1.9
Books2	550	8	0.43
Wikipedia	30	3	3.4

最后，在利用大量互联网文本数据进行语言模型预训练，特别是对能够记忆巨量内容的大型语言模型进行预训练时，一个主要关切点是：预训练过程中可能会在无意中使用到测试或开发集中的部分样本，而这可能会对下游任务造成损害或污染。为了减少这种数据污染，需要搜索并尝试删除掉所有基准数据集中与开发及测试集相关的重叠内容。有关研究工作大量开展，也十分重要。

2. 指令调优所使用的数据资源

在预训练结束之后，需要对语言模型进行微调、安全与价值对齐。例如，对具有 1750 亿个参数规模的 GPT-3 模型，基于 FLAN 和 T0 数据集进行了指令调优，得到了相应的基准性能。这里的 FLAN 和 T0 数据集（实际使用的是其 T0++扩展版本），就是预训练语言模型调优所使用的数据资源之一。这些数据资源大部分来自于专家、标签员和用户的 API 反馈，都属于人类的反馈信息。

1）微调数据集

对 GPT-3 进行微调的提示数据集主要由提交给 OpenAI API 的用户文本提示组成，特别是那些在 Playground 界面上使用早期版本 InstructGPT 模型得到的文本提示。Playground 用户在使用 InstructGPT 模型时会被告知，其数据可能被用于训练更多的模型。早期的 InstructGPT 模型实际是利用演示数据集进行监督训练获得的。为了启发式地减少重复提示的出现，一般会通过检查提示中是否共享一个较长的公共前缀来实现，通常也会将提示的数量限制为每个用户 ID 200 个。用户的 ID 也会被用来创建训练、验证和测试数据集，如此可较易实现在验证与测试集中排除掉训练集的用户数据。为了避免模型学习到敏感的用户细节，也会进一步过滤掉训练集中所有的个人身份信息（PII）提示。

在对第一个 InstructGPT 模型进行微调训练时，所需提示实际是由标签员自己编写的。原因是为了引发流程，模型需要一个初始的指令类提示。

此时，要求标签员编写如下 3 种类型的提示。

① 简单清晰的提示：要求标签员想出一个任务，同时确保各任务具有足够的多样性；

② 少样本的提示：要求标签员想出一条指令，以及对应于该指令的若干对查询与响应提示；

③ 基于用户的提示：在 OpenAI API 的等待列表中保留了许多用例，要求标签员想出与这些用例相对应的提示。

根据这些提示，可生成如下 3 种针对预训练语言模型微调的数据集：①SFT 模型数据集，也称演示数据集，使用标签员演示反馈来训练监督微调模型；②RM 模型数据集，也称比较数据集，利用标签员对模型输出优先性与重要性排序反馈来训练 RM 模型；③PPO 模型数据集，用作 RLHF 微调的输入，无须使用额外的人类标签数据。SFT 模型数据集包含大约 1.3 万个训练提示（来自 API 用户与标签员），RM 模型数据集有 3.3 万个训练提示（同样源于 API 用户与标签员），PPO 模型数据集有 3.1 万个训练提示（仅来自 API 用户）。表 4.4 提供了数据集大小的更多详细信息。

为了对数据集的组成有一个直观的了解，表 4.5 给出了由承包商标签员标注的 API 用户提示的用例类别分布，其中特别涉及 RM 模型数据集。这里 45.6%的用例都是生成类的，开源与闭源问答类合计为 15%，分类仅有 3.5%。表 4.11 示出了一些说明性提示，这些都是受真实用法启发由专家编写的虚构例子，目的是模拟提交给 InstructGPT 模型的提示类型。

表 4.11 API 提示数据集的说明性提示(Ouyang 等,2022)

用 例	说明性提示
头脑风暴	列出 5 个关于如何重新对自己的职业充满热情的想法
生成	写一个小故事,一只熊去海滩,和一只海豹交朋友,然后回家
改写	这是百老汇戏剧的摘要: """ {摘要} """ 这是那出戏的广告提纲: """

2) 安全与价值对齐的人类反馈数据集

为了构建由上万条提示组成的演示数据集和比较数据集,并进行相应的性能评估,通常需要雇佣专业的人类标签员团队来完成。这里的输入提示涵盖了广泛的任务,偶尔会包括争议性与敏感性话题。这需要选择一组标签员,要求他们对不同人群的偏好比较敏感,并且擅长识别潜在的有害输出。为此需要进行筛选测试,以衡量标签员在这些问题上的表现,从而客观地选择在测试中表现良好的标签员。

在训练和评估期间,对齐准则可能会出现冲突。例如,一个用户去请求一个有害的响应。在训练期间,将优先考虑生成内容是否对用户有所帮助。但在最终的评估中,将要求标签员优先考虑内容的真实性与无危害性,因为后者才是需要真正关心的。为此,在项目实施过程中必须与标签员进行密切的合作与沟通。

为了测试的独立性与客观性,即观察模型在多大程度上适用于其他标签员的偏好,需要专门组建单独的标签员团队,他们不产生任何训练数据,也不经历筛选测试,这被称为留守标签员(held-out labeler)。大型语言模型需解决的任务十分复杂,作为数据驱动方法,高质量数据的构建具有基础性,为此需要进一步研究分析数据生产者之间的质量一致性、多样性与均衡性,对包括 API 用户群、留守标签员团队、承担训练任务的一般标签员团队以及参与各种提示编写的专家团队内部及其相互之间的数据质量一致性进行评估。

4.5.2 大规模分布式预训练与微调所需的 AI 算力支撑

图 4.16 给出了几种典型语言模型在预训练期间所使用的总算力示意图(Brown 等,2020)。基于对神经语言模型的标度律分析,GPT-3 使用了比典型情况少得多的 token 预训练了很大的模型。例如,尽管具有 30 亿个参数的 GPT-3 几乎比 RoBERTa-Large(3.55 亿个参数)大 10 倍,但两者所需算力接近,它们在预训练期间都大致需要 50 petaflop/s-天①的算力。

表 4.12 进一步列出了图 4.16 中给出的语言模型,在预训练时所需总算力的近似分析与估计。为了简化起见,此处忽略了注意力部分的计算量,因为这通常只占总计算量的不到 10%。在表 4.12 中,首先观察每个语言模型预训练时的训练 token 数。由于 T5 使用了编码器-解码器模型,因此在前向或反向传播期间,对每个 token 而言,仅有一半的参数没有被

① petaflop/s-天为衡量算力的基本单位,可缩写为 PF-天,其含义是计算机以每秒 10^{15}(千万亿次,即 1000T)浮点运算的速度连续进行预训练时所需的天数,其中每天的浮点运算量为 86.4×10^{18}(即 86.4E)。

冻结。每个 token 对每个非冻结参数的前向传播计算量为一次加法和一次乘法，注意这里已忽略注意力部分。反向传播过程中考虑到损失函数对激活状态及连接权参数的偏导数计算，则需要 3 次乘法。因此相应可计算出每个 token 每个参数的浮点运算量(FLOPs)。FLOPs 的全称是 floating point of operations，中文称为浮点运算量，一般用来衡量模型或算法的计算复杂度。将这个单位 FLOPs 乘以总的训练 token 数和总的参数规模，就可以得到训练期间使用的总的浮点运算量。表 4.12 同时给出了总的浮点运算量和总的算力需求(PF-天)。从表 4.12 中可以看出，训练 1750 亿个参数规模的 GPT-3 大致需要 3640 PF-天的算力。

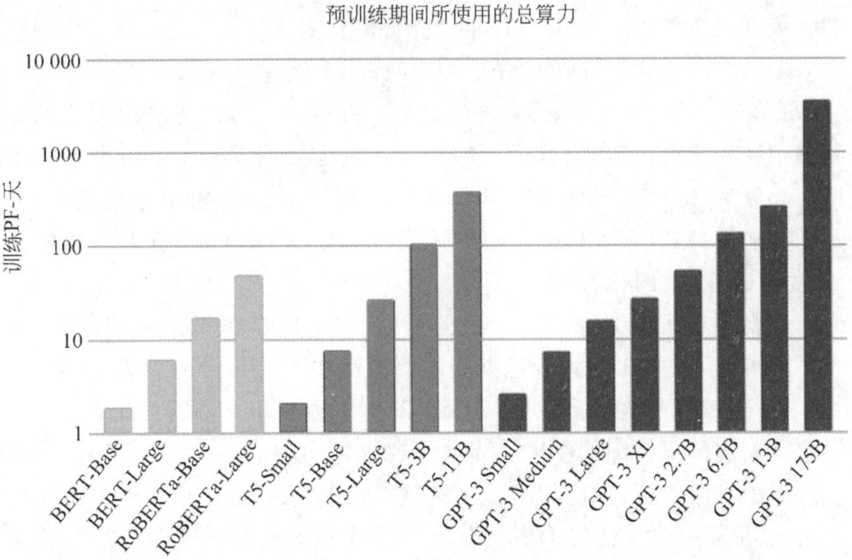

图 4.16 典型语言模型在预训练期间所使用的总算力(Brown 等，2020)

表 4.12 语言模型预训练时所需总算力估计(Brown 等，2020)

语言模型	总训练算力 /PF-天	总训练量 /FLOPs	参数 /百万个	训练 token	每个 token 每个参数的 FLOPs	每个 token 非冻结参数的比例
T5-Small	2.08	1.80e+20	60	1000	3	0.5
T5-Base	7.64	6.60e+20	220	1000	3	0.5
T5-Large	26.7	2.31e+21	770	1000	3	0.5
T5-3B	104	9.00e+21	3000	1000	3	0.5
T5-11B	382	3.30e+22	11 000	1000	3	0.5
BERT-Base	1.89	1.64e+20	109	250	6	1.0
BERT-Large	6.16	5.33e+20	355	250	6	1.0
RoBERTa-Base	17.4	1.50e+21	125	2000	6	1.0
RoBERTa-Large	49.3	4.26e+21	355	2000	6	1.0
GPT-3 Small	2.60	2.25e+20	125	300	6	1.0
GPT-3 Medium	7.42	6.41e+20	356	300	6	1.0
GPT-3 Large	15.8	1.37e+21	760	300	6	1.0

续表

语 言 模 型	总训练算力/PF-天	总训练量/FLOPs	参数/百万个	训练token	每个 token 每个参数的 FLOPs	每个 token 非冻结参数的比例
GPT-3 XL	27.5	2.38e+21	1320	300	6	1.0
GPT-3 2.7B	55.2	4.77e+21	2650	300	6	1.0
GPT-3 6.7B	139	1.20e+22	6660	300	6	1.0
GPT-3 13B	268	2.31e+22	12 850	300	6	1.0
GPT-3 175B	3,640	3.14e+23	174 600	300	6	1.0

对预训练大型语言模型基于 RLHF 的微调，即针对 code-davinci-002 下游微调模型进行调优得到其 InstructGPT 版本 text-davinci-002，然后再进一步将后者改进而成 ChatGPT、GPT-3.5-turbo 与 text-davinci-003 这样的 GPT-3.5。其调优训练的开销与大型语言模型的预训练相比要低得多，其微调时的训练数据通常只有几万条样本，而 GPT-3 的预训练数据大小则为 45TB。容易算出，训练 1750 亿个参数的 SFT 模型需要 4.9 PF-天的算力，训练 1750 亿个参数的 PPO-ptx 模型需要 60 PF-天的算力，但训练同样参数规模的 GPT-3，却需要高达 3640 PF-天的算力。

实际的大规模分布式预训练需要大量的算力，属于能量密集型应用。相对而言，具有 1750 亿个参数规模的 GPT-3 在预训练期间需要消耗 3640 PF-天的算力，但具有 13 亿个参数规模的 GPT-3 XL 模型却仅需 27.5 PF-天的算力。因此需要特别关注大型语言模型的效率和成本问题。大规模预训练的使用实际也为观察大模型的效率提供了另一个视角，即不仅应该考虑预训练时期的算力资源开销，还应该考虑如何在大模型的全生命周期中分摊算力资源的使用，如可将节省下的算力资源分配给后续对预训练语言模型的微调及对众多垂直领域的应用。GPT-3 这样的大模型在预训练中确实会消耗掉大量的算力与成本，但一旦预训练及调优过程结束，在提示预测应用中的千瓦 · 时成本就会显著降低。例如，具有 1750 亿个参数规模的 GPT-3，其生成 100 页内容的成本可能仅有 0.4 千瓦 · 时量级，或者只有几美分的能耗成本。据估计，自 2017 年以来，Transformer 架构的语言模型需要的算力，每两年增加大约 275 倍，但对其他所有的深度神经网络模型，其算力需求仅为每两年 8 倍的增长。最后必须指出，诸如知识蒸馏这样的压缩封装技术等算法的演化迭代，可以进一步降低大模型的成本，同时提高其效率。这里所有的语言模型都在微软提供的高带宽 V100 GPU 集群上进行的大规模预训练。

4.6 本章小结

本章主要针对 ChatGPT/GPT-4 的自回归语言建模任务，Transformer 基础模型的选择，LLM 基于自监督学习的超大规模预训练，指令调优，RLHF 中的监督微调、RM 模型训练和基于 PPO 的最优策略生成，性能评估以及 ChatGPT 规模化与工程化中的关键技术，如大规模高质量数据资源的准备，超大规模分布式预训练与微调所需的 AI 算力支撑，分别进行了较为深入的介绍。

ChatGPT/GPT-4 生成式大型语言模型，主要涉及训练、部署和持续优化等 3 大部分，其中 ChatGPT 的训练包括超大规模预训练与微调两个大的方面。预训练模型的微调主要包括指令调优以及 SFT 模型与 RM 模型的监督训练和 A2C 框架下的 PPO-ptx 强化学习，这也被称为基于 RLHF 的安全/价值对齐方法。由于这里重点涉及许多强化学习的相关基础知识，因此本章对此进行了相当篇幅的补充介绍。总体上，ChatGPT/GPT-4 的训练流程可以细分为预训练、指令调优、监督微调、RM 模型训练和基于 PPO 强化学习的最优策略生成。这些实际也构成了这种生成式大型语言模型最为关键的核心技术。

以上述范式构建的大型语言模型，以端到端数据驱动的方式模拟了人类的语言智能，封装并压缩了世界的一般性知识。其实质是根据语言建模主任务，在语义上进行了文本单模态甚至多模态的实体对齐及实体关系对齐。基于语言而非数据或特征层次上的模拟，使其完全不同于传统弱人工智能中的数据智能方法，后者本质上是属于数据层次或最多仅属于特征层次的方法。

总之，ChatGPT/GPT-4 的成功问世，本质上是源于对语言智能、生成式技术路线与生成式大型语言模型规模化的深刻理解与不懈坚持，是深度学习模型、优质数据资源与超强 AI 算力极限使用的巨大成功，是 Transformer 注意力学习机制的巨大成功，也是顶级人才及团队，全世界最大规模的月活用户使用，以及最具领先性工程化落地能力的一次巨大成功。

第 5 章

ChatGPT 的应用

本章学习目标与知识点

- 熟练掌握 ChatGPT 应用中提示工程的基本概念与相关原理
- 重点掌握上下文提示与思维链提示的基础知识
- 了解智能涌现能力的定义

ChatGPT 的最大价值在于应用。作为初级形态的通用人工智能，ChatGPT 可以应用于众多研究领域与产业赛道，辅助人类完成各种多样化的复杂任务，赋能智能经济与智能社会的发展。在应用中，ChatGPT 更多地遵循预训练-提示微调范式，即基于已完成预训练及调优的大型语言模型，通过对任务或问题路径的提示学习与改变，旨在提升内容生成或预测的准确率及泛化能力。这已成为 ChatGPT 之类的数据智能新物种开展实际应用、有效解决问题或完成任务的关键所在，值得持续深入研究。

本章首先介绍提示工程的基本概念与基本原理，包括预训练-提示微调范式的深入说明、零样本提示与少样本提示的介绍。其次对语言模型的元学习、上下文学习提示进行阐述。然后重点介绍少样本思维链、零样本思维链和自动少样本思维链等典型思维链提示方法和思维树提示方法，后者被视为一种深思熟虑的大型语言模型问题求解方法。之后对智能涌现能力进行详细介绍与分析，主要涉及智能涌现能力的定义、涌现能力发生的几种情形和涌现能力的分析与展望。最后是全章小结。

5.1 引言

近年来，生成式大型语言模型（LLM）为 NLP 和计算机视觉等领域带来了全新的改变。扩大语言模型的规模或增加优质预训练数据的规模，已被证明是显著提高大型语言模型完成复杂多任务能力的有效途径之一。在大模型的应用中，通常涉及领域模型、行业模型、场景模型和任务模型，其中不同领域的基础或基座大型语言模型起着最基本的支撑作用，但面向多样化任务需求进行的下游模型的微调优化显得更为重要。前文已指出，微调既包括了模型中全部或部分参数的精细调整，也可以直接利用提示进行更为自然高效的优化增强。微调学习方法既可以使用监督微调，也可以采用深度强化学习来完成安全与价值对齐，还可以通过改变任务的提示策略或推理路径以实现性能增强。本章仍然聚焦于 ChatGPT 应用中的预训练-提示微调范式。随着以 ChatGPT/GPT-4 为代表的生成式 LLM 的不断发展，在实际应用中先后出现了提示工程（Liu 等，2021）、思维链（Wei 等，2022a）与思维树（Yao 等，

2023)等方法,其中思维链的工作应用效果明显,已受到较多关注,目前已发展出手动少样本思维链提示(Wei 等,2022a)、零样本思维链提示(Kojima 等,2022)和自动少样本思维链提示(Zhang 等,2022)等许多方法。

第 4 章已着重指出,与预训练-参数微调范式不同的是,预训练-提示微调范式的目的是面向 ChatGPT/ GPT-4 等生成式 LLM 的行业应用任务,基于对输入的任务或问题的重构,利用上下文少样本提示学习或基于思维链、思维树等,本质上通过增加一系列上下文演示提示,或通过增加一系列中间推理步骤组成的推理路径,以任务输入叠加推理路径的方式,引发 LLM 获得更加准确的生成或预测结果,完成更加复杂、更具挑战的推理、规划甚至"创造"任务。简言之,预训练-提示微调范式不会对 LLM 本身的梯度进行更新或试图改变 LLM 的任何连接权参数。相反它仅是在文本语言层次上,向预训练 LLM 提供少量甚至零样本示例演示,实际就是基于几个文本进行类比学习,以期获得更高的内容生成准确率。

大型语言模型的上述提示方法具有如下特点:

(1) 待求解任务通过分解重构以实现对预训练 LLM 的适应,这与预训练及参数调优过程中基于 LLM 连接权的改变去适应任务的预训练-参数微调范式完全不同;

(2) 对上下文学习(ICL)、思维链(CoT)与思维树(ToT),允许 LLM 将任务输入分解为一系列子任务,并相应拆解为"一个一个"或"一步一步"的中间步骤或推理路径;

(3) 推理路径缺乏理论依据及系统性设计方法,有关任务分解、推理路径与期望输出之间的相互关系,其理论分析仍是有待解决的开放性问题。

总之,利用 ChatGPT/GPT-4 的应用程序接口(API),特别是垂直应用领域、行业或场景的专业知识、示例类比与对问题的求解思路、步骤分解与路径选择等,用户可以针对多样化的下游应用任务进行提示学习与预测,如利用完全监督的上下文示例演示,以及基于少样本或零样本的思维链提示学习等,从而能够更加动态、更加精准与更接近于人类智能水平地完成各种特定应用场景的挑战性任务。

5.2 提示工程

5.2.1 预训练-提示微调范式

与过去普遍采用的数据层面的建模范式不同,大型语言模型是一种用于构建人类自然语言的模型。相关研究工作表明,语言模型的规模化扩大,或等效地通过使用更大规模的优质预训练数据,不仅可显著提高生成式 LLM 各方面的性能,甚至还有可能产生所谓的智能涌现能力,获得"领悟"。自 2017 年 Transformer 问世以来,生成式 LLM 的连接权参数的规模已从几亿快速增加到了数万亿,预训练数据与微调数据规模及其算力需求也随之非线性增长,前者已达到 2 万亿个 token 量级,后者以大约每两年 275 倍的速度进行快速扩充。但与上述预训练-参数微调范式所需的超大规模训练数据集不同,千亿以上规模的预训练及调优后的生成式 LLM,已显示出少样本甚至零样本学习能力(Brown 等,2020)。这意味着 ChatGPT/GPT-4 等的准确使用,已不需要太多的"数据",仅通过上下文少样本学习或基于思维链等,利用提示(prompting)来引发与增强预训练 LLM,就可预测或生成出给定任务的期望输出。这就是所谓的预训练-提示微调范式(也称预训练-提示-预测范式)(Liu 等,2021)。

5.2.2 零样本提示与少样本提示

预训练与微调后的LLM，能够利用单一模型求解众多NLP任务，因而具有通用人工智能的某些特征。在LLM求解的各种下游NLP任务中，需要推理能力的任务，如算术推理、常识推理和符号推理任务，对LLM来说是一个较大的挑战。思维链(CoT)提示及标准的少样本CoT提示(Wei等，2022a)，作为传统上下文提示的发展，通过人为设计并增加一系列一步一步的中间步骤构建的思维链路径，并将其作为上下文演示实例，就可引发LLM进行更加准确的少样本复杂推理或预测。这在使用ChatGPT这样的LLM进行的若干推理任务中，性能可得到显著的改善(Leiter等，2023)。

基于上述研究基础，Kojima等(2022)提出了一种零样本CoT提示方法(zero-shot-CoT prompting)，仅通过在答案前简单地添加"让我们一步一步地思考"或类似的指令，就可以明显改善LLM的零样本推理能力。尽管零样本CoT的性能通常不及少样本CoT，但相比传统的零样本上下文提示学习，由于思维链的引入，使零样本CoT提示方法的MultiArith从22.7%提高到79.3%，GSM8K从12.5%提高到40.5%，AQUA从22.4%提高到31.9%，SVAMP从58.7%提高到63.7%，Date Understand从33.6%提高到61.8%，Shuffled Objects从29.7%提高到52.9%，Coin Flip从53.8%提高到87.8%。

少样本CoT提示的主要缺点之一就是需要花费大量的人力和时间来手动设计各个中间步骤的思维链，因此各个演示实例之间可能会缺乏多样性。为此，Zhang等(2022)提出了一种自动少样本CoT提示方法(Auto-CoT)。该法通过引入k-均值聚类和多样化演示选择准则，有效地实现了标准少样本CoT与零样本CoT两种方法的结合，可自动构建推理路径与问题的演示。主要涉及两个步骤：首先将一个特定数据集中的全部问题聚类为几个簇，并从中自动选取一个有代表性的问题。其次利用零样本CoT与简单的启发式方法自动创建推理链，然后再自动聚合成上下文演示提示。针对6个算术基准集完成的实验结果表明，Auto-CoT方法均优于零样本CoT方法和少样本CoT方法。但Auto-CoT方法依赖于一个设计良好、可自动聚类分解的数据集，这是它的不足之处。

Yao等(2023)提出了一种思维树(ToT)方法，它推广了利用CoT提示的方法，允许LLM进行深思熟虑决策时，考虑不同的推理路径和利用基于自我评估的选择，以决定下一步动作，并在需要时主动进行前探或回退以做出更为全局的选择。针对24点游戏等需要更强规划能力的新任务，该方法显著提高了LLM解决问题的能力。

总体上，预训练-提示微调范式的研究路线主要涉及：①上下文演示提示学习；②添加一系列中间步骤的思维链提示学习；③具有深思熟虑决策与自我评估的思维树提示学习。下面对这3类方法分别进行详细的介绍。

5.3 上下文学习提示

5.3.1 语言模型的元学习

如图5.1所示，在面向联合主任务的无监督预训练期间，语言模型通过隐空间的对比式自监督学习，利用随机梯度下降法(SGD)发展了广泛的投影、对齐与模式识别能力。在推断时它将利用这些能力快速完成内容生成与其他多样化的下游任务。上述无监督预训练被称为外循环。针对 NLP 众多下游一级任务，Brown 等(2020)还提出了所谓上下文学习(in-context learning，ICL)来描述内循环，也就是针对每个一级任务或任务序列的前向演示与推断过程。上述外循环(无监督预训练)和内循环(上下文学习)，统称为语言模型的元学习。注意在图 5.1 中，内循环列举的各个任务序列，并非一定是预训练中的代表性数据，它仅表示在该任务序列的演示提示中，嵌入了后续要进行推断的同分布一级任务。总之，利用上述元学习方法，语言模型可以在没有人类监督的情况下进行自我学习或优化，使其性能不断提升。

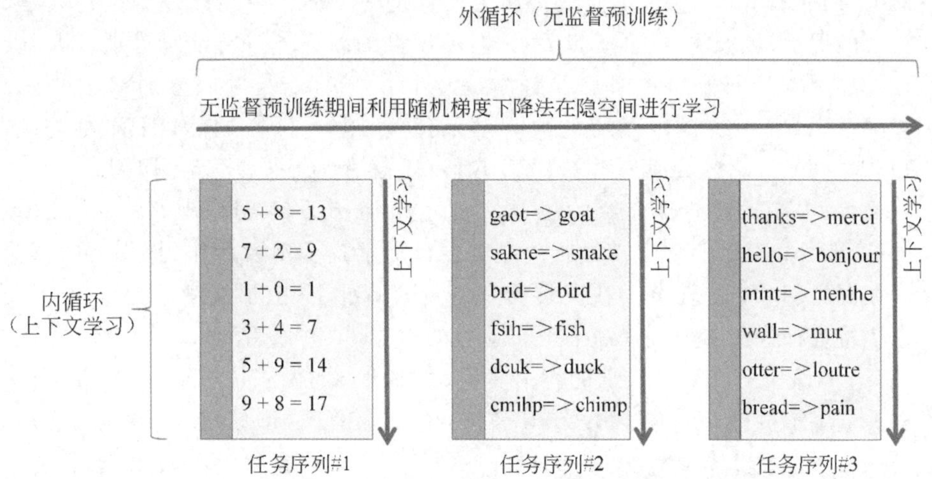

图 5.1　语言模型的元学习(Brown 等，2020)

对于大多数语言建模任务，其实人类并不需要利用带标签的大规模监督数据集来进行学习。有时仅需要几句话进行演示提示即可。图 5.2 给出了针对某个一级任务得到的上下文学习曲线，即任务完成的性能或准确率相对于上下文演示样本或示例数量的函数曲线。此处仅随模型的扩大才出现了较陡的上下文学习曲线，表明了基于上下文进行一级任务学

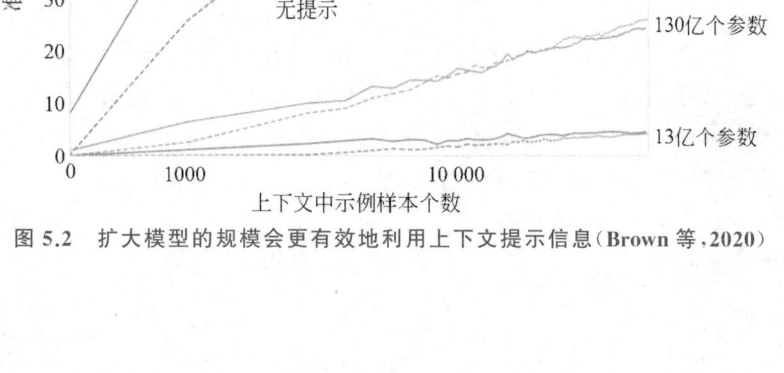

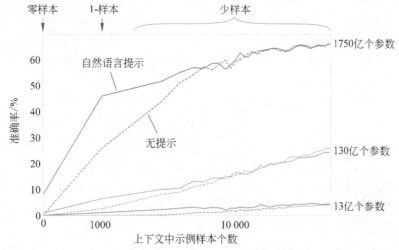

图 5.2　扩大模型的规模会更有效地利用上下文提示信息(Brown 等，2020)

习所获得的能力，得到了进一步增强。这也说明更大的语言模型才能更快地学习上下文，或者说扩大模型的规模才对零样本、1-样本和少样本上下文学习，特别是基于人类自然语言的提示学习更为有效。一般地，可以通过使用预训练大型语言模型的上下文来构建任务描述，即大模型的上下文演示或条件包括了自然语言写成的指令和(或)少量的任务演示，最后利用大模型的预测能力，就能完成该任务新的实例推断。

5.3.2 上下文学习提示

前文已指出，与大模型的预训练及多任务微调不同，这里的上下文提示学习与预测不会涉及任何 LLM 的连接权更新，本质上是属于任务适应型而非模型适应型。它只是利用自然语言写成的提示，例如输入-输出演示对，对大模型的新任务进行演示推理。因此对上下文学习，图 5.2 中的零样本、1-样本和少样本提示学习，意味着推断时分别有 0 次演示、1 次演示和多次演示，其中少样本学习的典型演示值为 10～100。显然，上下文学习能力对 LLM 是非常重要的，它定量地表明了大模型对新任务的复杂推理与预测能力。

上下文学习与下面将要介绍的思维链提示密切相关(Radford 等，2019；Brown 等，2020；Zhang 等，2022)。上下文学习通过提供少量提示式示例演示作为部分输入，使 LLM 能够完成相同类别分布的任务。在没有梯度更新的情况下，上下文学习允许单个 LLM 模型通用地执行各种任务。为了提高上下文学习的性能，可以采用如下 3 种研究路径(Zhang 等，2022)：①检索上下文测试实例的相关演示，其中流行的做法是对给定的测试输入，动态地检索相关训练示例(Rubin 等，2022；Su 等，2022)；②用细粒度信息进行扩充，例如融入任务指令(Mishra 等，2022；Wei 等，2022a；Sanh 等，2022)；③对 LLM 的输出概率进行处理，而不是直接去计算目标标签的似然概率(Holtzman 等，2021 年；Zhao 等，2022 年；Min 等，2022)。

尽管上下文学习，特别是少样本上下文提示取得了很大的成功，但上下文学习的优势可能会因上下文演示样本的选择而有很大差异(Liu 等，2021)，包括提示的格式，如不同的用词或演示顺序，都可能会导致性能产生波动(Webson 与 Pavlick，2022；Zhao 等，2021)。Min 等(2022)甚至质疑了采用真值输入-输出映射的必要性，即在示例中使用错误标签也只会略微降低性能。然而，上下文学习的这些分析主要基于标准的分类数据集和多选数据集，其中只有简单的＜输入→输出＞映射。Zhang 等(2022)发现，这可能不适用于具有更复杂＜输入→推想→输出＞映射的思维链提示。在思维链中，＜输入→推想＞映射或＜推想→输出＞映射中的任何错误，都可能会导致性能的急剧下降。

此外，当任务十分复杂，或者当任务本身的单个推理步骤很难学习，甚至仅是某个更复杂任务的一部分时，采用上下文学习提示会很困难。为了解决这一问题，Khot 等(2022)提出了一种分解提示的模块化方法。这是一种通过提示将复杂任务分解为更简单子任务，并以此解决复杂任务的灵活方法。这里的子任务可以使用专门的提示 LLM 完成，也可对特定子任务进行优化，必要时也可对子任务进行再分解，甚至可以根据需要采用更为有效的提示，或使用已训练的模型，甚至通过符号函数进行替换等。例如，当输入的上下文长度太长时，就可将任务递归地分解为许多上下文长度较短的相同任务来处理。

5.4　思维链提示

5.4.1　思维链提示的两种方式

与传统的上下文提示相比，在使用各种大型语言模型生成答案之前，若增加一系列中间步骤，则在复杂的推理任务中可获得更加出色的性能。演示或类比提示中的这种中间推理步骤被称为思维链（CoT）技术。如图 5.3 所示，Wei 等（2022a）提出的思维链（CoT）提示是一种语言模型中的无梯度技术，可用于引发 LLM 生成一系列连贯的中间推理步骤，从而使 LLM 能够处理更加复杂的推理任务，并能生成更加准确的问题答案。图中的下画线部分标出了增加的思维链推理过程。目前 CoT 推理一般包括零样本 CoT 提示（zero-shot-CoT）（Kojima 等，2022）和少样本 CoT 提示（few-shot CoT）（Wei 等，2022a）两大类。零样本 CoT 提示在回答问题之前，通过增加“让我们一步一步地思考”这样的简单提示来促进“一步一步”的推想（rationale），从而自动获得问题与推理链。显然它不需要使用任何＜输入-思维链-输出＞三元组演示。零样本 CoT 的发展，使 LLM 成为一个相当不错的零样本推理机。与此同时，少样本 CoT 提示中的每个演示都有一个问题和一个推理链，其中推理链由一系列中间推理步骤（也称思维链或推想）及对应的一个期望答案组成。它具有手动或自动设计的少量＜输入-思维链-输出＞三元组演示提示，相当于不仅要让 LLM“一步一步地思考”，而且还要让其“一个一个地思考”。因此，少样本 CoT 通常比零样本 CoT 具有更优越的性能。

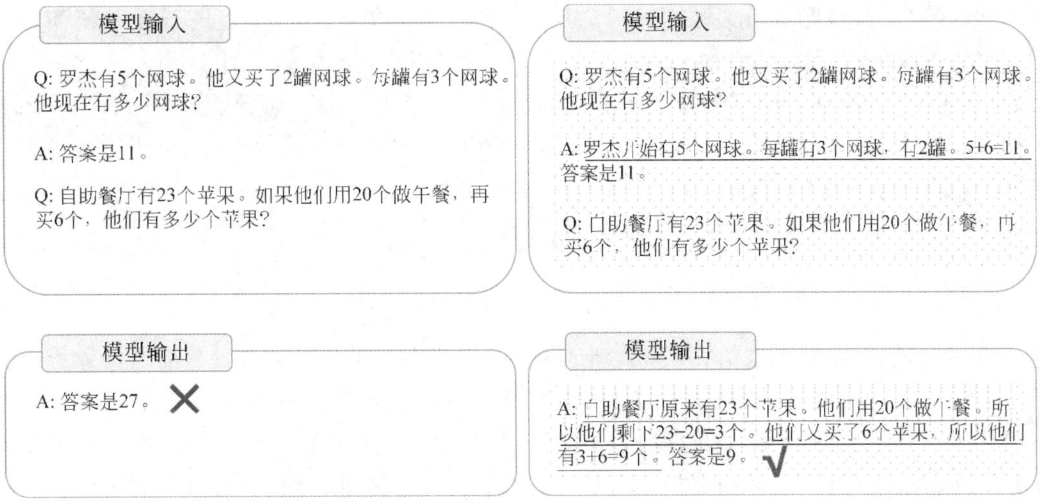

(a) 传统的上下文提示　　(b) 思维链提示（手动少样本CoT）

图 5.3　思维链提示使大型语言模型能够处理复杂的推理任务（Wei 等，2022a）

总体来看，CoT 提示涉及两种方式：一种是在答案部分添加一个提示，如“让我们一步一步地思考”，从而引发出 LLM 的推理链。由于这个简单提示是任务无关的或者说是通用的，不需要额外增加任何输入输出演示，因此被称为零样本 CoT。另一种方式则是一个接一个地通过演示进行少量提示，其中每个演示的答案部分都含思维链，这被称为手动或自动的少样本 CoT 提示，本质上就是要完成一个一个的思考。

作为一种增强语言模型推理能力的方法，思维链提示的特点如下：

① 思维链允许 LLM 将多步问题分解为一系列中间步骤；

② 在足够大的语言模型中，仅需将具有思维链序列的示例转换置入上下文少样本提示的演示实例中，就可以很容易地引发出思维链推理；

③ 思维链推理可用于复杂推理任务，并且原理上可以适用于任何需要人类语言智能才能求解的挑战性任务；

④ 思维链为分析 LLM 的行为提供了一个具有可解释性的窗口，包括如何为给定任务或问题找到特定答案以及如何去修正出错推理路径等。事实上，对 ChatGPT 这样的生成式人工智能，有关思维链的问题设计、中间推理路径的细化及其与期望答案之间的关系等的理论分析，仍极具挑战。

按照 CoT 各种方法出现的先后次序，下面分别对少样本 CoT、零样本 CoT 和 Auto-CoT 方法进行较为详细的介绍与分析。

5.4.2 少样本思维链提示

1. 从传统上下文演示学习到少样本 CoT 提示

语言模型在相当程度上带来了 NLP 发展的新格局。扩大语言模型的规模已被证明能够带来一系列好处，包括性能提升，出现涌现能力，甚至开始呈现出类似于人类的触类旁通和举一反三的能力。但仅靠语言模型的规模化扩大，并不足以在算术、常识和符号推理等具有挑战性的任务上实现高性能(Rae 等，2021)。

Wei 等(2022a)提出的少样本 CoT，使用了含思维链的一个一个地进行思考的演示学习，是最早提出的 CoT 提示方法。它通过手动演示进行少量提示，其中每个演示都由＜问题，推理链＞组成，这里的推理链含一个思维链和一个预期答案。而思维链实际就是一系列中间推理步骤，也泛称为推想(rationale)。由于所有的演示都是手动设计的，所以这种方式被称为手动少样本 CoT 提示，如图 5.3(b)所示。容易看出，在每个演示中均含思维链，这是它与传统少样本上下文演示提示的根本区别所在。

2. 标准少样本 CoT 提示方法

事实上，如何解锁大型语言模型的推理能力，主要有如下两种方法：①推理任务可以受益于由自然语言写成的推想生成，后者可以直接得出最终答案。相关工作包括面向推想增强的从头开始的模型训练或通过微调预训练语言模型来生成中间步骤或称推想。但创建大量高质量的推想代价太高，相比传统机器学习方法中使用的简单输入-输出样本对要复杂得多；②通过提示的方法进行传统上下文少样本学习。前文已指出，与其为每个新任务微调一个单独的语言模型，倒不如简单地用少量输入输出实例来对 LLM 进行示范演示或“提示”。这在一系列简单的问答任务中已取得了成功，但在需要推理能力的任务上效果不佳，而且通常不会随着语言模型规模的扩大而显著改善。

少样本 CoT 提示方法结合了上述两方面的优点，避免了各自的局限性，探索了语言模型为推理任务执行少样本提示的能力。具体来说，给定提示由三元组＜问题，思维链，答案＞组成，这里的思维链是指针对问题的一系列中间的自然语言推理步骤，这些步骤可生成最终的答案。利用这种 CoT 提示，就能够显著地提高 LLM 进行复杂推理的能力。事实上，在解决复杂推理任务时，人类的思维求解也有完全类似的过程，即首先将问题分解为一系列中间步骤，并在得出最终答案之前逐一分析每一个中间步骤的解。例如，“小王给妈妈 2 朵花后，她还有 10 朵花，……，然后她给爸爸 3 朵花后，她还有 7 朵花，……。所以答案是 7。”此处的少样本 CoT 正是通过手动设计具有一系列连贯中间推理步骤的演示，从而赋予语言模型生成思维链的能力。总体而言，如果在传统少样本上下文提示的示例中提供含思维链推理的演示，那么 LLM 就可以对测试问题生成思维链，并能大幅增强其解决复杂推理问题的能力。

一般说来，少样本 CoT 通过有效的手动演示诱发了 CoT 的推理能力，从而获得了更高的准确率。但这种性能上的优势主要取决于手动设计的演示是否足够有效。这里的手动设计包括如何人为地选择问题以及如何更有效地手动设计出相应的推理链。在人类求解算术与常识推理等问题时，也涉及如何对特定任务设计出针对性的演示。相关研究还包括如何手动设计出更复杂的演示或利用类似集成的方法。趋势之一是进行问题分解，即把复杂问题简化为子问题，然后依次求解各个子问题。另一种趋势则是对测试问题的多种推理途径进行投票评估，并进行基于多样性准则的演示选择。

图 5.4 给出了少样本 CoT 提示的一个例子，即利用思维链的产生来解决算术推理问题（也称多步算术单词问题）。此时，思维链模拟了一步一步地给出最终答案的思维过程，本质上就等价于解决方案。这里的演示模板为＜问题，推理链＞，其中的推理链包括了思维链和答案。通过这样的示范演示，最终引发 LLM 对测试问题也可获得正确的思维链及其最终答案。

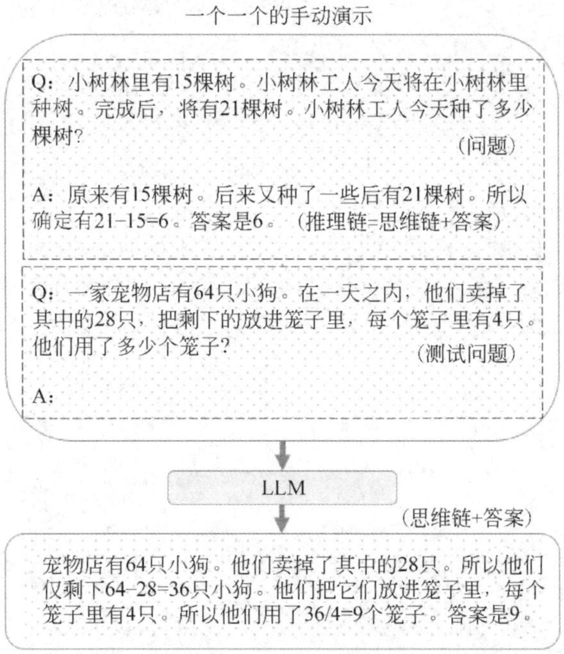

图 5.4　少样本 CoT 提示

3. 实验结果

针对算术推理、常识推理和符号推理等需要较强推理能力的复杂任务，Wei 等（2022a）

等利用上述标准的少样本 CoT 提示，利用具有 1750 亿个参数规模的 GPT-3(text-davinci-002)开展了相应的实验，其部分结果可见表 5.1。少样本 CoT 提示提高了 LLM 完成这些推理任务的性能，普遍优于传统的上下文演示学习方法。又如，仅向具有 5400 亿个参数的 PaLM 提供 8 个思维链实例演示，少样本 CoT 在 GSM8K 数学单词基准问题上实现的准确性，甚至超过了已微调的 GPT-3。

表 5.1 Auto-CoT 的性能比较(Zhang 等，2022)

模型	算术推理任务						常识推理任务		符号推理任务	
	MultiArith	GSM8K	AddSub	AQuA	SingleEq	SVAMP	CSQA	Strategy	Letter	CoinF
零样本上下文	22.7	12.5	77.0	22.4	78.7	58.8	72.6	54.3	0.2	53.8
零样本 CoT	78.7	40.7	74.7	33.5	78.7	63.7	64.6	54.8	57.6	91.4
少样本上下文	33.8	15.6	83.3	24.8	82.7	65.7	**79.5**	**65.9**	0.2	57.2
少样本 CoT	91.7	46.9	81.3	35.8	86.6	68.9	73.5	65.4	59.0	97.2
Auto-CoT	**92.0**	**47.9**	**84.8**	**36.5**	**87.0**	**69.5**	74.4	65.4	**59.7**	**99.9**

5.4.3 零样本思维链提示

1. 从传统零样本上下文提示到零样本 CoT 提示

前文已指出，ChatGPT 等 LLM 本身就是一个相当不错的零样本推理机。利用 LLM 生成推想被证明是切实可行的(Zelikman 等，2022)。LLM 被提示生成推想，同时选择那些导致正确答案的推想，这些其实已经体现出 CoT 推理的思想。

Kojima 等于 2022 年提出了一种所谓的零样本 CoT 方法，这是一种基于零样本模板的 CoT 推理提示，如图 5.5 所示。与最早出现的零样本及少样本上下文模板提示(Liu 等，2021)相比，零样本 CoT 方法本质上是任务无关的，它是通过自我生成推想来完成演示的，即仅用单一模板就能在众多不同任务中引发出多跳推理。该方法的核心思想其实非常简单，就是通过在答案中添加“让我们一步一步地思考”或类似的文本，以抽取出一步一步的推理。零样本 CoT 提示也不同于比它更早出现的少样本 CoT 提示(Wei 等，2022a)，它并不需要一步一步的少样本示例，因此对演示样本的人工设计并无依赖。

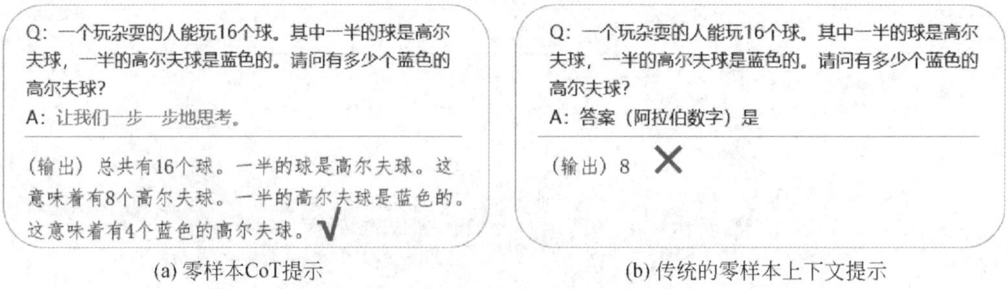

图 5.5 零样本 CoT 提示相对于零样本上下文提示的比较举例

2. 零样本 CoT 提示方法

图 5.6 给出了零样本 CoT 方法的两阶段提示框架，即整个流程包括两个提示，且由推

理提取和答案提取两个顺序过程组成。从图中可以看出，零样本 CoT 在两阶段提示中首先使用第一个提示"推理"，即通过对给定问题添加一句简单的文字提示"让我们一步一步地思考"，然后利用 LLM 自动生成对问题的推理路径或推理链（见图中的左侧）。之后将 LLM 生成的推理链叠加到给定问题中，同时使用第二个提示"答案"，即添加生成答案的提示"因此，答案（阿拉伯数字）是"，最后利用 LLM 从推理文本中以正确的格式提取出最终的阿拉伯数字答案（见图中的右侧）。

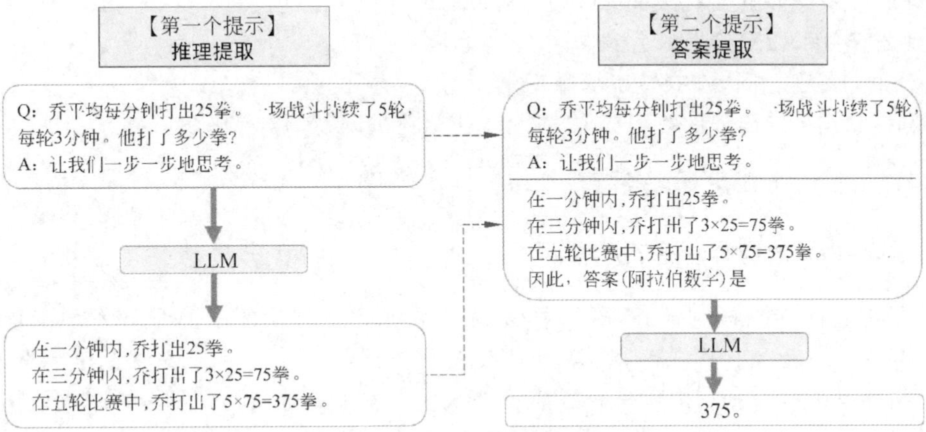

图 5.6　零样本 CoT（Kojima 等，2022）

值得注意的是，尽管零样本 CoT 在概念上很简单，但它需要连续使用两次提示来提取推理和答案。相反，图 5.5 中的传统零样本上下文提示，则通过使用"答案（阿拉伯数字）是"形式的限制性提示，使其能够按正确的格式提取出最终的答案。

下面对上述零样本 CoT 两阶段提示方法进行更加详细的说明。

（1）第一阶段：推理提取。

首先使用一个简单的模板"Q：[X]．　A：[T]"，将输入的问题 x 修改为提示文本 x'，其中[X]是 x 的输入实例，[T]是人工设计的触发句 t 的实例，后者将可引发思维链以回答问题 x。例如，如果将触发句 t 设计为"让我们一步一步地思考"，那么提示文本 x' 就变成了"Q：[X].A：让我们一步一步地思考。"。更多的触发句设计示例，可参见 Kojima 等（2022）。在此之后，上述提示文本 x' 将被输入 LLM 中，并生成图 5.6 左下的句子 z。

（2）第二阶段：答案提取。

将上面生成的句子 z 叠加到提示文本 x' 中，再加上答案触发句，以期通过 LLM 的再次使用，从而提取出正确格式的最终答案。具体步骤为：首先简单地将 3 个实例聚合成"[X'][Z][A]"，其中[X']是第一个提示文本 x' 的实例，[Z]是第一阶段生成的句子 z 的实例，[A]是答案触发句的实例。事实上，第二阶段的提示是自增强的，因为该提示已包含了由同一个 LLM 生成的句子 z。在实验中，可以根据答案所需格式使用略有不同的答案触发句。例如，对于多选 QA，可以使用"因此，在 A 到 E 之间，答案是"，而对于需要数字答案的算术问题，建议使用"因此，答案（阿拉伯数字）是"。更多的答案触发句列表，同样可参见 Kojima 等（2022）。最终，通过向 LLM 输入上述叠加提示文本，就可生成句子 $\hat{y}$，并继而析构出最终的答案。

例 5.1　零样本 CoT 提示。

已知零样本 CoT 提示：珍妮特的鸭子每天产下 16 个蛋。她每天早餐吃 3 个鸭蛋，而且每天用 4 个鸭蛋为她的朋友烤松饼。同时她每天在农贸市场，以每个新鲜鸭蛋 2 美元的价格出售剩余的鸭蛋。需要回答的问题：珍妮特每天在农贸市场赚多少钱？（真值：18）

首先通过增加"让我们一步一步地思考"的触发句 t，然后在简单指令下按模板写成提示文本 x'。之后利用 gpt-3.5-turbo，生成句子 z 为

-珍妮特吃早餐和烤松饼后还剩下多少鸭蛋？ 9

-她还有多少鸡蛋可以在农贸市场出售？ 9

-她在农贸市场卖鸡蛋赚了多少钱？ $2\times 9=18$

- 是的，珍妮特每天在农贸市场赚 18 美元。

最后，利用第二阶段的答案提取，就可给出最终的阿拉伯数字答案：18。

5.4.4 自动少样本思维链提示

1. Auto-CoT 的两阶段提示方法

为了克服标准少样本 CoT 提示方法在构建演示提示及推理链时对人的高度依赖，Zhang 等(2022)提出了一种自动少样本 CoT 提示方法(Auto-CoT)。该法基于问题的自动聚类分析与推理链的自动构建来获得演示提示。本质上是通过对 LLM 的两次使用，同时自动地实现了"让我们一步一步地思考"和让"我们一个一个地思考"。前者引入了零样本 CoT 的推理链，后者则类似于传统的上下文演示提示。事实上，尽管 LLM 是相当不错的零样本推理机，但却远非完美，零样本 CoT 在推理链中有很大概率会出现错误。为了降低零样本 CoT 推理链生成错误的后续影响，增加演示问题的多样性是破局的关键(Zhang 等，2022)。为此，Auto-CoT 增加了对问题集合的聚类分析，同时也引入了基于多样性的演示提示选择准则，而不是简单地利用检索去寻找语义相似的问题，因为这可能会出现相似性误导或由于相同问题被选择进而出现错误。

如图 5.7 所示，Zhang 等于 2022 年提出了一种自动少样本 CoT 提示方法(Auto-CoT)。该法主要由问题聚类与演示构建这两个阶段组成。第一个阶段的问题聚类，将给定数据集中的全部问题基于聚类方法划分为 k 个簇(图中左侧的每个虚线圆表示一个簇)。而第二个阶段的演示构建，则从每个簇中选择一个最具代表性的问题，并使用前述的零样本 CoT 和简单的启发式方法生成推理链，之后将问题及推理链自动组装成一个一个的演示。最后再次使用 LLM 进行测试问题的上下文推理(见图 5.7 中的右侧)，就可得到准确率更高的答案。

下面对 Auto-CoT 的两阶段提示方法进行详细的说明。

(1) 第一阶段：问题聚类。

聚类可汇聚相似性问题。考虑到经聚类处理的多样性可缓解因问题相似而带来的错误引导，相应可在潜空间中对给定问题集合 Q 进行聚类分析与处理。为此首先利用句子-BERT(Reimers 与 Gurevych，2019)获得 Q 中每个问题的向量表示，并通过对向量进行对齐以构建固定大小的问题表示。然后基于 k-均值聚类算法对问题表示进行处理，从而生成全部问题的 k 个簇。对于第 i 个簇中的问题，计算它们到该簇中心的距离，并以升序方式进行排序，最终得到列表 $\boldsymbol{q}^{(i)}=[q_1^{(i)},q_2^{(i)},\cdots]$，这里 $i=1,2,\cdots,k$。该阶段的具体步骤详见算法 5.1。

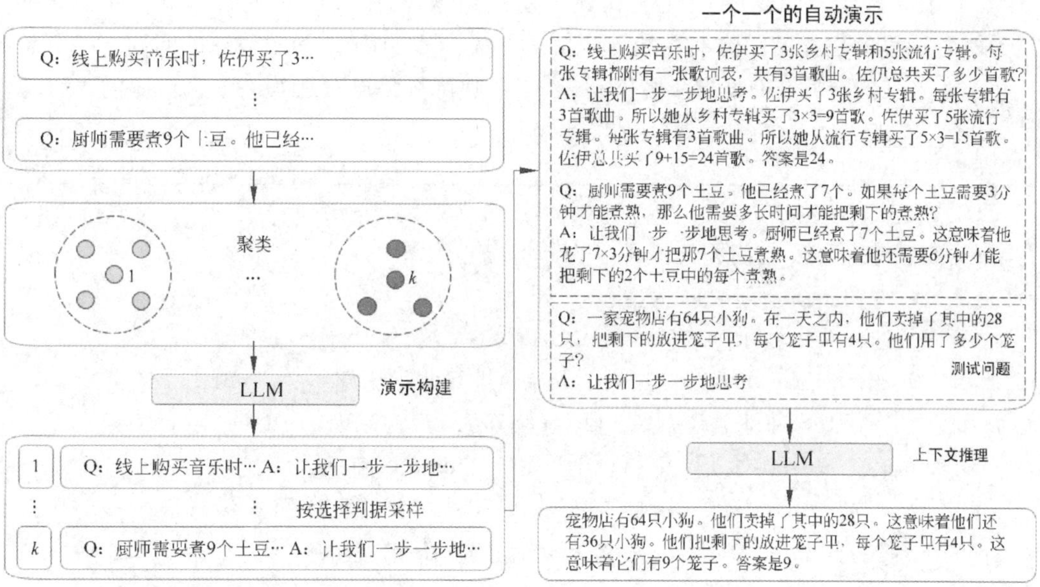

图 5.7　Auto-CoT（Zhang 等，2022）

算法 5.1　问题聚类

给定：问题集合 Q 和演示样本个数 k

要求：对每个簇 i，其中的问题被排序为 $\boldsymbol{q}^{(i)}=[q_1^{(i)},q_2^{(i)},\cdots]$，这里 $i=1,2,\cdots,k$

procedure 对已知（Q，k）进行问题聚类
　　for 对 Q 中的每个问题 q **do**
　　　　利用句子-BERT 编码该问题 q
　　利用 k-均值聚类算法将所有已编码的问题表达进行聚类，以得到 k 个簇
　　for 对每个簇 $i=1,2,\cdots,k$ **do**
　　　　根据与该簇中心的距离，按升序方式对问题进行排序，即
　　　　$\boldsymbol{q}^{(i)}=[q_1^{(i)},q_2^{(i)},\cdots]$
　　return $\boldsymbol{q}^{(i)}(i=1,2,\cdots,k)$

（2）第二阶段：演示构建。

该阶段主要为每簇采样的代表性问题生成推理链，然后对满足选择准则的演示进行采样。参考算法 5.2 给出的流程，即首先对每个簇 i 构建一个演示样本 $d^{(i)}$（等价于问题、推想和答案的拼接），其中 $i=1,2,\cdots,k$。对第 i 个簇，根据算法 5.1 获得的排序列表 $\boldsymbol{q}^{(i)}=[q_1^{(i)},q_2^{(i)},\cdots]$ 进行问题迭代，直到满足选择准则。换句话说，一个更接近该簇中心的问题将被更早地选择。具体迭代步骤：假设正考虑第 j 个最接近簇中心的问题 $q_j^{(i)}$，相应的输入提示可形式化为 $[Q:q_j^{(i)},A:[P]]$，其中 $[P]$ 就是单个提示“让我们一步一步地思考”。使用前述零样本 CoT 将构建的输入传送到 LLM 中，以输出由推想 $r_j^{(i)}$ 和提取的答案 $a_j^{(i)}$ 组成的推理链。然后通过拼接问题、推想和答案，即 $[Q:q_j^{(i)},A:r_j^{(i)}\circ a_j^{(i)}]$，就可构建出第 i 个聚类的候选演示 $d_j^{(i)}$。

类似于 Wei 等(2022a)通过手工构建演示的判据，为了鼓励对更为简单的问题和推想进行采样，这里的选择准则将遵循如下启发式方法，即如果所选演示对应的问题 $q_j^{(i)}$ 不超过 60 个 token，且推想 $r_j^{(i)}$ 的推理步骤不超过 5 步，则可将其设置为第 i 个簇对应的最终演示样本 $d_j^{(i)}$。

算法 5.2 演示构建

给定：对每个簇 i，问题已经排序为 $\boldsymbol{q}^{(i)}=[q_1^{(i)},q_2^{(i)},\cdots]$，这里 $i=1,2,\cdots,k$，且令初始演示列表 $\boldsymbol{d}$ 为空

要求：迭代获得演示列表 $\boldsymbol{d}=[d^{(1)},d^{(2)},\cdots,d^{(k)}]$

procedure 对($\boldsymbol{q}^{(1)},\boldsymbol{q}^{(2)},\cdots,\boldsymbol{q}^{(k)}$)进行演示构建
    for 对每个簇 $i=1,2,\cdots,k$ **do**
        for 对 $\boldsymbol{q}^{(i)}$ 中的每个问题 $q_j^{(i)}$ **do**
            对 $q_j^{(i)}$ 利用零样本 CoT 生成推想 $r_j^{(i)}$ 和答案 $a_j^{(i)}$
            if $q_j^{(i)}$，$r_j^{(i)}$ 满足选择准则 **then**
                将 $d^{(i)}=[Q:q_j^{(i)},A:r_j^{(i)}\circ a_j^{(i)}]$ 加入演示列表 $\boldsymbol{d}$ 中
                break
    return $\boldsymbol{d}$

如同在算法 5.2 中所总结的迭代步骤，在对所有 k 个簇进行演示采样后，将可得到 k 个构建的演示样本 $[d^{(1)},d^{(2)},\cdots,d^{(k)}]$。这些演示样本将被用来增强对测试问题 q^{test} 的上下文演示学习。具体而言，此时 LLM 的输入为全部演示样本 $[d^{(1)},d^{(2)},\cdots,d^{(k)}]$ 的集合，以此完成 LLM 的上下文演示学习。最后将测试问题的演示输入[Q: q^{test}, A: [P]]传送给 LLM，就可以得到准确率更高的带答案的推理链，如图 5.7 右下角所示。

2. 实验结果

Zhang 等(2022)在 3 类推理任务的 10 个基准数据集上评估了 Auto-CoT 的性能：①算术推理任务，涉及 6 个数据集，即 MultiArith(Roy 与 Roth，2015)，GSM8K(Cobbe 等，2021)，AddSub(Hoseini 等，2014)，AQUA-RAT(Ling 等，2017)，SingleEq(Kedziorski 等，2015)和 SVAMP(Patel 等，2021)；②常识推理任务，包括两个数据集，即 CSQA(Tarmor 等，2019)和 StrategyQA(Geva 等，2021)；③符号推理任务，也涉及两个数据集，即 Letter (Wei 等，2022a)和 CoinFlip(Wei 等，2022a)。这里的 LLM 使用了具有 1750 亿个参数的 text-davinci-002 版本的 GPT-3(Brown 等，2020)。根据 Wei 等(2022a)，除了 AQuA 和 Letter 的演示次数为 4，CSQA 为 7，StrategyQA 为 6 之外，其他数据集的演示次数 k 均为 8 (Wei 等，2022a；Zhang 等，2022)。

针对上述 3 类推理任务中的 10 个数据集，表 5.1 给出了 Auto-CoT 的准确率及其性能比较，其中的零样本上下文和零样本 CoT 的实验结果取自 Kojima 等(2022)，少样本上下文和少样本 CoT 的准确率数据来自于 Wei 等(2022a)，而 Auto-CoT 的性能则是根据其 3 次随机运行结果的平均得到(Zhang 等，2022)。总体而言，除了常识推理任务的两个数据集较少样本上下文方法略低外，Auto-CoT 方法具有全面优越的性能。与少样本 CoT 方法相比，

Auto-CoT 更灵活，且任务适应性更强，即对每个不同的任务或数据集，都会去自动构建自己专属的上下文演示，但少样本 CoT 考虑到人工设计的成本，有可能会出现对多个数据集使用完全相同的演示样本，这可能会对最终的性能造成不利的影响。

除上述方法之外，最少最多提示(Zhou 等，2022)和分解提示(Khot 等，2022)，利用提示的方法将问题进行自动拆解，或将复杂任务自动分解为一系列连贯的简单子任务。Chen 等(2022)提出的思维程序(PoT)方法，将数值推理任务中的计算与推理进行解耦。所有这些方法的目的都是为了能够更加有效地引发大型语言模型解决复杂推理任务的能力。

5.5 思维树提示

ChatGPT/GPT-4 等自回归生成式 LLM 已用来解决各种具有挑战性的复杂任务，如算术、符号、常识与知识推理任务，但其推断仍受限于 token 从左到右的序贯决策过程，这可能会影响对某些一般性问题的求解。为此 Yao 等(2023)引入了一种新的 LLM 推断框架，即所谓思维树(ToT)方法。它推广了基于 CoT 对 LLM 进行提示的方法。思维树允许 LLM 进行深思熟虑决策时，考虑多种不同的推理路径和利用基于自我评估的选择，以决定下一步动作，并在必要时主动进行前探或回退以做出更为全局的选择。针对 24 点游戏、创意写作和迷你填词游戏等 3 项需要卓越规划或搜索能力的新任务，相关的实验结果表明，思维树显著提高了 LLM 解决问题的能力。例如，在 24 点游戏中，具有思维链提示的 GPT-4，仅解决了 4%的任务，而思维树方法则可获得 74%的成功率。

5.5.1 思维树提示的基本思想

图 5.8 给出了思维树大型语言模型问题求解方法示意图，其中每个方框代表一个连贯的语言序列，即“思想”或“论点”，通常称为“思维”，这实际也是一个朝向问题求解的中间步骤。在树状结构的＜节点，边＞图中，从输入经过各个最深色思维方框到达输出的粗条路径，代表了问题求解的最优路径及最优策略。相比之下，传统的上下文或输入-输出(IO)提示最为常见，本质上它是利用大型语言模型将问题输入映射为输出，其中的问题提示既包含了任务指令，也有可能带有少样本输入-输出样本，但该法缺乏由“思维”节点构建的中间步

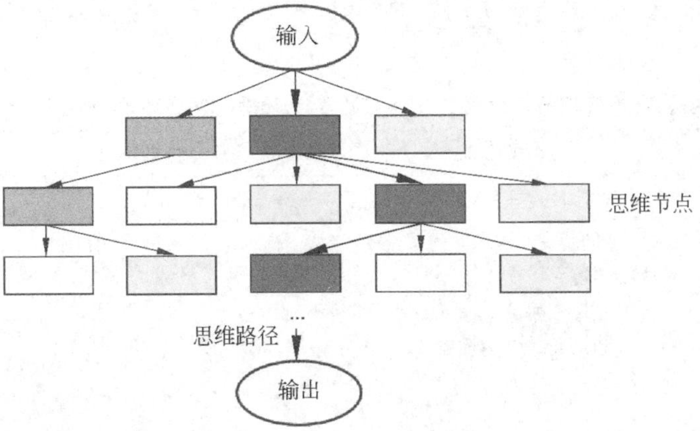

图 5.8　思维树 LLM 问题求解方法示意图(Yao 等，2023)

骤，因此响应的准确性较差。而 CoT 提示则包含了较为详细且有意义的中间步骤，即"思维"方框节点及由此组成的思维链路径，这对完成诸如数学能力等任务（如输入为数学问题，输出是最终的数值答案），性能会得到较大的改善。不过，思维链中思维节点的细节程度，如选择短语、句子或段落，则需要进行探索。自洽思维链（CoT-SC）提示由多条思维链路径组成，需要根据与期望输出相同的频度分布，利用投票机制将占大多数的一致性评分路径作为最终的路径选择，这会得到更可信的结果。但该法的缺点是每条思维链之间没有局部的思维节点探索，且频度最大的启发式知识仅适合于输出空间有限的场景，如多选问答。

认知理论中的"双过程"模型认为，人类决策存在一个"快系统"与一个"慢系统"。前者以快速、本能及无意识方式进行决策，而后者的决策则以缓慢、深思熟虑及有意识的方式进行。在前述的强化学习中，无模型的迭代学习通常对应于快系统，而基于模型的谨慎规划则对应于慢系统。对大型语言模型来说，仅有简单路径选择的就是快系统，响应的准确性较差。但如图 5.8 所示的思维树方法，则会维护并探索多样化的路径选择，也会对选择进行自行评估，以决定下一步动作，并主动进行前探或回退，以期做出更为全局的选择。为了设计这样的一个规划系统，思维树方法维护了一个基于思维节点的树状结构，并利用广度优先搜索（BFS）或深度优先搜索（DFS），生成并评估多样化的思维路径，且允许基于前探与回退的方式来进行系统的探索。利用大型语言模型完成的自我评估与深思熟虑，是该法的主要特点。

5.5.2 思维树：大型语言模型深思熟虑的问题求解方法

思维树范式允许大型语言模型沿思维节点探索多条推理路径，这里的思维节点也称状态 $s=[x, z_{1\cdots i}]$，它表示输入序列 x 与迄今的思维序列 $z_{1\cdots i}$。由于思维树将所有问题都框定为树搜索，它涉及如下 4 个具体问题：① 如何将中间过程进行思维步分解；② 如何根据每个状态生成下一批潜在的思维节点；③ 如何启发式地评估状态；④ 选择何种搜索算法。

1. 思维分解

思维树方法利用问题特性来设计和分解中间思维步骤。如表 5.2 所示，根据不同的任务，一个思维节点可以是一组单词（填词游戏）、一行等式（24 点游戏），或一整段写作计划（创意写作）。一般来说，思维节点应足够"小"，以便大型语言模型能够生成有成功迹象和多样化的样本（例如，生成一整本书通常太"大"，而不能将意思表达准确），但也应足够"大"，以便大型语言模型能够评估其对解决问题的价值（例如，生成一个 token 通常太"小"，可能无法进行评估）。

表 5.2 3 项具有挑战性的复杂任务：24 点游戏、创意写作和迷你填词游戏（Yao 等，2023）

任务	24 点游戏	创意写作	5×5 填词游戏
输入	4 个数字（例如：4 9 10 13）	4 个随机句子	10 个线索
输出	输出为 24 的等式（例如：(13－9)×(10－4)＝24）	以这 4 个句子结尾的 4 个段落组成的文章	5×5 的字母
思维节点	3 个中间等式（例如：13－9＝4（剩下 4，4，10）；10－4＝6（剩下 4，6）；4×6＝24）	简短的写作计划	行列填词线索
思维树步数	3	1	5～10（可变）

2. 思维生成器 $G(p_\theta, s, k)$

给定树的一个状态 $s=[x, z_{1\cdots i}]$，考虑如下两种策略来为下一个思维步生成 k 个候选：

① 根据思维链提示，采样独立同分布的思维节点：$p_\theta^{\mathrm{CoT}}(z_{i+1} \mid s) = p_\theta^{\mathrm{CoT}}(z_{i+1} \mid x, z_{1\cdots i})(j=1,2,\cdots,k)$。当思维空间丰富（例如每个思维节点就是一个段落）且独立同分布采样导致多样化时，性能会更好。

② 利用“提议提示”来序贯提出思维节点：$[z^{(1)}, z^{(2)}, \cdots, z^{(k)}] \sim p_\theta^{\mathrm{propose}}(z_{i+1}^{1,2,\cdots,k} \mid s)$。当思维空间约束更强（例如每个思维节点就是一个单词或一行等式）时，通过对同一个上下文提出不同的思维节点以避免重复，则效果会更好。

3. 状态评估器 $V(p_\theta, S)$

给定不同状态的边界，状态评估器会评估它们在解决问题方面取得的进展，并将其作为搜索算法的启发式知识，以确定要继续探索哪些状态以及以何种顺序进行探索。虽然启发式是解决搜索问题的标准方法，但它们通常是基于编程进行的（例如“深蓝”）或利用学习实现的（例如 AlphaGo）。第 3 种选择则是通过使用大型语言模型来深思熟虑地推理状态。在适用的情况下，这种深思熟虑的启发式方法可以比编程的规则更灵活，并且比学习模型更具样本效率。与思维生成器类似，考虑了如下两种独立或共同评估状态的策略：

① 独立地评价每个状态：$V(p_\theta, S)(s) \sim p_\theta^{\mathrm{value}}(v \mid s), \forall s \in S$，其中价值提示对状态 s 进行推理以产生一个标量值 v（例如 1～10）或一个分类（例如，肯定、可能或不可能），后者可启发式地转换为一个标量值。这种评估式推理的基础可以随问题及思维步的不同而有所改变。这里通过很少的前探模拟加常识来进行评估。例如，在前探模拟中，尝试快速确认 5、5、14 可以通过 5＋5＋14＝24，或者“hot_l”可以通过在“_”中填充“e”来表示“酒店”。又如可利用各种常识，如 1、2、3 对于达到 24 而言太小，或没有单词可以以“tzxc”开头。前者有助于“好”状态评价，而后者可以帮助“坏”状态的删除。这样的评价不需要完美，仅需近似即可。

② 跨状态进行票决：$V(p_\theta, S)(s) = 1[s = s^*]$，其中“好”状态 $s^* \sim p_\theta^{\mathrm{vote}}(s^* \mid S)$ 是基于在投票提示中深思熟虑比较 S 中的不同状态而被票决出来的。当问题的成功很难直接评价时（例如，对文章段落的连贯性），很自然就会去比较不同的解决方案，并投票选出最有成功迹象的解决方案。这类似于“一步一步”进行的自恰策略，即将“探索哪个状态”作为多选问答，并利用大型语言模型得到的样本进行票决。

对于这两种策略，可以通过多次提示大型语言模型来整合价值或投票结果，即以时间、资源或成本去换取更可信、更鲁棒的启发式知识。

4. 搜索算法

最后，在思维树框架内，根据树的结构可以即插即用不同的搜索算法，例如广度优先搜索（BFS），深度优先搜索（DFS），A＊和蒙特卡洛树搜索等。

① 广度优先搜索（BFS）（见算法 5.3）：每步均保持一组 b 个最有成功迹象的状态。例如，24 点游戏和创意写作任务都使用了这种简单的搜索算法。在这两个任务中，树的搜索深度限制为 $T \leqslant 3$，其起始思维步可被评估，且可剪枝为一个小的状态集合 $b \leqslant 5$。

算法 5.3 思维树-BFS($x, p_\theta, G, k, V, T, b$)

要求： 输入 x，大型语言模型 LLM p_θ，思维生成器 $G(\ )$与规模限制 k，
状态评估器 $V(\ )$，思维步限制 T，广度限制 b

$S_0 \leftarrow \{x\}$

for $t = 1, 2, \cdots, T$ do

  $S'_t \leftarrow \{[s, z] \mid s \in S_{t-1}, z_t \in G(p_\theta, s, k)\}$

  $V_t \leftarrow V(p_\theta, S'_t)$

  $S_t \leftarrow \underset{s \subset S'_t, |S|=b}{\operatorname{argmax}} \sum_{s \in S} V_t(s)$

end for

return $G(p_\theta, \underset{s \in S_T}{\operatorname{argmax}} V_T(s), 1)$

---

② 深度优先搜索(DFS)(见算法 5.4)：首先探索最有成功迹象的状态，直到到达最终的输出($t > T$)，或者状态评估器认为从当前状态 s 开始不可能实现问题求解(对阈值 v_{th}，$V(p_\theta, \{s\})(s) \leqslant v_{\text{th}}$)。对于后者，应剪裁当前状态 s 开始的子树。两种情况下，DFS 都会回退到 s 的父状态以继续进行探索。

算法 5.4 思维树-DFS($s, t, p_\theta, G, k, V, T, v_{\text{th}}$)

要求： 当前状态 s，思维步 t，大型语言模型 LLM p_θ，思维生成器 $G(\ )$
与规模限制 k，状态评估器 $V(\ )$，思维步限制 T，阈值 v_{th}

if $t > T$ then 记录输出 $G(p_\theta, s, 1)$

end if

for $s' \in G(p_\theta, s, k)$ do ▷ 分类候选

  if $V(p_\theta, \{s'\})(s) > v_{\text{th}})$ then ▷剪枝

    DFS $(s', t+1)$

  end if

end for

从概念上讲，思维树作为利用大型语言模型的一般问题求解方法，具有如下优点：①一般性。上下文输入-输出提示、思维链提示和自洽思维链提示等，都可以被视为思维树提示的特例(即有限深度和广度的树)；②模块化。基础大型语言模型以及思维分解、生成、评估和搜索过程，都可以独立变化；③适应性。可以适应不同的问题特性、大型语言模型的能力和资源约束；④便捷性。无须额外训练，仅有强大的预训练大型语言模型就足够了。

5.5.3 分析与讨论

如表 5.2 所示，思维树的实验主要针对 24 点游戏、创意写作和迷你填词游戏等 3 项任务。这 3 项任务即使对 GPT-4 来说，也是极具挑战性的大型语言模型推断任务。原因是这些任务需要演绎、数学、常识与词汇推理能力，也需要与系统规划或搜索进行融合。思维树

方法在所有这 3 项复杂任务上均获得最好的表现。

下面以 24 点数学游戏为例进行举例说明。

24 点游戏是一个典型的数学推理游戏。游戏的目的是根据给定的 4 个整数，利用加减乘除与括号运算，凑齐最后的计算结果 24。例如，已知输入“4 9 10 13”，求解方案之一就是：(10－4)×(13－9)＝24。

1. 任务设置

首先从 4nums.com 中获取数据。该网站有 1362 个游戏，按人类解决问题的难度从易到难排序，并使用索引号为 901～1000 的相对困难的 100 个游戏进行测试。对于每项任务，如果输出是一个等于 24 的有效等式，并且每次都仅使用了一次输入数字，则可认为输出是成功的。这里将 100 款游戏的成功率作为衡量标准。

2. 基准性能

该法使用了一个标准的具有 5 对上下文示例的输入-输出(IO)提示。对于思维链(CoT)提示，则利用了 3 个中间等式来增强每个输入-输出对，其中每个等式对剩下的两个数进行运算。例如，给定输入“4 9 10 13”，思维节点可以是“13－9＝4(剩下：4 4 10)；10－4＝6(剩下：4 6)；4×6 ＝ 24(剩下：24)”。对于每个游戏，对输入-输出和思维链提示进行了 100 次采样，以获得平均性能。同时还考虑了自洽思维链的基准性能。该基准模型从 100 个思维链样本中取占比最大的输出。此外，对每一个输入-输出样本，在其上面还进行了最多 10 次(k＝10)的迭代细化。在每次迭代中，大型语言模型都以全部历史结果为条件，以便在输出不正确的情况下“反思您的错误并生成精确的答案”。注意此处实际使用了关于等式正确性的真值反馈信号。

3. 思维树设置

为了将 24 点游戏构建成思维树，可将其思维节点分解为 3 个思维步，其中每步都是一个中间等式。如图 5.9 所示，在每个树节点上，仅对“剩下”的数字进行要求，并提示大型语言模型提出一些可能的下一步候选思维节点。相同的“提议提示”被用于所有 3 个思维步，尽管图中仅有一个 4 个输入数字的例子。同时在思维树中执行了广度优先搜索(BFS)策

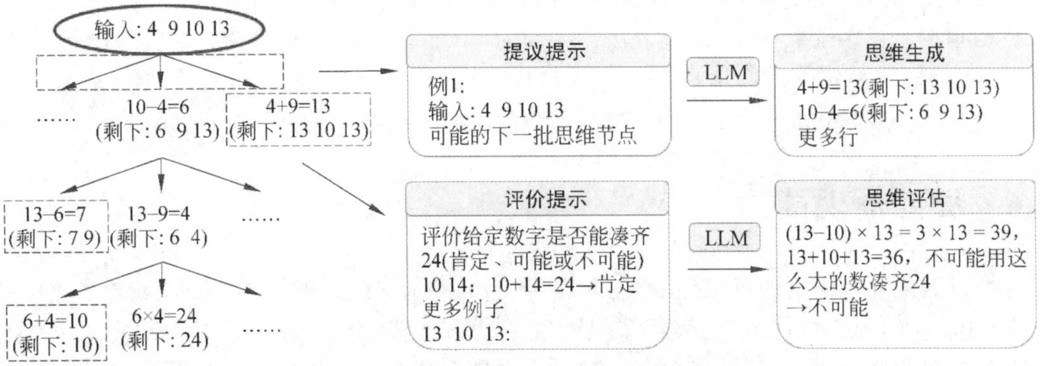

图 5.9 24 点游戏中的思维树(Yao 等，2023)

略，其中每一步都维持了最佳的 $b=5$ 个候选思维节点。为了在思维树中完成深思熟虑的 BFS，如图 5.9 所示，这里提示大型语言模型，就是否等于 24 将每个候选思维评估为"肯定、可能或不可能"。其目的是加强在少数几次前探试验中断定的正确方案，同时消除基于"太大或太小"常识得到的不可能的方案，并保留其余的"可能"。该方法对每个思维节点的值采样 3 次。

4. 实验结果

如表 5.3 所示，输入-输出、思维链和自洽思维链提示方法在该任务中表现不佳，成功率分别为 7.3%，4.0%和 9.0%。相反，广度为 $b=1$ 的思维树方法已经实现了 45%的成功率，而 $b=5$ 则实现了 74%。该方法还考虑了输入-输出与思维链的一种万无一失的设置，即通过使用 k 个样本中的最佳值($1\leqslant k\leqslant 100$)来计算成功率。为了将输入-输出与思维链(基于 k 中的最佳值)与思维树方法进行比较，进一步考虑计算思维树中每个任务在 $b=1,\cdots,5$ 范围内访问的树节点，并将其映射为成功率。此时，思维树的数据规模比输入-输出提示方法要大，从 100 个思维链样本中取最佳值获得的成功率为 49%，但这仍然比在思维树中探索更多节点要差很多(当 $b>1$ 时)。

表 5.3 24 点游戏的实验结果(Yao 等，2023)

方　法	成功率/%
输入-输出上下文提示	7.3
思维链提示	4.0
自洽思维链($k=100$)	9.0
输入-输出上下文+迭代细化($k=10$)	27
输入-输出上下文(100 样本中的最佳值)	33
思维链(100 样本中的最佳值)	49
思维树($b=1$)	45
思维树($b=5$)	74

5. 误差分析

为此专门拆解了思维链和思维树方法任务失败时的思维步样本数据。此处所谓的任务失败是指单个思维节点(对思维链方法)或所有 b 个思维节点(对思维树方法)无效或不可能达到 24。值得注意的是，高达 60%的思维链样本在第一思维步就已经失败，且后续无法进行更改。这里非常明显地体现出生成式模型直接从左到右进行解码存在的缺陷。

5.6 智能涌现能力

通过深度神经网络的极限使用，特别是对 Transformer 注意力学习机制及对强化学习的有效利用，ChatGPT/GPT-4 获得了极大的成功。这其实也得益于针对大型复杂系统整合多种工程要素的成功实践。前文已指出，这些最重要的成功因素包括对语言智能与世界知识模型构建的深刻认识，坚持对生成式 Transformer 预训练大型语言模型进行规模化，以及长期高强度投入与持续实践工程化落地所需的超大规模优质数据资源、分布式超强AI算力、顶级人才及团队等。

本节的知识点包括如下内容：

① 大规模高质量数据资源的准备；

② 大规模分布式预训练与微调所需的AI算力支撑；

③ 涌现能力。

大型语言模型基于端到端的数据驱动方法对自然语言进行建模，旨在模拟人类的语言智能，并构建关于世界的一般性知识库。相关研究与工程实践表明，利用规模化定律(scaling law)增加语言模型的规模(也称规模化)，不仅有助于提升大模型解决一系列下游NLP任务的能力，还可大幅减少所需演示样本的数量，并有可能产生涌现现象，使问题求解能力得到进一步的非线性提升。

一般说来，对Transformer架构的语言模型，规模对性能的影响可以通过规模化定律(Kaplan等，2020)进行某种程度的预测，即对某些下游任务，性能随规模的扩展呈现出线性状的持续改善，但对另外一些下游任务，却有可能得不到任何的性能提升。无论如何，这些性能的改善或不改善，都是平凡且可预测的。

这里主要讨论大型语言模型非平凡的涌现能力，它被定义为一种仅在大型语言模型中才有可能出现的不可预测现象。这意味着它不可能出现在太小规模模型中，而且也只是对语言模型才有可能出现这种非线性相变行为。因此，利用规模化定律通过外推小模型的性能来预测涌现能力，实际已不可能。

下面首先定义什么是涌现现象，然后从大型语言模型提示工程的角度，基于少样本提示和增强提示进行分析说明。由于大型语言模型中出现的智能涌现现象，正在启发更多的思考与探索，因此最后对这一非线性复杂现象进行初步的讨论，包括是否需要建立涌现产生的理论假说，如何去衡量涌现的产生，在何种条件下才能产生涌现行为，以及涌现能力的安全风险等。此外，大型语言模型的更大规模化与多模态化，会不会导致产生更强的涌现能力，这些都是值得研究的非常有趣的前沿发展方向。

5.6.1 智能涌现能力的定义

涌现能力(emergent abilities)也称智能涌现。对于什么是大型语言模型的涌现能力，目前已有许多不同的定义与解释。例如，涌现本质上是指系统行为从量变导致了质变(Anderson，1972)。又如，如果一种能力不存在于较小规模的模型中，而仅存在于较大规模的模型中时，那它就是涌现(Wei等，2022b)。

前文已指出，基于性能一致性改善的比例律，利用小模型的外推是无法预测出涌现能力的。如图5.10所示，从实验观察的角度来讲，在性能-规模曲线上，涌现能力则显现出一种清晰的模式，即一开始模型的性能一般，准确性几乎是随机的，但当模型规模达到某个临界阈值之后，其性能则远超随机性能之上。这种质变也被称为相变，即整体行为的急剧变化。这是通过考察较小规模的系统所无法预测的。

因此，所谓涌现能力是指当模型规模超过某个阈值时，大模型所涌现出的触类旁通与融会贯通，以及由此获得的逐渐接近人类水平的推理、规划与创造能力，特别是零样本与少样本的理解与推理能力，以及解决NLP多任务能力的非线性跃升。一般说来，较小的语言模

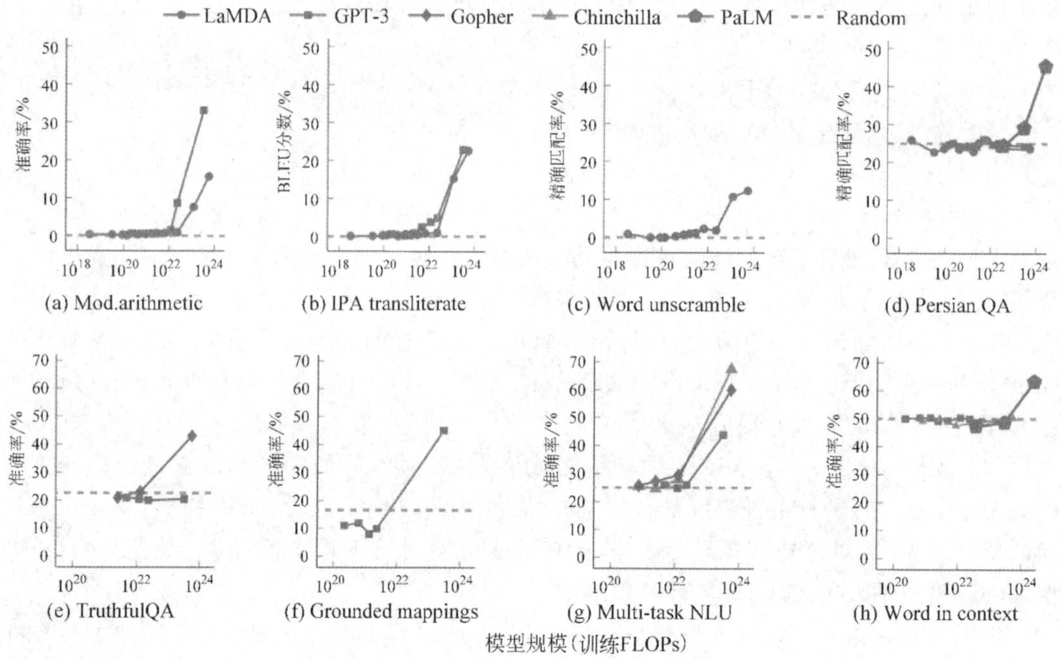

图 5.10　不同任务下少样本提示范式中发生的 8 个涌现示例（Wei 等，2022b）

型不存在涌现能力，这已成为区分大、小语言模型的关键标准之一。

5.6.2　涌现能力发生的几种情形

1. 多步推理任务

语言模型的规模主要考虑 3 个维度的指标，即预训练的浮点运算量或计算量（FLOPs）、模型本身的参数量和训练数据集的大小。考虑到大多数密集 Transformer 语言模型通常具有与模型参数大致成比例的规模化训练计算量，即更多的预训练 FLOPs 往往也意味着更多的模型参数量。因此，预训练 FLOPs 与模型的参数量是基本一致的。利用两者得到的性能-规模曲线，通常具有较高的相似程度。此外，训练数据集的大小也是一个重要因素。如果独立进行分析，即暂不考虑其他两个因素的影响，此时模型性能与每个维度之间都呈现出一个大致的幂律关系。事实上，将涌现能力视为多元相关变量的函数可能会更加合理。因此有时也会将困惑度（perplexity）当成规模化的第 4 个维度或变量来处理，并进一步分析涌现与预训练数据的质量的相关性。

表 5.4 进一步列举了若干大型语言模型发生的涌现能力及出现涌现行为的模型规模阈值（Wei 等，2022b）。从表中可以观察到，对包括 GPT-3，LaMDA，Gopher，Chinchilla 和 PaLM 在内的各种不同的语言模型，针对大量的 NLP 基准评估任务，包括涵盖几十个主题的大规模多任务语言理解（MMLU）任务以及具有挑战性的多步推理任务，例如算术推理任务、常识推理任务、逻辑推理任务和符号推理任务等，涌现能力都会出现（Srivastava 等，2022），而且发生涌现行为的规模阈值在量级上都一致地较为接近。

表 5.4　大型语言模型发生的涌现能力及其规模阈值(Wei 等,2022b)

项目	任务/数据集	涌现规模阈值		LLM	参考文献
		训练 FLOPs	参数量/亿个		
少样本提示能力	加法/减法(3 位)	2.3e+22	130	GPT-3	Brown 等(2020)
	加法/减法(4～5 位)	3.1e+23	1750		
	MMLU 基准(平均 57 个主题)	3.1e+23	1750	GPT-3	Hendrycks 等(2021)
	毒性分类(内部评价)	1.3e+22	71	Gopher	Rae 等(2021)
	Truthfulness(真实性问答)	5.0e+23	2800		
	MMLU 基准(26 个主题)	5.0e+23	2800		
	接地概念映射	3.1e+23	1750	GPT-3	Patel & Pavlick(2022)
	MMLU 基准(30 个主题)	5.0e+23	700	Chinchilla	Hoffmann 等(2022)
	上下文中的单词(WiC)基准	2.5e+24	5400	PaLM	Chowdhery 等(2022)
	多个 BIG-Bench 任务	多值	多值	多个	BIG-Bench(2022)
增强提示能力	指令遵循(微调)	1.3e+23	680	FLAN	Wei 等(2022a)
	Scratchpad：8 位加法(微调)	8.9e+19	0.4	LaMDA	Nye 等(2021)
	利用开卷知识进行事实核查	1.3e+22	71	Gopher	Rae 等(2021)
	思维链：数学单词问题	1.3e+23	680	LaMDA	Wei 等(2022b)
	思维链：策略问答	2.9e+23	620	PaLM	Chowdhery 等(2022)
	可微搜索索引	3.3e+22	110	T5	Tay 等(2022b)
	自一致性解码	1.3e+23	680	LaMDA	Wang 等(2022b)
	在提示中利用解释词	5.0e+23	2800	Gopher	Lampinen 等(2022)
	最少到最多的提示	3.1e+23	1750	GPT-3	Zhou 等(2022)
	零样本思维链推理	3.1e+23	1750	GPT-3	Kojima 等(2022)
	通过 P(真)校准	2.6e+23	520	Anthropic	Kadavath 等(2022)
	多语种思维链推理	2.9e+23	620	PaLM	Shi 等(2022)
	询问任何提示	1.4e+22	60	EleutherAI	Arora 等(2022)

2. 知识密集型任务

如图 5.11 所示,随着有效参数的不断提升,大型语言模型解决知识密集型任务的能力越来越强。鉴于模型规模的扩展仍在持续增加语言模型的能力,这方面的研究仍极具价值。但规模化的持续,不仅导致计算成本高昂,而且面临大量的硬件与算力挑战。因此创新模型架构与训练方法,可能会在 LLM 涌现能力的研究中发挥关键性的作用。为了提高计算效率,一个方向是使用稀疏 MoE(专家混合模型),在维持输入计算成本基本不变的同时,有效扩大模型的参数量。另一个方向是研究对不同输入使用计算量可变的方法,同时发展局部逼近的 Transformer 神经网络,并利用外部记忆来增强模型能力等。

在足够大的数据集上进行足够长时间的训练,已被证明是语言模型获取句法、语义和其他世界知识能力的关键。这里的世界知识主要是指事实型知识和常识型知识。研究结果表

图 5.11 彩图

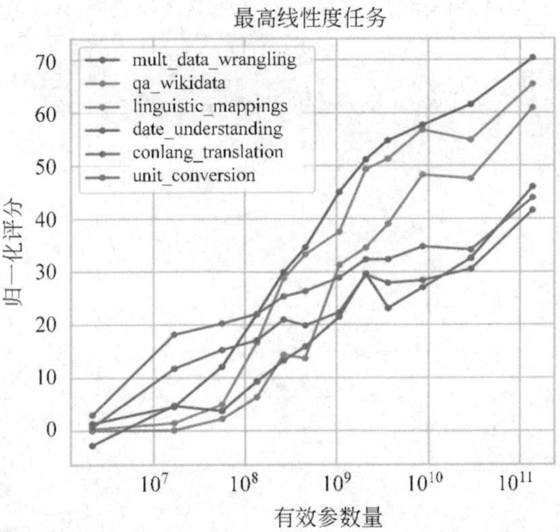

图 5.11　BIG-bench：在最高线性度评分的 6 项任务上模型性能随规模提升(Srivastava 等，2022)

明，大型语言模型从预训练数据集中学习了大量的世界知识，而这类抽象的语义类知识主要存储在 Transformer 框架的中层和高层结构中，尤其汇聚在中层。而另一种类型的语言学知识，例如词法、词性、句法等浅层知识，则分布在 Transformer 框架的低层和中层(Wallat 等，2021)。在限定模型的大小后，收集大规模数据集对模型进行更长时间的训练，可以允许更大范围的涌现能力(Wei 等，2021b)。

3. 少样本提示与思维链提示

作为大型语言模型，其涌现能力的分析需要在前述的提示范式下进行。传统的少样本提示是在 Brown 等(2020)研究 GPT-3 过程中首先提出并广泛传播的。预训练语言模型需要首先给予任务提示或类比(例如自然语言指令)，才能给出更加准确的响应。换句话说，在不涉及任何模型参数更新的预训练-提示微调范式下，语言模型在执行一个示例任务之前，需要在模型的上下文演示中包含一些输入输出示例进行开场类比提示。通常在模型规模小于某个阈值时，语言模型仅具有一般的随机性能。但此时若进行少样本提示，则会使模型的任务完成能力出现涌现，即模型会随着其规模的增加而使性能显著提高到远高于随机模型。

少样本提示简单有效。图 5.10 给出了不同任务下 5 种语言模型的 8 个涌现能力实例，其中涉及的语言模型包括 Meta 的 LaMDA，OpenAI 的 GPT-3，DeepMind 的 Gopher 和 Chinchilla 以及谷歌的 PaLM，且图 5.10(a)～(d)分别取自于 BIG-bench(Srivastava 等，2022)的 4 个不同的复杂任务。以图 5.10(a)的少样本提示性能为例。图 5.10 对应的算术基准任务涉及测试 3 位数的加减法与两位数的乘法，交叉熵损失被作为预训练的损失函数。GPT-3 和 LaMDA 一开始在几个数量级宽范围的训练计算量中均仅具有接近于零的随机性能(类似于随机猜测)，但在训练 FLOPs 达到 2×10^{22} 次或为 130 亿个参数(对 GPT-3)以及训练 FLOPs 达到 10^{23} 次或为 680 亿个参数(对 LaMDA)之后，模型性能急剧上升到随机性能之上，即发生了所谓智能涌现现象。对于图 5.10 中的其他基准任务(详见表 5.4)，类似的涌现行为也出现在大致相同的模型规模阈值附近。

少样本提示可能是目前与大型语言模型交互的最常见方式。但思维链(CoT)、任务指令微调等提示和微调策略(见表 5.4),也可以进一步增强语言模型的能力,并能引发大型语言模型出现涌现行为,如图 5.12 所示。

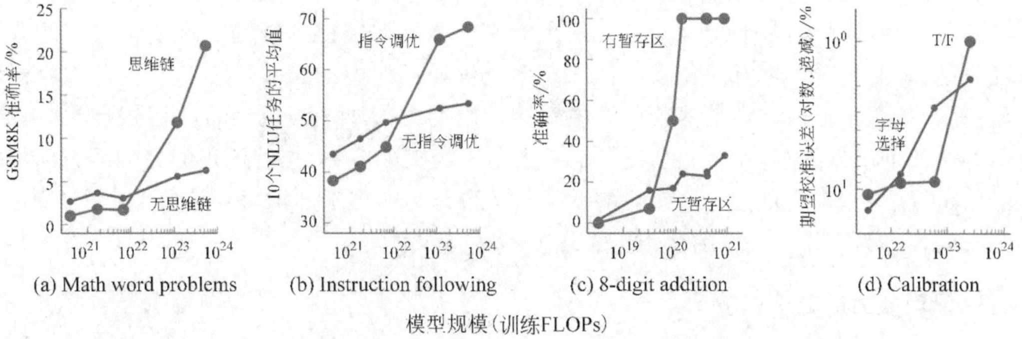

图 5.12 思维链提示或指令微调能够引发 LLM 出现涌现能力(Wei 等,2022b)

5.6.3 涌现能力的分析与展望

已经看到,只有在足够大的语言模型上进行评估时,才能观察到一系列涌现能力,以及由此产生的强大的少样本甚至零样本的推理能力。前文已指出,涌现行为的出现,已不能简单地通过推断小模型的性能来进行线性的预测。而且利用少样本提示任务会引发什么样的涌现能力,本身也是不可预测的。一些可融会贯通解决的新任务,实际并没有显式地包含在预训练中。此外,研究者迄今也完全不知道语言模型能够完成的少样本提示任务的全部范围。不过语言模型目前无法完成的任务,正是未来涌现能力需要选择的主要目标。例如,BIG-Bench 中迄今尚有数十项任务,即使是利用最大规模的 GPT-3 和 PaLM 模型,也无法超越其随机性能或出现涌现能力。在这种情况下,进一步的规模化扩展是否有可能赋予其涌现能力?最后,模型规模是涌现能力出现的主要因素之一,这不仅被更多的实验观察结果所证实,同时也是一个挑战性极大的理论问题。

1. 为什么会出现智能涌现现象

发生涌现能力的例子已有数十个,但为什么这些能力会以这种方式出现,为什么涌现需要一个规模大于特定阈值的语言模型,这些均未有可信的解释。对于某些特定的任务,可能会有一些直觉的理由。例如,如果一个多步推理任务需要 l 步的序贯计算,这就可能需要一个深度至少为 $Q(l)$ 层的模型。此时,更多的参数和更多的训练,即更大的规模扩展,将可更好地完成记忆,从而更有助于完成这个需要世界知识的任务。考虑用于衡量涌现能力的评估指标也十分重要(Srivastava 等,2022)。例如,对于算术推理这样的多步推理问题,其中模型仅依据多步问题的最终答案是否正确来进行评分。但最终答案准确性的跃升,并不能解释为什么中间步骤的质量会突然变得高于随机性。

模型规模可能并不是观察涌现能力的唯一视角。随着大型语言模型预训练与微调方法的快速发展,某些具有新架构或具有更高质量数据,或利用更新训练方法的较小模型,也有可能导致出现涌现能力。解锁涌现的另一种潜在方法是通过设计不同的预训练目标函数,这已被 BIG-Bench 上的任务实验所验证。一旦发现了一种能力,进一步的研究可能会使这种能力适用于较小规模的模型。例如,利用 RLHF 的方法对具有 13 亿个参数的

InstructGPT 模型进行微调和强化学习，由于可以获得更好的人类价值对齐，因而就可以使用较小的模型来超过更大的竞争模型。此外，也有人致力于进一步提高语言模型的一般性少样本提示能力，并引入思维链等一系列中间步骤或采用思维树中基于不同推理路径及进行自评估选择等思想，都能更好地完成许多更为复杂的多步推理问题。这些不仅可增强引发涌现能力，而且可促进有关在较小精炼模型产生涌现能力的研究。因此对提示本身的深入研究，包括探索提示在大型语言模型中发挥效用的内部原理与机制、提示与涌现的关系、提示方法的创新发展等，都可能会更好地扩展语言模型的能力，推动涌现能力的研究向纵深演进。最后，语言建模目标为什么会增强某些下游行为的理论和可解释性研究，也会反过来加深对涌现行为及认知关系的认识。

2. 涌现能力的若干风险

少样本提示下出现的涌现能力，对某些未显式纳入预训练的新任务，也可以通过触类旁通的方式高性能地加以解决，这其实也会导致某些安全风险产生。例如，大型语言模型的真实性、偏见和毒性等社会风险，正成为日益重要的研究课题。这些在大型语言模型中才有可能出现的问题，按照前述的定义，也可以被解释为一种涌现行为。特别地，随着模型的规模化扩大，这些社会安全风险也会随之增加，确实需要更加严肃地对待。此外，特定的社会风险（如性别偏见、毒性、谎言等）与模型规模之间关系，也已出现了不少的研究结果。除此之外，涌现风险还包括可能会在未来的语言模型中出现的现象，如后门漏洞、无意欺骗或有害内容合成。已经提出了涉及数据过滤、预测、治理和自动发现有害行为的方法，以发现和减轻涌现风险。

3. 未来研究展望

涌现能力的未来工作，包括如何训练更加强大的语言模型，同时发展让语言模型更好地完成多样化任务的方法。尽管语言模型已可完成各种任务，但 BIG-bench 中的数十项高难度任务，例如抽象推理等，即使是利用目前最大的语言模型，也未能获得涌现能力。因此未来需要研究为什么涌现能力没有发生，涌现行为如何以及为什么会出现在大型语言模型中，如何进一步增强涌现能力，如何才能使模型完成多样化复杂任务接近于人类水平。为了加深对涌现能力的深刻理解，也需要进一步研究涌现行为与损失函数、任务类别之间的关系等。

总之，突破黑箱，理解涌现能力出现的本质与机制，这对把握大型语言模型的未来发展方向，研究新的预训练、微调及提示方法，推动多语种涌现、多模态通用模型与多模态提示（如视觉提示、语音提示）等前沿方向的研究，都变得至关重要而且十分紧迫。

5.7 本章小结

研究如何使用，特别是如何用好以 ChatGPT 为代表的生成式人工智能，无疑十分重要与紧迫。本章主要针对 ChatGPT/GPT-4 的实际应用，较为系统深入地介绍了上下文学习、思维链与思维树等提示工程，并对智能涌现能力进行了阐述与分析。

在某种意义上，大型语言模型实际是以端到端数据驱动的方式模拟了人类的语言智能，同时封装与压缩了世界的一般性知识，构建了包括语言学知识、常识性知识和事实性知识在内的庞大知识库，实质上就是以类似人类的语言思维去观察与理解世界，并相应进行决策。这从根本上完全改变了工智能发展的底层逻辑。

① 从本质上来说，ChatGPT 以数据驱动的方式模拟了人类的语言智能；

② ChatGPT 作为文本单模态语言模型，虽不完美，但它证明大型语言模型是完全可以模拟人类语言，而语言是人类思维和理解世界的“载体”，也是观察与理解世界的边界；

③ 这个新物种使用人类的文本自然语言进行预训练、微调与安全/价值对齐，能够在语义上表达、理解与生成文本、图像、视频、语音等多模态对齐实体及其关系；

④ ChatGPT 能够理解人类语言，拥有常识与其他世界知识，也就意味着它能够像人类一样理解外部真实世界，从而实现最重要的一点 ——通人性与说人话；

⑤ 基于大型语言模型的人工智能不仅是通用人工智能，而且完全有别于过去基于数据或特征层次的人工智能，是通人性、说人话与使用人类语言的真正的通用人工智能；

⑥ 这个新物种能够利用人类的自然语言进行类比演示学习或提示学习，在出现智能涌现能力之后，甚至可以实现接近人类水平的少样本与零样本推理、规划与“创造”能力，这些实际就是类似于人类认知能力中的触类旁通、融会贯通、举一反三等，在人类认知中，这些能力与通过类比推理的能力密切相关(Webb 等，2022)；

⑦ 换句话说，就是不需要传统“大”的数据进行提示了，几段文字，未来或利用几句话或几张图的类比提示，可能就可以完成多模态的理解与生成。最终通过进一步融合各种模态转换与生成工具或利用跨模态、多模态通用大型语言模型增强，从而使其更加精准与更接近人类智能地完成各种特定应用场景的复杂任务，甚至是面向未经训练的零样本新问题的推理能力；

⑧ 通过多模态语言智能的模拟，利用具身智能(embodied AI)，以人类的思维方式去观察、理解与决策真实的物理世界，可望在人类语言层次上贯通和一体化从环境感知、定位定姿、预测、决策、规划、控制，到执行在内的各个环节，实现人类水平的真正的一段式端到端技能学习；

⑨ 迈向更通用与更泛化的多模态交互式智能体：基于 Transformer 固有的多模态融合能力，进行多种模态(文本、信号、图像、视频、点云等)的语义实体对齐，并构建多模态语义关系，将激发更强的语言表达与感知理解能力，同时通过与环境、其他智能体及人类的交互式学习，以期获得更强的环境适应性与自主性，最终可望进一步增强交互式智能体的通用性与泛化能力。

总之，以 ChatGPT 为代表的新物种，有能力完成人类才能完成的各种任务，包括一些具有挑战性的复杂任务，可望从数字空间走向真实物理世界，广泛赋能智能经济与智能社会的发展，从而体现出利用人工智能造福世界、促进人类文明进步的真正价值与崇高目标。

参考资料